COURS

ÉLÉMENTAIRE

DE CHIMIE,

CONTENANT

Toutes les questions de chimie exigées d'après le programme de 1852,

A l'usage des Lycées,
des Colléges et des autres établissements d'instruction publique;

PAR M. DEGUIN,

ÉLÈVE DE L'ÉCOLE NORMALE, DOCTEUR ÈS SCIENCES, PROFESSEUR
DE PHYSIQUE ET DE CHIMIE AU LYCÉE DE LYON, MEMBRE DES ACADÉMIES DES SCIENCES DE LYON
ET DE TOULOUSE.

QUATRIÈME ÉDITION,

REFONDUE ET CONSIDÉRABLEMENT AUGMENTÉE.

PARIS,

LIBRAIRIE CLASSIQUE D'EUGÈNE BELIN,

RUE DE VAUGIRARD, 52,

DERRIÈRE LE SÉMINAIRE DE SAINT-SULPICE.

—

1854.

Les formalités voulues par la loi ayant été remplies, tous les exemplaires non revêtus de la signature de l'auteur et de celle de l'éditeur, seront réputés contrefaits.

SAINT-CLOUD. — IMPRIMERIE DE M^e v^e BELIN.

COURS

ÉLÉMENTAIRE

DE CHIMIE.

AVERTISSEMENT

SUR LA QUATRIÈME ÉDITION.

—

Cette édition est destinée, comme les trois éditions précédentes, aux élèves des lycées, des colléges et des autres établissements d'instruction publique. Elle contient toutes les matières exigées des aspirants au baccalauréat ès sciences et aux diverses écoles du gouvernement.

Les réactions chimiques ont été expliquées avec plus de soins encore que dans les éditions précédentes ; elles ont été traduites presque toutes en formules. On a continué à y prendre l'équivalent de l'hydrogène pour unité, comme l'ont fait MM. Dumas et Balard dans leurs cours à la faculté des sciences ; car on a l'avantage, en suivant cette méthode, de traduire plus rapidement les formules en nombres. Une table, placée à la fin de l'ouvrage, contient du reste les équivalents des principaux corps rapportés à l'oxygène.

Cette édition a été revue avec le plus grand soin et considérablement augmentée. C'est pour ainsi dire un ouvrage nouveau. La chimie organique, qu'on avait à peine effleurée dans les trois premières éditions, a reçu, dans l'édition actuelle, tous les développements que l'adoption du nouveau programme des études a rendus nécessaires.

Lyon, le 31 octobre 1853.

COURS

ÉLÉMENTAIRE

DE CHIMIE.

LIVRE PREMIER.

CHIMIE INORGANIQUE.

INTRODUCTION.

1. *Des corps et de la matière.* = On donne le nom de *corps* à tout ce qui peut tomber sous nos sens, et le nom de *matière* à la substance qui forme les corps.

Les corps ne sont pas composés d'une matière continue, comme on pourrait le croire au premier abord ; ils sont formés de parties extrèmement petites de matière séparées par des intervalles vides et complétement isolées les unes des autres. Ces petites parties de matière se nomment des *atomes*; les intervalles qui les séparent ont reçu le nom de *pores*.

Les parties matérielles des corps sont étendues et impénétrables; en d'autres termes, chacune d'elles occupe une portion de l'espace et l'occupe exclusivement à toute autre. L'*étendue* et l'*impénétrabilité* sont les deux seules propriétés essentielles que possèdent les parties matérielles des corps; ce sont les seules dont on ne peut pas les supposer dépourvues.

2. *Corps simples et corps composés.* =Tous les corps ne contiennent pas la même matière : l'or et le soufre, par exemple, sont formés de deux matières différentes; il y a même des corps, tels que le bois, le verre, le marbre... qui contiennent plusieurs espèces de matière. — On désigne sous le nom de *corps simples* ou d'*éléments*, les corps dont on ne peut retirer qu'une même espèce de matière ; on appelle *corps composés* ceux dont on peut retirer plusieurs matières différentes.

Le nombre des corps simples ne peut être fixé d'une manière absolue : car, d'un côté, quelques-uns des corps que nous rangeons au nombre des corps simples seront peut-être décomposés plus tard ; et, de l'autre, on trouvera peut-être de nouveaux corps simples en étudiant avec plus de soin quelques corps composés. Les anciens n'en admettaient que quatre; on en admet aujourd'hui soixante-deux. Ce sont ces corps qui forment par leurs *combinaisons* tous les corps composés.

3. *De la combinaison.* = Nous venons d'employer un mot qui revient souvent en chimie, c'est le mot *combinaison*; il convient d'en donner une définition précise.

On dit que plusieurs corps entrent en combinaison ou se combinent quand ils s'unissent de manière à former un nouveau corps dont les parties, même les plus petites, contiennent chacun des corps composants dans le même rapport. — La combinaison est toujours accompagnée d'un dégagement de chaleur et d'électricité ; elle est souvent accompagnée d'un dégagement de lumière ; elle est en outre caractérisée par une modification profonde dans les propriétés des corps qui se combinent.

La combinaison ne se fait qu'entre les parties infiniment petites des corps, et les parties elles-mêmes qui résultent de l'union de ces particules sont si petites qu'elles échappent à la vue, même aidée du microscope.

Les parties extrêmement petites des corps simples qui s'unissent les unes aux autres pour former les corps composés se nomment les *atomes* des corps simples, et les parties du corps composé qui proviennent de l'union ou de la juxtaposition des atomes des corps simples se nomment les atomes du corps composé. On voit par là que les atomes d'un corps composé sont binaires, ternaires ou quaternaires, selon qu'ils contiennent des atomes de deux, de trois ou de quatre corps simples.

Le *mélange* diffère essentiellement de la combinaison. Les corps n'éprouvent, dans leur mélange, aucun changement dans leurs propriétés ; ils ne dégagent ni chaleur, ni lumière, ni électricité ; et le nouveau corps qui en résulte n'a pas l'homogénéité qui caractérise la combinaison.

4. *Objet de la chimie.* = La chimie a pour objet l'étude des phénomènes qui accompagnent les combinaisons des corps et leurs décompositions ; elle comprend en outre l'étude des propriétés des corps, ainsi que leurs compositions, leurs préparations et leurs usages.

La chimie a de nombreux rapports avec la physique : toutes les combinaisons donnent lieu, en effet, comme nous l'avons dit précédemment, à un dégagement de chaleur et d'électricité ; elles sont donc toujours accompagnées de phénomènes qui sont du ressort de cette dernière science.

5. *Analyse et synthèse.* = La détermination de la composition des corps est d'une haute importance en chimie ; on y parvient par deux voies différentes : *l'analyse et la synthèse.* Analyser un corps, c'est en séparer les différents éléments par des actions chimiques convenablement choisies ; en faire la synthèse, c'est constituer un corps identique à celui que l'on considère, avec les éléments dont on suppose le corps formé. Ces deux voies conduisent évidemment à la composition du corps ; mais elles n'ont pas la même importance, car la première s'applique à tous les composés, tandis que la seconde ne convient que dans des cas très-particuliers.

On emploie quelquefois les expressions d'*analyse qualitative*
et *d'analyse quantitative*. L'analyse qualitative fait connaître
la nature des éléments dont les corps sont formés, tandis que
l'analyse quantitative détermine les proportions de ces éléments.

§ Ier. — *De la cohésion.*

6. *Etat des corps.* = Les corps se présentent à nous sous
trois états : les uns, comme le fer, le bois… sont formés de parties qui sont unies entre elles par une force très-grande ; d'autres, comme l'eau, le mercure… sont composés de parties qui
sont unies par une force très-petite ; d'autres enfin, comme l'air,
l'hydrogène… sont formés de parties qui se repoussent mutuellement. On donne aux premiers le nom de *corps solides*, aux
seconds le nom de *corps liquides*, et aux derniers le nom de
corps gazeux ou de *gaz*.

Plusieurs corps peuvent être obtenus sous les trois états. On
trouve par exemple, de l'eau à l'état solide ou de glace, de
l'eau à l'état liquide et de l'eau à l'état de gaz ou de vapeur. On
trouve de même du soufre solide, du soufre liquide et du soufre
gazeux. Il est cependant des corps qu'on ne peut obtenir que
sous deux états, comme le fer, l'alcool… et d'autres qui n'ont
pas encore pu changer d'état, comme l'air, comme le diamant…

C'est principalement à l'action de la chaleur qu'il faut attribuer les divers changements d'état des corps. On amène en
effet les corps solides à l'état liquide et les corps liquides à l'état
gazeux en les soumettant à une source de chaleur suffisamment
énergique, et on fait repasser les gaz à l'état liquide et les liquides à l'état solide en les refroidissant convenablement.— On
parvient aussi à liquéfier les gaz et à gazéifier les liquides en
exposant les premiers à une forte pression et en soumettant les
seconds à une pression très-faible. Il n'est presque pas de gaz,
en effet, qui ait résisté à une pression suffisamment intense, et
la plupart des liquides se transforment en vapeur quand on di-

minue la pression qui s'exerce sur leur surface. Personne n'ignore qu'on peut faire bouillir l'eau à la température ordinaire en la plaçant sous le récipient d'une machine pneumatique et en diminuant suffisamment la pression.

On donne le nom de *cohésion* à la force qui unit les atomes de même nature. Cette force est assez grande dans les solides; elle est très-faible dans les liquides et nulle dans les gaz.

7. *Cristallisation.* = Lorsqu'on a fait passer un corps solide à l'état liquide ou à l'état gazeux et qu'on supprime ensuite la cause qui a produit le changement d'état, le corps revient peu à peu à l'état solide. Si le retour a lieu très-lentement, le corps se présente en petites masses brillantes qui affectent des formes régulières et qui se terminent de tous côtés par des faces planes. Ces petites masses portent le nom de *cristaux*, et le phénomène celui de *cristallisation*. — Lorsque le retour à l'état solide est trop brusque, les molécules n'ont pas le temps de se grouper dans l'ordre voulu pour la cristallisation, et le solide se présente à l'*état amorphe*, c'est-à-dire sans forme régulière.

On parvient à faire cristalliser les corps de deux manières différentes : par la *voie sèche* et par la *voie humide*.

1° *Voie sèche.* = On fait cristalliser les corps par la voie sèche, soit par *fusion*, soit par *volatilisation*. Dans le premier cas, on met le corps dans un creuset (*fig.* 1), puis on l'expose à l'action de la chaleur, et quand il est fondu on l'abandonne à un refroidissement lent, afin qu'il revienne peu à peu à l'état solide.

Fig. 1.

On perce ensuite, au bout de quelque temps, la croûte qui se forme à la surface du corps par suite du refroidissement, et on renverse le creuset pour faire écouler les parties intérieures qui sont encore liquides; la cavité centrale se trouve alors remplie d'une infinité de petits cristaux d'une régularité parfaite. Le soufre et le bismuth cristallisent parfaitement par ce moyen. — Dans le second cas, on introduit le corps dans une cornue de grès ou de verre (*fig.* 2), dont on ferme le col avec un bouchon percé d'un petit trou, et on chauffe la partie inférieure de la cornue au point de volati-

Fig. 2.

liser le corps : les vapeurs vont alors se condenser dans le col de la cornue sous forme de cristaux. C'est le moyen qu'on suit pour l'arsenic.

2° *Voie humide.* = On fait cristalliser les corps par la voie humide en les dissolvant dans l'eau, et en diminuant ensuite la force dissolvante de ce liquide.—Si le corps est beaucoup plus soluble dans l'eau chaude que dans l'eau froide, on le dissout dans l'eau chaude jusqu'à saturation, puis on abandonne la dissolution à un refroidissement lent ; le corps revient alors peu à peu à l'état solide, et il se dépose au fond de la masse sous forme de cristaux. —Si le corps n'est guères plus soluble à chaud qu'à froid, on le dissout encore dans l'eau jusqu'à saturation, puis on abandonne la dissolution à une évaporation spontanée; le corps retourne à l'état solide à mesure que l'eau s'évapore, et de là résulte encore une cristallisation régulière. L'azotate de potasse cristallise très-bien par la première méthode, et le sel marin par la seconde. — Il faut remarquer que les cristaux formés par la voie humide retiennent presque toujours une portion d'eau combinée avec la matière solide ou simplement interposée entre ses parties.

L'eau n'est pas le seul liquide qu'on emploie pour faire cristalliser les corps par la voie humide ; l'alcool, le sulfure de carbone et plusieurs autres liquides s'emploient quelquefois aussi avec avantage.

8. *Dimorphisme.* = Les différents corps affectent, dans leur cristallisation, des formes extrèmement nombreuses ; mais toutes peuvent être ramenées, comme on le démontre dans la *cristallographie*, à six *systèmes* différents. Les cristaux d'un même corps appartiennent presque toujours au même système ; il existe cependant quelques corps, et dans le nombre nous citerons le soufre, qui cristallisent dans deux systèmes différents.

On désigne cette dernière propriété sous le nom de *dimor-phisme*, et on appelle *dimorphes* les corps qui la possèdent.

Le même corps ne cristallise dans deux systèmes différents que lorsque la cristallisation s'opère à deux températures bien différentes. Le soufre, par exemple, cristallise en prismes obliques très-allongés quand on le fait cristalliser par fusion, tandis qu'il cristallise en octaèdres droits à bases rhombes quand on le fait cristalliser en le dissolvant dans le sulfure de carbone et en abandonnant la dissolution à une évaporation spontanée. Dans le premier cas, les cristaux se forment à la température de 111° à laquelle le soufre reprend l'état solide; dans le second ils se forment à la température ordinaire.— Les cristaux d'un même corps qui cristallise dans deux systèmes différents, ne diffèrent pas seulement par leurs formes; ils diffèrent aussi par la dureté, par la densité et par quelques autres propriétés physiques.

On n'a pas encore trouvé de corps qui cristallisent dans plus de deux systèmes; mais on conçoit qu'un même corps pourrait cristalliser dans trois, dans quatre... systèmes différents, si on le plaçait dans des circonstances bien différentes. On conçoit donc la possibilité du *polymorphisme*.

9. *Isomorphisme.* = On appelle *isomorphes* les corps qui cristallisent sous des formes identiques ou presque identiques et qui forment toujours des cristaux semblables en se mélangeant en toutes proportions.

Nous citerons, comme exemple de corps isomorphes, les sulfates de fer et de cuivre. Ces corps cristallisent en effet sous des formes presque identiques, et on obtient des cristaux composés de ces deux sulfates et de même forme en mélangeant leurs dissolutions en toutes proportions ou en plongeant alternativement un petit cristal de sulfate de cuivre dans des dissolutions de sulfate de fer, de sulfate de cuivre, de sulfate de fer.... de manière qu'il grossisse un peu dans chacune d'elles. — Nous citerons encore, comme exemple de corps isomorphes, les carbonates de chaux, de magnésie, de fer et de zinc; ces corps cristallisent tous en rhomboèdres dont les angles sont très-peu différents, et de plus on trouve des cristaux naturels qui sont composés de deux ou d'un plus grand nombre de ces carbonates mélangés en proportions quelconques et de même forme que les cristaux composants.

La découverte de l'*isomorphisme* est due à M. Mitscherlich ; on s'appuie sur ce phénomène, comme nous le verrons plus loin, pour établir la composition de quelques corps.

§ 2. — *De l'affinité.*

10. *Affinité.* = On appelle *affinité* la force qui unit les atomes de nature différente. C'est en vertu de cette force que s'opèrent toutes les combinaisons chimiques.

L'affinité varie avec la nature des corps : l'oxygène, par exemple, a plus d'affinité pour le fer que pour le mercure. On trouve en effet qu'un composé d'oxygène et de mercure se décompose facilement par la chaleur, tandis qu'un composé d'oxygène et de fer ne se décompose pas dans les mêmes circonstances.

L'affinité de deux corps varie avec la température ; elle est d'autant plus faible que la température est plus élevée. On décompose en effet, à l'aide de la chaleur, un grand nombre de corps dont les éléments sont fortement unis à la température ordinaire. On trouve même des exemples de corps qui ont assez d'affinité à la température ordinaire pour se combiner ensemble et qui en possèdent assez peu à une température élevée pour que le composé résultant de leur union se décompose. C'est ce qui arrive pour la chaux et l'acide carbonique : ces corps se combinent à la température ordinaire pour former le carbonate de chaux, et ce carbonate se décompose à la chaleur rouge.

L'affinité de deux corps varie avec leur état ou leur degré de cohésion ; elle s'exerce difficilement quand ils sont solides, parce que le contact de leurs molécules n'est pas assez intime ; elle se

produit facilement, au contraire, quand ils sont à l'état liquide,
ou à l'état gazeux. On voit par là que la chaleur doit opérer de
nombreuses combinaisons, car elle amène la plupart des corps
solides à l'état liquide, et, par suite, elle détruit presque entièrement la cohésion qui empêchait l'affinité de produire
son effet. Le soufre et le cuivre, par exemple, qui ne
peuvent se combiner à la température ordinaire,
même quand ils sont en poussière très-fine, se combinent rapidement dès qu'on porte leur mélange à une
température voisine du point de vaporisation du

Fig. 3.

soufre. On peut en faire l'expérience dans un petit matras de
verre (*fig.* 3).

11. Lorsque deux corps ont une forte affinité l'un pour l'autre, ils ne se combinent jamais qu'en un très-petit nombre de
proportions, et alors les propriétés du composé sont très-différentes de celles des éléments. L'hydrogène et le chlore, par
exemple, ne se combinent qu'en une seule proportion ; l'oxygène
et le potassium ne se combinent qu'en deux proportions, et
dans ces deux cas les propriétés du composé diffèrent beaucoup
de celles des corps qui le constituent. — Lorsque, au contraire,
deux corps n'ont qu'une faible affinité l'un pour l'autre, leur
combinaison a lieu dans un nombre presque infini de proportions, et alors les propriétés du composé diffèrent peu de celles
des éléments. C'est ce qui arrive pour le sucre et certains sels
qui se dissolvent dans l'eau en toute proportion et pour l'union
de certains métaux entre eux.

12. *Loi des proportions multiples.* = Ces notions étant établies, nous devons faire connaître la loi des proportions multiples. Cette loi est d'une haute importance en chimie ; elle sert
de base à la nomenclature chimique ; voici son énoncé :

*Lorsque deux corps se combinent en plusieurs proportions,
les différents poids de l'un des corps qui s'unissent avec un
même poids de l'autre pour former les différents corps composés, sont en rapports extrèmement simples.* Ces rapports sont

ceux des nombres 1, 2, 3, 4, 5... ou ceux de quelques-uns de ces nombres.

Ainsi l'oxygène et l'hydrogène se combinent en deux proportions, et les poids de l'oxygène qui se combinent avec un même poids d'hydrogène sont comme 1 : 2. L'azote et l'oxygène se combinent en 5 proportions, et, pour un même poids d'azote, les poids de l'oxygène sont comme les nombres 1, 2, 3, 4, 5.

La loi des combinaisons en rapport simple ne s'applique pas seulement aux composés binaires ; elle se rencontre aussi dans tous les composés d'un ordre plus élevé. Si l'on considère, par exemple, les sels qui résultent de la combinaison d'un acide et d'une base en différentes proportions, on reconnaît que, pour une même quantité de base, la quantité d'acide varie comme les nombres 1, 2, 3, 4, 5... ou du moins comme quelques-uns d'entre ces nombres. — La première idée de la loi des proportions multiples est due à Dalton ; mais c'est à Gay-Lussac qu'on doit les expériences les plus précises et les plus nombreuses qui aient été faites pour la vérifier.

§ 3. — *De la nomenclature chimique.*

13. On a pour but dans la nomenclature chimique de faire connaître les règles que l'on suit dans la dénomination des différents corps ; ces règles doivent évidemment précéder l'étude de la chimie.

On peut donner des noms arbitraires aux corps simples ; il suffit qu'ils soient courts, sonores et faciles à prononcer ; mais il est important de donner aux corps composés des noms qui rappellent les corps dont ils sont formés. C'est sur cette base que Guyton de Morveau a fondé, en 1780, la nomenclature chimique, qui, après quelques modifications, fut bientôt généralement adoptée.

14. *Nomenclature des corps simples.* == Le nombre des corps simples ne pourra jamais être connu d'une manière positive ;

car on en trouve chaque jour de nouveaux en étudiant avec soin quelques corps composés. On en admet aujourd'hui 62. Ces corps se divisent en deux classes, en métalloïdes et en métaux ; 15 corps forment la première classe, 47 composent la deuxième. Voici les noms des métalloïdes et des métaux.

Métalloïdes : oxygène, hydrogène, azote, carbone, soufre, sélénium, tellure, chlore, brôme, iode, fluor, phosphore, arsenic, bore, silicium.

Métaux : potassium, sodium, lithium, barium, strontium, calcium, magnésium, aluminium, glucinium, zirconium, ittrium, erbium, terbium, cérium, lanthane, dydyme, thorium, manganèse, fer, chrôme, cobalt, nickel, zinc, cadmium, vanadium, uranium, tungstène, molybdène, osmium, titane, tantale, étain, antimoine, niobium, ilménium, pélopium, cuivre, plomb, bismuth, mercure, argent, or, platine, palladium, rhodium, iridium, ruthénium.

La division des corps simples en métalloïdes et en métaux n'a rien d'absolu ; nous verrons plus loin les caractères sur lesquels elle repose.

15. *Nomenclature des composés binaires.* = On divise généralement les composés binaires en trois classes : les *composés acides*, les *composés basiques* et les *composés neutres*. Il s'agit d'indiquer les caractères distinctifs de ces différents composés.

Lorsqu'un composé binaire est *soluble dans l'eau*, on reconnaît s'il est acide, basique ou neutre au moyen de certains *réactifs colorés*, tels que la teinture bleue de tournesol, la teinture jaune de curcuma et le sirop de violettes. Le composé est *acide* s'il rougit la teinture bleue de tournesol ; il est *basique* s'il ramène au bleu la teinture de tournesol rougie par un acide, s'il rougit la teinture jaune de curcuma ou s'il verdit le sirop de violettes ; il est *neutre* s'il n'a aucune action sur ces différents réactifs. On reconnaît également le genre d'un composé binaire soluble à sa saveur : les acides ont une saveur aigre, analogue au vinaigre, quand ils sont suffisamment étendus d'eau ; les bases ont une saveur âcre ou urineuse ; les corps neutres n'ont pas de saveur appréciable.

Lorsqu'un composé binaire n'est pas soluble dans l'eau, il n'agit pas sur les réactifs colorés et il n'a pas de saveur sensible ; il n'est pas cependant essentiellement neutre dans ce cas ; il peut encore être acide ou basique. Comment s'en assurer ?

On a reconnu que les bases et les acides déterminés par les caractères précédents peuvent se combiner ensemble et former des composés dans lesquels les propriétés fondamentales de l'acide ou de la base sont plus ou moins complétement neutralisées ; on a reconnu d'un autre côté que les corps neutres ne peuvent jamais se combiner entre eux et qu'ils ne peuvent en outre se combiner ni avec les acides ni avec les bases. C'est en partant de ces faits qu'on parvient à déterminer le caractère acide, basique ou neutre d'un composé binaire insoluble. On regarde en effet comme acide tout composé binaire qui peut neutraliser plus ou moins une base bien déterminée ; on regarde comme base tout composé binaire qui peut neutraliser un acide, et on regarde comme neutre tout composé binaire qui ne peut se combiner avec aucun autre composé binaire acide, basique ou neutre.

Le composé d'oxygène et de silicium qui forme le cailloux, le silex, est regardé, d'après les notions précédentes, comme un véritable acide, car il neutralise assez complétement la potasse, que l'on range au nombre des bases à cause de son action sur les réactifs colorés. De même le composé d'oxygène et de plomb qui forme la litharge est regardé comme une base parce qu'il neutralise l'acide sulfurique que l'on range parmi les acides à cause de son action sur les mêmes réactifs. Le cailloux et la litharge n'ont cependant aucune action sur les réactifs colorés, et ils sont complétement insipides.

16. Ces notions générales étant établies, passons à la nomenclature des composés binaires qui contiennent de l'*oxygène*. Ces

corps ont été étudiés les premiers par les chimistes à cause de leur importance.

Les composés qui résultent de la combinaison de l'oxygène avec les autres corps simples sont acides, basiques ou neutres. On nomme *oxacides* ou simplement *acides* les composés acides, et *oxydes* les composés basiques et neutres. Comment désigne-t-on les différents oxydes et les différents acides?

Lorsqu'un corps ne donne lieu qu'à un seul oxyde, on désigne le composé en faisant suivre le mot oxyde de la particule *de* et du nom du corps ; exemple : *oxyde de carbone*. Mais si le corps forme plusieurs oxydes en se combinant en plusieurs proportions avec l'oxygène, on les désigne en faisant précéder le mot *oxyde* des prépositions *proto, sesqui, bi, tri...* Le protoxyde est en général le composé qui contient le moins d'oxygène ; le sesquioxyde en contient une fois et demi plus, le bioxyde deux fois plus... pour un même poids du corps simple. On désigne quelquefois sous le nom de *peroxyde* l'oxyde le plus oxygéné. — Les protoxydes de potassium, de sodium, de lithium, de barium, de strontium et de calcium, qu'on nomme vulgairement potasse, soude, lithine, baryte, strontiane et chaux, sont les bases les plus énergiques ; ils sont solubles dans l'eau et ils présentent par conséquent les caractères des bases solubles ; on désigne les trois premiers sous le nom général d'*oxydes alcalins* ou d'*alcalis*.

Lorsqu'un corps ne forme qu'un seul acide en se combinant avec l'oxygène, on désigne le composé par le mot *acide,* que l'on fait suivre du nom du corps terminé en *ique* ; exemple : *acide carbonique*. — Lorsque le corps forme deux acides, le plus oxygéné prend la terminaison *ique,* et le moins oxygéné la terminaison *eux* ; exemple: *acide arsénique, acide arsénieux*. — Lorsqu'il forme quatre acides, on en désigne deux comme précédemment et on désigne les deux autres en mettant la préposition *hypo* devant le nom de l'acide. Ainsi les quatre acides du phosphore portent les noms d'*acide hypophosphoreux*, d'*a-*

cide phosphoreux, d'*acide hypophosphorique,* d'*acide phospho-rique,* en commençant par l'acide le moins oxygéné.—Lorsque le corps forme plus de quatre acides, on en désigne quatre comme on vient de le voir, et on emploie, pour désigner les autres, des dénominations qui varient avec la nature du corps, dénominations que l'usage apprend à connaître.

Lorsqu'on soumet un oxyde ou un oxacide à l'action de la pile voltaïque, l'oxygène se porte toujours au pôle positif et l'autre corps ou le *radical* au pôle négatif; en d'autres termes, l'oxygène est le corps *électro-négatif,* et l'autre le corps *électro-positif.* Or, comme dans la nomenclature des acides et des oxydes nous avons mis en première ligne le nom qui rappelle l'oxygène, c'est-à-dire le nom du corps négatif, il faudra se conformer à la même règle dans la désignation des autres composés, en mettant aussi le nom du corps négatif en première ligne.

17. Considérons maintenant les composés binaires dont l'oxygène ne fait pas partie.

On devrait désigner ces composés comme les composés qui contiennent de l'oxygène; on devrait dire, par exemple, *chloracides* et *sulfacides* pour les acides contenant le chlore et le soufre, et *chlorides* et *sulfides* pour les composés basiques et neutres de ces mêmes corps; mais on a malheureusement adopté d'autres dénominations.

1° Lorsque le composé est acide, on écrit d'abord le mot *acide,* puis le nom du corps négatif et enfin le nom de l'autre élément que l'on termine par *ique;* exemples : *acide chlorhydrique, acide sulfhydrique, acide fluoborique.* —On appelle quelquefois *hydracides* les acides contenant l'hydrogène.

2° Lorsque le composé est neutre ou basique, on écrit d'abord le nom du corps négatif qu'on termine en *ure,* puis la particule *de* et le nom de l'autre élément. Exemples : *chlorure de soufre, chlorure de potassium, sulfure de plomb, carbure d'hy-drogène.* On emploie d'ailleurs les mots *proto, sesqui, bi....*

comme pour les oxydes, quand les corps se combinent en plusieurs propositions.

On déroge quelquefois à cette règle quand le composé et l'un des corps simples sont des corps gazeux. On écrit d'abord le nom du corps gazeux et on place à sa suite le nom de l'autre corps qu'on termine alors en *é*. Exemples : *hydrogène carboné, hydrogène bicarboné, hydrogène phosphoré.*

On déroge encore à cette règle quand les deux corps sont des métaux. Le composé prend alors le nom d'*alliage,* et chaque alliage en particulier, se désigne par le nom des métaux qui en font partie. Exemples : alliage de cuivre et d'argent, alliage de plomb et d'étain.—Quand le mercure est l'un des métaux alliés, le mot alliage est remplacé par le mot *amalgame* ; amalgame d'or, amalgame d'étain désignent les composés du mercure avec l'or et avec l'étain.

18. *Nomenclature des composés ternaires.* = Les composés qui résultent de la combinaison d'un acide et d'une base portent le nom général de *sels.* La plupart des sels sont des composés ternaires, car ils proviennent de l'union d'un composé binaire acide et d'un composé binaire basique contenant un élément commun. Quelques sels cependant sont des composés quaternaires ; c'est ce qui arrive pour plusieurs des sels dans lesquels l'ammoniaque (azoture d'hydrogène) remplit le rôle de base.

Considérons d'abord la nomenclature des *oxy-sels*, c'est-à-dire des sels qui résultent de la combinaison d'un acide oxygéné avec un oxyde métallique. On désigne ces sels en écrivant d'abord le nom de leur acide dans lequel on remplace la terminaison *ique* par *ate,* la terminaison *eux* par *ite,* puis on fait suivre le nom de la particule *de*, et on place après le nom de l'oxyde. Exemples : *carbonate de protoxyde de plomb, sulfate de protoxyde de zinc, sulfate de potasse.* — On supprime souvent le mot oxyde dans la dénomination des sels ; on dit par exemple carbonate de plomb , sulfate de zinc au lieu de carbonate de protoxyde de plomb, sulfate de protoxyde de zinc.

Lorsqu'on soumet un sel à l'action d'une pile d'une énergie telle que l'acide soit simplement séparé de l'oxyde, et sans qu'aucun des deux composés binaires soit décomposé, l'acide se rend toujours au pôle positif, et la base au pôle négatif. On s'est donc conformé à la règle générale dans la dénomination des sels, puisqu'on a placé en premier lieu le nom de l'acide, c'est-à-dire du composé binaire qui remplit dans le sel le rôle du corps négatif.

19. Il arrive souvent qu'un acide se combine en plusieurs proportions avec la même base pour donner naissance à différents sels; il faut donc apprendre à désigner ces différents composés. Quel que soit leur nombre, on les divise d'abord en trois classes : *sels neutres, sels acides, sels basiques.*

On appelle *sels neutres* les sels dans lesquels les propriétés de l'acide et de la base ont disparu complétement ou se sont neutralisées par le fait de la combinaison ; on appelle au contraire *sels acides* ou *sels basiques* ceux dans lesquels les propriétés de l'acide ou de la base prédominent. Le sel acide renferme par conséquent plus d'acide que le sel neutre pour la même quantité d'oxyde, et le sel basique en contient moins. —Prenons un exemple pour faire bien comprendre le caractère de la neutralité. On sait que l'acide sulfurique rougit la teinture bleue de tournesol, et que la potasse verdit le sirop de violette ; on sait de même que l'acide sulfurique a une saveur fortement acide, et que la potasse a une saveur des plus âcres ; or, si l'on unit l'acide sulfurique avec la potasse en proportion convenable, on obtient un composé qui n'a aucune action ni sur le tournesol, ni sur le sirop de violette, dont la saveur n'est ni âcre ni acide, et dans lequel les propriétés des deux composés binaires ont disparu par le fait de la combinaison ; ce composé est le sel neutre qui résulte de l'union de l'acide et de la base.

Pour désigner les diverses variétés des sels qui résultent de la combinaison d'un acide et d'une base en diverses proportions, on s'appuie encore sur la loi des proportions multiples. On emploie les noms *sesqui, bi, tri*..... qui se placent devant le nom de l'acide ou devant le mot *basique*, selon que le sel contient 1, 1 ½, 2, 3... fois plus d'acide ou de base que l'acide ou la base du sel neutre. Exemples : *phosphate neutre de chaux*; *sesquiphosphate de chaux*, *biphosphate de chaux*; *phosphate sesquibasique de chaux*, *phosphate bibasique de chaux*.

20. Plusieurs composés binaires qui possèdent un élément commun autre que l'oxygène peuvent s'unir et se neutraliser plus ou moins complétement, comme les acides et les oxydes métalliques. Il résulte donc de leurs combinaisons des composés ternaires analogues aux oxy-sels. Ces nouveaux corps portent le nom général de *chloro-sels*, de *sulfo-sels*... selon que l'élément commun aux deux composés binaires qui les constituent est le chlore, le soufre....

On aurait dû suivre, à l'égard de ces nouveaux composés, la même règle que pour les oxy-sels. On devrait dire, par exemple, le *chloroplatinate de chlorure de potassium* pour le sel formé par la combinaison du chlorure de platine et du chlorure de potassium; mais on adopte généralement une autre dénomination et on désigne ce composé par le nom de *chlorure double de platine et de potassium*. Il en serait de même pour les composés de même ordre.

21. *Nomenclature des composés quaternaires.* = Les composés quaternaires les plus importants résultent de la combinaison de deux sels qui ont un acide commun. Ces composés se nomment des *sels doubles*. Chaque sel double se désigne d'ailleurs en écrivant d'abord le nom qui rappelle l'acide commun et en le faisant suivre des noms des deux bases. Ainsi le sel formé par la combinaison du sulfate d'alumine et du sulfate de potasse s'appelle *sulfate double d'alumine et de potasse*. — Même règle pour les autres.

Telles sont les principales règles de la nomenclature chimique. Il resterait bien encore à considérer quelques corps particuliers qui ne rentrent pas dans les règles précédentes; mais nous indiquerons leurs noms à mesure qu'ils se présenteront.

§ 4. — *Des équivalents chimiques.*

22. *Equivalents des corps simples.* = On appelle équivalents chimiques les nombres qui représentent les poids des corps qui peuvent se remplacer mutuellement dans les composés analogues. Cherchons à éclaircir cette définition et à faire comprendre en même temps le moyen de trouver les équivalents des corps.

Supposons qu'on fasse une dissolution d'azotate neutre de protoxyde d'argent et qu'on y fasse plonger une lame de cuivre. L'argent se déposera peu à peu sur la lame, et une portion du cuivre se dissoudra à mesure pour le remplacer. Au bout de quelques temps, la solution ne renfermera plus aucune partie d'azotate neutre de protoxyde d'argent, et elle contiendra à sa place un azotate neutre de protoxyde de cuivre. Or, si l'on cherche le poids du cuivre dissous en le déduisant du poids de la lame avant et après l'expérience; si l'on cherche, d'un autre côté, le poids de l'argent déposé en pesant ce métal après l'avoir bien desséché, on trouve que si le cuivre dissous pèse 64 grammes, l'argent déposé en pèse 108. On voit par là que 64 grammes de cuivre remplacent 108 grammes d'argent dans l'azotate neutre de protoxyde d'argent, et qu'ils donnent lieu à un azotate neutre de protoxyde de cuivre, c'est-à-dire à un composé analogue au premier.

Le poids 64 grammes de cuivre ne remplace pas seulement le poids 108 grammes d'argent dans l'azotate neutre de protoxyde d'argent; mais il le remplace dans tous les autres composés d'argent, et il donne toujours lieu à un composé de cuivre analogue au composé d'argent qu'il décompose. Si l'on considère, par exemple, les protoxydes d'argent et de cuivre, ils contiennent 108 argent et 64 cuivre combinés respectivement avec le même poids 8 d'oxygène; si l'on prend les protochlorures d'argent et de cuivre, ils contiennent aussi 108 argent et 64 cuivre combinés avec le même poids 36 de chlore; on passe donc du protoxyde d'argent au protoxyde de cuivre, du protochlorure d'argent au protochlorure de cuivre en remplaçant toujours 108 grammes d'argent par 64 grammes de cuivre.—Ce fait n'est pas particulier à l'argent et au cuivre; il est vrai pour tous les corps : les poids de deux corps qui se remplacent dans deux composés analogues déterminés se remplacent, comme l'expérience le démontre, dans tous les autres composés analogues quels qu'ils soient.

On peut, d'après cela, déterminer les équivalents chimiques des corps simples en partant des composés analogues d'un ordre quelconque. On peut, par exemple, chercher les poids des corps qui se remplacent mutuellement dans les composés analogues qu'ils forment en se combinant avec l'oxygène. La détermination des équivalents se réduit donc à analyser tous les composés et à chercher les poids de chacun des corps qui se combinent avec un même poïds d'oxygène. Ces poids sont bien les équivalents des différents corps simples, puisqu'ils expriment les poids de ces corps qui se remplacent mutuellement dans les composés analogues.

Si l'on suppose, par exemple, que les différents composés oxygénés que l'on considère contiennent 8 d'oxygène, on trouve 1 pour l'hydrogène, 14 pour l'azote, 6 pour le carbone, 16 pour le soufre, 36 pour le chlore, 39 pour le potassium, 20 pour le calcium, 28 pour le manganèse, 64 pour le cuivre, 108 pour l'argent... Ces nombres représentent les équivalents de ces corps.

On aurait trouvé les mêmes rapports si l'on eût cherché les poids des différents corps simples qui forment des composés analogues en se combinant avec tout autre corps que l'oxygène.

Il y a plus : c'est qu'on aurait trouvé précisément les mêmes nombres si on eût cherché les poids des différents corps qui forment des composés analogues en s'unissant avec un poids d'un corps simple quelconque représenté par son équivalent. Ainsi, si l'on considère les composés analogues qui proviennent de la combinaison des corps simples avec 1 d'hydrogène, on trouve 8 pour l'oxygène, 14 pour l'azote, 6 pour le carbone, 16 pour le soufre, 36 pour le chlore... Si l'on considère ceux qui résultent de leurs combinaisons avec 36 de chlore, on trouve 8 pour l'oxygène, 1 pour l'hydrogène, 39 pour le potassium, 20 pour le calcium, 108 pour l'argent... Généralement, si l'on représente par $a, b, c, d, e...$ les poids des corps A, B, C, D, E... qui forment des composés analogues en se combinant avec un certain poids p d'un corps P, et qu'on cherche les poids des corps B, C, D, E... P qui forment des composés analogues en s'unissant avec le poids a du corps A, on trouve que ces poids sont égaux aux poids $b, c, d, e, ...p$. Cette loi a été découverte par Wenzel en 1776; elle est la base des équivalents.

23. Les équivalents chimiques des corps représentent, d'après les notions précédentes, les poids des corps qui forment des composés analogues en se combinant avec le même poids d'un autre corps quelconque; ils représentent aussi, d'après la loi de Wenzel, les poids des corps qui forment des composés analogues en se combinant ensemble. On peut donc les regarder comme exprimant les rapports des poids des corps qui se combinent ensemble ou comme les rapports des principes constituants des composés. Cette manière de les envisager les fait appeler souvent les *nombres proportionnels* ou les *proportions* des corps. Ainsi les nombres proportionnels, les proportions et les équivalents des corps ne sont qu'une seule et même chose : ce sont les nombres qui représentent les poids des corps qui se remplacent mutuellement dans les composés analogues ou qui forment des composés analogues en se combinant ensemble.

Toutes les combinaisons binaires des corps simples satisfont à une loi générale qui résulte de la loi de Wenzel et de la loi des proportions multiples. Voici son énoncé : lorsque deux corps simples se combinent ensemble, la combinaison se fait toujours entre des poids des deux corps représentés par leurs équivalents ou entre des poids représentés par un nombre extrêmement simple des équivalents de chacun des deux corps.

24. Les équivalents chimiques des corps ne représentent que des rapports; on peut donc les rapporter à l'équivalent d'un corps quelconque et prendre un nombre quelconque pour l'équivalent de ce corps. Quelques chimistes rapportent les équivalents à l'équivalent de l'hydrogène, et ils représentent l'équivalent de ce corps par l'unité. D'autres le rapportent à l'oxygène, et, comme l'équivalent de ce corps est plus grand que les équivalents de certains corps et plus petit que les équivalents des autres, ils le représentent par 100 afin d'éviter les fractions. Nous les rapporterons à l'hydrogène, car les nombres sont beaucoup plus petits et, par suite, beaucoup plus faciles à retenir.

L'équivalent de l'oxygène vaut 8 fois l'équivalent de l'hydrogène. Si donc on représente l'équivalent de l'oxygène par 100, c'est-à-dire par un nombre 12,5 plus grand que 8, tous les autres équivalents doivent aussi être représentés par des nombres 12,5 fois plus grands. L'équivalent de l'hydrogène serait alors 12,50; celui de l'azote 175; celui du carbone 75; celui du soufre 200; celui du chlore 450...

25. La valeur de l'équivalent d'un corps simple varie avec la composition du corps d'où l'on part pour l'obtenir. Ainsi l'équivalent du manganèse est 28 quand on le tire du protoxyde, car ce corps est formé de 28 manganèse et de 8 oxygène; il est 14 quand on le tire du bioxyde, car ce corps contient deux fois moins de manganèse pour le même poids d'oxygène; il serait encore différent si on le tirait d'un autre composé. Les équivalents des autres corps présenteraient des variations du même genre.

On doit déterminer les équivalents des corps en partant de composés analogues, c'est-à-dire de composés qui se ressemblent par l'ensemble de leurs propriétés et surtout par la similitude des réactions auxquelles ils donnent lieu. Les composés analogues ont, en effet, quand on suit cette règle, la même composition chimique, c'est-à-dire qu'ils sont formés d'un pareil nombre des équivalents des corps simples qui les constituent.

Le choix des composés d'où l'on part est souvent difficile ; mais il suffit, pour le plus grand nombre des corps, de prendre les premiers composés qu'ils forment en s'unissant avec l'oxygène. Il y a cependant quelques exceptions à cette règle. Si l'on considère l'iode, par exemple, et qu'on prenne pour son équivalent le poids de ce corps qui se combine avec 8 d'oxygène dans l'acide iodique, on trouve que la composition des iodates neutres offre une discordance complète avec celle de tous les autres sels neutres. La quantité d'acide capable de neutraliser une quantité de base contenant un équivalent d'oxygène renferme en effet un équivalent du *radical*, quelque soit le sel neutre que l'on considère, et c'est ce qui n'arriverait pas pour les iodates neutres dans la supposition précédente. On convient donc, pour donner à tous les sels neutres une composition analogue, de prendre pour l'équivalent de l'iode la quantité d'iode qui se trouve dans la quantité d'acide iodique capable de neutraliser une quantité de base contenant un équivalent d'oxygène.

26. *Equivalents des corps composés.* = Les équivalents des corps composés se forment en ajoutant les équivalents des corps qui les constituent. Ainsi l'acide sulfurique contenant 3 équivalents d'oxygène pour 1 de soufre, 1 équivalent d'acide sulfurique vaut 1 éq. de soufre + 3 éq. d'oxygène, c'est-à-dire 16 + 24 ou 40. — Par la même raison, 1 équivalent d'acide azotique vaut 1 éq. d'azote + 5 éq. d'oxygène, c'est-à-dire 14 + 40 ou 54. Cette manière de former les équivalents des corps composés est d'accord avec la définition même des équivalents ; car on trouve que 40 d'acide sulfurique et 24 d'acide

azotique se remplacent mutuellement dans leurs combinaisons avec une même base, la baryte, par exemple.

On ferait voir de même qu'un équivalent de protoxyde d'argent est formé de 1 éq. d'argent $+$ 1 éq. d'oxygène ou $108 + 8 = 116$, et qu'un équivalent de protoxyde de fer est formé de 1 éq. de fer $+$ 1 éq. d'oxygène ou $27 + 8 = 35$; car 35 de protoxyde de fer et de 116 de protoxyde d'argent se remplacent mutuellement dans leurs combinaisons avec les acides.

27. *Tableau des équivalents.* = Nous ne donnerons que les équivalents des corps les plus importants et nous renverrons aux ouvrages plus complets pour les équivalents des autres corps.

TABLEAU DES ÉQUIVALENTS.

Métalloïdes.

H	Hydrogène	1		Br	Brôme	78
O	Oxygène	8		I	Iode	126
Az	Azote	14		Ph	Phosphore	32
C	Carbone	6		As	Arsenic	75
S	Soufre	16		B	Bore	11
Cl	Chlore	36		Si	Silicium	21

Métaux.

K	Potassium	39		N	Nickel	30
Na	Sodium	23		Zn	Zinc	34
Ba	Barium	68		Sn	Etain	58
St	Strontium	44		Sb	Antimoine	128
Ca	Calcium	20		Cu	Cuivre	64
Mg	Magnésium	12		Pb	Plomb	104
Al	Aluminium	14		Bi	Bismuth	73
Mn	Manganèse	28		Hg	Mercure	101
Fe	Fer	27		Ag	Argent	108
Cr	Chrôme	28		Au	Or	100
Co	Cobalt	30		Pl	Platine	98

28. *Signes chimiques.*= Nous avons mis à côté de chaque corps, dans le tableau précédent, les signes employés pour désigner un équivalent de ces corps. Ainsi la lettre H désigne un éq. d'hydrogène, la lettre S un éq. de soufre, le signe Ph. un éq. de phosphore.

Lorsqu'on veut désigner plusieurs équivalent d'un corps, on place à la droite de la lettre correspondante, sous forme d'exposant, ou à la gauche, sous forme de coefficient, le chiffre qui représente le nombre des équivalents. Ainsi H^2 ou 2H indique 2 éq. d'hydrogène ; 3Ph ou Ph^3 désigne 3 éq. de phosphore.

Lorsqu'on veut désigner un composé binaire, on écrit à la suite l'un de l'autre les signes qui représentent les corps constituants, en donnant à chaque signe un exposant qui indique pour combien d'équivalents le corps simple entre dans le corps composé. Ainsi HO=1 éq. d'eau ou de protoxyde d'hydrogène ; $SO^3 = 1$ éq. d'acide sulfurique ; $AzO^5 = 1$ éq. d'acide azotique.

Lorsqu'on veut désigner un sel, on écrit la base et l'acide en les séparant par une virgule : ainsi $KO,SO^3 = 1$ éq. de sulfate neutre de potasse ; $KO,2SO^3 = 1$ éq. de bisulfate de potasse.

Une première remarque à faire sur cette nomenclature, c'est que l'exposant n'est relatif qu'à la lettre qu'il affecte, tandis que le coefficient se rapporte à toute la quantité qui le suit ; ainsi 2HO indique 2 éq. du corps HO, et HO^2 un éq. du corps formé d'un éq. d'hydrogène et de 2 éq. d'oxygène. — Une deuxième remarque, c'est que le corps négatif se met toujours le dernier dans la *nomenclature écrite,* tandis qu'il se met le premier dans la *nomenclature parlée.*

Ces notions préliminaires étant posées, nous allons commencer l'étude des différents corps dont on s'occupe dans la chimie inorganique ; nous diviserons cette étude en deux parties : 1° l'étude des métalloïdes, 2° l'étude des métaux.

PREMIÈRE PARTIE.

DES MÉTALLOÏDES.

Notions préliminaires.

29. *Caractères.* == On divise, comme nous l'avons déjà vu, les corps simples en *métalloïdes* et en *métaux*. Voici les caractères distinctifs de ces deux classes de corps :

Les métaux conduisent bien la chaleur et l'électricité ; ils possèdent en outre l'*éclat métallique*, c'est-à-dire un éclat analogue à celui de l'argent, du fer, du cuivre bien polis ; ils forment enfin, en s'unissant avec l'oxygène, un ou plusieurs composés qui remplissent le rôle de base.

Les métalloïdes conduisent mal la chaleur et l'électricité ; ils sont privés de l'éclat métallique, et ils ne forment, en se combinant avec l'oxygène, que des composés acides et des composés neutres.

Le caractère tiré de l'éclat et de la conductibilité ne doit pas être regardé comme absolu, car il varie avec les circonstances dans lesquelles les corps sont placés. Les métaux, par exemple, ont assez peu d'éclat et ils conduisent assez mal la chaleur quand ils sont réduits en poussière très-fine, tandis que le charbon possède un éclat assez brillant quand il est à l'état d'anthracite, et il conduit bien l'électricité quand il a été fortement calciné. — C'est le caractère tiré de la nature des composés que les corps forment en s'unissant avec l'oxygène qu'on doit regarder comme le plus important ; il n'est pas cependant encore essentiel, car l'hydrogène, que tous les chimistes rangent au nombre des métalloïdes, forme un composé oxygéné, le protoxyde d'hydrogène ou l'eau, qui remplit le rôle d'une base, faible il est vrai, par rapport aux acides puissants.

30. On admet généralement 15 métalloïdes : l'oxygène, l'hydrogène, l'azote, le carbone, le soufre, le sélénium, le tellure, le chlore, l'iode, le brôme, le fluor, le phosphore, l'arsenic, le bore et le silicium. Nous les étudierons dans l'ordre où ils viennent d'être placés, en omettant toutefois le sélénium et le tellure qui n'ont aucune importance ni par eux-mêmes, ni par leurs combinaisons.

L'étude de chaque corps simple sera suivie de l'étude des principaux composés qu'il forme en s'unissant avec les corps précédents. Ainsi on placera, après l'hydrogène, les composés d'hydrogène et d'oxygène ; après l'azote, les composés d'azote et d'oxygène, puis les composés d'azote et d'hydrogène, etc.

31. Nous suivrons généralement une marche uniforme dans l'étude de tous les corps. Nous ferons connaître successivement ses propriétés, sa composition, sa préparation et ses usages.

On divise souvent les propriétés des corps en *propriétés physiques* et en *propriétés chimiques*. Les premières sont celles que les corps possèdent en tant qu'ils ne changent pas de nature ; les dernières sont les propriétés qu'ils présentent quand ils se décomposent ou qu'ils entrent en combinaison avec d'autres corps. Les propriétés physiques comprennent l'état du corps, sa couleur, sa densité, son éclat, sa dureté, la forme de ses cristaux, son point de fusion, etc. Elles comprennent aussi son action sur les organes de l'odorat, du goût et du toucher ; ces dernières propriétés se nomment quelquefois *propriétés organoleptiques*.

CHAPITRE PREMIER.

Oxygène.

32. *Oxygène.* = L'oxygène a été appelé successivement *air pur, air vital.* Sa découverte, qui date de l'année 1774, a été faite presque en même temps par Priestley et par Schèele. Lavoisier fit connaître presque à la même époque ses principales propriétés et ses principales combinaisons.

Propriétés. = L'oxygène est gazeux à toute température et à toute pression ; il est incolore, inodore, insipide. Sa densité est 1,1056 ; il est peu soluble dans l'eau, car ce liquide n'en dissout que les 46 millièmes de son volume, à la température ordinaire.

L'oxygène peut se combiner avec tous les autres corps simples en produisant toujours un dégagement de chaleur, et quelquefois un dégagement de chaleur et de lumière. C'est même à la combinaison de ce gaz avec le carbone et avec l'hydrogène que nous devons la chaleur et la lumière artificielle qui se produisent dans nos foyers, dans nos bougies, dans nos lampes...

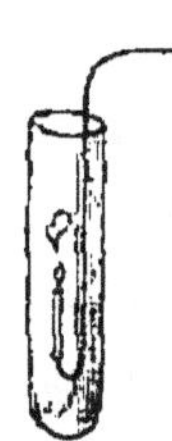

Fig. 4.

L'oxygène pur active plus fortement la combustion que l'air atmosphérique dont il ne forme que la 5e partie environ ; aussi, si l'on plonge dans une *éprouvette* pleine d'oxygène (*fig.* 4) une bougie ou une allumette récemment éteinte et ne présentant plus que quelques points en ignition, elle se rallume tout à coup et brûle avec une flamme plus vive que dans l'air. Comme l'oxygène ne partage cette propriété qu'avec le protoxyde d'azote, elle sert souvent à le faire reconnaître. — Une autre propriété remarquable de l'oxygène, c'est de devenir lumineux quand on le comprime vivement et subitement dans le briquet à air ; il se combine alors, sous l'influence de la chaleur dégagée dans cette pression, avec les matières grasses dont les pistons sont toujours entourés, et cette combustion donne lieu au dégagement de lumière, comme le font toutes les combinaisons des corps doués d'une forte affinité. Le chlore et l'air atmosphérique jouissent aussi de cette propriété.

On fait dans les cours de chimie diverses expériences qui rendent sensible l'intensité des combustions dans l'oxygène pur. 1° On plonge dans un flacon plein d'oxygène un petit morceau de charbon à peine rouge (*fig.* 5), et aussitôt il brûle avec

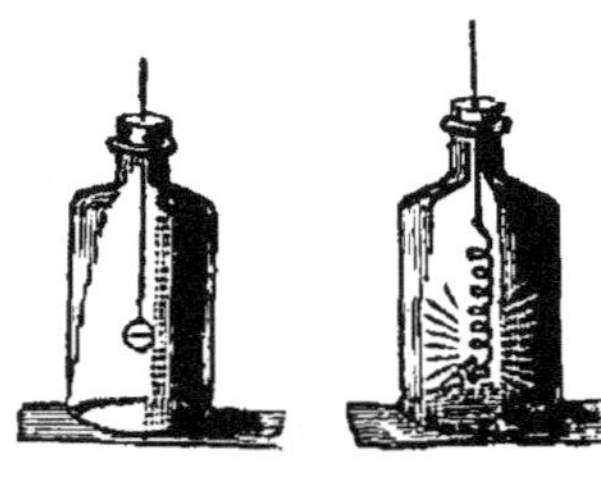

Fig. 5. Fig. 6.

une lumière extrèmement vive ; il devient même presque blanc de chaleur si on le porte, dès que la combustion est en pleine activité, dans un deuxième flacon plein d'oxygène. 2° On suspend un petit morceau d'amadou à l'extrémité inférieure d'une spirale de fer effilée, puis on la plonge dans un flacon d'oxygène après avoir allumé l'amadou (*fig.* 6). Le fer s'enflamme aussitôt, et la combustion devient si vive qu'on peut à peine en soutenir l'éclat ; on voit en outre les globules fondus d'oxyde de fer s'élancer de toutes parts dans le flacon et venir s'incruster dans ses parois. 3° Des expériences analogues peuvent être faites avec le soufre, avec le phosphore... — Il est bon de noter que la lumière qui résulte des diverses combustions est moins vive quand les produits sont gazeux, que quand ils sont solides ou liquides ; la combustion du soufre et du charbon, par exemple, se fait avec moins d'éclat que celle du phosphore et du fer.

Combustion. = Jusqu'à Lavoisier, on n'avait que des idées inexactes sur la combustion. Stahl, l'un des premiers chimistes qui en aient donné une théorie, admettait l'existence d'un principe qu'il nomma le *phlogistique ;* il supposait que ce principe était uni avec tous les corps combustibles, et que la combustion avait lieu pendant qu'il s'en dégageât. Mais, d'après ces idées, les corps devraient brûler dans le vide comme dans l'air et dans l'oxygène, ce qui n'a pas lieu ; et de plus ils devraient perdre de leur poids dans la combustion, tandis qu'ils en gagnent en réalité.

Lavoisier reconnut, dès l'année 1775, que la combustion d'un corps dans l'air provient de sa combinaison avec l'oxygène renfermé dans ce gaz ; aussi crut-il devoir définir la combustion « un phénomène qui résulte de la combinaison d'un corps combustible avec l'oxygène. » Mais cette définition est trop restreinte, car il existe de nombreuses combustions dans lesquelles l'oxygène ne joue aucun rôle ; ainsi, si l'on projette de l'antimoine ou du phosphore dans un flacon plein de chlore, il se produit une combustion des plus vives par la combinaison du chlore avec ces substances. On doit donc définir la combustion : « un phénomène qui résulte de la combinaison de deux corps quelconques, quand cette combinaison se fait avec dégagement de chaleur et de lumière. »

La cause du dégagement de chaleur qui accompagne les combustions, et en général toutes les combinaisons chimiques, n'est pas parfaitement connue. M. Berzélius l'attribue à la neutralisation des fluides électriques qui a lieu dans toutes les combinaisons. On sait en effet que la réunion des deux électricités contraires est une source énergique de chaleur, et que les molécules de deux corps sont toujours dans un état électrique opposé à l'instant où elles vont se combiner. Le dégagement de chaleur et de lumière serait d'autant plus grand que les deux corps auraient plus d'affinité, ou que la neutralisation de leur électricité serait plus énergique.

Préparation. = L'oxygène est le corps le plus répandu dans la nature ; mais il s'y trouve toujours en mélange ou en combinaison avec d'autres corps. Il forme les 23 centièmes du poids de l'atmosphère, et les $\frac{8}{9}$ du poids de l'eau; il entre dans la composition de presque toutes les matières organiques, et dans celle des oxydes et des sels qui sont si abondants dans le règne minéral.

On extrait ordinairement l'oxygène du bioxyde de manganèse MnO^2 en décomposant ce corps par la chaleur. On l'introduit dans une cornue de grès après l'avoir pulvérisé, puis on adapte au col de la cornue un tube en verre *ab* convenablement recourbé, et on place la cornue dans un *fourneau à réverbère* (*fig.* 7). On

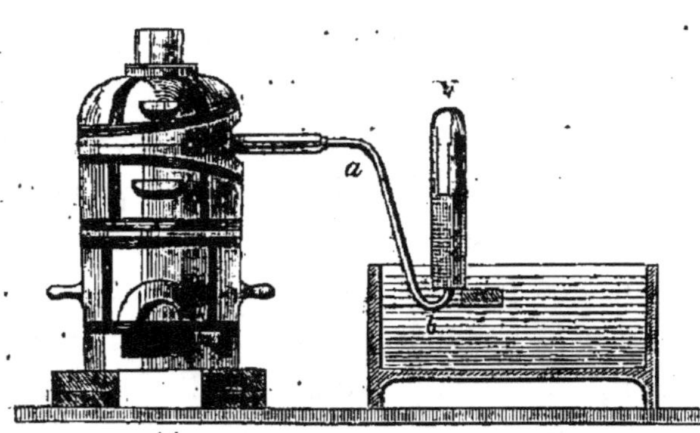

fait ensuite plonger l'ouverture inférieure *b* du *tube à gaz ab* dans la *cuve à eau*, et on dispose au-dessus une éprouvette V qu'on a préalablement remplie d'eau et qui reste pleine par l'effet

Fig. 7.

de la pression atmosphérique. On met enfin quelques charbons rouges sur la grille du fourneau et on achève de le remplir avec des charbons noirs. La combustion se propage peu à peu dans toute la masse du charbon, et la cornue finit par arriver à la chaleur rouge, température à laquelle le bioxyde commence à se décomposer.

L'oxygène résultant de la décomposition se rend dans l'éprouvette; mais on laisse perdre les premières portions de gaz, car elles sont mélangées avec l'air qui était contenu dans la cornue; on ne commence à le recueillir que quand il rallume rapidement les bougies qui présentent quelques points en ignition. La décomposition du bioxyde est terminée quand le gaz cesse de se dégager, quoique la cornue soit entourée complétement de charbons rouges.

On ne peut jamais décomposer entièrement le bioxyde de manganèse par l'action de la chaleur ; on ne peut même jamais l'amener à l'état de protoxyde ; on ne peut que lui enlever le tiers de l'oxygène qu'il renferme. Il est facile de trouver, en partant de là, le poids d'oxygène que peut fournir un poids donné de bioxyde. L'équivalent du manganèse étant 28, le bioxyde est formé de 28+16 ou 44 ; il contient donc les $\frac{16}{44}$ ou les $\frac{4}{11}$ de son poids d'oxygène ; or comme il abandonne le tiers de son oxygène, on obtiendra les $\frac{4}{33}$ ou les 121 millièmes de son poids en oxygène, c'est-à-dire 121 grammes d'oxygène par kilogramme de bioxyde. C'est à peu près 84 litres à la température et sous la pression ordinaires.

On extrait souvent l'oxygène du bioxyde de manganèse en le traitant à une douce chaleur par l'acide sulfurique concentré. On introduit alors le bioxyde pulvérisé dans un petit ballon de verre (*fig.* 8) ; on verse sur lui l'acide sulfurique, puis on adapte le tube à gaz et on chauffe à l'aide d'un petit fourneau, ou simplement avec une lampe à alcool. La décomposition se produit bientôt. Le bioxyde de manganèse MnO^2 abandonne la

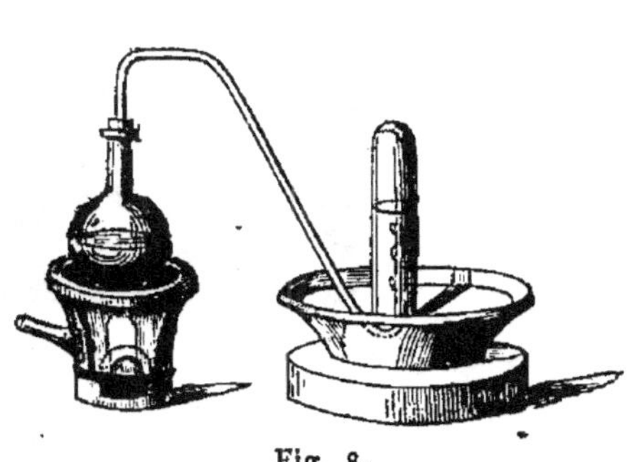

Fig. 8.

moitié de son oxygène, et le protoxyde restant MnO se combine avec l'acide sulfurique SO^3 pour former un sulfate de protoxyde de manganèse MnO, SO^3.

On extrait aussi l'oxygène du chlorate de potasse KO, ClO^5 en chauffant fortement ce sel dans un petit ballon de verre (*fig.* 8). On le transforme ainsi en six équivalents d'oxygène $6O$ et en un équivalent de chlorure de potassium KCl. On a remarqué que la décomposition du chlorate de potasse est plus facile quand on mélange ce sel avec une petite quantité de bioxyde de manganèse ou d'oxyde de cuivre, quoique ces deux corps n'éprouvent pas eux-mêmes de décomposition à la température de l'expérience. Ce fait n'a pas été expliqué.

On peut enfin extraire l'oxygène de l'air atmosphérique par un procédé dû à M. Boussingault. Ce procédé est fondé sur la propriété que possède la baryte BaO d'absorber l'oxygène à la température du rouge obscur, et sur la faculté que possède le bioxyde de barium BaO^2 de se décomposer en baryte et en oxygène à la température du rouge cerise. — L'appareil employé consiste en un tube AB de porcelaine dans lequel on introduit la baryte en fragments, et qu'on place dans un fourneau rectangulaire à réverbère (*fig.* 9). L'extrémité A reçoit un petit

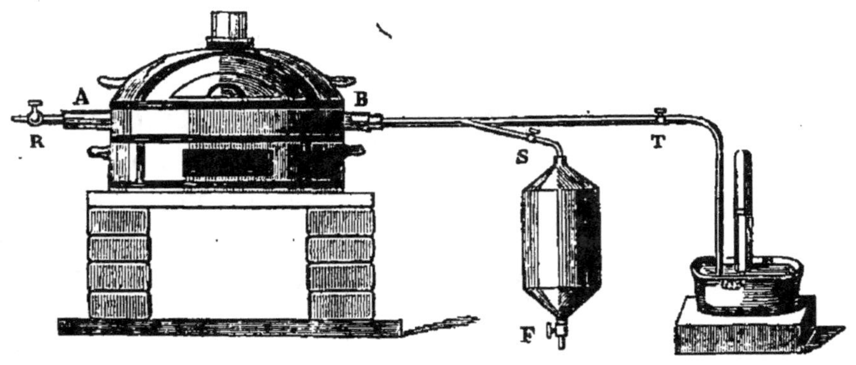

Fig. 9.

tube à robinet, qui permet de faire communiquer l'intérieur du tube avec l'air atmosphérique; l'autre extrémité B porte un tube à deux branches qui donnent le moyen de le faire communiquer soit avec un tube à gaz, soit avec un *aspirateur* contenant de l'eau.

On porte d'abord le fourneau au rouge obscur, puis on ferme le robinet T et on ouvre les robinets R, S et F. L'air pénètre alors dans le tube avec une vitesse qu'on peut régler en ouvrant plus ou moins le robinet F de l'aspirateur. Son oxygène se fixe complétement sur la baryte tant qu'elle n'est pas complétement suroxydée, et son azote se rend dans l'aspirateur. Lorsque toute la baryte est convertie en bioxyde de barium, on ferme les robinets R, S et F; on ouvre le robinet T et on chauffe le tube au rouge cerise. Le bioxyde de barium se décompose alors presque instantanément, et son oxygène se rend dans l'éprouvette disposée pour le recueillir. — La baryte qui se trouve ainsi reproduite peut servir pour une deuxième expérience, puis pour une troisième.... il faut toutefois dépouiller l'air qui arrive dans le tube de sa vapeur d'eau et de son acide carbonique, car la baryte se combinerait avec ces deux corps et perdrait ainsi peu à peu son affinité pour l'oxygène.

Usages. == Il n'est aucun corps dont les usages soient plus nombreux et plus importants que ceux de l'oxygène; il suffit, pour en donner la preuve, de rappeler que c'est au moyen de ce gaz que s'accomplissent les phénomènes de la respiration, de la végétation et des combustions les plus ordinaires. On ne s'en sert jamais à l'état de pureté dans l'industrie et dans les arts; on l'emploie tel qu'il se trouve dans l'atmosphère, c'est-à-dire mélangé avec l'azote.

33.*Gazomètre.*== On doit toujours avoir dans les laboratoires de chimie une assez grande quantité d'oxygène pour les besoins ordinaires. On conserve souvent ce gaz dans de grandes bouteilles de verre qu'on remplit à la manière des éprouvettes et qu'on ferme ensuite avec un bouchon; mais on préfère quelquefois le gazomètre de M. Regnault (*fig.* 10).

Ce gazomètre se compose d'un cylindre de cuivre A, surmonté d'une petite cuve B et muni près de sa base d'un petit tube E recourbé vers le haut. Le cylindre peut communiquer, avec le fond de la petite cuve, par deux tubes à robinets C et D, dont le premier se termine à sa partie supérieure, et dont le second descend jusqu'à sa partie inférieure.

On remplit d'abord le cylindre d'eau en versant ce liquide en quantité suffisante dans la cuvette B, après avoir fermé l'orifice E avec un bouchon, et après avoir ouvert les robinets des tubes C et D. On ferme ensuite ces deux robinets, puis on ouvre l'orifice E et on y introduit le tube à gaz qui amène l'oxygène. Ce gaz s'élève à la partie supérieure du cylindre, et l'eau s'écoule à mesure par la tubulure E. On peut d'ailleurs con-

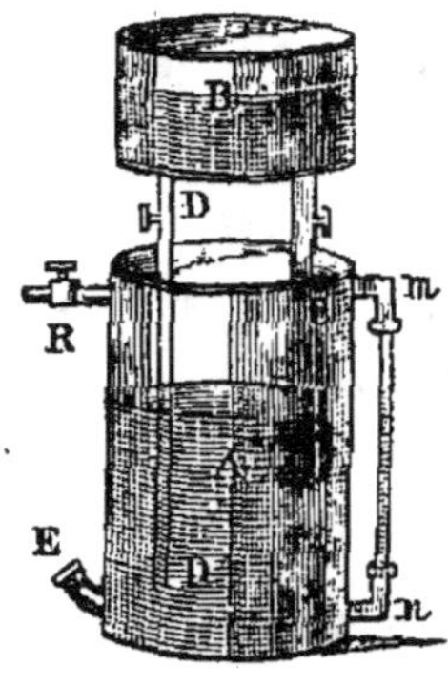

Fig. 10.

naître à chaque instant le niveau de l'eau dans l'appareil, au moyen d'un tube en verre *mn* qui communique avec ses deux extrémités. Lorsque le cylindre est en partie plein d'oxygène, on retire le tube à gaz, puis on ferme la tubulure E au moyen d'un bouchon.

Il est facile de remplir une éprouvette d'oxygène avec ce gazomètre : il suffit de disposer l'éprouvette au-dessus du tube C après l'avoir remplie d'eau, et d'ouvrir les robinets des tubes C et D. Le gaz monte alors dans l'éprouvette par le tube C, tandis que l'eau de la cuve descend dans le cylindre par le tube D.

34. *Chalumeau.* = On peut employer le gazomètre de M. Regnault pour produire un jet d'oxygène; il suffit en effet d'ouvrir le robinet R d'un petit tube fixé à la partie supérieure du cylindre, pour que l'oxygène s'en échappe rapidement; mais on doit avoir soin de laisser le tube D ouvert pendant toute la durée de l'écoulement, afin que l'eau descende dans le cylindre à mesure que le gaz en sort.

Lorsqu'on dirige un jet d'oxygène sur la flamme d'une lampe à alcool (*fig.* 11), on produit une combustion beaucoup plus

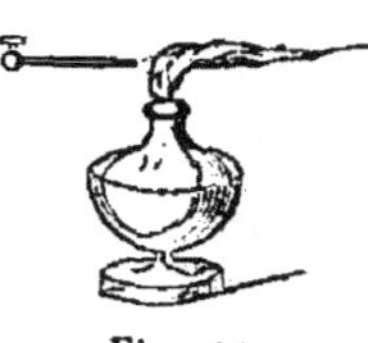

Fig. 11.

complète, et par suite on obtient une température beaucoup plus élevée dans la direction du jet; on peut même y fondre des fils de platine de plus d'un demi-millimètre de diamètre. — On fait souvent cette expérience en prenant pour gazomètre une vessie remplie d'oxygène et munie d'un tube métallique d'un petit diamètre (*fig.* 12); il suffit de la presser entre les mains pour que le gaz s'en échappe vivement. Il est facile de remplir la vessie d'oxygène : on en chasse d'abord tout l'air après l'avoir mouillée pour rendre ses parois plus flexibles, puis on l'attache sur une cloche à robinet (*fig.* 13) pleine d'oxygène, et on enfonce peu à peu la cloche dans l'eau pour faire passer dans la vessie le gaz qu'elle renferme. On sépare ensuite la vessie de la cloche et on y adapte le tube métallique.

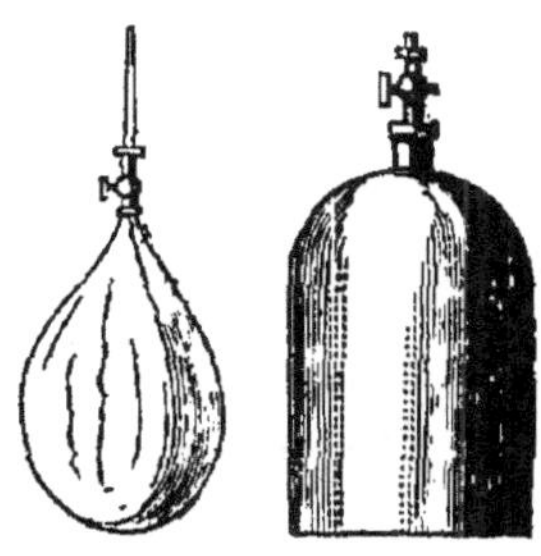

Fig. 12.   Fig. 13.

Si l'on dirigeait un jet d'air sur la flamme d'une lampe à alcool, la température serait moins élevée qu'avec l'oxygène pur, mais elle serait bien supérieure à celle de la flamme ordinaire, puisqu'on lui fournirait plus d'oxygène dans le même temps. On peut en faire l'expérience avec une vessie à tube métallique qu'on remplit d'air ; mais on préfère employer un petit appareil nommé le *chalumeau.*

Le chalumeau le plus simple est en verre ; il se compose d'un tube d'environ 15 centimètres de long, courbé à son extrémité, puis renflé en boule et terminé par un petit tube conique muni d'une petite ouverture (*fig.* 14). — Le chalumeau le plus employé se compose d'un tube de cuivre creux, terminé d'un côté par un petit tuyau d'ivoire aplati, et de l'autre par un réservoir en cuivre auquel on adapte un bec en cuivre, en argent ou en platine (*fig.* 15). — On

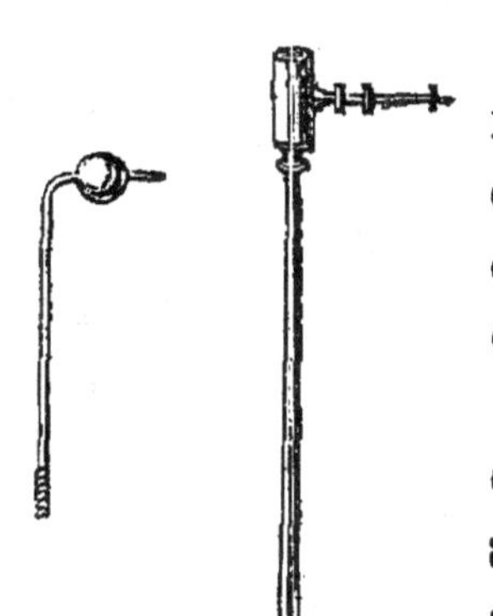

Fig. 14.   Fig. 15.

souffle avec la bouche par l'ouverture O du tube, et on dirige le jet sur la flamme d'une lampe à alcool ; mais il faut avoir soin de respirer seulement par le nez, car l'air qui vient de la poitrine contient moins d'oxygène que l'air ordinaire. On peut, avec un peu d'habitude, souffler ainsi d'une manière continue pendant plus de cinq minutes. — La boule du premier chalumeau et le réservoir du second ont pour effet de condenser la vapeur d'eau contenue dans l'air insufflé.

CHAPITRE II.

Hydrogène.

35. *Hydrogène.* == L'hydrogène portait le nom d'*air inflammable* à l'époque de la réforme de la nomenclature chimique : il n'a été étudié qu'en 1777, quoiqu'il ait été découvert vers l'an 1600. C'est Cavendisch qui en fit connaitre les principales propriétés.

Propriétés. == L'hydrogène est gazeux à toute température et à toute pression ; il est incolore, inodore, insipide. C'est le plus léger de tous les gaz ; sa densité est égale à 0,0692. L'eau n'en dissout que les 15 millièmes de son volume à la température ordinaire.

L'hydrogène est impropre à la respiration, car il asphyxie les animaux qui le respirent ; il n'agit pas cependant comme gaz délétère, mais seulement parce qu'il s'oppose à l'introduction de l'air dans les poumons. — Il éteint les corps en combustion, comme on le voit en plongeant une bougie allumée dans une éprouvette pleine de gaz. On doit, dans cette expérience, tenir l'éprouvette renversée, afin que l'hydrogène, qui est plus léger que l'air, n'en sorte pas.

L'hydrogène ne peut être décomposé par la chaleur et l'électricité ; il ne peut que se dilater par l'influence de ces agents.

L'hydrogène est inflammable au contact de l'air, car il brûle dès qu'on approche une bougie allumée de l'ouverture d'une éprouvette pleine de ce gaz ; la flamme produite est d'ailleurs d'autant plus blanche que le gaz est plus pur. — La combustion de l'hydrogène provient de sa combinaison avec l'oxygène de l'air, et c'est de l'eau qui résulte de cette combinaison. En effet, si l'on remplit d'hydrogène une vessie fixée à l'extrémité d'un tube métallique assez fin (*fig.* 12), qu'on expulse ensuite l'hydrogène en pressant la vessie, et qu'après avoir allumé le gaz à sa sortie, on introduise le tube métallique dans un tube en verre un peu large ou dans une éprouvette, on voit bientôt l'eau ruisseler en gouttelettes sur les parois intérieures du verre.

36. L'hydrogène et l'oxygène peuvent rester mélangés pendant un temps quelconque, à la température ordinaire, sans se combiner ; mais ils se combinent instantanément sous l'influence d'une flamme ou d'une étincelle électrique :

1° On remplit un petit flacon de verre (*fig.* 16) d'un mélange de deux volumes d'hydrogène et d'un volume d'oxygène, puis on approche une bougie allumée de l'ouverture ; la combinaison s'effectue alors immédiatement : une détonation très-forte se fait entendre ; un jet de lumière s'élance du goulot, et souvent même le flacon est brisé. — On doit toujours entourer de linges mouillés les parois du flacon, afin de retenir les débris du verre et d'empêcher par là les accidents qui accompagneraient indubitablement l'explosion. — Lorsqu'on veut opérer sur une trop grande quantité de gaz, on place un peu d'eau de savon dans un *mortier* de cuivre ou de fonte (*fig.* 17), puis on y amène les gaz au moyen d'un petit tube fixé à une vessie pleine du mélange ; quand il s'y est formé une assez grande quantité de bulles, on détermine l'explosion en en approchant une bougie attachée à l'extrémité d'une tige un peu longue.

Fig. 16.   Fig. 17.

2° On remplit le pistolet de Volta d'un mélange d'oxygène et d'hydrogène, on le ferme avec un bouchon, puis on communique une étincelle électrique au bouton extérieur au moyen d'un électrophore. Une vive détonation a lieu ; le bouchon est lancé au loin, et une langue de feu jaillit par l'ouverture.

L'hydrogène et l'oxygène se combinent aussi, à la température ordinaire, sous l'influence de certains corps, tels que le platine, le palladium, le rhodium et l'iridium. Il suffit en effet de plonger, dans un mélange de deux volumes d'hydrogène et d'un volume d'oxygène, de la *mousse* de platine ou une éponge couverte de platine très-divisé pour que la combinaison se produise instantanément. — L'action du platine n'est pas due à l'affinité, car ce corps ne contracte aucune combinaison dans cette expérience; elle provient d'une cause entièrement inconnue à laquelle on donne le nom d'*action de présence, de force catalytique.*

Chaleur dégagée pendant la combinaison. = De tous les corps combustibles, c'est l'hydrogène qui dégage la plus grande chaleur dans sa combustion. La chaleur dégagée est égale à 23640 unités de chaleur, c'est-à-dire qu'un gramme d'hydrogène produit, en brûlant, une chaleur capable d'échauffer d'un degré un poids d'eau de 23640 grammes.

Pour obtenir le maximum de chaleur au moyen de la combustion, il faut employer un mélange de 2 volumes d'hydrogène et de 1 volume d'oxygène; il faut en outre le faire écouler sous une pression assez forte. On satisfait parfaitement à ces résultats au moyen d'un petit appareil (*fig.* 18) nommé le *chalumeau de Daniell.* — Il se compose de deux tubes en cuivre concentriques, de même longueur, et tels que la section de l'espace annulaire soit double de la section du tube central. On adapte à l'une des extrémités un petit réservoir D en platine d'un diamètre intérieur

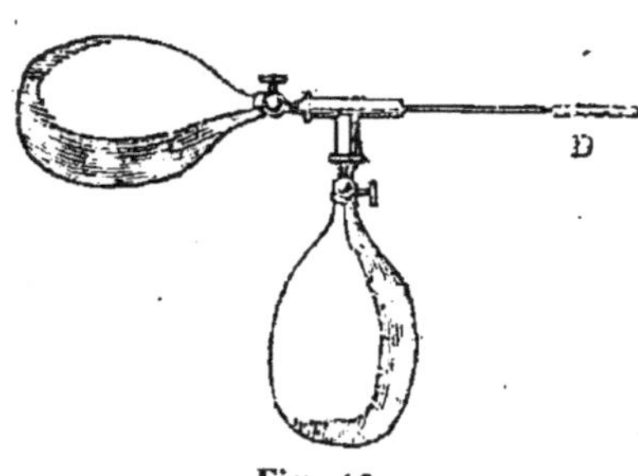

Fig. 18.

d'environ 4 à 5 millimètres, puis on fait communiquer le tube intérieur avec une vessie pleine d'oxygène et l'espace annulaire avec une vessie pleine d'hydrogène. Lorsqu'on presse les vessies avec la même force, les deux gaz arrivent dans un rapport convenable dans le réservoir de platine ; il suffit donc d'enflammer le mélange pour obtenir un jet lumineux d'une température très-élevée.

La chaleur produite dans cette expérience suffit pour fondre presque instantanément le verre, le cuivre, le fer et même le platine. — La lumière développée n'est pas très-vive par elle-même, mais elle acquiert un éclat remarquable quand on y introduit des corps solides. Si on dirige par exemple le jet sur l'extrémité d'un petit cône de craie, la lumière devient si intense que l'œil ne peut en supporter l'éclat. La lumière qu'on obtient ainsi a reçu le nom de *lumière de Drummond*.

On emploie quelquefois deux gazomètres de M. Regnault au lieu des deux vessies du chalumeau de Daniell. On remplit l'un d'hydrogène, l'autre d'oxygène, et on amène en même temps les deux gaz dans un petit réservoir qu'on termine par un bec de platine ; on fait d'ailleurs arriver les gaz en proportions convenables en ouvrant plus ou moins les robinets qui leur donnent issue.—On n'a aucune explosion à craindre dans ces expériences, puisque l'oxygène et l'hydrogène sont dans des réservoirs séparés.

Préparation. = L'hydrogène est un des corps les plus répandus dans la nature, mais il n'y existe qu'à l'état de combinaison. Il entre dans la composition de l'eau et dans presque toutes les substances organiques.

C'est de l'eau qu'on extrait l'hydrogène en la mettant en contact, à la température ordinaire, avec du zinc et de l'acide sulfurique. On introduit les substances dans un flacon (*fig.* 19), puis on adapte à sa tubulure un tube à gaz dont on fait rendre l'extrémité sous une éprouvette pleine d'eau. L'hydrogène se forme immédiatement et va se rendre dans l'éprouvette. Le dégagement du gaz est très-rapide ; aussi faut-il peu de temps pour en retirer plusieurs litres.— On emploie souvent un flacon à deux tubulures dans cette expérience. On adapte le tube à gaz dans l'une des tubulures et on fixe dans l'autre un tube droit dont l'extrémité inférieure plonge d'un ou deux centi-mètres dans l'eau du flacon. On verse l'acide sulfurique par ce deuxième tube à mesure que la réaction se ralentit.

On peut se rendre compte de la réaction qui a lieu entre l'eau, l'acide sulfurique et le zinc.

Le zinc, en vertu de son affinité pour l'oxygène, tend à décomposer

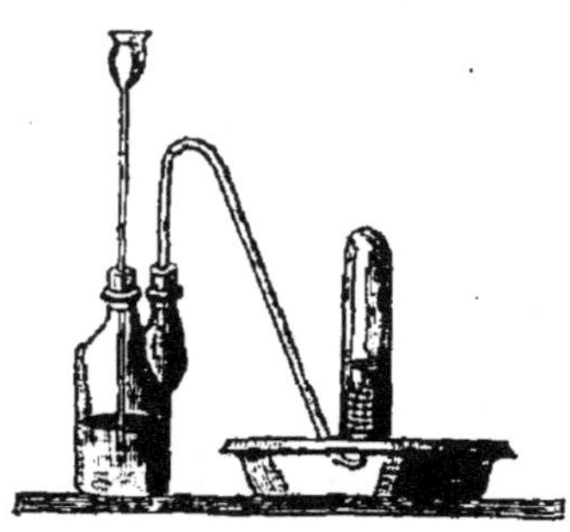

Fig. 19.

les corps qui contiennent ce métalloïde, afin de se combiner avec lui et de se constituer à l'état d'oxyde. Son affinité, toutefois, n'est pas assez forte pour qu'il décompose l'eau à la température ordinaire ; on peut en effet mettre l'eau et le zinc en contact pendant un temps quelconque sans qu'il se produise aucune décomposition. Mais si l'on ajoute de l'acide sulfurique, on fait intervenir une nouvelle affinité, l'affinité de l'acide sulfurique pour l'oxyde de zinc, et l'on conçoit que la décomposition puisse avoir lieu. L'oxygène de l'eau se porte alors sur le zinc pour former de l'oxyde de zinc, et l'acide sulfurique se combine avec cet oxyde pour former un sulfate d'oxyde de zinc. L'hydrogène de l'eau est donc mis en liberté. Le sulfate de zinc reste en dissolution dans l'eau, tandis que l'hydrogène se dégage. — On voit, en récapitulant, que la décomposition de l'eau est produite par une double affinité, l'affinité du zinc pour l'oxygène et l'affinité de l'acide sulfurique pour l'oxyde de zinc ; l'affinité du zinc pour l'oxygène ne suffirait pas pour décomposer l'eau à la température ordinaire.

Si l'on prend 1 éq. de zinc, il faudra, pour employer toutes les matières, mettre 1 éq. d'eau afin de fournir 1 éq. d'oxygène, et 1 éq. d'acide sulfurique afin de former 1 éq. de·sulfate d'oxyde de zinc. Il se dégage alors 1 éq. d'hydrogène.— On peut écrire, au moyen des signes chimiques, les produits employés sous la forme $SO^3 + HO + Zn$, et les produits obtenus par la réaction sous la nouvelle forme $H + ZnO,SO^3$. — Il est indispensable d'employer plus d'un équivalent d'eau dans la préparation de l'hydrogène ; car le zinc ne décompose l'eau sous l'influence de l'acide sulfurique qu'autant que l'acide est très-étendu.

L'hydrogène ainsi obtenu n'est jamais parfaitement pur ; il possède toujours une odeur assez forte qui provient d'une huile volatile due à la combinaison de l'hydrogène avec quelques atomes de charbon contenus accidentellement dans le zinc. On se débarrasse de cette huile en faisant passer le gaz dans un tube plein de fragments de potasse qui l'absorbe en se combinant avec elle. L'hydrogène renferme aussi souvent d'autres gaz qui proviennent de quelques substances étrangères contenues dans le zinc et l'acide sulfurique.

Usages. = L'hydrogène n'a été employé jusqu'ici que pour gonfler les ballons, pour réduire certains oxydes métalliques et pour faire quelques analyses chimiques.

L'hydrogène s'unit en deux proportions avec l'oxygène. Les deux composés qui résultent de cette union sont le protoxyde d'hydrogène ou l'eau et le bioxyde d'hydrogène.

§ 1er. — *Protoxyde d'hydrogène (eau).*

37. *Eau.* = L'eau était un des quatre éléments admis par les anciens philosophes ; ce n'est qu'en 1781 que Cavendisch trouva la nature des corps qui la constituent, et qu'en 1785 que Lavoisier détermina sa véritable composition.

Propriétés physiques. = L'eau est liquide à la température ordinaire ; elle est transparente, incolore, inodore et insipide. C'est à l'eau qu'on rapporte les densités des corps solides et liquides. Elle se comprime des 48 millionièmes de son volume primitif pour une pression d'une atmosphère ; elle conduit assez bien l'électricité des machines électriques ordinaires, mais elle conduit mal l'électricité des piles, à moins qu'elle ne soit mêlée avec quelques acides ou quelques matières salines.

Lorsqu'on refroidit l'eau à partir de la température ordinaire, elle se contracte de plus en plus jusqu'à 4° ; puis, si le refroidissement continue, elle se dilate à partir de ce point, arrive à 0° et se solidifie en augmentant encore de volume. Il résulte de là que l'eau se dilate à partir de 4°, soit qu'on la chauffe, soit qu'on la refroidisse et qu'elle possède ainsi à cette température un minimum de volume ou un maximum de densité. L'augmentation de volume qu'elle reçoit en passant de 4° à 0° n'est guère que la dix-millième partie de son volume, tandis que l'augmentation qu'elle éprouve en se solidifiant en est la quatorzième partie environ. — L'eau, comme tous les autres corps, peut cristalliser en passant lentement à l'état solide. Il se forme à sa surface de petites aiguilles triangulaires qui se réunissent souvent en feuilles de fougère et quelquefois en étoiles à six rayons inclinés sous des angles de 60°. Cette dernière forme se rencontre fréquemment dans la neige au moment où elle tombe. — Nous ne parlerons pas des moyens employés pour retarder le point de congélation de l'eau, ni des phénomènes qui résultent de la dilatation qu'elle éprouve en se solidifiant : ces questions appartiennent aux cours de physique.

Lorsqu'on chauffe l'eau suffisamment, elle peut entrer en ébullition comme la plupart des autres liquides ; elle y entre à 100° du thermomètre centigrade quand elle est placée dans un vase métallique et qu'elle est exposée à une pression atmosphérique de $0^m,76$. — L'eau peut aussi passer à l'état sphéroïdal quand on la projette en petite masse sur une surface très-chaude ; il n'est pas même besoin d'une surface incandescente, comme on l'a cru longtemps, pour l'amener à cet état ; elle y arrive dans un vase de platine chauffé à 171° et dans un vase d'argent chauffé à 142° ; il faut seulement employer, à des températures si basses, des précautions qui deviennent inutiles dans le cas de surfaces plus chaudes. La température du sphéroïde formé est loin d'être égale à la température des parois du vase ; elle n'est guère que 96°,5.

Propriétés chimiques. — L'eau est décomposée par la pile. La décomposition qui est à peine sensible quand l'eau est pure, s'effectue rapidement, au contraire, quand elle est légèrement acidulée ou salée ; son oxygène se porte au pôle positif, et son hydrogène au pôle négatif. — L'eau n'est pas décomposée par la chaleur.

Le carbone, le chlore, le brôme et l'iode peuvent décomposer l'eau à une température élevée : le charbon s'unit à son oxygène pour former de l'oxyde de carbone et de l'acide carbonique ; le chlore, le brôme et l'iode s'unissent au contraire avec son hydrogène pour former des acides chlorhydrique, brômhydrique et iodhydrique. On constate la décomposition de l'eau par le carbone en introduisant quelques charbons dans un tube de porcelaine (*fig.* 20), puis en portant ce tube à la chaleur rouge au

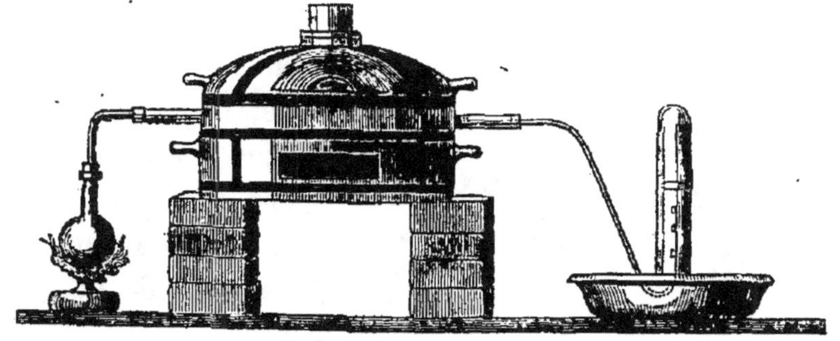

Fig. 20.

moyen d'un fourneau rectangulaire à réverbère, et en y faisant passer un courant de vapeur d'eau. On obtient en général de l'hydrogène, de l'oxyde de carbone et de l'acide carbonique pour produits, mais on peut n'avoir que de l'hydrogène et de l'oxyde de carbone en opérant à une température très-élevée et en employant un excès de charbon. Ces deux derniers gaz étant très-inflammables, on peut utiliser la chaleur qui résulte de leur combustion.

La plupart des métaux décomposent l'eau à une température plus ou moins élevée ; c'est même sur cette décomposition qu'est fondée la classification des métaux, comme nous le verrons plus loin.

L'eau peut se combiner avec plusieurs acides et plusieurs bases. Elle joue le rôle d'acide avec les bases puissantes et le rôle de base avec les acides énergiques ; mais ses propriétés acides et basiques sont toujours très-faibles. On donne le nom d'*hydrates* aux sels dans lesquels elle remplit le rôle d'acide.

Dissolution de l'air dans l'eau. = Toutes les eaux qui ont le contact de l'air contiennent une certaine quantité de ce fluide en dissolution ; elles en contiennent environ la trente-quatrième partie de leur volume à la température ordinaire. On s'en assure en remplissant d'eau un matras de 3 ou 4 litres, en adaptant à son col un tube à gaz plein du même liquide, en le chauffant jusqu'à l'ébullition et en recueillant, sous une éprouvette, l'air entraîné par la vapeur (*fig.* 21). Ce gaz forme toujours à peu près la trente-quatrième partie du volume de l'eau en le ramenant à la température

Fig. 21.

et sous la pression ordinaires. L'eau contient en outre une certaine quantité d'acide carbonique qui varie d'un lieu à un autre et selon les saisons. — Il est bon de remarquer que les eaux deviennent mauvaises à boire, fades et indigestes dès qu'on les a privées, par l'ébullition, des gaz qu'elles renferment naturellement.

L'air dissous dans l'eau n'a pas la même composition que l'air atmosphérique ; il contient 33 centièmes d'oxygène et 67 centièmes d'azote, tandis que l'oxygène entre dans l'air pour les 21 centièmes environ et l'azote pour les 79 centièmes. Si l'on analyse séparément les diverses portions de l'air qu'on recueille de l'eau aux différentes époques de l'expérience, on ne trouve dans les premières parties que 22 ou 23 pour 100 d'oxygène, tandis que les dernières en contiennent jusqu'à 34 ou 35 pour 100. On doit conclure de ce fait que l'oxygène a plus d'affinité pour l'eau que l'azote.

Les eaux ne sont pas toujours aussi riches en oxygène, et souvent elles en contiennent beaucoup plus. Ce gaz n'entre quelquefois que pour les 15 ou les 16 centièmes dans l'air dissous, et il va quelquefois jusqu'à 60 pour 100. On doit attribuer ces différences à certains végétaux et à certains animalcules contenus dans l'eau : ces corps absorbent à l'ombre l'oxygène dissous dans ce liquide et le convertissent en acide carbonique; ils décomposent au contraire l'acide carbonique sous l'influence de la lumière solaire, s'emparent de son carbone et dégagent son oxygène. Ces mêmes phénomènes se produisent aussi à la surface des eaux des mers. L'oxygène dissous croît pendant une série de beaux jours et surtout aux heures de la plus vive lumière. L'acide carbonique varie en sens inverse : il est à son maximum au lever du soleil et à son minimum vers 2 ou 3 heures. M. Morren, à qui l'on doit ce résultat, a trouvé que l'air dissous contenait, en été, 13 pour 100 d'acide carbonique et 33 pour 100 d'oxygène à 6 heures du matin, 7 pour 100 d'acide carbonique et 37 pour 100 d'oxygène à midi, et que le soir la quantité d'oxygène revient à 33 pour 100. — La quantité d'azote contenue dans les mers et dans les eaux douces paraît d'ailleurs constante aux diverses heures et dans les différentes saisons.

Substances dissoutes dans l'eau ordinaire. = L'eau qui se trouve dans l'intérieur de la terre ou à sa surface n'est jamais chimiquement pure ; elle contient toujours en dissolution quelques substances étrangères. Ces substances sont quelquefois en assez grande proportion pour rendre les eaux sapides et capables d'agir sur l'économie animale ; quelquefois leur proportion est si faible, qu'elles ne communiquent aux eaux aucune saveur et qu'elles n'exercent aucune action. Les eaux portent dans le premier cas le nom d'*eaux minérales* ; elles portent dans le second le nom d'*eaux douces*. Les eaux des mers et des sources qui contiennent une forte proportion de sel marin se désignent particulièrement sous le nom d'*eaux salées*. Nous ne parlerons ici que des eaux douces, en nous bornant à dire que les principales eaux minérales contiennent du carbonate de soude, de l'acide sulfhydrique et des sels ferrugineux.

Les eaux douces contiennent presque toujours du sulfate de chaux, du chlorure de sodium et quelques autres sels dont la proportion est extrèmement petite. Chacune de ces substances se reconnaît à l'aide d'un réactif particulier.

Le sulfate de chaux se reconnaît à l'aide de deux réactifs, l'azotate de baryte et l'oxalate d'ammoniaque. Le premier détermine un précipité de sulfate de baryte, et le second un précipité d'oxalate de chaux, qui troublent la liqueur. Les eaux qui contiennent beaucoup de sulfate de chaux, celles des puits de Paris, par exemple, ont des propriétés nuisibles ; elles sont difficiles à digérer ; elles cuisent mal les légumes, car elles forment avec quelques-uns de leurs éléments des composés insolubles qui les durcissent ; elles dissolvent mal le savon, et forment avec lui des grumeaux qui nuisent à son effet.

Le chlorure de sodium se reconnaît à l'aide de l'azotate d'argent ; l'eau contenant ce chlorure donne par l'addition d'une dissolution d'azotate d'argent un précipité blanc insoluble dans l'acide azotique et soluble dans l'ammoniaque. Ce sel n'a pas des propriétés nuisibles dans les eaux ordinaires.

Une eau ne peut être bonne à boire qu'autant qu'elle est vive, limpide, inodore, insipide, qu'elle cuit bien les légumes, qu'elle dissout bien le savon, qu'elle se trouble peu par l'azotate de baryte, l'azotate d'argent, l'oxalate d'ammoniaque et qu'elle donne un faible résidu par son évaporation.

Préparation de l'eau pure. = L'eau qui tombe de l'atmosphère est sensiblement pure ; elle ne contient que quelques substances préalablement suspendues dans l'air qu'elle entraîne dans sa chute ; on peut même la considérer comme chimiquement pure, abstraction faite de l'air et de l'acide carbonique, quand on la recueille après une pluie de longue durée qui a lavé suffisamment les couches atmosphériques.

C'est au moyen de la *distillation* qu'on se procure toute l'eau pure dont on a besoin dans les préparations chimiques. Cette opération s'exécute en chauffant l'eau dans un vase fermé, et faisant rendre la vapeur dans un récipient qu'on maintient à la température ordinaire. Les matières étrangères, étant fixes, restent dans le vase, tandis que la vapeur d'eau va se condenser dans le récipient. On emploie ordinairement l'*alambic* (*fig.* 22)

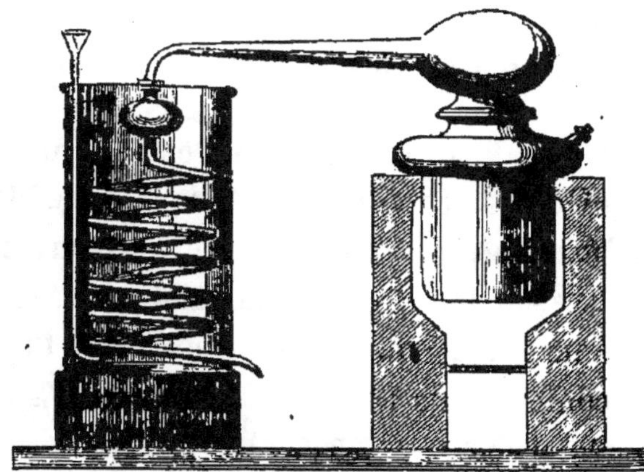

pour obtenir de grandes quantités d'eau distillée. Cet appareil est formé de trois parties distinctes et qui s'emboîtent facilement les unes dans les autres : ce sont la *cucurbite*, le *chapiteau* et le *serpentin*.

Fig. 22.

La cucurbite reçoit l'eau qu'on veut distiller ; on la plonge presque entièrement dans un fourneau afin de chauffer ses parois latérales et sa base ; les vapeurs produites se rendent d'abord dans le chapiteau, et de là elles passent dans le serpentin, où elles se condensent. Le serpentin doit être fixé dans un vase qu'on remplit d'eau afin de maintenir ses parois à la température ordinaire ; on doit la renouveler dès qu'elle s'est échauffée par la chaleur dégagée dans la liquéfaction.

38. *Composition de l'eau.* — L'eau est formée exactement de 8 parties d'oxygène et de 1 partie d'hydrogène, en poids ; elle contient donc en nombres ronds 89 centièmes d'oxygène et 11

centièmes d'hydrogène. L'eau est formée en volume de 2 vol. d'hydrogène et de 1 vol. d'oxygène condensés en 2 vol. On peut parvenir à ces résultats par l'analyse et par la synthèse.

Analyse. == On peut analyser l'eau en la décomposant par la pile. On se sert à cet effet d'un verre dont le fond est traversé par deux fils de platine qui s'élèvent un peu au-dessus et qui sont distants d'environ 2 centimètres (*fig.* 23). On le remplit

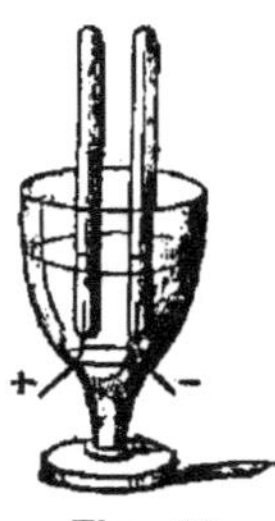

Fig. 23.

d'eau acidulée, puis on recouvre chacun des fils d'une petite éprouvette pleine d'eau, et on fait communiquer leurs parties extérieures avec les pôles d'une pile. La décomposition s'opère aussitôt : l'oxygène se rend au pôle positif, et l'hydrogène se porte au pôle négatif; le volume de l'hydrogène d'ailleurs est double du volume d'oxygène.

On peut encore analyser l'eau en la décomposant par le fer à la chaleur rouge. On se sert alors d'un long tube de porcelaine dans lequel on met de la tournure de fer bien décapée et qu'on place dans un fourneau rectangulaire à réverbère (*fig.* 20). On fait communiquer l'une des extrémités du tube avec une petite cornue contenant de l'eau et l'autre avec une éprouvette graduée pleine d'eau et reposant sur la cuve. — Lorsque le tube est porté au rouge, on met en ébullition l'eau de la cornue. Une partie de la vapeur qui traverse le tube est décomposée en oxygène qui se fixe sur le fer et en hydrogène qui se rend dans l'éprouvette; l'autre partie, celle qui échappe à la décomposition, se condense dans l'eau de la cuve. — On connaît le poids de l'oxygène absorbé par le fer en cherchant l'augmentation de poids que reçoit le tube; quant au poids de l'hydrogène, on le déduit de son volume. On trouve ainsi que l'eau contient 8 grammes d'oxygène pour 1 gramme d'hydrogène.

Synthèse.==Nous avons déjà vu que l'hydrogène donne de l'eau en se combinant avec l'oxygène et par suite que l'eau est formée d'oxygène et d'hydrogène. Il reste à déterminer le rapport dans lequel la combinaison des deux gaz se produit. On y parvient facilement au moyen de l'*eudiomètre* (*fig.* 24).

Cet appareil se compose d'un cylindre de verre très-épais, fermé à l'une de ses extrémités et ouvert à l'autre. Le cylindre est traversé par deux tiges de métal m et n dont les extrémités intérieures sont seulement distantes de quelques millimètres. La tige m se termine en dehors par une boule, et la tige n par un crochet. Si l'on fait communiquer le crochet avec le sol au moyen d'une chaîne métallique et si l'on approche ensuite le plateau d'un électrophore de la boule m, on produit en même temps deux

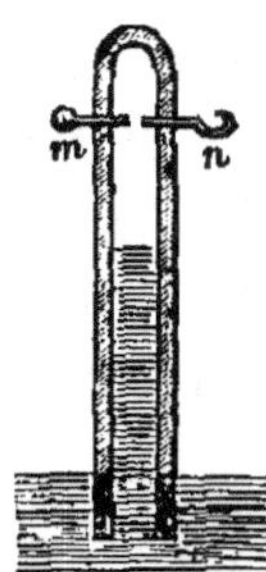
Fig. 24.

étincelles électriques : l'une entre le plateau et la boule m, l'autre entre les deux extrémités intérieures des tiges m et n. — On fait les expériences eudiométriques tantôt sur la cuve à eau, tantôt sur la cuve à mercure ; les garnitures métalliques de l'eudiomètre sont en laiton dans le premier cas et en fer dans le second.

Il est facile de déterminer la composition de l'eau au moyen de l'eudiomètre. On remplit d'abord cet appareil de mercure, puis on y introduit un mélange d'hydrogène et d'oxygène jusqu'au tiers environ de son volume et on détermine l'étincelle. La combinaison se produit immédiatement, et comme la vapeur d'eau formée au premier instant se condense rapidement par son contact avec les parois du verre, le mercure s'élance brusquement dans l'eudiomètre. Si le mélange introduit est formé de deux volumes d'hydrogène et d'un volume d'oxygène, le mercure s'élève jusqu'au sommet de l'appareil, ce qui prouve que la combinaison s'opère dans le rapport de ces volumes. Si le mélange contient plus de deux volumes d'hydrogène pour un volume d'oxygène ou plus d'un volume d'oxygène pour deux volumes d'hydrogène le mercure ne monte pas jusqu'au haut de l'eudiomètre et il reste une partie de l'un des gaz. En mesurant d'ailleurs les volumes des gaz introduits et le volume du gaz restant, et en ramenant les volumes à la même pression et à la même température, on trouve toujours que la combinaison a eu lieu dans le rapport de deux volumes d'hydrogène et d'un volume d'oxygène.

Lorsqu'on laisse l'eudiomètre ouvert pendant qu'on fait passer l'étincelle, on sent une forte secousse qui tend à le soulever, car la pression exercée par la vapeur d'eau sur la partie supérieure de l'eudiomètre n'est pas contre-balancée par la pression inférieure ; mais si on ferme l'eudiomètre, soit avec un bouchon ordinaire, soit avec un bouchon à soupape, ce qu'on fait ordinairement pour éviter la perte de gaz pendant l'expérience, on n'éprouve aucune secousse, car les pressions de haut en bas et de bas en haut se font mutuellement équilibre.

M. Dumas a imaginé, dans ces dernières années, un moyen synthétique d'une simplicité et d'une précision extrêmes. Son procédé consiste à faire passer un courant d'hydrogène pur et sec sur de l'oxyde de cuivre chauffé au rouge, et à recueillir toute l'eau qui provient de la combinaison de l'hydrogène avec l'oxygène de cet oxyde. Connaissant le poids de l'eau formée, et le poids de l'oxygène perdu par l'oxyde de cuivre, on en déduit par différence le poids de l'hydrogène et par suite la composition de l'eau. — On place l'oxyde dans un petit ballon A (*fig.* 25)

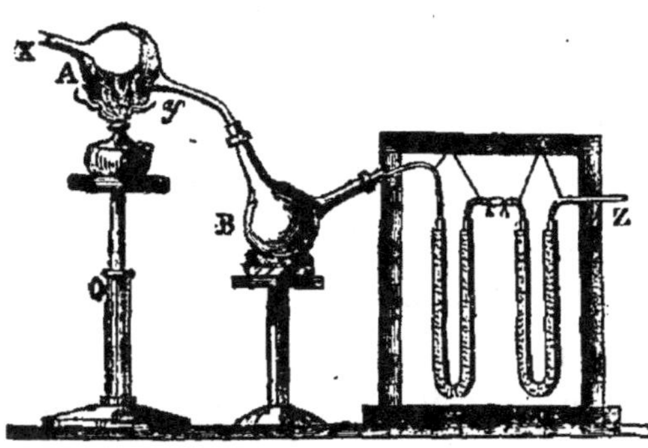

Fig. 25.

en verre peu fusible, puis on chauffe fortement ce ballon avec une lampe à double courant d'air, et on y fait arriver l'hydrogène par la tubulure latérale X. La vapeur d'eau produite s'échappe par la tubulure opposée Y et va se condenser soit dans le ballon refroidi B, soit dans des tubes T et T' remplis de ponce sulfurique et d'acide phosphorique anhydre. L'hydrogène en excès sort d'ailleurs par un tube Z qui plonge dans un vase d'eau et qu'on sépare du tube T' par un petit tube t plein de ponce sulfurique dont l'effet est d'absorber la vapeur émise par l'eau du vase. — On peut former sans peine par ce moyen jusqu'à 1000 ou 1200 grammes d'eau.

Il résulte des moyens analytiques et synthétiques qui viennent d'être décrits que l'équivalent de l'oxygène est 8, car ce nombre représente le poids d'oxygène qui se combine avec le poids 1 d'hydrogène pour former l'eau ou le premier composé oxygéné d'hydrogène.

39. Lorsqu'on connaît la composition de l'eau en volume, il est facile d'avoir sa composition en poids et réciproquement. Si l'on appelle en effet P' et P'' les poids de l'oxygène et de l'hydrogène, V' et V'' leurs volumes, D' et D'' leurs densités rapportées à l'eau, on a $P' = V'D'$, $P'' = V''D''$ et par suite $\frac{P'}{P''} = \frac{V'D'}{V''D''}$. On a d'ailleurs $\frac{D'}{D''} = \frac{1,1056}{0,0692} = 16$, puisque le quotient des densités de deux gaz rapportées à l'eau est égal au quotient de leurs densités rapportées à l'air ; on aura donc $\frac{P'}{P''} = \frac{16V'}{V''}$. Si l'on fait dans cette formule $V'' = 2V'$, il vient $P' = 8P''$; si l'on y fait au contraire $P' = 8P''$, il vient $V'' = 2V'$.

Il est facile de déterminer le volume de vapeur d'eau qui résulte de la combinaison de 2 vol. d'hydrogène et de 1 vol. d'oxygène. Le poids d'un corps composé étant égal à la somme des poids des corps composants, on a $VD = V'D' + V''D''$. Or, si l'on fait $D = 0,622$, $D' = 1,1056$, $D'' = 0,0692$, $V' = 1$, $V'' = 2$, il vient $V = 2$. On voit par là que la vapeur d'eau produite par la combinaison est formée de 2 vol. d'hydrogène et de 1 vol. d'oxygène condensés en 2 volumes. L'hydrogène et l'oxygène éprouvent par conséquent une *contraction* dans leur combinaison, et la contraction vaut le tiers du volume des deux gaz.

40. Nous venons de voir que les volumes d'hydrogène et d'oxygène qui s'unissent pour former de l'eau sont dans le rapport des nombres 2 et 1, et par suite que ces volumes sont dans un rapport extrêmement simple. Ce fait s'applique également

aux combinaisons de tous les autres gaz : on reconnaît toujours que les volumes des gaz qui se combinent ensemble sont dans un rapport très-simple ; on reconnaît de plus qu'il existe un rapport très-simple entre la contraction et la somme des volumes des gaz qui entrent en combinaison. — Cette loi se nomme la *loi des volumes* : elle a été découverte par Gay-Lussac.

§ 2. — *Bioxyde d'hydrogène.*

41. *Bioxyde d'hydrogène.* = Le bioxyde d'hydrogène a été découvert par M. Thénard en 1818 ; on lui donne souvent le nom d'*eau oxygénée.*

Propriétés. = Le bioxyde d'hydrogène est liquide, d'une consistance sirupeuse, sans couleur et sans odeur ; il a une saveur désagréable ; il attaque l'épiderme et le blanchit ; il décolore les papiers de tournesol et de curcuma. Sa densité est 1,45. Il ne se solidifie pas par un froid de 30 ou 40 degrés ; il se volatilise sans se décomposer sous le récipient de la machine pneumatique.

Le bioxyde d'hydrogène est peu stable ; il se décompose à 15 ou 20 degrés quand il est concentré, mais sa décomposition ne commence qu'à 45 ou 50 degrés quand il est dissous dans l'eau. La décomposition aurait lieu avec explosion si on le chauffait un peu brusquement.

Le bioxyde d'hydrogène se transforme en oxygène et en eau quand il se décompose par la chaleur ; il donne un poids d'oxygène égal au poids de l'oxygène contenu dans l'eau qui provient de la décomposition. On s'en assure en introduisant dans un petit ballon un poids p de bioxyde d'hydrogène, en l'étendant d'eau pour rendre la décomposition moins rapide, puis en chauffant jusqu'à l'ébullition et en recueillant l'oxygène sous une éprouvette graduée. On connaît ainsi le volume et par suite le poids de l'oxygène dégagé. En appelant p' ce poids, on a $p-p'$ pour le poids de l'eau ordinaire contenue dans le poids p de bioxyde d'hydrogène. — Le bioxyde d'hydrogène a pour formule HO^2

puisqu'il contient deux fois plus d'oxygène que l'eau pour un même poids d'hydrogène.

Le bioxyde d'hydrogène se décompose rapidement à la température ordinaire, quand on le met en contact avec certains corps, en poudre fine, tels que le platine, l'or, l'argent, le plomb, le bioxyde de manganèse... Ces corps ne contractent aucune combinaison dans cette expérience, ils agissent seulement par leur présence ou en vertu de la force catalytique. — Le bioxyde se décomposerait avec explosion si on le mettait en contact avec certains oxydes faciles à réduire, tels que les oxydes d'or et de platine; ces oxydes se décomposeraient en même temps et abandonneraient tout leur oxygène.

Préparation. = Le bioxyde d'hydrogène se prépare avec l'acide chlorhydrique, le bioxyde de barium et l'eau distillée. On introduit l'eau et l'acide dans un verre entouré de glace, puis on y met peu à peu le bioxyde de barium préalablement broyé avec un peu d'eau. Le bioxyde de barium BaO^2 et l'acide chlorhydrique HCl donnent immédiatement du chlorure de barium BaCl qui se dissout, et de l'oxygène 2O qui se combine avec l'eau. — Lorsque l'acide chlorhydrique est converti en chlorure de barium, on verse de l'acide sulfurique dans la liqueur. On obtient ainsi du sulfate de baryte BaO, SO^3 qui se précipite, et on reproduit tout l'acide chlorhydrique HCl. On met alors du nouveau bioxyde de barium qui agit comme le premier, puis du nouvel acide sulfurique, puis du bioxyde de barium..... On opère de même jusqu'à ce que la liqueur soit suffisamment chargée de bioxyde d'hydrogène. On y verse enfin du sulfate d'argent AgO, SO^3, qui précipite la baryte à l'état de sulfate, et le chlore à l'état de chlorure; on filtre et on concentre le liquide jusqu'à consistance sirupeuse sous le récipient de la machine pneumatique.

Le bioxyde d'hydrogène s'emploie, en solution très-étendue, pour restaurer les anciens tableaux qui ont été noircis par les émanations d'acide sulfhydrique.

CHAPITRE III

Azote.

42. *Azote.* = L'azote a été découvert par Lavoisier en 1775 ; on l'a désigné d'abord sous le nom d'*air vicié*.

Propriétés. = L'azote est gazeux à toute température et sous toute pression ; il est incolore, inodore, insipide ; sa densité est 0,9713 ; l'eau en dissout seulement les 25 millièmes de son volume ; il est, par conséquent, environ deux fois moins soluble que l'oxygène.

Ce gaz éteint les bougies allumées sans brûler lui-même au contact de l'air ; il asphyxie les animaux qui le respirent à l'état de pureté.

L'azote peut se combiner avec l'oxygène, l'hydrogène, le carbone, le chlore, l'iode et quelques métaux ; mais il ne s'y combine qu'à l'état de *gaz naissant*. Il s'unit cependant à l'oxygène sous l'influence de l'électricité ; car on finit par obtenir de l'acide azotique en faisant passer pendant longtemps de fortes étincelles dans l'air, qui est un mélange d'oxygène et d'azote.

Préparation. = L'azote est très-répandu dans la nature, puisqu'il entre dans un grand nombre de substances organiques, et qu'il forme les 77 centièmes du poids de l'atmosphère. C'est de l'air atmosphérique qu'on l'extrait ordinairement en absorbant l'oxygène qu'il contient, soit au moyen du phosphore, soit au moyen de la tournure de cuivre.

Lorsqu'on se sert du phosphore, on place, sur une cuve à eau (*fig.* 26), une large plaque de liége qui puisse flotter libre-

ment à la surface du liquide, puis on met sur cette plaque
une petite capsule de porcelaine contenant un petit morceau

Fig. 26.

de phosphore bien sec. On met ensuite le feu au phosphore avec une
allumette et on recouvre la plaque d'une
large cloche pleine d'air. Une vive combustion se produit : le phosphore s'empare de l'oxygène de l'air pour former
de l'acide phosphorique qui se dissout
dans l'eau, et l'azote reste isolé dans la cloche. On attend,
pour l'en retirer, que la combustion ait complétement cessé et
que la cloche soit refroidie. On doit mettre un excès de phosphore afin d'absorber tout l'oxygène.

Lorsqu'on se sert de tournure de cuivre, on en remplit à peu
près un tube de porcelaine (*fig.* 27) qu'on porte au rouge au

Fig. 27.

moyen d'un long fourneau rectangulaire, puis on adapte à l'une
de ses extrémités un tube à gaz qu'on fait rendre sous une éprouvette pleine d'eau. On fixe à l'autre un tube de verre qu'on fait
communiquer avec un flacon d'où l'on peut chasser l'air au
moyen d'un courant d'eau. Lorsque l'eau descend dans le flacon,
l'air qui s'en trouve expulsé passe dans le tube de porcelaine :
son oxygène se fixe alors sur le cuivre, et son azote se rend sous
l'éprouvette. — Si l'on voulait obtenir de l'azote privé de la

petite quantité d'acide carbonique contenu dans l'air employé, on ferait passer l'air dans un tube en U, rempli de ponce imbibée de potasse caustique qu'on interposerait entre le flacon et le tube de porcelaine. Si l'on voulait de l'azote sec, il faudrait ajouter à la suite du tube en U contenant la potasse, un nouveau tube en U contenant de la *ponce sulfurique* et recueillir en outre le gaz sur la cuve à mercure.

Usages. = L'azote n'a aucun usage dans les arts et dans la médecine. On l'emploie dans les laboratoires quand on veut étudier la réaction de certains corps à l'abri de l'oxygène. Il entre dans la composition d'un grand nombre de matières végétales et animales.

§ 1er. — *Air atmosphérique.*

43. L'air atmosphérique est principalement formé d'azote et d'oxygène ; il renferme un outre un peu d'acide carbonique, un peu de vapeur d'eau et des traces de quelques autres gaz provenant de la décomposition des matières végétales et animales.

Les anciens rangeaient l'air parmi leurs éléments, et ils le croyaient dépourvu de pesanteur. C'est en 1640 que Galilée constata son poids en pesant successivement un ballon plein d'air ordinaire et plein d'air comprimé, et c'est en 1775 que Lavoisier trouva sa composition en isolant les deux éléments principaux dont il est formé.

Propriétés. = L'air est gazeux à toute température et à toute pression ; il est incolore, inodore, insipide. Sa densité est la 770e partie de la densité de l'eau à la température $0°$ et sous la pression de $0^m,76$. Il est moins soluble dans l'eau que l'oxygène pur, car ce liquide n'en dissout que la 34e partie de son volume. Il est mauvais conducteur de la chaleur et de l'électricité.

L'air est altéré par un grand nombre de corps à une température plus ou moins élevée. Tous les corps simples; en effet, à l'exception du fluor, du chlore, du brôme, de l'iode, de l'azote, de l'argent, du platine, de l'or, du palladium, du rhodium, de l'iridium et du ruthénium, peuvent lui enlever une partie de son oxygène pour s'oxyder ou s'acidifier. C'est même, comme nous l'avons déjà dit, la combinaison du carbone et de l'hydrogène avec l'oxygène de l'air qui produit les combustions les plus ordinaires, c'est-à-dire celles dont nous tirons toute la chaleur et toute la lumière artificielles.

44. *Respiration.* = L'air est essentiel à la respiration, car les animaux périssent dans les autres gaz aussi bien que dans le vide. Le gaz oxygène produit une chaleur trop intense ; les autres sont ou délétères, c'est-à-dire qu'ils tuent à la manière des poisons, ou simplement irrespirables, c'est-à-dire qu'ils asphyxient en empêchant l'air d'entrer dans les poumons.

On ne connaît l'action de l'air dans la respiration que depuis les belles expériences de Lavoisier relatives à la composition de ce fluide ; on sait que l'air expiré contient moins d'oxygène que l'air inspiré, qu'il renferme au contraire plus d'acide carbonique et plus de vapeurs d'eau. Quant à l'azote, il ne varie pas sensiblement dans ses proportions. — On avait d'abord admis que l'oxygène absorbé dans l'acte de la respiration était totalement employé à transformer en acide carbonique une partie du carbone du sang ; mais il n'en est pas ainsi, car une partie de ce gaz se combine avec une portion de l'hydrogène du sang pour donner de la vapeur d'eau. On trouve en effet que la quantité d'oxygène absorbée en 24 heures est égale à 592 grammes ; or l'acide carbonique expiré, étant égal à 605 grammes, représente 165 grammes de carbone et 440 grammes d'oxygène ; il reste donc encore 592 — 440 ou 152 grammes d'oxygène qui ne peuvent se combiner qu'avec de l'hydrogène. L'hydrogène absorbé par cette portion d'oxygène doit être égal à 19 grammes, et l'eau qui résulte de la combinaison doit avoir un poids de 171 grammes.

Les 605 grammes d'acide carbonique produits en 24 heures représentent un volume d'acide de 315 litres environ ; ce volume n'est guère que les 0,04 du volume total d'air expiré dans le même temps. Le volume des poumons étant en effet d'un tiers de litre, et le nombre des aspirations étant de 16 par minute, le volume d'air expiré en 24 heures est égal à $\frac{1}{3}^{\text{lit.}} \times 16 \times 60 \times 24$ ou bien à 7680 litres ; or on a sensiblement $315 = 7680 \times 0,041$.

On ne produit que 171 grammes de vapeur d'eau en 24 heures par la combinaison de l'hydrogène du sang avec l'oxygène ; mais on en expire un poids beaucoup plus grand, car les gaz expirés se sont à peu près saturés d'humidité par leur contact avec le sang et avec les membranes intérieures. Le poids réel de la vapeur aqueuse qu'on émet en 24 heures par la transpiration pulmonaire dépasse 200 grammes ; et celui qu'on émet soit par la transpiration pulmonaire, soit par la transpiration cutanée, est de 900 à 1000 grammes, comme le démontrent les expériences de M. Dumas.

La forte proportion d'acide carbonique contenu dans l'air expiré rend ce gaz complétement impropre à la respiration ; il faudrait donc, s'il n'y avait aucune autre cause qui viciât l'air, fournir à chaque individu un volume d'air de 7680 litres par 24 heures ou de 320 litres par heure, afin que le même air ne passât qu'une seule fois dans les poumons. Mais une nouvelle cause contribue encore à vicier l'air des salles où séjournent un grand nombre d'individus, ce sont les matières animales qui sont entraînées par la vapeur d'eau due à la respiration et à la transpiration cutanée. Ces matières communiquent rapidement à l'air une mauvaise odeur ; elles agissent même probablement avec plus d'énergie que l'acide carbonique, car, en analysant l'air d'une salle renfermant un grand nombre d'individus, on ne trouve pas une assez grande quantité d'acide carbonique pour expliquer le malaise qu'on y éprouve.

Il est par conséquent plus convenable de prendre pour le volume d'air à fournir à chaque individu le volume capable de dissoudre le poids de la vapeur qui résulte soit de la respiration, soit de la transpiration cutanée. Ce poids est, en moyenne, de 960 grammes par 24 heures ou de 40 grammes par heure.

Or, si l'on prend l'air à 15 degrés et si on le suppose déjà à moitié saturé, il dissout par litre un poids de vapeur d'eau égal à 0^{gr},00645 ; il en faut donc un volume de 6201 litres ou d'environ 6 mètres cubes pour en dissoudre 40 grammes. Tel est le volume d'air qu'il faut fournir par individu et par heure. L'exactitude de ce nombre a du reste été vérifiée par des expériences directes dans des salles d'asile ; on a trouvé que l'air des salles n'avait pas d'odeur et qu'on y respirait comme à l'air libre, en déterminant une ventilation capable de fournir 6 mètres cubes d'air par élève et par heure. En produisant une ventilation moins forte, l'atmosphère des salles devient lourde, on y éprouve une sorte de malaise et on y respire plus péniblement.

45. *Composition.* = L'air contient environ les 0,79 de son volume d'azote, et les 0,21 de son volume d'oxygène ; il contient aussi, mais en très-petite quantité, de la vapeur d'eau, de l'acide carbonique et quelques autres gaz. Cherchons à démontrer l'existence de ces principes et à en trouver les proportions.

1° *Azote et oxygène.* = Lavoisier est parvenu à séparer l'azote de l'oxygène en absorbant ce dernier gaz au moyen du

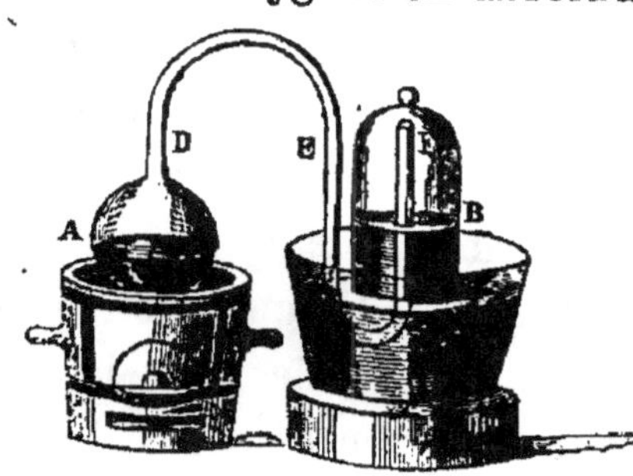

Fig. 28.

mercure. L'appareil qu'il a employé se compose 1° d'un matras A (*fig.* 28) d'environ 75 centilitres, 2° d'une cloche B reposant sur le mercure et aux trois quarts remplie d'air, 3° d'un tube à gaz DEF partant du matras et plongeant jusqu'au sommet de la cloche. On met environ 100 grammes de mercure dans le matras, et on le chauffe pendant 5 ou 6 jours à une température voisine de son ébullition. L'absorption du gaz ne commence qu'à la fin du premier jour, et elle n'est terminée qu'au bout de 5 jours environ. Le gaz qui reste dans la cloche et dans le matras possède des propriétés totalement différentes de l'air ordinaire, c'est le gaz azote ; celui qui disparaît se combine avec une partie du mercure, et donne lieu à un grand nombre de pellicules rouges dont il est facile de l'extraire. Il suffit pour cela d'introduire ces pellicules dans une petite cornue de verre qu'on porte au rouge et de recueillir sous des éprouvettes le gaz qui se dégage. On trouve aussi que ce gaz possède des propriétés toutes différentes de l'air, qu'il diffère même essentiellement de l'azote ; c'est le gaz oxygène. — Lavoisier a reconnu par ce moyen que l'oxygène entre pour $\frac{1}{5}$ dans l'air, et que l'azote y entre pour les $\frac{4}{5}$. Cette expérience toutefois ne donne pas la composition de l'air d'une manière exacte, parce que le mercure n'absorbe jamais tout l'oxygène.

On parvient à la composition de l'air d'une manière plus sûre et plus rapide en absorbant son oxygène par le phosphore.

Fig. 29.

On remplit de mercure une petite cloche courbe (*fig.* 29) reposant sur une cuve pleine de ce métal ; on y fait passer un certain volume d'air, puis on introduit dans la partie courbe un petit morceau de phosphore (4 ou 5 décigrammes), et on chauffe avec une lampe à alcool jusqu'à ce que le phosphore s'enflamme. L'oxygène est totalement absorbé par ce corps au bout de quelques minutes, et l'azote reste seul dans la cloche. Ce dernier gaz n'occupe alors que les 79 centièmes du volume de l'air, et par suite l'oxygène en occupait les 21 centièmes. Il faut avoir soin, dans la comparaison des volumes, de ramener les gaz à la pression et à la température de l'air au commencement de l'expérience.

On parvient au même résultat au moyen de l'eudiomètre. On y introduit 100 parties d'air en volume et 100 parties d'hydrogène, puis on fait passer l'étincelle. Les 200 parties du volume se réduisent alors à 137 parties, ce qui donne une absorption de 63 parties. Les 63 parties absorbées, résultant de la combinaison de l'oxygène et de l'hygrogène, représentent 21 parties d'oxygène et 42 parties d'hydrogène ; l'air de l'eudiomètre ne contenait d'ailleurs que 21 parties d'oxygène, puisqu'il reste encore de l'hydrogène après le passage de l'étincelle ; il contenait donc 100 — 21 ou 79 d'azote. — Si l'on voulait même isoler cet azote, il suffirait d'introduire dans l'eudiomètre 29 parties d'oxygène pour brûler les 58 parties d'hydrogène au moyen d'une nouvelle étincelle.

L'analyse précédente n'est pas encore parfaitement exacte, car il est impossible de ne pas commettre d'erreur dans la mesure des volumes, toujours très-petits, des gaz employés. La méthode de MM. Dumas et Boussingault est beaucoup plus rigoureuse : elle consiste à faire passer un courant d'air, dépouillé de sa vapeur d'eau et de son acide carbonique, sur du cuivre chauffé au rouge qui absorbe son oxygène, à recueillir l'azote dans un ballon vide, et à chercher par la balance le poids de l'oxygène et celui de l'azote.

L'appareil se compose 1° d'un tube A (*fig.* 30) qui va puiser l'air hors de la chambre où l'on opère, 2° d'un tube à boules B

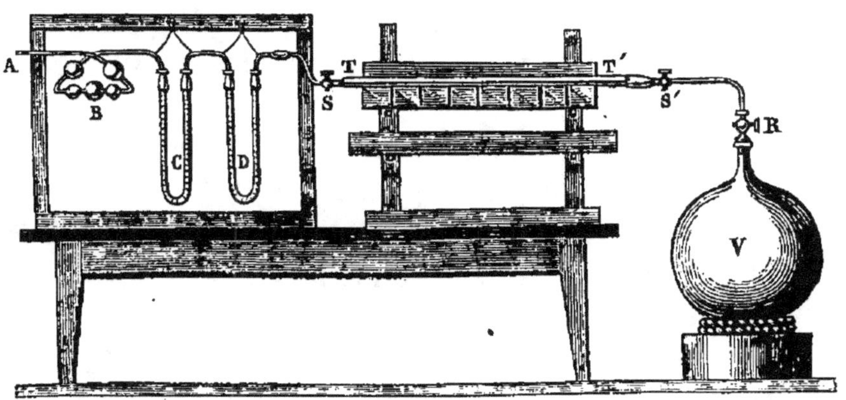

Fig. 30.

(nommé tube de Liébig) contenant une dissolution concentrée de potasse, 3° d'un tube C en forme de U contenant de la ponce imbibée de potasse caustique, 4° d'un tube D en U contenant de la ponce imbibée d'acide sulfurique, 5° d'un tube TT en verre dur, d'environ 0^m,30, rempli de cuivre pur et plongeant dans un fourneau à réverbère, 6° d'un ballon V de 20 litres environ, muni d'un robinet R. Le tube TT porte aussi deux robinets S et S'.

On fait d'abord le vide dans le tube TT, puis on le pèse, et on le porte au rouge au moyen du fourneau; on ouvre ensuite successivement les robinets S, S' du tube et le robinet R du ballon vide. L'air entre alors par le tube A, se dépouille de son acide carbonique dans les tubes B et C, de sa vapeur d'eau dans le tube D, puis il abandonne son oxygène au cuivre du tube TT, et il se précipite à l'état d'azote dans le ballon V. On ferme les robinets dès que le ballon est plein ou à peu près plein d'azote, et on attend que l'appareil soit refroidi. On pèse ensuite séparément le ballon et le tube pleins d'azote, puis on les pèse de nouveau après y avoir fait le vide; la différence donne le poids de l'azote. On connaît d'ailleurs le poids de l'oxygène par l'augmentation de poids que le tube TT acquiert dans l'expérience. — La rapidité du courant d'air n'a pas d'influence sur l'absorption de l'oxygène; on trouve même que les premières couches de cuivre (2 ou 3 centimètres) absorbent seules ce gaz, même quand il en passe plus de 10 litres par heure.

MM. Dumas et Boussingault, en prenant les précautions convenables, ont trouvé que 100 parties d'air *en poids* sont formées de 23 parties d'oxygène et de 77 d'azote. D'après cela, 100 parties d'air en volume seraient formées de 20,8 d'oxygène et de 79,2 d'azote.

Les proportions de l'oxygène et de l'azote n'ont pas varié d'une manière appréciable dans l'air atmosphérique, depuis l'époque à laquelle remontent les analyses exactes de ce fluide; elles sont en outre les mêmes à toutes les latitudes, à toutes les hauteurs et dans toutes les saisons. — On conçoit bien que les proportions des gaz ne varient pas d'un lieu à un autre, car les courants d'air mélangent à chaque instant les diverses couches de l'atmosphère; on conçoit aussi que leurs proportions n'aient

pas varié d'une manière sensible depuis les premières expériences relatives à la composition de l'air ; car les quantités d'oxygène enlevées, pendant un demi-siècle, par la respiration des
animaux ou par les diverses combustions, sont pour ainsi dire
nulles, comparativement à la masse totale d'oxygène de l'atmosphère. Si l'on exagère en effet le nombre des animaux qui
vivent à la surface de la terre, et la quantité d'oxygène qu'ils
absorbent individuellement, on trouve qu'il faudrait plus de
800000 années pour absorber tout l'oxygène, et par suite qu'il
n'en disparaît pas $\frac{1}{8000}$ par siècle, quantité moindre que celle
qui est accusée par nos meilleures méthodes d'analyse. — D'ailleurs la quantité d'oxygène qui disparaît chaque jour, par suite
de la combustion et de la respiration est chaque jour reproduite
par la végétation ; car les plantes décomposent pendant le jour
l'acide carbonique de l'atmosphère ; elles s'emparent de son
carbone, et mettent en liberté une grande partie de son
oxygène.

2° *Vapeur d'eau.* = L'atmosphère contient toujours de la vapeur d'eau, même dans les plus grandes sécheresses. On s'en
assure en exposant au contact de l'air un vase rempli d'un mélange réfrigérant ; car la vapeur se dépose sur ses parois et s'y
congèle au bout de quelque temps.

Il est facile d'apprécier le poids de la vapeur contenue dans un
volume d'air connu ; on peut employer un long tube en U, rempli de ponce imbibée d'acide sulfurique concentré, et communiquant avec la partie supérieure d'un tonneau plein d'eau. Lorsqu'on laisse écouler l'eau au moyen d'un robinet inférieur, l'air
se précipite dans le tube en U, puis dans le tonneau, en traversant l'acide qui absorbe toute sa vapeur. Si donc on a pesé
le tube en U avant l'entrée de l'air, et qu'on le pèse après
l'écoulement total de l'eau, on aura le poids de la vapeur qui se
trouve dans un volume d'air égal au volume du tonneau. — La
quantité de vapeur contenue dans l'air est variable à chaque
instant dans un même lieu ; elle varie aussi d'un lieu à un au-

tre. Elle est produite par la respiration et surtout par l'évaporation.

3° *Acide carbonique.* = L'atmosphère contient toujours de l'acide carbonique; car en exposant au contact de l'air un vase rempli d'eau de chaux, il se forme bientôt une pellicule de carbonate de chaux qui en recouvre toute la surface. — Il est facile d'évaluer le volume d'acide carbonique contenu dans un volume d'air déterminé. On fixe d'abord l'un à l'autre un tube de Liébig contenant de l'acide sulfurique concentré et un tube en U plein de ponce imbibée de cet acide; on adapte à la suite un grand tube en U contenant de la ponce alcaline et un tube analogue contenant de la ponce humectée d'acide sulfurique, puis on met ce tube en communication avec la partie supérieure d'un tonneau plein d'eau. Lorsque ce liquide s'écoule, l'air se précipite dans le tonneau après avoir traversé les tubes contenant l'acide et la potasse; il dépose sa vapeur d'eau dans les deux premiers, son acide carbonique dans le troisième, et il laisse dans le quatrième la vapeur d'eau qu'il a enlevée à la potasse. Si donc on pèse les deux derniers tubes avant et après le passage de l'air, on aura, par l'augmentation de poids, le poids de l'acide carbonique contenu dans le volume d'air considéré. Connaissant le poids de l'acide, on en déduit facilement le volume.

L'acide carbonique contenu dans l'air n'est pas en proportions constantes, mais il ne varie qu'entre des limites assez étroites. Il ne forme guère que les 4 ou les 6 dix-millièmes du volume de l'air. Cet acide est toujours en moindre quantité après les longues pluies qu'après une longue sécheresse; car l'eau, dans laquelle il est assez soluble, l'entraîne avec elle. Il est un des produits constants de la combustion et de la respiration.

4° *Autres gaz.* = L'air contient aussi d'autres gaz, mais en moindre quantité que la vapeur d'eau et l'acide carbonique : il contient de l'hydrogène protocarbonné, car ce gaz se dégage constamment des amas d'eau stagnante dans lesquels il se produit par la décomposition des plantes ; il contient aussi de l'ammoniaque et de l'acide sulfhydrique, car ces gaz proviennent de la décomposition des urines des mammifères et des matières animales.

L'appareil employé par MM. Dumas et Boussingault dans l'analyse de l'air peut servir à constater la présence de l'hydrogène protocarboné. On obtient en effet des traces d'acide carbonique dans l'azote du ballon, quoique l'air ait été complétement dépouillé de ce gaz avant d'entrer dans le tube ; il faut donc que l'acide carbonique se soit formé dans le tube incandescent sous l'influence de l'oxygène et de l'hydrogène carboné. Ce gaz devrait même être très-abondant dans l'air, s'il n'était pas détruit constamment soit par les étincelles électriques qui le décomposent sous l'influence de l'oxygène de l'air, soit par le terreau qui l'absorbe et en détermine la combinaison avec l'oxygène, à la manière des éponges de platine.

On constate la présence de l'ammoniaque en analysant les eaux provenant des pluies d'orage, car elles renferment toujours de l'azotate d'ammoniaque. On constate la présence de l'acide sulfhydrique en exposant au contact de l'air un vase plein d'un mélange réfrigérant, car la rosée qui se dépose sur ses parois contient toujours des matières organiques et une quantité d'acide sulfhydrique capable de troubler l'azotate d'argent.

46. *L'air est un mélange.* = Quelques chimistes ont regardé l'azote et l'oxygène comme combinés dans l'air atmosphérique ; mais cette opinion est généralement abandonnée. Si l'air était un composé chimique, il ne serait pas altéré dans sa composition en se dissolvant dans l'eau, et de plus sa puissance réfractive ne serait pas égale à la somme des puissances réfractives de ses éléments.

§ 2. — *Combinaisons de l'azote avec l'oxygène.*

L'azote forme, en se combinant avec l'oxygène, les cinq composés AzÓ, AzO², AzO³, AzO⁴, AzO⁵. Les deux premiers ne jouent ni le rôle d'acide ni le rôle de base; on les nomme le protoxyde et le bioxyde d'azote. Les trois derniers jouent le rôle d'acides; on les désigne sous les noms d'acide azoteux, d'acide hypoazotique et d'acide azotique. — C'est l'acide hypoazotique qui est le plus stable de ces composés : il est indécomposable par la chaleur, et il se produit toujours quand on expose les oxydes ou les autres acides de l'azote à une forte température. L'acide azotique est le seul de ces corps qui existe dans la nature, et encore y est-il toujours à l'état de combinaison avec les bases.

47. *Protoxyde d'azote.* = Ce corps a été découvert en 1772 par Priestley.

Propriétés. = Le protoxyde d'azote est gazeux, incolore, inodore, d'une saveur légèrement sucrée. Sa densité est 1,5269; l'eau en dissout presque son volume. Il asphyxie les animaux qui le respirent; on peut toutefois le respirer pendant quelque temps sans être incommodé; il produit même, dit-on, une espèce d'ivresse accompagnée de sensations agréables. Cette propriété lui avait fait donner le nom de *gaz hilariant.*

Le protoxyde d'azote se liquéfie à la température 0 quand on lui fait supporter une pression de 30 atmosphères. On peut en obtenir une assez grande quantité à l'état liquide en le comprimant, au moyen d'une pompe foulante, dans un réservoir métallique à parois très-fortes qu'on entoure de glace fondante. Lorsqu'on ouvre un robinet placé à la partie inférieure du réservoir, le liquide s'en échappe avec violence, et il produit, en se vaporisant, un froid si vif qu'une partie du corps passe à l'état solide. Le protoxyde d'azote ainsi solidifié se présente sous la forme d'une neige blanche.

Le protoxyde d'azote se transforme en azote et en acide hypoazotique quand on lui fait traverser un tube de porcelaine chauffé au rouge; il est décomposé par tous les métalloïdes, à l'exception de l'oxygène, du chlore, du brôme, de l'iode et de l'azote, et par presque tous les métaux. L'azote est toujours mis en liberté, tandis que l'oxygène se combine avec le métalloïde ou avec le métal.

Le protoxyde d'azote entretient mieux la combustion que l'air atmosphérique, car il contient plus d'oxygène que ce gaz sous le même volume, et il est facilement décomposé par les corps combustibles ; il rallume même, comme l'oxygène, les bougies ou les allumettes qui présentent quelques points en ignition. — Il se combine avec l'hydrogène sous l'influence d'une bougie allumée ou d'une étincelle électrique ; il ne faut qu'un volume d'hydrogène pour brûler tout l'oxygène contenu dans un volume de ce gaz, ce qui indique déjà qu'il ne renferme que la moitié de son volume d'oxygène.

Composition. = On analyse le protoxyde d'azote au moyen du sulfure de barium. On introduit un certain volume de ce gaz dans une cloche courbe reposant sur le mercure (*fig.* 29) ; on fait ensuite passer quelques fragments de sulfure de barium à

Fig. 29.

sa partie supérieure, et on chauffe avec une lampe à alcool. Le protoxyde est bientôt décomposé : son azote devient libre, tandis que son oxygène transforme une partie du sulfure de barium en sulfate de baryte. Le volume d'azote est d'ailleurs égal au volume de protoxyde employé. Or, si dans la formule $VD = V'D' + V''D''$, on fait $V = V'' = 1$, $D = 1,5269$, $D' = 1,1056$, $D'' = 0,9713$, on trouve $V' = \frac{1}{2}$. Il résulte de là que 1 vol. de protoxyde d'azote est égal à $\frac{1}{2}$ vol. d'oxygène $+$ 1 vol. d'azote. On a d'ailleurs pour le rapport du poids de l'azote à celui de l'oxygène $\frac{P''}{P'} = \frac{V''D''}{V'D'} = 1,75$; or, si l'on fait $P' = 8$, il vient $P'' = 14$. Tel est l'équivalent de l'azote.

Le protoxyde d'azote contient, en nombres ronds, 36 centièmes d'oxygène et 64 centièmes d'azote.

Préparation. = On prépare le protoxyde d'azote en chauffant doucement dans un petit matras (*fig.* 8) l'azotate d'ammoniaque desséché ; on obtient en outre de l'eau qui se rend avec le gaz sous l'éprouvette destinée à le recueillir. On conçoit bien la réaction d'après la formule $AzH^3,AzO^5 = 2AzO + 3HO$. Il faut avoir soin de ne pas chauffer trop fortement le matras, car la décomposition de l'azotate serait trop vive, et il

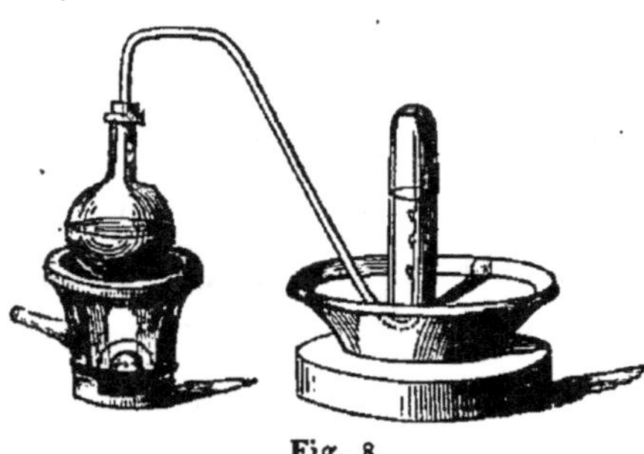

Fig. 8.

pourrait en résulter une explosion. — Le protoxyde d'azote est sans usages.

48. *Bioxyde d'azote.* = Le bioxyde d'azote est gazeux, incolore et probablement inodore ; sa densité est 1,039 ; l'eau n'en dissout que la 20ᵉ partie de son volume ; il asphyxie les animaux qui le respirent ; il se liquéfie par la pression et par le froid.

Ce gaz se transforme, comme le protoxyde d'azote, en azote et en acide hypoazotique quand on le soumet à la chaleur rouge ; il est décomposé par presque tous les corps qui agissent sur le protoxyde, mais sa décomposition exige cependant une température plus élevée.

L'oxygène et l'air agissent sur lui à la température ordinaire ; ils le transforment en acide hypoazotique dès qu'ils sont en contact avec lui. Il suffit en effet de faire communiquer avec l'air l'ouverture d'une éprouvette pleine de bioxyde d'azote pour qu'elle se remplisse immédiatement de *vapeurs rutilantes* d'acide hypoazotique. Ces vapeurs se nomment souvent des *vapeurs nitreuses.*

On pourrait croire qu'il doit rallumer les bougies en ignition, puisqu'il contient plus d'oxygène que le protoxyde d'azote et que ce gaz les rallume ; mais il n'en est pas ainsi : il les éteint au contraire, car il est moins facilement décomposé que le protoxyde.

On l'analyse aussi par le sulfure de barium ; il contient la moitié de son volume d'azote et la moitié de son volume d'oxygène, ou 1 équivalent d'azote et 2 équivalents d'oxygène. Sa formule est donc AzO^2. Ce gaz se forme toutes les fois qu'on met en contact l'argent, le mercure et le cuivre avec l'acide azotique.

On le prépare ordinairement en mettant du mercure ou du cuivre dans un petit flacon (*fig.* 19) et en y versant un peu d'acide azotique. Le bioxyde d'azote se dégage, et il reste dans le matras un azotate de mercure ou de cuivre. Si l'on emploie le cuivre et qu'on ne tienne pas compte de l'eau renfermée dans l'acide azotique, on peut écrire la formule de la réaction sous la forme

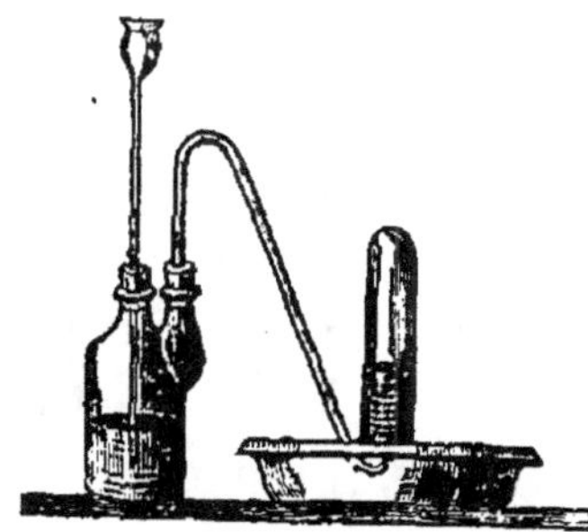

Fig. 19.

$$4AzO^5 + 3Cu = AzO^2 + 3(CuO,AzO^5).$$

On reconnaît que le bioxyde d'azote est pur quand il est complétement absorbé par une dissolution de sulfate de protoxyde de fer.

49. *Acide azotique.* = L'acide azotique a été découvert, en 1225, par Raymond Lulle ; on le désigne souvent sous les noms d'*eau-forte* et d'*acide nitrique*.

50. *Acide azotique anhydre.* = L'acide azotique peut être obtenu à l'*état anhydre* et à l'*état hydraté*, c'est-à-dire, privé d'eau et combiné avec l'eau. L'acide anhydre n'a aucun usage ; il est solide et blanc ; il cristallise en prismes à six faces d'une limpidité parfaite ; il fond vers 30° et bout à 45° environ. Il se décompose par l'influence de la chaleur, et sa décomposition paraît même commencer vers son point d'ébullition. Il dégage beaucoup de chaleur dans son contact avec l'eau. On ne l'a obtenu que dans les premiers jours de l'année 1849 ; c'est en décomposant l'azotate d'argent par le chlore sec qu'on le prépare.

51. *Acide azotique hydraté.* = L'acide azotique hydraté contient la 7ᵉ partie de son poids d'eau quand il est le plus concentré possible, il est alors *monohydraté*, et sa formule est

HO, AzO^5. C'est un des acides les plus importants. Passons à l'étude de ses propriétés.

Propriétés. = L'acide azotique est liquide, blanc, d'une odeur caractéristique, d'une saveur forte et acide; il désorganise promptement la peau et la colore en jaune, couleur qui augmente encore d'intensité au contact des alcalis. C'est un des plus violents caustiques : aussi l'animal qui en prendrait quelques gouttes périrait-il au milieu d'horribles convulsions. Il rougit fortement la teinture de tournesol; sa densité est 1,512.

L'acide azotique monohydraté bout à 86°; mais il s'en décompose toujours une petite partie, car le liquide qui résulte de la condensation des vapeurs est légèrement coloré en jaune par l'acide hypoazotique. Cet acide est volatil à la température ordinaire; et comme il est très-avide d'eau, il répand au contact de l'air une fumée blanche qui provient de la combinaison de ses vapeurs avec la vapeur d'eau contenue dans l'atmosphère. — Il se congèle à 50 degrés au-dessous de zéro.

Lorsqu'on mêle l'acide HO,AzO^5 avec de l'eau et qu'on soumet le mélange à la distillation, les premières portions qui passent dans le récipient ne sont pas identiques à celles qui restent dans la cornue ; elles contiennent plus d'acide réel si la quantité d'eau ajoutée est faible ; elles en contiennent moins si la quantité d'eau est assez grande. Le liquide obtenu par la distillation n'est de même nature que le liquide restant qu'à partir de l'instant où ce liquide est de l'acide azotique à **4** équivalents d'eau, c'est-à-dire, de l'acide ayant pour formule $4HO,AzO^5$. La température croît d'ailleurs depuis le commencement de l'ébullition jusqu'à ce qu'elle arrive à 123°; c'est précisément à partir de cette température que l'acide de la cornue se distille sans décomposition. L'acide azotique à 4 équivalents d'eau est beaucoup plus fixe que l'acide à un seul équivalent.

L'acide azotique monohydraté se décompose complétement en acide hypoazotique et en oxygène, quand il traverse un tube de porcelaine chauffé au rouge ; il se décompose également sous l'influence des rayons solaires, car il se colore en jaune par l'effet de l'acide hypoazotique devenu libre ; mais alors la décomposition n'est que partielle, car elle cesse dès que l'acide restant est suffisamment affaibli par l'eau qu'il a prise à l'acide décomposé.

L'acide azotique n'est pas décomposé par l'oxygène, le chlore, le brôme, l'azote, l'or, le platine, le rhodium et l'iridium ; il l'est par tous les autres corps simples à la température ordinaire ou à une température plus ou moins élevée : son oxygène est absorbé en tout ou en partie, et il se dégage de l'azote ou des composés d'azote plus ou moins oxygénés. La plupart des métaux attaqués donnent lieu à un azotate métallique qui reste en dissolution ; quelques-uns, tels que le fer, l'étain... donnent en outre un azotate d'ammoniaque, car l'eau de l'acide étant elle-même décomposée par ces métaux, son hydrogène s'unit à l'azote, et l'ammoniaque qui en résulte se combine avec une partie de l'acide azotique. — L'action des métalloïdes et des métaux est d'ailleurs extrèmement variable avec la concentration de l'acide, avec la température et avec la solubilité des produits qui peuvent prendre naissance.

Les corps composés, avides d'oxygène, décomposent aussi l'acide azotique. Les acides sulfureux, arsénieux, phosphoreux..., lui enlèvent en effet une partie de son oxygène pour passer à un degré plus élevé d'oxygénation ; les acides hydrogénés le décomposent également au moyen de l'hydrogène qu'ils contiennent. Nous examinerons plus loin l'action de l'acide chlorhydrique.

Composition. = On doit commencer à chercher la proportion d'eau renfermée dans l'acide. On introduit à cet effet un poids P de cet acide dans un petit ballon, puis on y met un poids d'oxyde de plomb sec plus que suffisant pour neutraliser tout l'acide azotique. On chauffe ensuite le ballon afin de dessécher l'azotate de plomb et par suite de chasser toute l'eau primitivement contenue dans l'acide. Cela fait, on cherche le poids du corps qui reste dans le ballon. Soient P″ ce poids et P′ le poids de l'oxyde de plomb employé. Le poids de l'acide anhydre vaut évidemment $P'' - P'$, et le poids de l'eau $P + P' - P''$. Ce moyen peut être appliqué à la plupart des acides hydratés.

Il s'agit maintenant de connaître la composition de l'acide réel. On prend un poids connu d'azotate de plomb bien desséché, on l'introduit dans une petite cornue de verre peu fusible qu'on fait communiquer avec un tube contenant de la tournure de cuivre, et on met ce tube en communication, au moyen d'un tube à gaz, avec des éprouvettes pleines d'eau (*fig.* 31). On porte

Fig. 31.

ensuite au rouge la tournure de cuivre et la cornue. L'azotate de plomb se décompose par la chaleur ; l'oxygène de l'acide se fixe sur le cuivre, et son azote passe sous les éprouvettes ; l'oxyde de plomb reste d'ailleurs dans la cornue. Il est facile de connaître le poids de l'oxygène de l'acide azotique par l'augmentation de poids du cuivre, et le poids de l'azote en dosant le volume de ce gaz : on voit d'ailleurs si les poids de ces deux corps ajoutés au poids de l'oxyde de plomb reproduisent le poids de l'azotate employé. On a trouvé ainsi que l'acide azotique a pour formule AzO^5 ; il contient, en nombres ronds, 74 centièmes d'oxygène et 26 centièmes d'azote.

Préparation. = On prépare l'acide azotique en traitant l'azotate de potasse par l'acide sulfurique : on introduit parties égales des deux corps dans une cornue (*fig.* 32), et on chauffe jusqu'à fondre le mélange ; il en résulte un bisulfate de potasse qui reste dans la cornue et des vapeurs d'acide azotique qui vont se condenser dans le récipient qu'on a soin de refroidir en l'entourant d'un linge humecté d'eau. — La réaction qui se produit entre ces corps donne lieu, au commencement, à des vapeurs rutilantes d'acide hypoazotique, car l'acide azotique mis en liberté est d'abord en petite quantité par rapport à l'acide sulfurique, et, comme il ne peut alors s'emparer de la quantité d'eau nécessaire à son existence, il se transforme en acide hypoazotique et en oxygène. Mais ces vapeurs cessent bientôt de se produire, car l'acide sulfurique cède de plus en plus d'eau à mesure qu'il se combine avec la potasse; on les voit seulement reparaître à la fin de l'expérience parce que l'acide sulfurique redevient alors prédominant et que la température du mélange est assez élevée.

Fig. 32.

On emploie actuellement, dans l'industrie, des cylindres en fonte pour préparer l'acide azotique, car l'acide concentré n'attaque que faiblement cette matière.— On remplace aussi l'azotate de potasse par l'azotate de soude dans la préparation de l'acide azotique, car l'azotate de soude qu'on trouve abondamment au Pérou est beaucoup moins cher que l'azotate de potasse.

L'acide azotique du commerce contient presque toujours un peu de chlore et un peu d'acide sulfurique; on le purifie, pour les recherches de précision, en l'agitant avec une petite quantité d'azotate d'argent et en le distillant ensuite dans un appareil analogue à celui qui sert à le préparer dans les laboratoires.

Usages. = L'acide azotique a de nombreux usages; c'est un des réactifs les plus employés en chimie; on s'en sert en outre pour détruire les verrues, pour faire un grand nombre de dissolutions métalliques, pour préparer le fulmi-coton, etc.

4

La *gravure à l'eau-forte* repose sur la facilité avec laquelle cet acide attaque le cuivre. On recouvre une plaque de cuivre d'une couche très-mince de vernis à la cire, puis on y applique un papier verni sur lequel on a calqué le dessin qu'on veut obtenir. On enlève ensuite avec une pointe très-fine le vernis sur tous les traits du dessin, et l'on verse sur la surface de la plaque une certaine quantité d'acide azotique étendu qu'on y retient au moyen d'un bourrelet de cire adapté sur ses bords. L'acide azotique agit ainsi sur tous les points du cuivre qui ont été mis à nu, et y produit des sillons dont la profondeur augmente avec la durée du contact. On fait ensuite écouler le liquide, puis on dissout la cire avec de l'essence de térébenthine, et on livre la plaque à l'imprimeur afin de multiplier les exemplaires du dessin.

52. *Acide hypoazotique.* = Cet acide est liquide, d'une odeur forte et caractéristique, d'une saveur insupportable et très-caustique. Sa densité est 1,45. Il rougit fortement la teinture de tournesol ; il corrode la peau et la désorganise promptement. Sa couleur est variable avec la température ; il est incolore à —20°, d'un jaune paille à —10°, d'un jaune fauve à 0°, d'un jaune orangé de 0° à 15°, et d'un rouge intense au-dessus de 15°. — Cet acide est très-volatil ; il répand dans l'air des vapeurs rutilantes à la température ordinaire, et il bout à 28° en produisant un gaz d'une belle couleur rouge. C'est ce corps qui se forme quand on met le bioxyde d'azote en contact avec l'oxygène ou avec l'air à la température ordinaire.

L'acide hypoazotique n'est pas altéré par la chaleur. Il est décomposé par presque tous les corps qui attaquent l'acide azotique ; il est sans action sur l'oxygène sec, mais il se combine avec ce gaz sous l'influence de l'eau.

L'acide hypoazotique se décompose en présence des bases en acide azotique et en acide azoteux ; on obtient en effet un azotate et un azotite de baryte quand il arrive en vapeur sur de la baryte sèche. Il se décompose aussi au contact de l'eau ; mais les produits qui en résultent varient avec les quantités relatives des corps. Si l'on verse en effet quelques gouttes d'acide dans un assez grand volume d'eau, celle-ci reste incolore, s'acidifie et laisse dégager du bioxyde d'azote, tandis qu'elle se colore en bleu et qu'elle ne laisse dégager qu'une petite quantité de gaz quand on verse beaucoup d'acide dans une petite quantité d'eau. L'acide hypoazotique se transforme, dans le premier cas, en acide azotique et en bioxyde d'azote ; il donne surtout, dans le second, de l'acide azoteux et de l'acide azotique qui restent dissous. On conçoit ces deux transformations au moyen des deux identités $3AzO^4 = 2AzO^5 + AzO^2$ et $2AzO^4 = AzO^5 + AzO^3$.

Composition. = On a analysé l'acide hypoazotique en le décomposant par le cuivre à une température élevée. — On introduit le métal en tournure dans un tube de porcelaine (*fig.* 31) communiquant d'un côté avec un tube à gaz et de l'autre avec une cornue à moitié pleine d'acide ; on porte ensuite le tube à la chaleur rouge, puis on chauffe doucement la cornue afin de vaporiser l'acide hypoazotique et d'amener ses vapeurs sur le cuivre. Dès qu'il y arrive, il s'y décompose en oxygène qui se fixe sur le métal et en azote qui se dégage. On dose l'azote par son volume et l'oxygène par l'augmentation de poids qu'a reçu le cuivre ; on trouve ainsi que l'acide hypoazotique a pour formule AzO^4. Il contient, en nombre rond, 70 centièmes d'oxygène et 30 centièmes d'azote.

Préparation. = On obtient l'acide hypoazotique en décomposant par la chaleur l'azotate de plomb desséché. On pulvérise cet azotate, on le dessèche dans une étuve, puis on l'introduit dans une cornue et on chauffe au rouge. L'azotate se décompose à cette température ; son oxyde reste dans la cornue, tandis que son acide, qui ne peut subsister à cette température, se transforme en oxygène et en acide hypoazotique. Ces deux gaz se rendent ensemble dans un tube en U entouré d'un mélange réfrigérant : l'acide s'y condense sous forme liquide, et l'oxygène se dégage par l'extrémité effilée du tube.

53. *Acide azoteux.* = L'acide azoteux est liquide, d'une couleur bleue, très-fluide et très-volatil; il bout même à une température inférieure à zéro. On l'obtient en versant de l'acide hypoazotique dans une petite quantité d'eau et en chauffant doucement le liquide bleu qui provient de la décomposition de cet acide; on le recueille dans un tube en U entouré d'un mélange réfrigérant.

L'acide azoteux n'a été isolé que dans ces derniers temps; on ne le connaissait qu'en combinaison avec les bases, c'est-à-dire à l'état d'azotite. Il se produit toujours quand l'acide hypoazotique est en contact avec une base, ou quand le bioxyde d'azote est en présence d'une dissolution alcaline.

On l'analyse en décomposant par la chaleur l'azotite de plomb, et en opérant comme pour l'acide azotique. Il est formé de 14 parties d'azote pour 24 parties d'oxygène, et par suite il a pour formule AzO^3.

§ 3. — *Combinaison de l'azote avec l'hydrogène.*

54. *Ammoniaque.* =L'azote ne s'unit avec l'hydrogène qu'en une seule proportion. Le corps qui résulte de la combinaison porte le nom d'*ammoniaque*. On le désigne quelquefois sous le nom d'*alcali volatil.*

Propriétés physiques. = L'ammoniaque est un gaz incolore; sa saveur est âcre et caustique; son odeur est forte et tout à fait caractéristique. Le gaz ammoniac provoque les larmes, même quand on le respire mêlé avec beaucoup d'air. Sa densité est 0,591. Il éteint les corps en combustion, verdit fortement le sirop de violettes, et ramène au bleu le tournesol rougi par les acides. C'est une des bases les plus énergiques.

L'eau en dissout environ 500 fois son volume ou le tiers de son poids à la température ordinaire; aussi s'élance-t-elle dans une éprouvette pleine de gaz ammoniac avec autant de force que dans le vide et produit-elle quelquefois la rupture du vase. L'ammoniaque ne fume cependant pas au contact de l'air humide, car elle a peu d'affinité pour l'eau, quoiqu'elle soit très-soluble dans ce liquide.

Le gaz ammoniac résiste à un froid de 30 ou 40 degrés sans se liquéfier, mais il se liquéfie facilement par la pression. C'est même l'un des premiers gaz qui ait été obtenu à l'état liquide.

Propriétés chimiques. — Le gaz ammoniac se décompose en hydrogène et en azote quand il traverse un tube de porcelaine chauffé au rouge dans un fourneau à réverbère; mais la décomposition n'est qu'incomplète. On la rend beaucoup plus facile en introduisant dans le tube des fils de platine, de fer ou de cuivre. Le platine n'absorbe aucun des éléments de l'ammoniaque dans cette expérience, tandis que le fer et le cuivre s'unissent avec une très-petite quantité d'azote. L'action accélératrice de ces métaux résulte probablement de la force catalytique.

Le gaz ammoniac se décompose aussi par l'électricité. On en fait l'expérience en introduisant un centilitre environ de gaz dans un eudiomètre ouvert reposant sur la cuve à mercure, en approchant du bouton extérieur un conducteur communiquant à une forte machine et en tournant le plateau pendant 7 ou 8 heures. Au bout de ce temps, la décomposition du gaz est complète, son volume a doublé, et il n'est plus qu'un mélange d'hydrogène et d'azote dépourvu des propriétés caractéristiques de l'ammoniaque.

L'ammoniaque peut être décomposée par plusieurs métalloïdes à la température ordinaire où à une température élevée; nous n'étudierons ici que l'action de l'oxygène et du chlore.

L'oxygène n'agit pas sur l'ammoniaque à la température ordinaire, mais il la décompose à une température élevée. On s'en assure en lançant dans un flacon plein d'oxygène un jet d'ammoniaque et en enflammant ce jet avec une bougie; l'ammo-

niaque continue à brûler avec une flamme jaune assez brillante.
Le gaz ammoniac ne s'enflamme pas au contact de l'air et d'une
bougie allumée, car il ne trouve pas une quantité d'oxygène suffisante dans la couche d'air avec laquelle il est en
contact.

Le chlore agit sur l'ammoniaque à la température ordinaire.
Ce corps décompose une partie de l'ammoniaque en azote et en
hydrogène ; il s'unit à l'hydrogène pour former de l'acide chlorhydrique, et l'acide chlorhydrique résultant s'unit à l'ammoniaque non décomposée pour former un chlorhydrate d'ammoniaque. On obtient donc de l'azote et du chlorhydrate d'ammoniaque
pour les produits de la réaction. On prend une idée nette de
la réaction en remarquant que les formules de l'ammoniaque et
de l'acide chlorhydrique sont respectivement AzH^3 et HCl. Si
l'on représente par $4AzH^3 + 3Cl$ les produits mis en présence,
on obtient $Az + 3(AzH^3,HCl)$ pour les produits de la réaction.

On peut constater l'action du chlore sur l'ammoniaque en faisant arriver le chlore bulle à bulle dans une éprouvette pleine
de gaz ammoniac : le chlorhydrate se dépose alors en flocons
pulvérulents sur les parois de l'éprouvette, tandis que l'azote se
rend à sa partie supérieure. — On constate plus facilement cette
action en employant les deux corps à l'état de dissolution ; on
remplit alors aux trois quarts un tube en verre d'une dissolution
de chlore, puis on achève de la remplir avec une dissolution
d'ammoniaque et on retourne le tube. De nombreuses bulles
d'azote se produisent dès que le mélange se fait, et le chlorhydrate reste dissous dans l'eau.

On parvient encore au même résultat en faisant arriver du
chlore gazeux dans une solution concentrée d'ammoniaque ;
le chlorhydrate se dissout dans la masse liquide, et l'azote reste
libre. On emploie quelquefois ce procédé pour obtenir l'azote à
l'état de pureté. On met l'ammoniaque dans un petit flacon
à trois tubulures (*fig.* 33) et on amène le chlore au fond du li-

quide au moyen d'un tube qui part du ballon où le gaz se produit. L'azote s'élève à travers l'ammoniaque à mesure qu'il se forme, et il se rend sous l'éprouvette disposée pour le

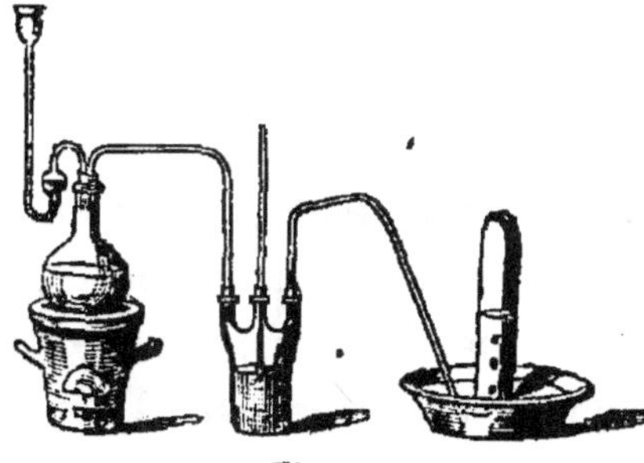

Fig. 33.

recueillir. — Cette expérience n'offre aucun danger tant que la dissolution contient un excès d'ammoniaque ; mais il n'en est plus de même quand toute l'ammoniaque a été décomposée ou transformée en chlorhydrate. Le chlore agit alors sur ce chlorhydrate et produit un composé liquide $AzCl^3$ nommé le *chlorure d'azote*, qui détonne avec la plus grande facilité. On doit terminer l'expérience avant la formation de ce nouveau corps.

L'ammoniaque et l'hydrogène se combinent ensemble, sous l'influence de certains métaux, quand ils se rencontrent à l'état de gaz naissant. Qu'on remplisse de mercure une capsule de chlorhydrate d'ammoniaque légèrement humide, qu'on amène dans le mercure le pôle négatif d'une pile et qu'on fasse communiquer la capsule avec le pôle positif, l'acide chlorhydrique se rendra au pôle positif avec l'oxygène provenant de la décomposition de l'eau, tandis que l'ammoniaque ira avec l'hydrogène dans le mercure où plonge le fil négatif. Ces deux derniers gaz s'uniront alors ensemble sous l'influence du mercure et formeront un composé AzH^4 qui s'alliera avec ce métal. Cet alliage possède la consistance du beurre et l'éclat métallique le plus vif ; il a un volume 5 ou 6 fois plus grand que celui du mercure ; on ne peut guère le conserver que sous l'influence de la pile. — On l'obtient beaucoup plus rapidement en versant un amalgame de potassium dans un tube de verre qu'on achève de remplir avec une dissolution de chlorhydrate d'ammoniaque. Outre l'alliage formé de mercure et du composé AzH^4, il se produit alors un chlorure de potassium qui reste dissous.

Le corps AzH⁴, qui s'est formé dans la réaction précédente et qui ne diffère de l'ammoniaque AzH³ que par un équivalent d'hydrogène, a une importance théorique assez grande ; on le désigne sous le nom d'*ammonium*. L'ammonium se comporte comme les métaux dans toutes les combinaisons qu'il forme ; il n'a pas encore pu être obtenu à l'état de liberté.

Composition. = On analyse le gaz ammoniac en cherchant la quantité d'oxygène qu'il faut employer pour brûler tout son hydrogène ; on ne doit pas toutefois mettre immédiatement en contact l'oxygène avec l'ammoniac, car une partie de l'oxygène se combinerait avec l'azote pour produire de l'acide azotique. On commence par décomposer, dans l'eudiomètre, un certain volume de gaz ammoniac au moyen d'une longue suite d'étincelles électriques ; puis, après la décomposition complète, on met en contact 1 volume d'oxygène avec 2 volumes du gaz produit, et on fait passer l'étincelle. On trouve alors un résidu égal à $\frac{3}{4}$. Or, comme le volume était 3 avant l'étincelle, il y a une absorption de $3 - \frac{3}{4}$, ou de $\frac{9}{4}$ ce qui représente un volume d'oxygène égal à $\frac{3}{4}$ et un volume d'hydrogène égal à $\frac{6}{4}$ ou $\frac{3}{2}$.

Les 2 volumes du gaz décomposé contiennent donc $\frac{3}{2}$ volume d'hydrogène, et par suite $\frac{1}{2}$ volume d'azote. On peut d'ailleurs vérifier le volume de l'azote en introduisant un bâton de phosphore dans le résidu $\frac{3}{4}$ afin d'absorber l'oxygène qu'il contient. Il résulte de là qu'un volume de gaz ammoniac est égal à $\frac{3}{2}$ volume d'hydrogène $+ \frac{1}{2}$ volume d'azote.

La composition en poids se déduit facilement du résultat précédent. Si l'on appelle en effet P′ et P″ les poids de l'hydrogène et de l'azote, on aura $\frac{P''}{P'} = \frac{V''D''}{V'D'} = 4,7$. Or si l'on fait P′ = 1, il vient P″ = 4,7, c'est-à-dire le tiers de l'équivalent de l'azote. L'ammoniaque est donc formée d'un équivalent d'hydrogène pour $\frac{1}{3}$ d'équivalent d'azote, ou d'un équivalent d'azote pour 3 équivalents d'hydrogène ; elle a par conséquent pour formule AzH³. — L'ammoniaque contient, en nombres ronds, 18 centièmes d'hydrogène et 82 centièmes d'azote.

Préparation. = L'ammoniaque existe à l'état de chlorhydrate et de phosphate dans les urines, à l'état de chlorhydrate dans les excréments des chameaux, etc., à l'état de carbonate, d'acétate, etc., dans les matières animales putréfiées, et à l'état de sulfate dans quelques mines d'alun. On l'extrait du chlorhydrate en décomposant ce sel par la *chaux vive.*

On pulvérise séparément le chorhydrate d'ammoniaque et la chaux ; on les mélange ensuite intimement en parties égales, puis on introduit le mélange dans un petit ballon de verre (*fig.* 8) et on achève de le remplir avec de la chaux vive. La chaux décompose le chlorhydrate sous l'influence de la chaleur ; elle chasse d'abord l'ammoniaque, puis elle réagit sur l'acide chlorhydrique pour donner de l'eau et du chlorure de calcium. Les produits employés sont $AzH^3,HCl + CaO$, et les produits résultants $AzH^3 + HO + CaCl$. L'eau reste dans le ballon par suite de son affinité pour la chaux vive ; le chlorure de calcium y reste parce qu'il n'est pas volatil. L'ammoniaque seule s'en dégage ; on la reçoit sous le mercure à cause de sa grande solubilité dans l'eau.

La chaux agit même à froid sur le chlorhydrate d'ammoniaque, comme le prouve l'odeur ammoniacale qu'on sent quand on mélange les deux corps ; mais il faut chauffer pour activer la décomposition et recueillir l'ammoniaque.

55. *Ammoniaque liquide.* = On n'emploie presque jamais l'ammoniaque qu'en dissolution dans l'eau, et on lui donne alors le nom d'ammoniaque liquide.

L'ammoniaque liquide est incolore, d'une saveur très-caustique ; elle a même odeur et même action sur les couleurs végétales que le gaz ammoniac ; elle perd peu à peu au contact de l'air le gaz qu'elle contient ; elle l'abandonne même entièrement en très-peu de temps à la température de l'eau bouillante. L'ammoniaque ne fume pas au contact de l'air humide, ce qui prouve qu'elle n'a pas beaucoup d'affinité pour l'eau.

L'ammoniaque liquide a de nombreux usages ; on l'emploie en médecine comme cautérisant, en teinture comme dissolvant; on s'en sert pour dissiper les gonflements qu'un excès d'herbes fraîches produit quelquefois chez les animaux. On l'emploie enfin fréquemment dans les laboratoires.

La solution aqueuse d'ammoniaque s'obtient au moyen de l'*appareil de Woolf* (*fig.* 34). Cet appareil se compose d'une

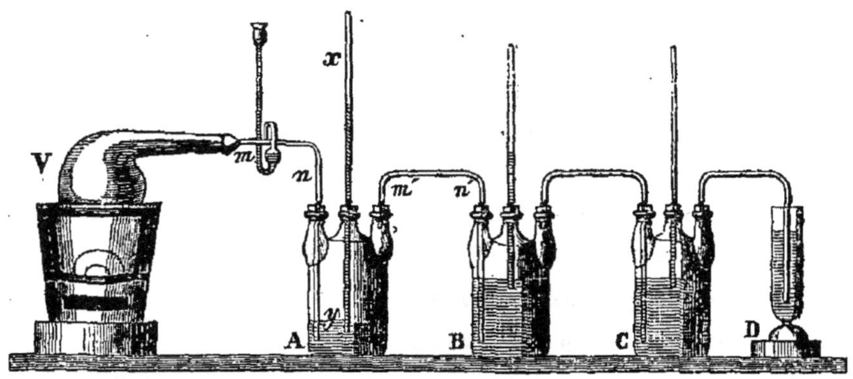

Fig. 34.

cornue V dans laquelle on introduit le mélange de chlorhydrate et de chaux destiné à produire le gaz, d'un flacon A contenant un peu d'eau, de deux flacons B et C contenant de l'eau aux trois quarts de leur volume et d'une éprouvette à pied D contenant de l'eau ou un acide propre à absorber les dernières portions du gaz qui pourraient échapper à l'action dissolvante de l'eau des flacons précédents. La cornue communique avec le flacon A au moyen d'un tube mn qui plonge jusqu'au fond du liquide. Le flacon A communique avec le flacon B au moyen d'un tube $m'n'$ qui part du haut du premier et qui plonge jusqu'au fond du second. Le flacon B communique de la même manière avec le flacon C. Le flacon A porte le nom de *flacon laveur*; l'eau qu'il renferme retient les matières étrangères que le gaz pourrait entraîner avec lui; on la jette comme impure à la fin de l'expérience.

Chacun des flacons porte, dans la tubulure du milieu, un tube droit qui plonge seulement de quelques millimètres dans l'eau. Ces tubes font l'office de *tubes de sûreté*. Supposons, pour faire comprendre leur utilité, que la pression du gaz diminue, par une cause quelconque, dans l'un des flacons, dans le flacon A par exemple. Le liquide du flacon B s'y précipitera par l'effet de la pression du gaz qu'il contient, il se mêlera par conséquent avec le liquide de ce flacon, et on devra suspendre l'expérience pour remettre l'appareil dans l'état primitif. Si l'on place, au contraire, dans le flacon A un tube *xy* ouvert à ses deux extrémités et plongeant seulement un peu dans l'eau, la pression du gaz de ce flacon ne pourra pas diminuer sensiblement sans que l'air atmosphérique rentre par l'ouverture *y* et rétablisse la pression. Le liquide du flacon B ne peut donc plus se précipiter dans le flacon A.

On emploie ordinairement la chaux *éteinte*, au lieu de chaux vive, pour la préparation de l'ammoniaque liquide ; on y ajoute même ordinairement un peu d'eau pour faciliter la réaction. On remplace aussi souvent, dans cette préparation, le chlorhydrate d'ammoniaque par le sulfate qui est plus économique.

CHAPITRE IV.

Carbone.

56. *Caractères généraux.* == Le carbone est solide, sans odeur et sans saveur; il est infusible et fixe aux températures les plus élevées qu'on puisse atteindre dans les fourneaux, mais il se fond et se volatilise quand il est soumis à l'action d'une pile extrêmement forte. Le carbone fondu ainsi est d'un gris noir analogue au graphite.

Le carbone est insoluble dans tous les dissolvants à l'exception de la fonte de fer. Cette fonte s'unit, quand elle est fondue, à une température très-élevée, avec une proportion de carbone plus grande que celle qu'elle peut conserver à froid; elle abandonne alors en se refroidissant une portion de carbone sous forme de lames cristallines noires et brillantes.

Le carbone est inaltérable au contact de l'air et de l'oxygène à la température ordinaire, mais il brûle dans ces deux gaz à une température élevée en donnant de l'acide carbonique. La combustion est d'autant plus facile qu'il est moins dense; aussi le diamant brûle-t-il beaucoup moins facilement que le noir de fumée et le charbon ordinaire.

Le carbone ne se présente pas toujours sous le même aspect. Le diamant, le graphite et le noir de fumée ne sont en effet que des variétés de carbone pur. Lavoisier a démontré l'identité de la matière de ces corps en les faisant brûler dans l'oxygène; il a reconnu qu'ils produisent toujours de l'acide carbonique en se combinant avec ce gaz.

Ces notions générales étant posées, nous devons étudier les diverses variétés du carbone et les charbons qui en sont presque entièrement formés.

57. *Diamant.* = Le diamant est le plus dur de tous les corps, car il peut rayer tous les corps sans être rayé par aucun ; il ne peut être entamé que par sa propre poussière. Sa densité varie entre 3,5 et 3,55. On le trouve ordinairement cristallisé, et ses cristaux sont tantôt des octaèdres, tantôt des dodécaèdres, quelquefois des solides à 24 et à 48 faces. Les diamants sont le plus souvent transparents et sans couleur, mais on en trouve de bleus, de roses, de verts, de jaunes et de bruns. C'est dans l'Inde, dans l'île de Bornéo et dans le Brésil qu'on rencontre les principaux terrains diamantifères. — On emploie les diamants comme objets d'ornements ; on s'en sert aussi pour polir les autres pierres précieuses et pour tailler le verre.

58. *Graphite.* = Le graphite se désigne quelquefois sous les noms de *plombagine,* de *mine de plomb.*

Le graphite est quelquefois brillant et cristallin, quelquefois d'un gris sombre, souvent noir ; il est doux et onctueux au toucher ; il a peu de dureté ; il tache les doigts et il laisse sur le papier des taches d'un gris de plomb. Sa densité est de 2,5 ; il est presque aussi peu combustible que le diamant. On s'en sert pour faire certains crayons, pour vernir certaines poteries et pour recouvrir certains objets de fer qu'on préserve ainsi de la rouille. — On trouve le graphite en plusieurs localités, en France, en Angleterre, en Espagne ; dans l'île de Ceylan on en trouve quelquefois des blocs de plusieurs décimètres cubes. On peut l'obtenir artificiellement en laissant refroidir lentement certaines fontes contenant une forte proportion de carbone et en les dissolvant dans de l'acide chlorhydrique ; le graphite reste en suspension dans le liquide.

59. *Noir de fumée.* = Le noir de fumée est toujours en poussière très-fine et impalpable ; on l'obtient en brûlant des matières résineuses dans de vastes chambres dont les parois sont recouvertes de toiles grossières et qui sont dépourvues de cheminées; le noir s'attache peu à peu aux toiles, et on l'en sépare en les agitant de temps en temps. — Le noir de fumée est beaucoup plus combustible que le diamant et le graphite; il est employé dans la peinture à l'huile, et particulièrement dans celle de l'extérieur des vaisseaux, des grilles, des grosses ferrures; on s'en sert aussi pour fabriquer l'encre d'imprimerie et l'encre de Chine. — Le noir de fumée employé dans les arts n'est pas du carbone pur, car il contient toujours un peu d'hydrogène; mais on peut le séparer entièrement de ce gaz en le soumettant à un feu de forge.

60. *Charbon de bois.* = Le charbon de bois est noir, compacte, assez poreux et assez dur; il est très-mauvais conducteur de l'électricité quand il n'a pas été porté à une température élevée, mais il devient bon conducteur quand il a été calciné; il est au contraire plus combustible dans le premier cas que dans le second. Ce charbon contient toujours un peu d'hydrogène et les matières salines qui forment la cendre; on ne peut le débarrasser de ces dernières substances, mais on le sépare parfaitement de l'hydrogène, s'il en est besoin, en le soumettant pendant quelque temps à un feu de forge en vase clos.

On obtient cette espèce de charbon en distillant le bois dans des cornues ou dans des cylindres de fonte à l'abri du contact de l'air; on l'obtient aussi dans les forêts, mais plus lentement et à un moins grand degré de pureté, en déterminant une combustion imparfaite du bois. A cet effet, on place circulairement autour d'un axe vertical des morceaux de bois d'un ou deux mètres, de manière à former un cône tronqué ou une espèce de meule; on n'y laisse qu'une ouverture centrale dans le sens de l'axe et qu'un conduit inférieur dans le sens d'un rayon, puis on recouvre le tout d'un peu de terre, afin d'abriter du contact de l'air, et on met le feu en jetant dans l'ouverture des charbons allumés et des copeaux. On doit arrêter la combustion dès que toutes les matières hydrogénées ont été brûlées par l'oxygène, afin que le charbon ne brûle pas lui-même à son tour.—On ne retire par ce moyen que 18 pour 100 de charbon; on en obtient jusqu'à 27 pour 100 par le premier procédé.

La propriété la plus remarquable du charbon de bois est d'absorber les différents gaz ; ainsi, qu'on chauffe au rouge un morceau de charbon, qu'on le refroidisse dans le mercure sans permettre à l'air de rentrer dans les pores, et qu'on le porte sous une éprouvette pleine d'ammoniaque ou d'acide chlorhydrique, le mercure monte peu à peu dans l'éprouvette, et le gaz disparaît. L'absorption ne provient pas d'une action chimique ; elle paraît uniquement due à une action capillaire, car le charbon perd tout le gaz qu'il a absorbé dès qu'on le met dans le vide ou qu'on le porte à une température supérieure à 100°. Ce qui confirme encore dans cette opinion, c'est que les charbons à pores très-serrés et à pores très-ouverts absorbent beaucoup moins de gaz que ceux qui tiennent le milieu. C'est le charbon de buis qui possède la propriété absorbante au plus haut degré. Un litre de ce charbon absorbe environ 90 litres d'ammoniaque, 85 d'acide chlorhydrique, 55 d'acide sulfhydrique, 35 d'acide carbonique, 10 d'oxygène, 7 d'azote et 2 d'hydrogène.

Cette propriété appartient aussi à tous les charbons qui proviennent des matières organiques et à tous les corps poreux en général; mais c'est le charbon de bois qui la possède au plus haut degré. On la met à profit pour empêcher la putréfaction des viandes et pour désinfecter celles qui commencent à se putréfier ; il suffit en effet de faire bouillir de la viande gâtée dans l'eau, et d'y ajouter du charbon pilé, pour qu'elle perde sa mauvaise odeur. — On l'utilise aussi pour clarifier les eaux et leur enlever les gaz délétères ou infects qu'elles contiennent quelquefois; elles deviennent en effet limpides , transparentes et sans odeur désagréable dès qu'on les a filtrées à travers une couche peu épaisse de charbon grossièrement pilé.

61. *Charbon végétal.* = Ce charbon s'obtient par la distilla-

tion en vase clos des matières végétales. Le sucre, le linge, les gommes... fournissent facilement des charbons végétaux ; mais c'est du bois et des résines qu'on retire tous ceux qu'on emploie dans l'économie domestique et dans l'industrie. — On pourrait extraire le carbone pur du sucre, en le distillant d'abord en vase clos, puis en le calcinant à un feu de forge pour lui faire perdre ses dernières portions d'hydrogène.

62. *Charbon animal.* = Le charbon animal s'obtient en distillant les os et l'ivoire en vase clos ; il est noir, brillant, il conserve la forme des matières d'où il provient, et il est facile à réduire en poussière. Le charbon animal, tel qu'on l'emploie dans les arts, est en poudre impalpable ; il ne contient que les 12 centièmes de son poids de carbone pur ; le phosphate et le carbonate de chaux en forment les 88 centièmes avec quelques matières étrangères.

Ce charbon jouit d'une propriété remarquable, c'est d'absorber la matière qui colore certains liquides. Ainsi, qu'on mette pendant quelques temps en contact du vin rouge avec du charbon animal, et qu'on filtre ensuite, on obtient du vin parfaitement incolore. On utilise cette propriété pour clarifier et décolorer les sirops, pour raffiner le sucre et pour purifier le miel en lui enlevant à la fois sa couleur, son odeur et sa saveur âcre.

63. *Charbon de terre.* = Ce charbon est noir, brillant, compacte et assez friable ; il est formé de carbone, de matières bitumineuses et de quelques matières salines. Il constitue la *houille*, qu'on rencontre en amas considérables dans la partie inférieure des terrains secondaires, et les *lignites*, qu'on trouve dans les terrains de formation plus moderne. — On emploie encore peu les lignites, mais la houille est un des combustibles les plus précieux dans les usages domestiques et dans l'industrie ; on en retire aussi par la distillation en vase clos le gaz qui sert à l'éclairage, et le *coke* qu'on emploie soit dans les foyers, soit dans les opérations métallurgiques.

64. *Charbon de pierre.*=Le charbon de pierre, qu'on nomme souvent *anthracite*, ressemble assez bien à la houille par son aspect, mais il est beaucoup moins combustible, et il ne peut guère servir que pour les feux de forge. — On le trouve principalement dans les terrains intermédiaires; on en rencontre, près de Grenoble, qui contient jusqu'à 97 centièmes de carbone pur. Les matières étrangères qu'il renferme sont généralement de la silice, de l'alumine, de l'oxyde de fer.

§ 1er. — *Combinaisons du carbone avec l'oxygène.*

Le carbone s'unit avec l'oxygène en plusieurs proportions, mais il ne forme que deux composés qu'on étudie dans la chimie inorganique. Ce sont l'acide carbonique et l'oxyde de carbone.

65. *Acide carbonique.* = L'acide carbonique est le premier gaz qu'on ait distingué de l'air atmosphérique; on l'a nommé *gaz, air fixe.*

Propriétés physiques. = L'acide carbonique est gazeux et incolore; il a une odeur un peu piquante et une saveur un peu aigrelette; il colore la teinture de tournesol en *rouge vineux*, tandis que les acides puissants la colorent en *rouge pelure d'oignon*. L'eau en dissout un peu plus d'une fois son volume à la température ordinaire. Il éteint les corps en combustion et asphyxie les animaux qui le respirent. Les bougies s'éteignent dans une atmosphère qui en contient les 0,15 de son volume, tandis que les animaux vivent encore dans une atmosphère qui en renferme les 0,30. Ce gaz est beaucoup moins délétère que l'oxyde de carbone, car on n'éprouve qu'un malaise dans un air qui en contient 4 ou 5 centièmes, tandis qu'on succomberait immédiament dans l'air qui renfermerait cette proportion d'oxyde de carbone. On voit d'après cela que les asphyxies produites par la combustion du charbon sont dues plutôt à l'oxyde de carbone qu'à l'acide carbonique.

L'acide carbonique a une densité beaucoup plus grande que l'air ; elle est de 1,529; aussi peut-il être transvasé d'une éprouvette dans une autre éprouvette pleine d'air, et peut-il éteindre une bougie quand on le verse sur sa flamme à la manière d'un liquide.

C'est le premier gaz qu'on ait pu liquéfier par la pression : il exige une pression de 26 atmosphères à — 20°; il en faut 30 à — 10°, 36 à 0°, 45 à 10°, 56 à 20°, 73 à 30°, et probablement plus de 100 aux températures supérieures à 40°. Le liquide qui en résulte est incolore et très-fluide ; il se dilate plus que les gaz par l'action de la chaleur. On peut en obtenir des masses assez considérables au moyen d'un appareil dû à M. Thilorier (*fig.* 35). C'est un cylindre creux de fer de 50 centimètres envi-

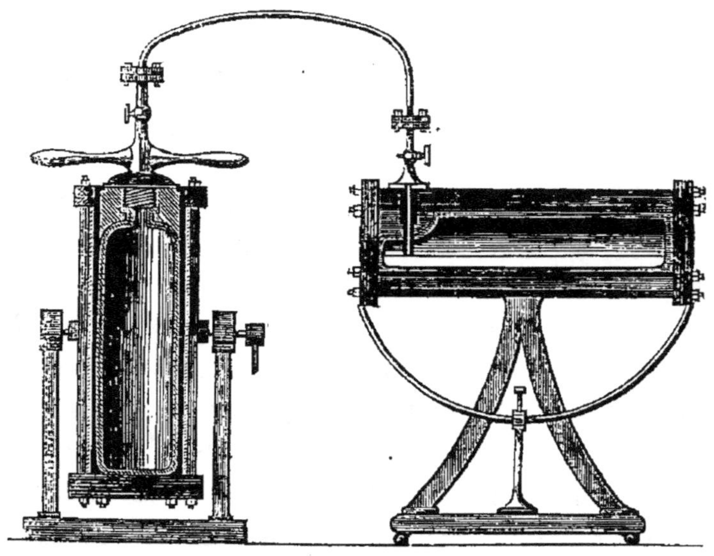

Fig. 35.

ron de hauteur, de 30 centimètres de diamètre et de 6 millimètres d'épaisseur ; on le dispose dans une position verticale et on le fait reposer sur deux tourillons horizontaux qui permettent de lui imprimer un mouvement de rotation. On introduit dans sa cavité du bicarbonate de soude et un petit tube plein d'acide sulfurique, puis on le ferme et on le fait tourner afin de mélanger l'acide et le bicarbonate. On fait alors communiquer ce cylindre avec un autre cylindre fixe dans lequel l'acide carbonique va se rendre et dans lequel il se condense par l'effet des pressions qu'il exerce sur lui-même à mesure qu'il se forme.

C'est aussi le premier gaz qu'on soit parvenu à solidifier ; on l'obtient à l'état solide en ouvrant un robinet adapté à la partie inférieure du deuxième cylindre et en plaçant une capsule de verre sur la direction du jet liquide qui s'en échappe. La portion du liquide qui se vaporise produit un froid si intense que l'autre portion se solidifie dans la capsule sous forme de flocons neigeux. — La température s'abaisse à 70 degrés au-dessous de zéro. — L'acide solide se conserve assez longtemps et surtout quand on l'entoure de laine ou d'autres corps peu conducteurs de la chaleur, car la portion qui se vaporise maintient l'autre à l'état solide. — On peut, avec cet acide, congeler des masses assez considérables de mercure et d'acide azotique, en en mettant une petite couche sur leur surface et en les exposant au contact de l'air. — On n'éprouve pas une sensation très-douloureuse quand on touche avec le doigt l'acide carbonique solide, ce qui provient peut-être de ce que le contact n'est pas immédiat à cause de l'atmosphère de l'acide gazeux qui doit l'entourer ; mais on souffre comme au contact d'un fer rouge, et il se forme immédiatement une ampoule dès qu'on le comprime avec la main. — Lorsqu'on le plonge dans des liquides qui le mouillent sans l'attaquer, comme l'éther sulfurique, leur température descend aussitôt à 80 degrés au-dessous de zéro.

Propriétés chimiques. = L'acide carbonique résiste à la plus forte chaleur qu'on puisse produire ; mais il est décomposé, par une série d'étincelles électriques, en oxygène et en oxyde de carbone ; la décomposition toutefois n'est que partielle, car l'oxygène et l'oxyde de carbone se combinent sous l'influence d'une étincelle pour donner de l'acide carbonique.—L'hydrogène et le carbone décomposent l'acide carbonique à une température élevée : l'hydrogène s'empare de la moitié de son oxygène, et de là résultent de l'eau et de l'oxyde de carbone; le carbone s'empare aussi de la moitié de son oxygène et produit un volume d'oxyde de carbone double de l'acide carbonique. Ces expériences se font toujours dans un tube de porcelaine chauffé au rouge.

Composition. = On obtient la composition de l'acide carbonique par la synthèse, en cherchant le volume d'acide carbonique qui résulte de la combinaison du carbone avec un volume donné d'oxygène, ou le poids de l'acide carbonique qui provient de la combinaison de l'oxygène avec un poids donné de carbone.

Dans le premier cas, on se sert d'un ballon en verre (*fig.* 36) d'environ un litre de capacité ; on le remplit d'oxygène sur la

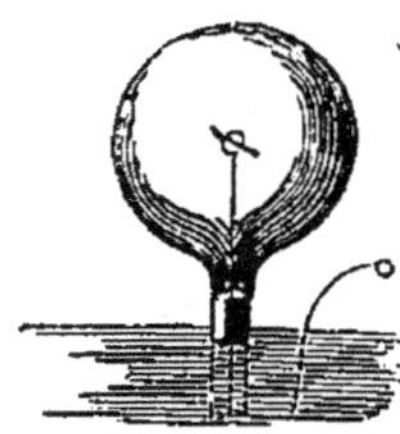

Fig 36.

cuve à mercure, et on y introduit un petit fragment de carbone fixé à l'extrémité d'un gros fil de platine. On concentre enfin les rayons solaires sur le carbone au moyen d'une forte lentille. Le volume d'acide carbonique produit est précisément égal au volume d'oxygène employé. — On peut déduire de là la composition en poids de l'acide carbonique. Si l'on représente en effet par P, P' et P'' les poids de l'acide, de l'oxygène et du carbone, on a $P = P' + P''$ d'où $\frac{P''}{P'} = \frac{P}{P'} - 1$. Or $\frac{P}{P'} = \frac{D}{D'} = 1,373$; donc $\frac{P''}{P'} = 0,373$. Ce rapport vaut très-sensiblement $\frac{6}{16}$, ce qui démontre que l'acide carbonique est formé de 6 parties de carbone et de 16 parties d'oxygène, ou d'un équivalent de carbone et de 2 équivalents d'oxygène. Sa formule est donc CO^2. — On ne peut pas déterminer par expérience le volume de vapeur de carbone que contient l'acide carbonique; on admet qu'il en contient un volume égal au sien, et par suite qu'il est formé d'un volume d'oxygène et d'un volume de vapeur de carbone condensés en un seul volume. La densité de la vapeur de carbone déduite de cette hypothèse est $1,5290 - 1,1056$ ou $0,4234$.

Dans le second cas, on met un petit morceau de diamant dans une capsule de platine; on l'introduit dans un tube de porcelaine qu'on porte au rouge au moyen d'un fourneau à réverbère ; puis on dirige sur lui un courant d'oxygène pur, et on absorbe l'acide carbonique au moyen de tubes de Liébig et de tubes en U contenant de la potasse caustique. On détermine facilement le poids du diamant brûlé en pesant ce corps avant et après l'expérience ; on trouve de même le poids de l'acide carbonique absorbé par la potasse ; on peut donc en déduire par soustraction le poids de l'oxygène employé. M. Dumas a trouvé ainsi que 6 parties en poids de carbone produisent 22 parties d'acide carbonique, et par suite qu'elles absorbent 16 parties d'oxygène. — L'acide carbonique contient, en nombres ronds, 28 centièmes de carbone et 72 centièmes d'oxygène.

Préparation. = L'acide carbonique se trouve dans la nature en combinaison avec la chaux, la soude, la potasse et diverses autres bases ; il s'y rencontre aussi en dissolution dans presque toutes les eaux et surtout dans les eaux de Seltz, de Spa..., qui lui doivent la propriété de mousser ; il y existe enfin à l'état de gaz. — Il forme les 4 ou 5 dix-millièmes de l'atmosphère, et il se rencontre en abondance dans certaines cavités et dans certaines grottes des pays volcaniques ou des terrains calcaires de sédiment ; on cite, entre autres, la grotte du Chien, près de Pouzzole, où il forme une couche d'environ 4 ou 5 décimètres de hauteur ; les chiens y sont asphyxiés, tandis que les hommes peuvent y pénétrer sans danger. — Il est facile de reconnaître la présence de l'acide carbonique dans un lieu, en voyant si les bougies s'y éteignent, ou si l'air y précipite l'eau de chaux.

L'acide carbonique se forme toutes les fois qu'on brûle du carbone dans l'air, mais il est alors mélangé avec différents gaz qui le rendent impur. On se le procure ordinairement en traitant le carbonate de chaux par l'acide sulfurique ou par l'acide chlorhydrique ; ces acides, étant en effet plus puissants que l'acide carbonique, se substituent à lui et le mettent en liberté.

Lorsqu'on emploie le carbonate de chaux à l'état de marbre, on le concasse, puis on l'introduit avec beaucoup d'eau dans un flacon (*fig.* 19) et on verse ensuite l'acide chlorhydrique. La réaction se produit immédiatement : l'acide carbonique se rend sous des éprouvettes pleines d'eau, tandis que l'eau et le chlo-

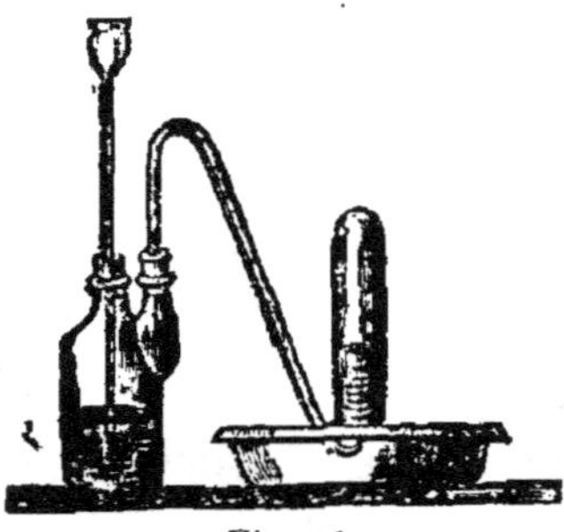

Fig. 19.

rure de calcium qui résultent de l'action de l'acide chlorhydrique sur la chaux restent en dissolution. Il est bon de ne pas employer l'acide sulfurique avec le marbre, car le sulfate de chaux n'étant pas soluble, il se formerait bientôt une croûte qui envelopperait le carbonate et arrêterait la réaction. — Lorsqu'on se sert du carbonate de chaux à l'état de craie, on n'emploie pas l'acide chlorhydrique, car la réaction serait trop vive ; on fait usage d'acide sulfurique. — Dans tous les cas, on reconnaît que l'acide carbonique est pur quand il est complétement absorbé par une dissolution de potasse ou de soude.

Usages. = Les eaux gazeuses naturelles et artificielles doivent leur saveur agréable et leurs propriétés digestives à l'acide carbonique qu'elles contiennent en dissolution ; la bière et le vin de Champagne ne moussent que par l'acide carbonique qu'ils renferment. — On fabrique les eaux gazeuses artificielles en comprimant de l'acide carbonique sous une pression de 7 à 8 atmosphères dans des récipients remplis d'eau, et en introduisant ensuite cette eau dans des bouteilles qu'on bouche immédiatement afin d'empêcher le dégagement du gaz. On en fabrique quelquefois en versant dans de l'eau un mélange de bicarbonate de soude et d'acide tartrique pulvérisés, car le tartrate de soude qui se forme en même temps que l'acide carbonique ne donne pas à l'eau une saveur bien désagréable.

66. *Acide carbonique de l'atmosphère.* = Les diverses combustions qui se produisent constamment dans nos foyers et dans nos lampes fournissent des quantités énormes d'acide carbonique à l'atmosphère. La respiration des divers animaux n'en produit pas des quantités moins considérables. Nous avons vu

en effet que tous les animaux absorbent une certaine quantité
d'oxygène dans l'acte de la respiration, et qu'ils remplacent cet
oxygène par une certaine quantité d'acide carbonique. L'homme,
par exemple, absorbe, terme moyen, 592 grammes d'oxygène
dans l'espace de 24 heures, et il expire un poids d'acide carbonique égal à 605 grammes dans le même temps.

On voit par là que la quantité d'oxygène diminuerait chaque
jour dans l'atmosphère, et que la quantité d'acide carbonique
deviendrait chaque jour de plus en plus grande, s'il n'existait
pas une cause permanente, qui, agissant en sens contraire, dé-
truisit l'acide carbonique et reformât l'oxygène. Cette cause se
trouve précisément dans l'acte de la végétation. On a reconnu
en effet que la partie verte des plantes absorbe l'acide carbonique de l'atmosphère, qu'elle décompose cet acide sous l'influence
des rayons solaires, qu'elle s'unit avec son carbone et qu'elle
met en liberté presque tout son oxygène. — On démontre par
expérience l'action des plantes sur l'acide carbonique en introduisant une branche d'arbre, munie de feuilles, sous une grande
cloche qu'on fait reposer sur la cuve à eau et qu'on remplit
d'acide carbonique. L'acide carbonique disparaît peu à peu
quand on expose la cloche aux rayons solaires et finit par disparaître entièrement au bout de quelque temps. On trouve à sa
place un volume d'oxygène presque égal au sien.

67. *Oxyde de carbone.* = C'est à Priestley qu'on doit la découverte de l'oxyde de carbone.

Propriétés. = L'oxyde de carbone est gazeux, incolore, inodore, insipide, sans action sur les réactifs colorés ; sa densité
est 0,9678 ; il est presque insoluble dans l'eau ; il éteint les
corps en combustion ; il asphyxie les animaux qui le respirent.
C'est un des gaz les plus délétères : un animal périt presque
instantanément dans une atmosphère qui en contient les 0,08 de
son volume : il succomberait même au bout de quelque temps
si elle en contenait 0,01. Ce gaz ne remplit jamais le rôle d'acide

ou de base ; il est indécomposable par la chaleur et l'électricité.

L'air et l'oxygène n'ont aucune action sur l'oxyde de carbone à la température ordinaire ; mais ils le convertissent en acide carbonique à une température élevée. Si l'on approche, par exemple, une bougie allumée d'une éprouvette pleine d'oxyde de carbone, le gaz brûle immédiatement avec une flamme bleue caractéristique, et il se transforme en acide carbonique ; on voit en effet que l'eau de chaux est troublée par le gaz de l'éprouvette après la combustion tandis qu'elle n'était pas troublée avant. — Le chlore agit aussi sur l'oxyde de carbone, car si l'on mélange dans une éprouvette un volume égal de chlore et d'oxyde de carbone et qu'on l'expose aux rayons solaires, le gaz se contractera peu à peu de la moitié de son volume, et il se transformera en un nouveau gaz doué d'une odeur suffocante, d'une saveur fortement acide qu'on désigne sous le nom d'*acide chloroxycarbonique*.

Composition. = On détermine la composition de l'oxyde de carbone en brûlant ce gaz par l'oxygène dans l'eudiomètre à mercure. Si l'on opère sur 1 volume d'oxygène et 1 volume d'oxyde de carbone, on trouve un résidu de $\frac{3}{2}$ volume après le passage de l'étincelle, et ce résidu est formé de $\frac{1}{2}$ volume d'oxygène et de 1 volume d'acide carbonique, ce qu'il est facile de voir en absorbant ce dernier gaz par la potasse. L'oxyde de carbone exige donc la moitié de son volume d'oxygène pour produire un volume égal d'acide carbonique ; or, comme cet acide contient un volume d'oxygène égal au sien, l'oxyde de carbone en renferme seulement la moitié de son volume. Cela posé, si l'on appelle P, P', P'' les poids de l'oxyde, de l'oxygène et du carbone, on aura $P'' = P - P'$, d'où $\frac{P''}{P'} = \frac{P}{P'} - 1 = \frac{VD}{V'D'} - 1 = 0,75$; or si l'on fait $P' = 8$, il viendra $P'' = 6$. — L'oxyde de carbone est donc formé de 6 parties en poids de carbone contre 8 parties d'oxygène ; on doit donc prendre 6 pour l'équivalent du carbone, et CO pour la formule de l'oxyde de carbone.

Préparation. = L'oxyde de carbone existe dans l'atmosphère d'après Saussure, mais en très-petite proportion ; il se forme quand on chauffe fortement un excès de carbone avec l'oxygène, avec l'acide carbonique et avec les oxydes ou les carbonates qui sont difficiles à décomposer.

On l'obtient ordinairement en traitant l'acide oxalique par l'acide sulfurique concentré. On introduit ces deux corps dans un petit matras (*fig.* 8) muni d'un tube à gaz, et on chauffe avec une lampe à alcool. Le gaz qui se dégage n'est pas de l'oxyde de carbone pur, mais un mélange en volumes égaux, d'oxyde de carbone et d'acide carbonique ; il faut donc en absorber l'acide au moyen de la potasse ou de la soude. On se rend compte de la réaction en remarquant que l'acide oxalique $C^2O^3 + 3HO$ peut être regardé comme formé d'un équivalent d'oxyde de carbone uni à un équivalent d'acide carbonique sous l'influence d'une certaine quantité d'eau ; or, si l'on chauffe ce corps au contact d'une substance très-avide d'eau, son eau sera absorbée et son oxyde de carbone ne restera plus uni à son acide carbonique ; on obtiendra donc ainsi un mélange de ces deux gaz en volumes égaux.

§ 2. — *Combinaisons du carbone avec l'hydrogène.*

Le carbone forme avec l'hydrogène un grand nombre de composés d'une haute importance. Parmi ces composés, les uns sont gazeux, comme le gaz oléfiant, le gaz des marais... ; d'autres sont liquides, comme l'huile de naphte, les essences de citron, de térébenthine.... ; d'autres enfin sont solides, comme la paraffine, la naphtaline. Ils sont tous incolores, volatils, décomposables à la chaleur rouge et essentiellement combustibles. La flamme qu'ils produisent en brûlant varie du reste avec leur composition ; elle est blanche et d'une extrême vivacité quand le carbone et l'hydrogène sont combinés équivalent à équivalent, comme dans le gaz oléfiant et la paraffine mise sous forme de bougie ; elle est rouge et fuligineuse quand le carbone entre pour plus d'équivalents que l'hydrogène, comme dans l'essence de citron et l'essence de térébenthine ; enfin elle est pâle, bleuâtre et sans fumée quand l'hydrogène prédomine, comme dans le gaz des marais.

Plusieurs carbures d'hydrogène jouent le rôle de bases ; un grand nombre sont neutres ; aucun n'est acide. Ils diffèrent en général par leur composition ; quelques-uns, qui sont composés de la même manière, diffèrent par la plus ou moins grande condensation de leurs éléments ; d'autres, qui possèdent la même composition et la même condensation, diffèrent par l'arrangement moléculaire.

L'étude des différents carbures d'hydrogène appartient à la chimie organique ; nous ne décrirons ici que l'hydrogène bicarboné et l'hydrogène protocarboné.

68. *Hydrogène bicarboné.* = Ce composé a été découvert en 1796 par les chimistes hollandais ; il est formé de 2 vol. d'hydrogène et de 2 vol. de vapeur de carbone condensés en 1 vol. On le nomme souvent *gaz oléfiant, bicarbure d'hydrogène.*

Propriétés. = L'hydrogène bicarboné est incolore, insipide, d'une odeur éthérée, très-peu soluble dans l'eau ; il éteint les corps en combustion ; sa densité est 0,9814. Il se décompose par la chaleur rouge ; mais sa décomposition est graduelle comme celle des autres carbures d'hydrogène ; il se dépose d'abord du noir de fumée, et il se forme un carbure moins carburé jusqu'à ce qu'enfin la décomposition soit complète. Les étincelles électriques agissent de la même manière.

L'oxygène et l'air décomposent ce carbure à une température élevée. Il brûle avec une flamme blanche et légèrement fuligineuse au contact de l'air et d'une bougie allumée, en donnant lieu à de l'eau, à de l'acide carbonique et à un dépôt de charbon. La combinaison est plus énergique quand on le mêle avec l'oxygène ; elle est toujours accompagnée d'une détonation très-forte et de la rupture du flacon, si l'on met assez d'oxygène pour brûler tout l'hydrogène et tout le carbone, c'est-à-dire 3 volumes pour un volume d'hydrogène bicarboné.

Le chlore agit de diverses manières sur le bicarbure d'hydroène, selon les circonstances dans lesquelles on opère. Si l'on met en contact 1 vol. de bicarbure et 2 vol. de chlore, on obtient, à une température élevée, un dépôt de charbon et 4 vol. d'acide chlorhydrique. La combinaison se fait lentement quand on abaisse peu à peu une bougie dans l'éprouvette qui contient le mélange; elle se fait instantanément et avec explosion sous l'influence des rayons solaires. Si l'on expose à la lumière diffuse un mélange en volumes égaux de chlore et de bicarbure, ces deux corps se combinent peu à peu et forment un liquide d'une apparence huileuse qu'on appelle *la liqueur des Hollandais*. On obtient ce liquide en introduisant d'abord le chlore, puis le bicarbure dans une éprouvette reposant sur la cuve à eau ; le composé se forme peu à peu, et l'eau monte graduellement dans l'éprouvette.

Composition. = On détermine la composition de l'hydrogène bicarboné en le brûlant par l'oxygène sur le mercure ; on doit avoir soin d'employer un excès d'oxygène ; car l'eudiomètre serait brisé par l'explosion si l'on employait seulement la quantité d'oxygène suffisante pour brûler le bicarbure. On prend 1 vol. de bicarbure et 5 vol. d'oxygène, on les introduit dans l'eudiomètre, puis on fait passer l'étincelle, et on obtient un résidu de 4 vol. Ce résidu est formé de 2 vol. d'oxygène et de 2 vol. d'acide carbonique, ce qu'on reconnaît en absorbant ce dernier gaz par une dissolution de potasse caustique. Or, les deux vol. d'acide carbonique contenant 2 vol. d'oxygène et 2 vol. de vapeur de carbone, il se trouve déjà 2 vol. de vapeur de carbone dans un volume de bicarbure ; il s'y trouve en outre 2 vol. d'hydrogène, car ce gaz n'a absorbé qu'un volume d'oxygène pour former de l'eau. Ainsi 1 vol. de bicarbure = 2 vol. d'hydrogène + 2 volumes de vapeur de carbone.

Il est facile d'obtenir la composition en poids du bicarbure, sans passer par le volume et la densité de la vapeur de carbone qu'on ne peut connaître que d'une manière hypothétique on a en effet $P'' = P - P'$, d'où $\frac{P''}{P'} = \frac{P}{P'} - 1$; or $\frac{P}{P'} = \frac{VD}{V'D'} = 7$; ainsi $\frac{P''}{P'} = 6$. Le bicarbure contient donc 1 éq. de carbone pour 1 d'hydrogène; on prend C^4H^4 pour la valeur de son équivalent.

Préparation. = Le bicarbure d'hydrogène ne se trouve pas dans la nature. On l'obtient en mélangeant 1 partie en poids d'alcool avec quatre parties d'acide sulfurique concentré, en introduisant le mélange dans un petit matras (*fig.* 8) muni d'un tube à gaz, et en soumettant l'appareil à une température de 160 à 180 degrés. Le bicarbure se rend sous des éprouvettes pleines d'eau. On conçoit la réaction en remarquant que l'alcool dont la formule est $C^4H^6O^2$ peut être regardé comme un hydrate de bicarbure d'hydrogène; l'acide sulfurique, s'emparant de l'eau de cet hydrate, met le bicarbure en liberté. Lorsqu'on chauffe au-dessous de 140°, il se forme de l'éther au lieu de bicarbure d'hydrogène; si l'on chauffe au-dessus de 180°, il se produit de l'eau, de l'acide sulfureux et de l'acide carbonique par la réaction du carbone sur l'acide sulfurique. On voit par là que le bicarbure obtenu n'est pas toujours pur : mais on le purifie facilement en dissolvant l'éther dans l'acide sulfurique à froid et les deux acides dans une solution de potasse.

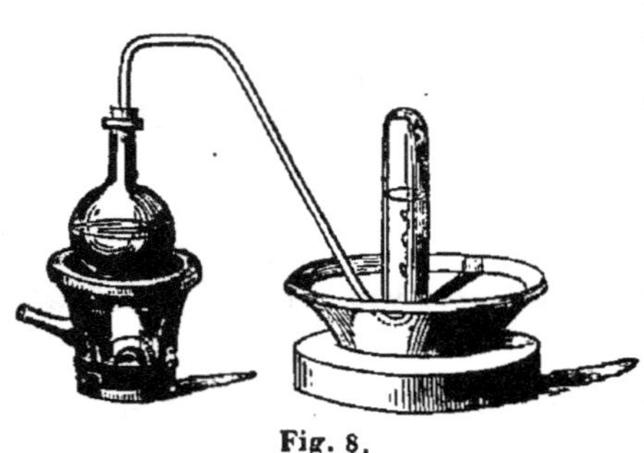
Fig. 8.

Le bicarbure d'hydrogène n'a pas d'usages à l'état de pureté; mais il entre dans le gaz de l'éclairage.

69. *Hydrogène protocarboné.* = Ce composé se nomme souvent *gaz des marais, protocarbure d'hydrogène.* Il est incolore,

inodore, insipide et insoluble dans l'eau. Sa densité est 0,559; il éteint les corps en combustion; il brûle avec une flamme bleuâtre au contact de l'air et d'une bougie allumée, en produisant de l'eau et un dépôt de charbon. L'action de l'oxygène est plus énergique, et surtout quand on met la quantité d'oxygène suffisante pour brûler l'hydrogène et le carbone.

Le chlore agit sur ce gaz sous l'influence des rayons solaires; il en résulte de l'acide chlorhydrique et un dépôt de charbon; mais il n'agit pas à la lumière diffuse, à moins qu'il ne soit humide, et alors il se forme de l'acide chlorhydrique et de l'acide carbonique.

On détermine la composition du protocarbure d'hydrogène comme celle du bicarbure; on trouve ainsi qu'il exige 2 vol. d'oxygène pour être entièrement brûlé, et qu'il en résulte de l'eau et 1 volume d'acide carbonique. Il est donc formé de 2 volumes d'hydrogène et d'un volume de vapeur de carbone condensés en 1 volume; on prend C^2H^4 pour la valeur de son équivalent.

Préparation. = On obtient ce gaz en chauffant dans un matras (*fig.* 8) un mélange d'une partie d'acétate de soude et de 3 parties de baryte. L'hydrogène protocarboné se dégage, et il reste dans le matras des carbonates de soude et de baryte. On explique la réaction en regardant l'acide acétique comme un bicarbonate d'hydrogène protocarboné.

L'hydrogène protocarboné se trouve dans la vase des marais et de toutes les eaux stagnantes; il s'y produit continuellement par la décomposition des matières organiques, et souvent même il vient crever à la surface de l'eau sous forme de bulles. On le retire de ces eaux en agitant la vase; on le reçoit alors dans des flacons renversés, pleins d'eau et munis de larges entonnoirs; mais le gaz ainsi obtenu contient toujours de l'azote, de l'oxygène et de l'acide carbonique. Il est impossible de le débarrasser de son azote.

L'hydrogène protocarboné se dégage abondamment de la

terre en différents points du globe ; il produit même, dans certains lieux, des feux naturels qu'on utilise pour cuire de la chaux et des poteries. Il est souvent, à sa sortie de la terre, imprégné de matières boueuses et de sel ordinaire, ce qui fait donner le nom de *salzes* aux sources d'où il se dégage.

Ce gaz se rencontre aussi quelquefois dans les mines de houille ; il s'y trouve alors mêlé avec l'air atmosphérique, et il forme ainsi un mélange extrêmement explosif que les mineurs nomment le *grisou*. On connaît les explosions terribles auxquelles il donne lieu.

L'hydrogène protocarboné se produit enfin quand on décompose par la chaleur la houille, les huiles, les résines et presque toutes les matières organiques ; mais alors il se trouve toujours mêlé avec des carbures d'hydrogène plus ou moins carburés et avec plusieurs autres gaz.

70. *Gaz de l'éclairage.* == Le gaz de l'éclairage n'est autre chose que l'hydrogène protocarboné, mélangé avec de l'hydrogène bicarboné, avec de l'hydrogène, avec de l'oxyde de carbone et quelques autres gaz. On l'obtient ordinairement en calcinant la houille dans des cornues de fonte.

Le gaz résultant de la distillation contient principalement de l'hydrogène protocarboné, de l'hydrogène bicarboné, de l'hydrogène, de l'oxyde de carbone, de l'acide carbonique, des matières huileuses volatiles, de l'ammoniaque, de l'acide sulfhydrique et des matières goudronneuses. Il est indispensable de le purifier, car son odeur est très-mauvaise, ainsi que l'odeur des produits qui résultent de sa combustion dans l'air. A cet effet, on le conduit d'abord dans un *barillet* en partie plein d'eau, au moyen d'un tuyau qui plonge de quelques centimètres dans ce liquide, puis on le fait passer dans plusieurs tuyaux convenablement refroidis qui communiquent avec une suite de caisses contenant de la chaux hydratée. L'ammoniaque reste dans l'eau du barillet ; la matière goudronneuse se dépose soit dans cette eau, soit dans les tubes qui viennent à la suite ; quant aux acides, ils restent dans les caisses qui contiennent la chaux. Il ne faut pas purifier trop complétement le gaz de l'éclairage, car les matières huileuses qu'il conserve après une purification incomplète augmentent considérablement son pouvoir éclairant.

71. *De la flamme.* = La flamme résulte de la combustion d'un gaz ou d'un corps qui puisse se transformer en gaz par l'action de la chaleur. Sa température est toujours extrêmement élevée, car les fils de platine qu'on y plonge s'y échauffent jusqu'à la chaleur blanche.

La combustion d'un gaz cesse dès qu'on le met en contact avec un corps qui le refroidit. Si l'on place par exemple une *toile métallique* à mailles très-serrées, sur la flamme d'une lampe à alcool ou dans la direction d'un jet d'hydrogène enflammé, la flamme subsiste jusqu'à la toile et disparaît au delà. La vapeur alcoolique et le jet d'hydrogène sont trop refroidis par la toile, eu égard à la conductibilité du métal qui la forme, pour pouvoir se combiner au delà, avec l'oxygène de l'air. — La finesse de la toile qui doit s'opposer à la combustion de la matière gazeuse doit être proportionnée à la chaleur que cette matière développe en brûlant. Une toile de laiton de 14 ouvertures par centimètre carré arrête la flamme de la vapeur d'alcool ; mais elle ne peut arrêter la flamme de l'hydrogène : il faut, pour ce gaz, des fils de $0^{mm},4$ de diamètre et 110 ouverture par centimètre carré.

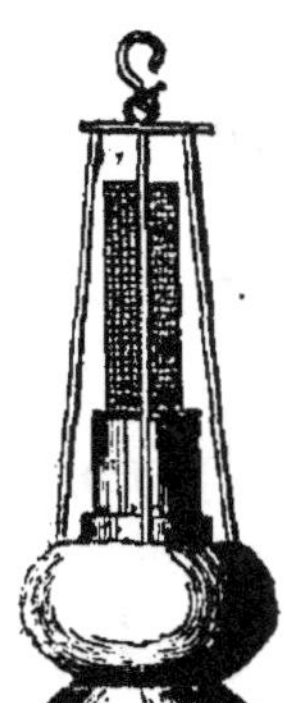

La *lampe de sûreté* (*fig.* 37) repose sur cette propriété des toiles métalliques. C'est une lampe ordinaire dont la flamme est entourée d'un large cylindre formé d'une toile métallique à mailles très-serrées. Si l'on place cette lampe dans un mélange d'air et d'hydrogène carboné, la combustion a lieu dans l'intérieur du cylindre, mais elle ne peut se propager à l'extérieur eu égard au refroidissement que la toile métallique fait éprouver au gaz. On voit par là que les mineurs qui pénètrent avec une pareille lampe dans un

Fig. 37.

mélange détonant ne peuvent enflammer ce mélange et par suite qu'ils n'occasionnent aucune explosion. La lampe de sûreté a été imaginée par Davy.

Le pouvoir éclairant d'une flamme dépend, comme nous l'avons déjà vu, des corps qui se forment dans la combustion; il est faible quand les produits sont gazeux comme dans la combustion de l'hydrogène, de l'alcool, du soufre; il est beaucoup plus intense quand les produits sont solides comme dans la combustion du fer, du phosphore.... On peut l'augmenter considérablement, comme nous l'avons vu également, en plaçant dans la flamme certains corps, tels que du platine, de la craie; mais il faut que la température de la flamme soit assez élevée pour que la combustion puisse continuer malgré le refroidissement produit par ces corps.

La flamme qu'on obtient au moyen du gaz de l'éclairage, des lampes et des bougies est beaucoup plus vive que celle qui provient de l'hydrogène pur, car elle est presque entièrement due à l'hydrogène carboné, et ce gaz n'éprouvant qu'une combustion incomplète à cause de la petite quantité d'oxygène qu'il rencontre, abandonne, dans la flamme, du charbon extrêmement divisé qui devient incandescent.

La température d'une flamme est indépendante de son éclat. On sait en effet que l'hydrogène, qui développe la plus grande chaleur dans sa combustion, donne une flamme à peine visible.

§ 3. — *Combinaison du carbone avec l'azote.*

72. *Cyanogène.* = Le carbone ne s'unit à l'azote qu'en une seule proportion. Le composé qui résulte de la combinaison porte le nom de *cyanogène*; il a été découvert par Gay-Lussac en 1815. Sa formule est AzC^2.

Propriétés. = Le cyanogène est gazeux, incolore, d'une odeur vive et caractéristique; sa densité est 1,81; il éteint les corps en combustion. L'eau en dissout 4 à 5 fois son volume à la température 20°; l'alcool en dissout 20 à 25 fois son volume. On peut le liquéfier soit par la pression, soit par le froid. On l'a même solidifié en utilisant le froid produit par la vaporisation de l'acide sulfureux liquide.

Le cyanogène est un des composés les plus stables; il n'est décomposé que par la chaleur la plus forte des fourneaux à réverbère. L'oxygène et l'air n'ont aucune action sur lui à la température ordinaire; mais ils agissent vivement à une température élevée, ou sous l'influence d'une étincelle électrique. Si l'on approche par exemple une bougie allumée près de l'ouverture d'une éprouvette pleine de cyanogène, ce gaz brûle avec une flamme pourpre en donnant naissance à de l'acide carbonique et à de l'azote.

Le cyanogène se comporte presque toujours comme un corps simple dans ses actions chimiques; il se combine, à l'état de gaz naissant, avec l'hydrogène, l'oxygène, le soufre, le sélénium, le chlore, le brôme, l'iode et les métaux, et donne naissance à des composés parfaitement analogues aux composés du chlore, du brôme, de l'iode et du fluor.

Composition. = On détermine la composition du cyanogène en le faisant détoner avec l'oxygène dans l'eudiomètre à mercure. Si l'on y introduit 1 volume de cyanogène et 3 volumes d'oxygène, on trouve, après l'étincelle, 1 volume d'azote, 2 volumes d'acide carbonique et 1 volume d'oxygène, ce qu'il est facile de voir en absorbant l'acide carbonique par la potasse et l'oxygène par le phosphore. Il résulte de là que le cyanogène contient un volume d'azote égal au sien. Or, si l'on appelle P, P′ et P″ les poids du cyanogène, de l'azote et du carbone, on aura $P'' = P - P'$, d'où $\frac{P''}{P'} = \frac{P}{P'} - 1 = \frac{D}{D'} - 1 = 0,86$. Or, si l'on fait $P' = 14$, il vient $P'' = 12$, c'est-à-dire 2 équivalents de carbone. Le cyanogène est donc formé d'un équivalent d'azote et 2 équivalents de carbone. On le représente ordinairement par Cy, car il se comporte comme un corps simple.

Préparation. = Le cyanogène n'existe pas dans la nature;

on l'obtient en décomposant par la chaleur le cyanure de mercure. On introduit le cyanure dans un petit matras (*fig.* 8) muni d'un tube à gaz, et on chauffe avec quelques charbons ou à la lampe à alcool. Le cyanogène se rend sous les éprouvettes pleines de mercure, et le mercure du cyanure se volatilise dans le col du matras où il se condense.

La dissolution aqueuse de cyanogène est incolore quand elle a été récemment préparée, mais elle se colore, après quelques jours, en jaune léger, puis en brun, et enfin elle laisse déposer une matière d'un brun foncé. On trouve alors dans la liqueur, du carbonate, du cyanhydrate et du cyanate d'ammoniaque, corps qui proviennent de la réaction des éléments de l'eau sur le cyanogène et sur les métalloïdes dont il est formé.

Usages. = Le cyanogène n'a aucun usage par lui-même; mais plusieurs de ses combinaisons ont une grande utilité; nous ne décrirons ici que l'acide cyanhydrique.

73. *Acide cyanhydrique.* = Cet acide a été découvert par Schéele en 1780; on le désigne souvent sous le nom d'*acide prussique.*

Propriétés. = L'acide cyanhydrique est liquide à la température ordinaire; il est incolore, il rougit faiblement la teinture de tournesol. Sa densité est 0,7. Il bout à 26°,5; il se solidifie à — 15°. Il est soluble en toute proportion dans l'eau, l'alcool et l'éther.

C'est un des poisons les plus violents que l'on connaisse; il suffit d'en verser une goutte sur l'œil d'un chien robuste pour qu'il tombe à l'instant comme foudroyé. On doit par conséquent prendre les plus grandes précautions, quand on le prépare, pour se garantir de sa vapeur. Son odeur est si forte, qu'elle produit immédiatement des étourdissements et des maux de tête; elle est analogue à celle des amandes amères ou du kirsch quand l'acide est étendu de beaucoup d'eau. — On emploie du chlore gazeux ou de l'ammoniaque très-étendue pour contre-poison de l'acide cyanhydrique; il se forme dans le premier cas de l'acide chlorhydrique, et dans le second du cyanhydrate d'ammoniaque.

L'acide cyanhydrique ne peut être conservé longtemps sans altération, à moins d'être placé dans un lieu obscur; il s'altère assez promptement à la lumière, et quelquefois même en moins d'une heure; il commence par prendre une couleur brune qui se fonce de plus en plus, et il se transforme ensuite en une masse noire formée de cyanhydrate d'ammoniaque et d'acide azulmique C^5Az^2H.

L'acide cyanhydrique est difficilement décomposé par la chaleur; sa décomposition n'est que partielle quand sa vapeur traverse un tube incandescent. Il se transforme en hydrogène et en cyanogène sous l'influence de la pile.

Il s'enflamme tout à coup à l'approche d'une bougie allumée; aussi sa vapeur constitue-t-elle un mélange détonant quand elle est mêlée à l'oxygène ou à l'air. Il se forme toujours de la vapeur d'eau, de l'acide carbonique et de l'azote. Le chlore le décompose à la température ordinaire en donnant de l'acide chlorhydrique et du chlorure de cyanogène. Le brôme, l'iode, le soufre et le sélénium agissent aussi sur lui, mais les autres métalloïdes n'exercent aucune action.

Les métaux se comportent avec l'acide cyanhydrique comme avec l'acide chlorhydrique quand on les chauffe dans sa vapeur; il se dégage de l'hydrogène, et il se forme un cyanure. Les alcalis et les oxydes métalliques en général se comportent aussi avec lui comme avec l'acide chlorhydrique; ils donnent lieu à de l'eau et à un cyanure métallique. Plusieurs acides, et entre autres les acides chlorhydrique et sulfurique, le décomposent sous l'influence de l'eau, et le transforment en ammoniaque et en acide formique.

Composition = L'acide cyanhydrique est formé, comme les autres hydracides, d'un demi-volume d'hydrogène et d'un demi-volume de cyanogène réunis en un volume. La densité de la vapeur d'acide cyanhydrique est égale en effet à la demi-somme des densités de l'hydrogène et du cyanogène. En partant de là, on trouve qu'il a pour formule HAzC', ou plutôt HCy.

Préparation. = L'acide cyanhydrique existe dans les feuilles de pêcher, de laurier-rose, dans les amandes amères et dans les amandes du prunier, du pêcher et du cerisier. Il se produit toujours quand on distille les substances organiques qui contiennent de l'azote, et quand on les calcine avec la potasse ou la soude.

On l'obtient à l'état de pureté en traitant le cyanure de mercure par l'acide chlorhydrique concentré. On introduit le cyanure et l'acide dans un petit matras (*fig.* 38), qu'on fait communiquer avec un tube en U entouré d'un mélange réfrigérant et on chauffe à une douce chaleur.

Fig. 38.

Le chlorure de mercure qui se forme reste dans le matras, tandis que l'acide cyanhydrique va se condenser dans le tube refroidi. On interpose ordinairement un tube un peu large entre le matras et le tube en U; on met du chlorure de calcium dans sa partie antérieure, afin de dessécher l'acide cyanhydrique; on place du marbre concassé dans la partie postérieure, afin de décomposer l'acide chlorhydrique qui pourrait se volatiliser, et de l'empêcher de se rendre dans le tube en U avec l'acide cyanhydrique sur lequel il réagirait.

Usages. = L'acide cyanhydrique n'a pas encore d'usages; M. Magendie en a conseillé l'emploi, à petite dose et très-étendu, contre les maladies de poitrine.

CHAPITRE V.

Soufre.

74. *Soufre.* = Le soufre a été connu de toute antiquité ;
c'est un des corps les plus importants de la nature.

Propriétés physiques. = Le soufre est solide à la température
ordinaire, très-fragile et très-friable. Il est jaune citron, insipide et inodore ; il acquiert une légère odeur par le frottement.
Ce corps prend ordinairement l'électricité négative quand on le
frotte ; il craque et se rompt quand on en presse légèrement un
bâton dans la main, phénomène qui provient de ce que les parties extérieures se dilatent avant que la chaleur ait pénétré dans
les couches centrales. Sa densité est 2 environ.

Il est insoluble dans l'eau, à peine soluble dans l'alcool et
l'éther ; il est au contraire assez soluble à chaud dans l'essence
de térébenthine, dans les huiles en général, et surtout dans le
sulfure de carbone. Si on le fait cristalliser en le dissolvant à
chaud dans un de ces liquides et en laissant refroidir la dissolution, ses cristaux se présentent sous la forme d'octaèdres à
base rhomboïdale.

Le soufre peut être liquéfié et même gazéifié par l'action de
la chaleur. Son point de fusion est à 111°, et son point d'ébullition à 440°. Ce corps peut cristalliser par fusion, et alors ses
cristaux sont des prismes obliques à base rhomboïdale, forme
entièrement incompatible avec la première. — On ne doit pas
du reste s'étonner du dimorphisme qu'on observe dans cette
circonstance : il provient d'une différence dans l'arrangement

moléculaire; car les cristaux se sont formés à des températures différentes dans les deux cas, et dans chacun d'eux les molécules ont dû conserver les positions particulières qu'elles avaient à l'instant de la solidification.

L'action de la chaleur sur le soufre offre des phénomènes très-remarquables qu'il convient d'étudier.

1° Ce corps est très-fluide et d'une belle couleur citrine quand on le chauffe depuis son point de fusion jusqu'à 150°; un peu au delà, il devient rougeâtre, et il s'épaissit de plus en plus : il est même tellement épais à 250°, qu'il ne coule plus quand on renverse le vase qui le contient. En continuant à chauffer, il revient peu à peu à sa fluidité primitive, mais il conserve la couleur rouge brun qu'il avait à 250°. Il reprend du reste ses propriétés dès qu'on le ramène à la température ordinaire.

2° Le soufre devient dur et cassant si on le refroidit brusquement quand il est très-fluide; mais il devient mou si on le refroidit brusquement quand il est épais, c'est-à-dire quand on l'a porté à une température voisine de 250°. — On peut en faire l'expérience en le coulant par petite masse dans une grande quantité d'eau froide. La ductilité qu'il acquiert dans le second cas est même si grande, qu'on peut le tirer en fils aussi fins que les cheveux. Si du reste on abandonne le soufre mou à la température ordinaire, il perd peu à peu sa ductilité et devient cassant.

3° Si on expose à une chaleur graduellement croissante un matras en partie plein de soufre liquide, on observe des irrégularités remarquables dans la marche d'un thermomètre plongé au centre de sa masse. La température croît d'abord régulièrement de 111° à 250°; puis elle reste stationnaire pendant quelques temps, et quand une fois elle a atteint 250°, elle reprend sa marche régulière jusqu'au point d'ébullition du soufre. Réciproquement, si on laisse refroidir le soufre depuis 440° jusqu'à 111°, la température reste assez longtemps constante entre 255° et 250°, et le refroidissement a lieu d'une manière uniforme au delà et en deçà de ces deux limites. — On doit conclure de ces faits que le soufre rend latente une partie de la chaleur qu'on lui fournit aux températures comprises entre 250° et 255°, et qu'il peut réciproquement perdre de la chaleur à ces températures sans se refroidir.

Le soufre mou qu'on obtient par le refroidissement brusque du soufre porté à 250° contient évidemment, à l'époque de sa solidification, la chaleur latente qu'il avait à cette température. C'est même probablement cet excès de chaleur qui lui donne son état de mollesse; car il devient dur et cassant dès qu'il l'a perdue dans le milieu ambiant.

Propriétés chimiques. = Le soufre n'a pas d'action sur l'oxygène et sur l'air à la température ordinaire; mais aux températures supérieures à 140° il prend feu dans ces gaz en donnant lieu à une flamme bleuâtre et à un composé gazeux désigné sous le nom d'acide sulfureux. On peut s'assurer de ce résultat en chauffant du soufre dans l'air ou en introduisant dans un flacon d'oxygène (*fig.* 5) une petite masse de soufre fondu. L'odeur de l'acide sulfureux produit dans cette combustion est extrêmement vive et suffocante. — Le soufre se combine aussi avec l'hydrogène et avec les autres corps simples.

Extraction. = Le soufre est très-répandu dans la nature; on l'y trouve tantôt en couches épaisses, tantôt en petites masses disséminées dans différentes pierres, quelquefois même en cristaux octaédriques demi-transparents. Il existe également dans les lieux d'aisances, dans les volcans actifs et dans les solfatares, c'est-à-dire dans les anciens volcans qui ne sont plus en pleine activité, mais qui brûlent encore dans leur intérieur. — Le soufre se rencontre aussi à l'état de combinaison; on le trouve dans les sulfates et les sulfures qui sont si abondants, dans les eaux minérales sulfureuses, dans les œufs et dans certaines plantes, telles que les crucifères.

Le soufre qu'on emploie en France vient presque entièrement de la Sicile. On l'extrait des mines dans lesquelles il est mélangé avec des matières terreuses; on en remplit des vases de terre qu'on range dans un fourneau également en terre, et qu'on fait communiquer par des allonges avec d'autres vases placés en dehors. Lorsque la température du fourneau est suffisamment élevée, le soufre se distille, traverse les allonges, et se rend dans les vases extérieurs où il se condense. Telle est la manière d'obtenir le *soufre brut*; mais ce soufre n'est pas pur, car il contient toujours des matières terreuses qu'il a entraînées avec lui.

Pour purifier le soufre brut, on l'introduit dans une chaudière qu'on fait communiquer avec une grande chambre en maçonnerie, et on l'y porte à une température d'environ 440°. Les matières terreuses restent entièrement dans la chaudière, tandis que les vapeurs de soufre viennent se condenser dans la chambre. Au commencement de la distillation, la condensation des vapeurs est subite, parce que les parois de la chambre sont froides; aussi obtient-on du *soufre en fleur*; mais au bout de quelque temps les vapeurs échauffant suffisamment les parois, le soufre condensé sur elles se liquéfie ainsi que les nouvelles vapeurs affluentes, et alors il coule sur le fond de la chambre; on l'en retire au moyen d'un robinet, et on le fait rendre dans des moules légèrement coniques de sapin dont il prend la forme en se solidifiant. — On voit par là qu'on peut obtenir à volonté le soufre *en fleur* et le soufre *en canon*; il faut seulement dans le premier cas suspendre l'opération avant que les parois de la chambre soient trop échauffées par les vapeurs de soufre.

Usages. = On consomme annuellement en France plus de 25 millions de kilogrammes de soufre; on s'en sert pour rendre les allumettes plus combustibles, pour faire la poudre à canon, pour préparer l'acide sulfureux et l'acide sulfurique, et pour obtenir un grand nombre de produits qu'on emploie soit dans la médecine, soit dans l'industrie. On se sert aussi du soufre pour sceller le fer dans la pierre, pour faire des moules et pour prendre des empreintes. — Les empreintes de soufre s'obtiennent en coulant ce corps sur les objets dont on cherche l'empreinte, après les avoir préalablement frottés d'huile pour rendre plus faible l'adhérence entre le soufre et la surface.

§ 1er. — *Combinaisons du soufre avec l'oxygène.*

On n'a connu pendant longtemps que trois composés de soufre et d'oxygène : l'acide hyposulfureux SO, l'acide sulfureux SO^2 et l'acide sulfurique SO^3. On a découvert depuis quelque temps quatre nouveaux composés : l'acide hyposulfurique S^2O^4, l'acide hyposulfurique monosulfuré S^3O^5, l'acide hyposulfurique bisulfuré S^4O^5 et l'acide hyposulfurique trisulfuré S^5O^5. L'acide sulfureux et l'acide sulfurique sont les seuls de ces composés qui soient importants et par conséquent les seuls que nous devions décrire.

75. *Acide sulfureux.* = L'acide sulfureux a été connu de toute antiquité ; c'est Stahl qui l'a distingué le premier comme corps particulier.

Propriétés physiques. = L'acide sulfureux est gazeux, incolore, d'une saveur forte et désagréable, d'une odeur piquante et caractéristique. Il provoque la toux même à petite dose ; à une dose plus forte, il suffoque et asphyxie les animaux qui le respirent. Il éteint les corps en combustion, et il rougit fortement la teinture de tournesol. Sa densité est 2,234 ; l'eau en dissout 50 fois son volume à la température ordinaire.

L'acide sulfureux passe facilement à l'état liquide, soit par la compression, soit par le refroidissement ; il suffit même d'un froid d'environ 20 degrés pour le liquéfier sous la pression ordinaire. Ainsi, qu'on fasse arriver un courant de ce gaz, après l'avoir desséché, dans un tube A (*fig.* 32), effilé à son extrémité et entouré d'un mélange réfrigérant, il se condensera promptement dans le tube sous forme d'un liquide transparent, incolore et très-volatil. Ce liquide bout à — 10°, et il produit dans sa vaporisation un froid si intense, qu'un thermomètre sensible descend immédiatement à 57 degrés au-dessous de zéro quand on entoure sa boule de coton imprégné de cet acide et qu'on l'expose à l'air libre. — Ce liquide s'obtient facilement à l'état sphéroïdal ; on peut l'y amener en le versant dans une capsule de platine plongée

Fig. 39.

en partie dans un bain d'eau bouillante ou dans un milieu d'une température plus élevée ; et comme, dans cet état, sa température est d'environ — 10°, il congèle immédiatement l'eau qu'on projette sur lui en petite masse. La congélation de l'eau a même lieu quand l'acide sulfureux est à l'état sphéroïdal dans une moufle incandescente.

Propriétés chimiques. = L'acide sulfureux est le plus stable des composés d'oxygène et de soufre ; il n'est décomposé ni par la chaleur ni par l'électricité. Il n'a pas d'action sur l'oxygène et sur l'air, à aucune température ; aussi ne s'enflamme-t-il pas sous l'influence d'une bougie allumée quand il est en contact avec l'air ou même quand il est mélangé avec ce fluide. C'est à cause de cette propriété qu'on emploie la fleur de soufre pour arrêter les feux de cheminée ; si l'on brûle en effet du soufre dans la cheminée, après l'avoir fermée de toutes parts, l'oxygène de l'air sera en grande partie absorbé par ce corps, et la portion non absorbée perdra sa propriété comburante dans son contact avec l'acide sulfureux produit.

L'hydrogène et le carbone décomposent l'acide sulfureux ; car ils ont plus d'affinité pour l'oxygène que le soufre. Ainsi, qu'on fasse passer un courant d'hydrogène et d'acide sulfureux dans un tube incandescent, il se produit de l'eau et de la fleur de soufre. Qu'on fasse passer un courant d'acide sulfureux sur du charbon porté au rouge, il se forme de la fleur de soufre et de l'acide carbonique ou de l'oxyde de carbone ; on obtiendrait en outre du sulfure de carbone si la température était très-élevée et si le charbon était en excès.

Composition. = On obtient la composition de l'acide sulfureux par la synthèse en chauffant du soufre dans la partie supérieure d'une cloche courbe remplie d'oxygène et reposant sur le mercure (*fig.* 29): le volume d'acide sulfureux qui résulte de la combustion est plus petit de quelques centièmes que le volume d'oxygène employé ; or, comme il se forme un peu d'acide sulfurique outre l'acide sulfureux, on doit admettre que l'acide sulfureux contient un volume d'oxygène égal au sien. Cela posé , si l'on désigne par P, P', P″ les poids de l'acide, de l'oxygène et du soufre, on aura $P'' = P - P'$, d'où $\frac{P''}{P'} = \frac{P}{P'} - 1 = 1$. L'acide sulfureux contient donc un poids égal de soufre et d'oxygène ; or, comme l'équivalent du soufre est double de celui de l'oxygène, il est formé d'un équivalent de soufre et de deux équivalents d'oxygène ; d'où résulte la formule SO^2.

Si dans la formule $VD = V'D' + V''D''$ on fait $V = 1$, $V' = 1$, $D = 2{,}234$, $D' = 1{,}1056$ et $D'' = 2{,}2439$, il vient $V'' = \frac{1}{2}$. Ainsi un volume d'acide sulfureux est formé d'un volume d'oxygène et de $\frac{1}{2}$ volume de vapeur de soufre.

Préparation. = L'acide sulfureux ne se rencontre dans la nature qu'aux environs des volcans et des solfatares ; il y est produit continuellement par la combustion du soufre qui s'en dégage.

On obtient l'acide sulfureux dès qu'on fait brûler du soufre dans l'air ; mais il n'est pas pur, car il contient un peu d'acide carbonique et beaucoup d'azote ; on le prépare à l'état de pureté, en enlevant une partie d'oxygène à l'acide sulfurique au moyen du cuivre ou du mercure. On introduit quelques grammes de cuivre dans un petit ballon de verre, on y verse de l'acide sulfurique concentré, on adapte le tube à gaz et on chauffe presque jusqu'à l'ébullition de l'acide. L'acide sulfurique est décomposé en partie : l'oxygène se porte sur le cuivre pour donner un oxyde de cuivre qui se combine avec l'acide sulfurique non décomposé, et l'acide sulfureux se dégage. On reçoit ce gaz sous le mercure.— Si l'on met 1 éq. de cuivre et 2 éq. d'acide sulfurique, il se formera 1 éq. d'acide sulfureux et 1 éq. de sulfate de cuivre. On a, pour la formule de la réaction, $Cu + 2SO^3 = SO^2 + (CuO, SO^3)$.

76. *Solution d'acide sulfureux.* = Cette solution est incolore, d'une odeur et d'une saveur semblables à celles du gaz lui-même ; elle abandonne presque tout son acide quand on la chauffe. Elle est décomposée par les solutions de chlore et d'acide sulfhydrique : le chlore donne lieu à de l'acide chlorhydrique et à de l'acide sulfurique ; l'acide sulfhydrique à un dépôt de soufre et à de l'eau. Le manganèse, le fer et le zinc s'y transforment au bout de quelque temps en hyposulfites.

On prépare cette solution en faisant passer un courant d'acide sulfureux dans l'appareil de Woolf (*fig.* 40), et, pour

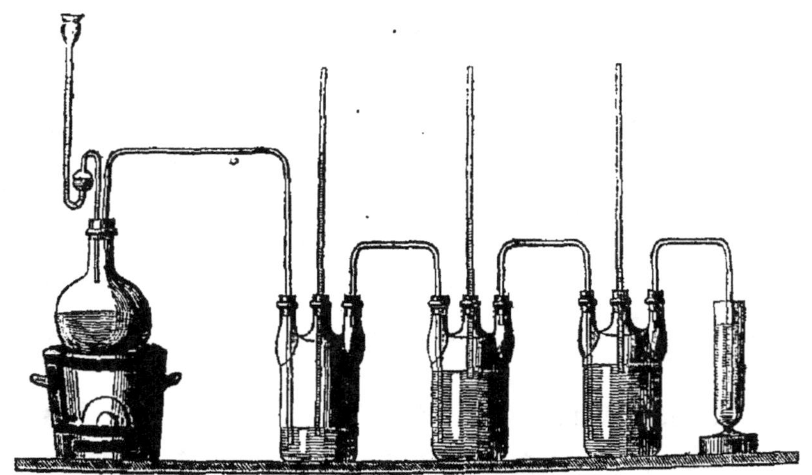

Fig. 40.

plus d'économie, on produit l'acide sulfureux en décomposan l'acide sulfurique par le charbon. On introduit du charbon pulvérisé dans un grand matras, on y verse de l'acide sulfurique concentré, puis on chauffe : l'acide sulfurique est décomposé par le charbon, et de là résultent de l'acide carbonique et de l'acide sulfureux. Ces deux acides se dissolvent d'abord ensemble dans les flacons ; mais l'acide sulfureux chasse ensuite l'acide carbonique à mesure qu'il arrive en plus grande quantité, car il est beaucoup plus soluble que lui.

Usages. = L'acide sulfureux sert en médecine dans plusieurs circonstances, et surtout pour guérir les maladies de la peau ; il suffit même de quelques bains de ce gaz pour guérir complétement la gale.

On l'emploie pour blanchir la laine et la soie : si on mouille ces étoffes et qu'on les étende dans une chambre où l'on fait brûler du soufre, l'acide sulfureux détruit la matière colorante en s'emparant de son oxygène et la transforme en un corps incolore. On l'emploie de même pour blanchir les éponges, la paille, la colle de poisson et quelques autres matières azotées.

L'acide sulfureux ne détruit pas toujours les matières colorantes ; il se combine quelquefois avec elles en produisant un composé incolore. C'est ce qui arrive avec les roses et avec les violettes. Les roses décolorées par l'acide reprennent leurs couleurs primitives quand on les plonge dans de l'acide sulfurique étendu ; les violettes décolorées deviennent vertes quand on les met dans une solution étendue de potasse qui neutralise l'acide et agit ensuite à la manière des bases sur la couleur.

On emploie quelquefois l'acide sulfureux pour enlever les taches de fruits sur le linge. On mouille le linge, puis on le place pendant quelque temps au-dessus d'un petit morceau de soufre allumé, et on le lave ensuite pour enlever la matière colorante altérée par l'acide.

77. *Acide sulfurique.* = L'acide sulfurique a été découvert, vers la fin du XVe siècle, par Basile Valentin. On l'obtient à l'état anhydre et à l'état hydraté.

78. *Acide sulfurique anhydre.* = Cet acide est solide, blanc, opaque ; il fond à 25° et bout à 30° environ ; il cristallise en houppes soyeuses quand on le sublime. Sa densité est 2,7. Il rougit fortement la couleur de tournesol, il forme d'abondantes vapeurs blanches au contact de l'air en absorbant l'humidité de l'atmosphère, il est très-avide d'eau, et il produit un bruit analogue à celui d'un fer rouge quand on le met en contact avec ce liquide. Ce bruit provient de la vaporisation rapide qu'éprouve l'eau par suite de l'énorme quantité de chaleur dégagée dans la combinaison, et de la liquéfaction que ces vapeurs subissent dans leur contact avec l'eau froide environnante.

L'acide sulfurique anhydre se décompose en acide sulfureux et en oxygène quand on le fait passer, à l'état de vapeur, dans un tube étroit porté au rouge ; il donne 1 volume d'acide sulfureux pour $\frac{1}{2}$ volume d'oxygène, et par suite il contient une fois et demie ou $\frac{3}{2}$ fois autant d'oxygène que l'acide sulfureux pour la même quantité de soufre. Il est donc formé de 3 équivalents d'oxygène et d'un équivalent de soufre, ce qui lui donne pour formule SO^3.

On peut obtenir l'acide sulfurique anhydre en faisant passer un mélange d'acide sulfureux et d'oxygène dans un tube porté à une température un peu élevée, et contenant de la mousse de platine ; on peut l'obtenir également en chauffant au rouge le bisulfate de potasse ou de soude ; mais on le prépare ordinairement en distillant *l'acide sulfurique de Nordhausen.* On introduit cet acide dans une cornue de verre dont on fait communiquer le col avec un récipient entouré de glace et on chauffe le liquide jusqu'à l'ébullition. L'acide sulfurique anhydre va se condenser dans le récipient. — Lorsqu'on veut le conserver, on ferme à la lampe le récipient qui le contient.

L'acide sulfurique de Nordhausen est un liquide très-acide, très-fumant et très-avide d'eau, qu'on regarde comme une dissolution d'acide sulfurique anhydre dans de l'acide sulfurique monohydraté. Il dissout l'indigo plus facilement que l'acide sulfurique ordinaire ; on en emploie des quantités considérables dans la teinture en bleu. On le prépare en décomposant par la chaleur le sulfate de protoxyde de fer. — On chauffe d'abord ce sulfate sur une plaque pour lui faire perdre une grande partie de l'eau qu'il renferme; puis on l'introduit dans une cornue de terre que l'on porte au rouge. Une partie de l'acide sulfurique se décompose bientôt en acide sulfureux qui se dégage, et en oxygène qui suroxyde le fer; l'autre partie se vaporise ensuite sans décomposition, sous forme de vapeurs blanches, avec la petite quantité d'eau retenue dans le sulfate. On adapte à cette époque un récipient pour recevoir l'acide.

79. *Acide sulfurique hydraté.* $=$ L'acide sulfurique du commerce contient un équivalent d'eau quand il est le plus concentré possible; on ne peut l'en séparer qu'en le combinant avec certaines bases, ce qui porte à le regarder comme un véritable sel formé d'eau et d'acide sulfurique anhydre, dont la formule serait HO, SO^3. On l'appelait anciennement *huile de vitriol*.

Propriétés physiques. $=$ L'acide sulfurique hydraté est liquide, blanc, inodore, d'une consistance oléagineuse; il rougit fortement la teinture de tournesol. Sa densité est 1,844 à la température de 15°. C'est un caustique extrêmement violent; car il détruit rapidement les substances organiques, et il fait périr au milieu des plus vives douleurs les animaux qui en boivent quelques gouttes. On emploie pour contre-poison de la magnésie délayée dans de l'eau, ou simplement une dissolution de savon; car les sulfates qui résultent de la combinaison de l'acide avec ces substances n'ont aucune action corrosive.

L'acide sulfurique concentré se solidifie environ à 35° au-dessous de zéro et il bout à 325°. S'il contient plus d'un équivalent d'eau, il en perd de plus en plus par l'action de la chaleur jusqu'à ce qu'il soit réduit à cette proportion, ce qui arrive quand il a pour densité 1,844, ou quand il marque 66° à l'aréomètre de Beaumé.

Propriétés chimiques. $=$ L'acide sulfurique se décompose quand il traverse un tube étroit de porcelaine chauffé au rouge;

son eau est mise en liberté, et il se transforme en 1 volume d'acide sulfureux et $\frac{1}{2}$ volume d'oxygène comme l'acide sulfurique anhydre.

L'oxygène, le chlore, le brôme, l'iode et l'azote n'exercent aucune action sur l'acide sulfurique ; mais l'hydrogène, le carbone, le soufre, le phosphore, l'arsenic, et probablement le bore et le silicium le décomposent. — L'hydrogène agit à partir de 30 ou 40 degrés ; mais la décomposition est d'autant plus complète que la température est plus élevée ; on n'obtient ordinairement pour produits que de l'eau et de l'acide sulfureux ; on trouverait cependant de l'eau et du soufre si la température était très-élevée et si l'hydrogène était en excès. — Le carbone agit un peu au-dessous de 100 degrés, en donnant de l'acide carbonique et de l'acide sulfureux ; à une température beaucoup plus élevée, il donne du soufre, de l'oxyde de carbone et du sulfure de carbone ; à une température encore plus forte, il donnerait, outre ces produits, des carbures gazeux d'hydrogène qui proviendraient de la décomposition de l'eau contenue dans l'acide. — Le soufre agit sur l'acide sulfurique à 200 degrés environ ; il donne toujours de l'acide sulfureux, quelle que soit la température. Le phosphore et l'arsenic s'acidifient aux dépens de l'excès d'oxygène de l'acide sulfurique en ramenant cet acide lui-même à l'état d'acide sulfureux ; le bore et le silicium agissent probablement de la même manière.

Tous les métaux, le platine, l'or, le palladium, le rhodium, l'iridium et le ruthénium exceptés, décomposent l'acide sulfurique concentré à une température élevée ; ils donnent lieu à un sulfate et à un dégagement d'acide sulfureux.

L'acide sulfurique concentré a beaucoup d'affinité pour l'eau ; aussi dégage-t-il une vive chaleur en se combinant avec ce liquide. C'est en vertu de cette affinité qu'il absorbe l'humidité de l'air au point de doubler de poids en quelques jours. C'est en vertu de la même affinité qu'il charbonne le bois, le papier et les substances organiques ; car il détermine l'union de leur oxygène et de leur hydrogène, se combine avec l'eau qui en résulte, et met leur carbone à nu. C'est aussi par la même raison qu'il noircit au contact de l'air; car il absorbe les miasmes et les poussières suspendues dans l'atmosphère, les désorganise par son affinité pour l'eau et se colore par leur carbone. — L'affinité de l'acide sulfurique pour l'eau se manifeste encore quand on le met en contact avec la neige ou la glace; il fond ces corps pour se combiner avec l'eau qui résulte de leur fusion. — L'acide sulfurique ne fume pas au contact de l'air, malgré son affinité pour les vapeurs aqueuses; car il n'est pas volatil aux températures ordinaires.

Composition. = On détermine la composition de l'acide sulfurique en transformant un poids connu de soufre en acide sulfurique et en cherchant le poids de l'acide produit.

On place le soufre dans un petit ballon de verre, puis on y verse un excès d'acide azotique concentré et on chauffe jusqu'à l'ébullition. Le soufre décompose l'acide azotique à cette température et se transforme en acide sulfurique. On met alors dans le ballon un poids d'oxyde de plomb plus que suffisant pour saturer l'acide, puis on chauffe fortement pour chasser l'eau et l'acide azotique non décomposé. Le ballon ne contient plus ainsi que du sulfate d'oxyde de plomb et l'excès d'oxyde de plomb. On obtient donc le poids de l'acide sulfurique en retranchant du poids de ce mélange le poids de l'oxyde employé. On trouve ainsi que 16 parties de soufre donnent 40 parties d'acide sulfurique, et par suite que 40 parties d'acide sulfurique sont formées de 16 soufre et 24 oxygène. L'acide sulfurique a donc pour formule SO^3. — L'acide sulfurique se compose, en nombres ronds, de 40 centièmes de soufre et de 60 centièmes d'oxygène.

On détermine facilement la proportion d'eau que contient un acide sulfurique plus ou moins hydraté en opérant comme pour l'acide azotique.

Préparation. = Le procédé qu'on suit actuellement dans la fabrication de l'acide sulfurique peut être exposé en peu de mots.

On produit de l'acide sulfureux en faisant brûler du soufre dans un four, puis on fait rendre cet acide dans une grande chambre de plomb contenant de l'air, de la vapeur d'eau et de l'acide azotique. L'acide sulfureux SO^2 prend alors un équivalent d'oxygène à l'acide azotique AzO^5; il amène ainsi cet acide à l'état d'acide hypoazotique AzO^4 et il passe lui-même à l'état d'acide sulfurique plus ou moins hydraté.

L'acide hypoazotique produit se trouvant en contact avec beaucoup d'eau se transforme, comme nous l'avons vu précédemment, en acide azotique et en bioxyde d'azote, et ce bioxyde lui-même se transforme en acide hypoazotique en se combinant avec l'oxygène de l'air de la chambre.

L'acide sulfureux qui continue à arriver dans la chambre agit de nouveau sur l'acide azotique reproduit; il l'amène comme précédemment à l'état d'acide hypoazotique et il passe lui-même à l'état d'acide sulfurique. L'acide hypoazotique donne de nouveau de l'acide azotique et du bioxyde d'azote sous l'influence de l'eau, etc. On voit par là que l'acide azotique est à chaque instant décomposé par l'acide sulfureux, et qu'il est à chaque instant reproduit si la chambre reçoit des quantités suffisantes d'eau et d'air. On pourrait donc transformer, avec un poids donné d'acide azotique, une quantité indéfinie d'acide sulfureux en acide sulfurique s'il n'y avait pas de pertes provenant de causes étrangères. Ces pertes sont assez faibles dans la disposition actuelle des appareils, mais on ne peut les éviter complétement, car l'acide sulfurique retient toujours un peu d'acide hypoazotique, et le tirage qu'on doit déterminer dans les chambres pour y amener l'air et l'acide sulfureux entraîne toujours un peu de vapeurs nitreuses.

Ces notions posées, il convient de donner quelques détails très-sommaires sur la disposition des appareils de fabrication. (*fig.* 41).

On fait brûler le soufre dans un four **A** dont la cheminée communique avec la partie supérieure d'une chambre de plomb

B. L'air chaud appelé par le tirage et l'acide sulfureux produit par la combustion se rendent ensemble dans cette chambre, s'y

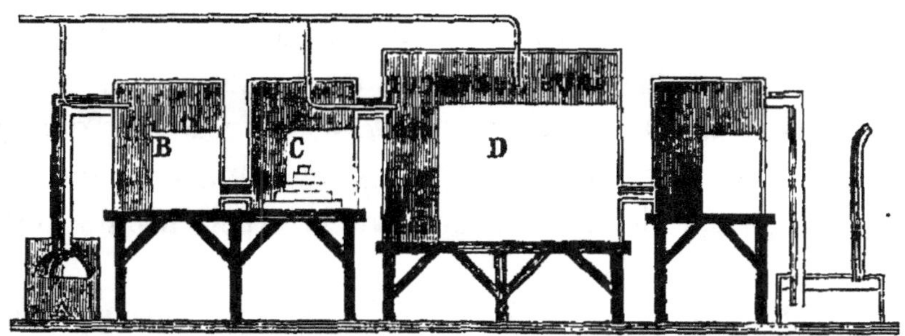

Fig. 41.

mêlent intimement et passent ensuite par un tuyau inférieur, dans une deuxième chambre de plomb C. C'est dans cette chambre qu'on amène l'acide azotique; on l'y fait tomber en filet continu sur une pierre d'où il descend en formant cascade. L'acide azotique est alors décomposé dans cette chambre par l'acide sulfureux; il se forme de l'acide sulfurique, et l'acide hypoazotique résultant passe, en même temps que l'air et l'acide sulfureux, dans une grande chambre de plomb D où l'on injecte un courant continu de vapeur d'eau et où s'accomplissent principalement les réactions qui donnent naissance à l'acide sulfurique. Les gaz qui sortent de la chambre D ne doivent pas être lancés immédiatement dans l'atmosphère, car ils contiennent encore beaucoup d'acide sulfureux et d'acide hypoazotique, on les conduit dans deux ou trois chambres plus petites où l'on injecte aussi de la vapeur d'eau et où la réaction s'achève. On les dirige enfin dans un réfrigérant qui condense les dernières portions d'acide, puis dans la cheminée d'où ils se répandent dans l'atmosphère.

On ne consomme pas beaucoup d'acide azotique dans cette opération, on en emploie à peine 1 kil. pour 20 kil. de soufre et par suite pour 60 ou 61 kil. d'acide sulfurique monohydraté.

L'acide sulfurique qu'on retire des chambres de plomb, contient beaucoup d'eau, il ne marque guère que 55° à l'aréomètre de Beaumé. On le concentre toujours, avant de le livrer au commerce, jusqu'à ce qu'il marque 66° à cet aréomètre, ce qui arrive quand il ne contient plus qu'un équivalent d'eau. On commence ordinairement la concentration dans des vases de plomb et on l'achève dans des cornues de platine.

Cristaux des chambres de plomb. = Les réactions qui s'accomplissent dans la fabrication en grand de l'acide sulfurique peuvent être produites dans une simple expérience de laboratoire.

On fait arriver dans un ballon A (*fig.* 42) rempli d'air et dont on mouille les parois intérieures, de l'acide sulfureux et du bioxyde d'azote préparés par les moyens ordinaires. Le bioxyde d'azote se transforme immédiatement en acide hypoazotique sous l'influence de l'air du ballon, et cet acide se transforme en acide azotique et en bioxyde d'azote sous l'influence de l'eau. On a donc en

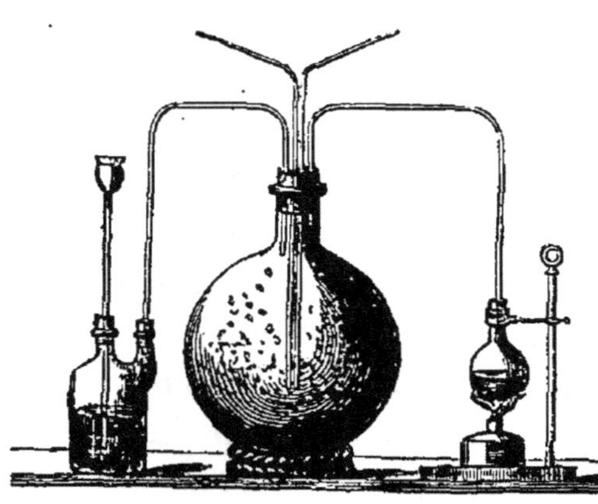

Fig. 42.

présence de l'acide sulfureux et de l'acide azotique; on doit donc obtenir, et on obtient en effet de l'acide sulfurique. L'acide azotique décomposé dans la réaction se reproduit de nouveau sous l'influence de l'eau et de l'air; il agit donc sur une nouvelle quantité d'acide sulfureux qu'il transforme en acide sulfurique. Les mêmes phénomènes continuent indéfiniment si l'on fait arriver constamment de l'acide sulfureux et de l'air dans le ballon.

Si le ballon ne renferme qu'une petite quantité de vapeur d'eau, il se forme peu d'acide sulfurique libre, mais il se produit un composé représenté par la formule $AzO^3,2SO^3 + HO$. Ce composé se dépose sur les parois du ballon en houppes cristallines;

on ne peut éviter sa formation qu'en faisant arriver une assez grande quantité d'eau dans le ballon et en chauffant un peu ses parois pour la vaporiser. — On trouve aussi ces cristaux dans les chambres de plomb où l'on fabrique l'acide en grand ; mais il est avantageux d'empêcher leur production puisqu'ils retiennent une partie de l'acide azoteux et qu'ils altèrent la pureté de l'acide sulfurique.

Usages. = Il n'existe aucun acide dont les usages soient aussi nombreux que ceux de l'acide sulfurique. On l'emploie pour préparer presque tous les autres acides, pour extraire la soude du sel marin, pour dissoudre l'indigo, pour faire l'alun et pour obtenir la plupart des corps simples ou composés. On en consomme annuellement en France plus de 50 millions de kilogrammes, ce qui représente plus de 15 millions de francs. L'acide de Nordhausen n'entre guère dans le commerce que pour 10 ou 12 millions de kilogrammes par an.

§ 2. — *Combinaison du soufre avec l'hydrogène.*

Le soufre forme deux composés en s'unissant à l'hydrogène ; ce sont l'acide sulfhydrique et le bisulfure d'hydrogène. Ce dernier n'a aucune importance ; nous ne le décrirons pas.

80. *Acide sulfhydrique.* = L'acide sulfhydrique a été découvert par Schéele ; on lui donne quelquefois le nom d'*hydrogène sulfuré.*

Propriétés. = L'acide sulfhydrique est gazeux, incolore, d'une saveur et d'une odeur insupportables, analogues à celles des œufs pourris. Sa densité est 1,1912. L'eau en dissout trois fois son volume. Il rougit faiblement la teinture de tournesol et il éteint les corps en combustion. C'est un des gaz les plus délétères ; il n'en faut même que $\frac{1}{1500}$ dans une atmosphère pour asphyxier subitement un verdier et $\frac{1}{350}$ pour asphyxier un chien. Il se liquéfie par la compression et par le refroidissement.

L'acide sulfhydrique peut être décomposé par la chaleur; on s'en assure en faisant passer un courant de ce gaz dans un tube de porcelaine chauffé au rouge. Le gaz recueilli à la sortie du tube n'est plus qu'un mélange d'acide sulfhydrique et d'hydrogène, et il se fait en outre un dépôt de soufre.

L'acide sulfhydrique n'a aucune action sur l'oxygène et sur l'air à la température ordinaire; mais il agit sur ces gaz à une température élevée. Qu'on approche une bougie allumée de l'ouverture d'une éprouvette pleine d'acide sulfhydrique, ce gaz brûle avec une flamme bleue en produisant de l'eau, de l'acide sulfureux et un dépôt de soufre. Si l'on introduisait dans un vase de l'acide sulfhydrique et une quantité suffisante d'oxygène ou d'air, on obtiendrait, sous l'influence d'une bougie allumée ou d'une étincelle électrique, de l'eau, de l'acide sulfureux et un peu d'acide sulfurique.

Le chlore, le brôme et l'iode décomposent l'acide sulfhydrique à la température ordinaire. Qu'on remplisse une éprouvette de ce gaz et qu'on y fasse passer du chlore bulle à bulle, le soufre se déposera immédiatement sur ses parois, et l'acide chlorhydrique formé se dissoudra à mesure dans l'eau de la cuve. On utilise cette propriété du chlore pour purifier l'air des salles infectées par l'acide sulfhydrique; on y fait des fumigations de chlore, ou bien on y répand une dissolution de chlorure de chaux, qui se transforme en carbonate de chaux par l'influence de l'acide carbonique de l'air et qui agit alors par son chlore devenu libre. La portion d'acide chlorhydrique produite dans cette circonstance n'exerce d'ailleurs aucune action nuisible. — L'iode agit moins rapidement que le chlore, à moins que l'eau n'intervienne pour favoriser son action; ainsi qu'on mette de l'iode en poudre dans une dissolution aqueuse d'acide sulfhydrique, ou qu'on fasse passer un courant d'acide sulfhydrique dans de l'eau contenant de l'iode en suspension, on obtient immédiatement de l'acide iodhydrique et un dépôt de soufre. — Le brôme agit de la même manière.

Le carbone décompose aussi l'acide sulfhydrique, mais il n'agit qu'à une température élevée ; il en résulte de l'hydrogène et du sulfure de carbone. Les autres métalloïdes n'exercent aucune action sur ce gaz.

Presque tous les métaux décomposent l'acide sulfhydrique, soit à la température ordinaire, soit à une température élevée, en produisant un dégagement d'hydrogène et un sulfure métallique. — L'argent agit à la température ordinaire, et comme le sulfure d'argent est noir, ce métal doit noircir et noircit en effet quand on l'expose aux émanations d'acide sulfhydrique. — Le potassium donne lieu à une réaction particulière quand on le chauffe avec cet acide : le sulfure de potassium formé d'abord se combine avec une partie de l'acide sulfhydrique non décomposé pour donner un sulfhydrate de sulfure de potassium.

Composition. = On détermine la composition de l'acide sulfhydrique en décomposant ce gaz par l'étain à une température élevée. On se sert à cet effet d'une petite cloche courbe contenant l'acide et reposant sur le mercure (*fig.* 29) ; on fait passer un petit morceau d'étain dans sa partie courbe, et on chauffe avec une lampe à alcool jusqu'à fondre le métal. Au bout de quelque temps la décomposition est complète, et il reste un volume d'hydrogène égal au volume d'acide employé. Cela posé, si l'on appelle P, P', P'' les poids de l'acide, de l'hydrogène et du soufre, on aura $P = P' + P''$, d'où $\frac{P''}{P'} = \frac{P}{P'} - 1$; or $\frac{P'}{P} = \frac{D}{D} = 17$; donc $\frac{P''}{P'} = 17 - 1 = 16$. On voit par là que le poids du soufre contenu dans l'acide sulfhydrique vaut 16 foids le poids de l'hydrogène, et par suite que ce gaz est formé d'un équivalent d'hydrogène et d'un équivalent de soufre. Sa formule est **HS**.

L'acide sulfhydrique doit être formé de deux volumes d'hydrogène et d'un volume de vapeur de soufre condensés en deux volumes, à cause de son analogie avec l'eau et les rapports qui existent entre l'oxygène et le soufre. On peut donc calculer, en partant de cette composition, la densité de la vapeur de soufre dans les mêmes circonstances que les autres gaz. On a en effet la formule $P = P' + P''$ ou $VD = V'D' + V''D''$; or si l'on y fait $V = V' = 2V''$, $D = 1,1912$, $D' = 0,0692$, il vient $D'' = 2,2439$. Telle est la densité cherchée.

Préparation. = L'acide sulfhydrique se forme constamment dans les mauvaises digestions, dans la vase des marais, dans les œufs pourris et généralement dans tous les cas où le soufre divisé est en contact avec l'hydrogène à l'état de gaz naissant. On le trouve dans les fosses d'aisance et surtout dans les *eaux sulfureuses* telles que les Eaux-bonnes, les eaux de Baréges, de Bagnères, d'Aix-la-Chapelle, qui lui doivent leurs propriétés thérapeutiques.

On l'obtient en décomposant le sulfure d'antimoine naturel par l'acide chlorhydrique concentré. Après avoir pulvérisé le sulfure, on le verse dans un petit ballon (*fig.* 8) avec 5 à 6 fois son poids d'acide chlorhydrique, puis on adapte un tube à gaz, et l'on chauffe un peu. Il se forme alors du chlorure d'antimoine qui reste dans le ballon et de l'acide sulfhydrique qu'on recueille sur l'eau ou sur le mercure. La réaction commence à la température ordinaire, mais on ne peut recueillir le gaz qu'en chauffant un peu le mélange d'acide et de sulfure.

La formule du sulfure d'antimoine étant Sb^2S^3 et celle du chlorure Sb^2Cl^3, la réaction sera exprimée par la formule $Sb^2S^3 + 3HCl = Sb^2Cl^3 + 3HS$.

Solution d'acide sulfhydrique. = On obtient la solution d'acide sulfhydrique au moyen de l'appareil de Woolf (*fig.* 40). On introduit le sulfure dans le ballon et on verse peu à peu l'acide chlorhydrique par un tube en S à boule. On doit mettre dans les flacons de l'eau privée d'air par une ébullition récente, car l'acide sulfhydrique agit sur l'air dissous pour donner de l'eau et un dépôt de soufre.

La solution est incolore; elle a l'odeur et la saveur du gaz lui-même; elle perd entièrement son acide quand on la chauffe.

Usages. = L'acide sulfhydrique est un des réactifs les plus employés dans les laboratoires ; on se sert fréquemment de sa solution aqueuse pour précipiter les métaux de leurs dissolutions salines. — Les eaux minérales sulfureuses lui doivent leurs propriétés, comme nous l'avons déjà dit.

§ 3. — *Combinaison du soufre avec le carbone.*

81. *Sulfure de carbone.* = Le soufre ne se combine avec le carbone qu'en une seule proportion, et de là résulte le sulfure de carbone CS'.

Le sulfure de carbone est liquide, transparent, incolore ; sa saveur est âcre et brûlante ; son odeur est fétide ; sa densité est 1,29. Il bout à 48°, et il produit un froid de 50° en se vaporisant dans le vide. Il est indécomposable par la chaleur. C'est un des corps les plus combustibles : aussi s'enflamme-t-il au contact de l'air et d'une bougie allumée, en produisant de l'acide sulfureux et de l'acide carbonique ; la couleur de la flamme est bleue comme celle qui résulte de la combustion du soufre. Il détone quand on en verse quelques gouttes dans une éprouvette pleine d'oxygène et qu'on approche une bougie après avoir agité pour opérer le mélange.

Le sulfure de carbone est insoluble dans l'eau ; il est soluble dans l'alcool, dans l'éther et dans les huiles ; l'eau le précipite tout à coup de ses dissolutions.

On l'obtient en mettant en contact le charbon et le soufre à une température très-élevée. On se sert d'un tube de porcelaine qu'on place dans un fourneau à réverbère sous une légère inclinaison ; on place le carbone vers son milieu, et quand il est rouge blanc on introduit des fragments de soufre par l'extrémité supérieure du tube qu'on bouche ensuite. Le soufre se fondant arrive sur le carbone, se combine avec lui, et forme des vapeurs de sulfure de carbone qui vont se condenser dans un récipient refroidi. Mais comme ce sulfure contient beaucoup de soufre en dissolution, il faut encore le distiller pour l'avoir à l'état de pureté. — Le sulfure de carbone se forme toujours quand on prépare le gaz de l'éclairage, car la houille contient des pyrites de fer qui laissent dégager du soufre à la température de la distillation et qui le mettent ainsi en contact avec le coke à une température suffisamment élevée; il se forme en quantité plus considérable encore quand on distille de la viande à cause du soufre contenu dans la fibrine et l'albumine.

Le sulfure de carbone est analogue à l'acide carbonique par sa composition; il se comporte, avec les sulfures métalliques, comme cet acide par rapport aux oxydes métalliques. Il joue ainsi le rôle d'un acide : de là vient le nom d'*acide sulfocarbonique* qu'on lui donne quelquefois et celui de *sulfocarbonates* qu'on donne aux *sulfosels* qu'il produit.

CHAPITRE VI.

Chlore.

82. *Chlore.* = Le chlore a été découvert en 1774 par Schèele. Ce corps est gazeux à la température et sous la pression ordinaires ; il est jaune verdâtre, d'une saveur et d'une odeur fortes, désagréables et tout à fait caractéristiques. Sa densité est de 2,44 ; l'eau en dissout environ 3 fois son volume à la température 9° ; elle en dissout moins aux autres températures. — Ce gaz provoque la toux, resserre la poitrine, et produit un rhume de cerveau quand on le respire en petite quantité ; il occasionne des crachements de sang quand on en respire trop.

Le chlore bien sec ne peut être liquéfié, sous la pression ordinaire, par un froid de 50 degrés ; mais il se liquéfie facilement quand on le comprime en même temps qu'on le refroidit. Le liquide qui en provient est jaune intense, très-limpide, très-volatil et un peu plus dense que l'eau.

Le chlore a une affinité très-forte pour l'hydrogène ; il se combine à volume égal avec ce gaz, et donne lieu à du gaz acide chlorhydrique. La combinaison de ces deux corps peut être produite par une bougie allumée, par un fer rouge, par une étincelle électrique, par la lumière solaire, et même par la lumière diffuse ; elle se fait avec une forte détonation et souvent avec une rupture du flacon dans les quatre premières circonstances ; aussi faut-il bien se garder d'exposer à la lumière solaire un flacon plein du mélange, en le tenant avec la main. La combinaison n'a lieu que lentement sous l'influence de la lumière diffuse ; elle ne se produit pas dans un lieu complétement obscur.

L'affinité de ces deux gaz est si grande, que le chlore décompose l'eau pour se combiner avec son hydrogène. Ainsi, si l'on fait passer un courant de chlore et de vapeur d'eau dans un tube de porcelaine chauffé au rouge, on trouve de l'oxygène et de l'acide chlorhydrique en recueillant les produits à l'autre extrémité du tube. L'eau a donc été décomposée par le chlore ; son hydrogène s'est uni à ce gaz, et son oxygène a été mis en liberté.

On trouve l'explication d'un grand nombre de phénomènes dans l'affinité de l'hydrogène et du chlore.

1° Lorsqu'on plonge une bougie allumée dans une éprouvette pleine de chlore, la lumière pâlit d'abord, puis rougit et finit par s'éteindre. L'hydrogène de la bougie se combine alors avec le chlore sous l'influence de la chaleur, et son carbone, qui ne peut contracter directement aucune combinaison avec ce gaz, se dépose sur les parois de l'éprouvette. D'un côté la combustion est moins complète que dans l'air, puisqu'un seul des éléments de la bougie entre en combinaison ; de l'autre elle tend bientôt à cesser, à cause des vapeurs d'acide chlorhydrique qui entourent la flamme.

2° Les couleurs végétales sont promptement détruites par le chlore ; on s'en assure en versant un peu de tournesol dans une éprouvette pleine de chlore, ou en y mettant une rose, des violettes... Le chlore s'empare encore de l'hydrogène de ces substances pour former de l'acide chlorhydrique, et il se substitue à la place de cet élément pour donner lieu à des produits tout différents des premiers. — Le chlore désorganise, par la même raison, les matières animales ; aussi ce gaz est-il employé avec succès pour désinfecter les lieux d'où s'échappent des miasmes putrides.

Le chlore ne s'unit pas seulement avec l'hydrogène ; il se

combine aussi avec tous les autres corps simples en dégageant
de la chaleur et quelquefois de la lumière. L'or, l'argent et le
mercure ne résistent pas à son action; le fer et le cuivre s'y
unissent plus rapidement; le phosphore, l'arsenic et l'antimoine sont attaqués avec tant de vivacité qu'ils prennent feu
quand on les projette dans un flacon plein de chlore. Quelques
corps, comme le soufre, le sélénium… ne se combinent avec le
chlore que sous l'influence de la chaleur; d'autres, comme
l'oxygène, le carbone, l'azote, ne s'unissent avec ce gaz que
dans certaines circonstances particulières.

Préparation. == Le chlore ne se trouve pas dans la nature à
l'état de liberté ; on le trouve principalement uni au sodium, à
l'état de chlorure de sodium. C'est de ce corps vulgairement
nommé *sel, sel marin, sel gemme,* qu'on l'extrait ordinairement.

On introduit dans un ballon (*fig.* 43) parties égales environ
de chlorure de sodium et de bioxyde de manganèse pulvérisés,

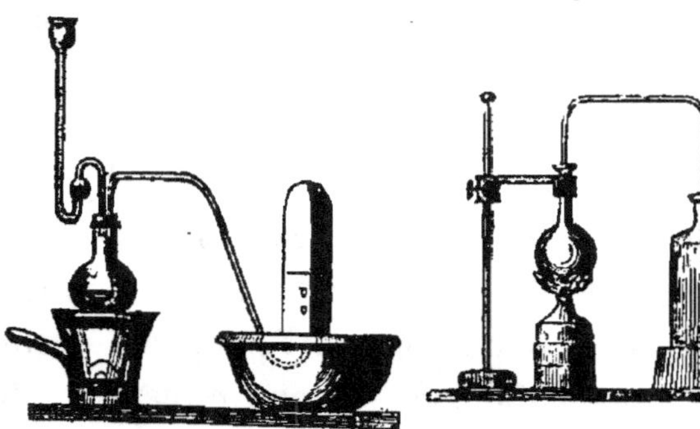

puis on y verse
dé l'acide sulfuri-
que étendu, et on
chauffe légère-
ment au moyen
d'une lampe à al-
cool ou de quel-
ques charbons.
La réaction se

Fig. 43   Fig. 44.

produit bientôt : il se forme du sulfate de soude et du sulfate
de protoxyde de manganèse qui restent dans le ballon, et il se
dégage du chlore. On ne pourrait pas recevoir ce gaz sous le
mercure, car il attaque ce liquide à la température ordinaire;
mais on peut le recevoir sous l'eau quoiqu'il y soit un peu soluble.

Lorsqu'on veut l'avoir sec, on lui fait traverser un tube plein
de chlorure de calcium (*fig.* 44), et on le fait rendre dans un
flacon plein d'air sec au moyen d'un tube droit qui plonge
jusqu'au fond. Comme le chlore est beaucoup plus dense que

l'air, l'air est chassé peu à peu, et au bout de quelque temps le flacon est plein de chlore sec.

Il s'agit maintenant d'expliquer la réaction. L'acide sulfurique, ayant beaucoup d'affinité pour la soude et pour le protoxyde de manganèse, détermine la formation de ces bases, puisque les matières nécessaires à leur constitution sont en présence. Le bioxyde de manganèse cède donc une partie de son oxygène au sodium du chlorure pour l'amener à l'état de soude, en passant lui-même à l'état de protoxyde ; puis les deux protoxydes se combinent avec l'acide sulfurique, et le chlore est mis en liberté. — Si l'on prend 1 éq. de chlorure de sodium NaCl, il faut 1 éq. de bioxyde de manganèse MnO^2 et 2 éq. d'acide sulfurique $2SO^3$, afin d'obtenir 1 éq. de sulfate de soude NaO,SO^3 et 1 éq. de sulfate de protoxyde de manganèse MnO,SO^3 ; il se dégage en outre 1 éq. de chlore Cl. — On a donc ainsi pour les corps employés $NaCl + MnO^2 + 2SO^3$, et pour les produits de la réaction $NaO,SO^3 + MnO,SO^3 + Cl$. Il faut en outre mettre de l'eau pour favoriser la réaction.

On prépare aussi le chlore en traitant l'acide chlorhydrique par le bioxyde de manganèse, sous l'influence d'une légère chaleur (*fig.* 8). Dans ce cas, l'oxygène du bioxyde se combine avec l'hydrogène de l'acide pour former de l'eau ; une portion du chlore se combine avec le manganèse pour former du chlorure de manganèse, et l'autre portion de chlore se dégage. — Si on emploie 1 éq. de bioxyde de manganèse MnO^2, il faudra 2 éq. d'acide chlorhydrique 2HCl, afin de fournir 2 éq. d'hydrogène ; on obtiendra alors 2 éq. d'eau 2HO, 1 éq. de chlore Cl et 1 éq. de chlorure de manganèse MnCl.

83. *Solution de chlore.* = La solution aqueuse de chlore a l'odeur, la saveur et la couleur du chlore gazeux ; elle agit de même sur les couleurs végétales. Elle se décompose sous l'influence de la lumière solaire en donnant de l'acide chlorhydrique et de l'acide hypochloréux, comme l'indique la formule

$2Cl + HO = HCl + ClO$; on doit la conserver dans l'obscurité
ou dans un flacon complétement entouré d'une feuille de papier
noir.

Lorsqu'on abaisse sa température, il s'y forme, même à 2
ou 3 degrés au-dessus de zéro, des lamelles cristallines d'un
jaune verdâtre bien plus foncé que le liquide. On peut facilement isoler ces lamelles en laissant écouler le liquide et en les
desséchant ensuite entre des feuilles de papier joseph. On trouve
alors qu'elles sont formées d'un équivalent de chlore uni à dix
équivalents d'eau ; on les regarde comme un hydrate de chlore.
— Il est facile de se procurer le chlore liquide au moyen de cet
hydrate. On introduit quelques lamelles bien desséchées dans
un petit tube de verre ; on le selle ensuite à la lampe, puis on le
chauffe à 25 ou 30 degrés. On obtient ainsi deux liquides qui se
séparent eu égard à leur différence de densités : le liquide inférieur est du chlore presque pur ; le liquide supérieur est de l'eau
contenant du chlore en dissolution ; sa couleur est beaucoup
moins foncée que celle de l'autre liquide.

La solution aqueuse de chlore s'obtient dans les laboratoires
au moyen de l'appareil de Woolf (*fig.* 40) ; mais elle se prépare
d'une manière différente dans les arts. On emploie une grande
cuve en pierre qu'on remplit d'eau, et au fond de laquelle on
fait plonger un tube destiné à amener le chlore. On multiplie
les points de contact entre le liquide et le gaz en faisant arriver
l'orifice du tube sous une gouttière renversée qui s'élève en ser-
pentant jusqu'en haut. La cuve doit être fermée pendant l'opération ; on ne laisse au couvercle qu'une petite ouverture qui
communique avec un tube destiné à porter au dehors l'excédant
de chlore.

La solution de chlore agit comme un *oxydant* dans plusieurs
circonstances ; elle transforme par exemple l'acide sulfureux en
acide sulfurique, les sels de protoxyde de fer en sels de sesquioxyde. L'eau de la solution est alors décomposée : son hydrogène
se combine avec le chlore pour former de l'acide chlorhydrique

tandis que son oxygène qui se trouve à l'état naissant se com-bine avec la matière à oxyder.

Usages. = On emploie des quantités énormes de chlore pour blanchir les toiles de coton, de lin, de chanvre, les estampes, et les chiffons qui doivent servir à la fabrication du papier ; on s'en sert aussi pour enlever les taches d'encre et pour désinfec-ter les lieux qui contiennent des miasmes putrides. Dans tous les cas, il agit en désorganisant les substances organiques et en leur enlevant leur hydrogène. — On emploie avec avan-tage le chlore gazeux pour rappeler à la vie les personnes asphyxiées par l'acide sulfhydrique ; car ils s'empare de l'hy-drogène de ce gaz, et donne lieu à de l'acide chlorhydrique, corps beaucoup moins délétère que le premier. — Le chlore n'est pas employé pour blanchir la soie, la laine et les matières azotées en général ; car il se combine avec ces matières, leur donne une teinte jaunâtre, les prive de leur élasticité, et les rend impropres aux usages habituels ; on emploie alors l'acide sulfureux comme nous l'avons déjà vu.

$ 1er$. — *Combinaisons du chlore avec l'oxygène.*

Le chlore forme avec l'oxygène les cinq composés bien dé-finis ClO, ClO^3, ClO^4, ClO^5, ClO^7 qui jouent tous le rôle d'acides et qu'on nomme respectivement les acides hypochloreux, chlo-reux, hypochlorique, chlorique et perchlorique. Il forme en ou-tre deux autres composés moins bien définis qu'on nomme les acides chlorochlorique et chloroperchlorique.

84. *Acide chlorique.* = L'acide chlorique est liquide, inco-lore, inodore, fortement acide ; il rougit d'abord la teinture de tournesol, puis il la décolore complétement au bout de quelque temps. On n'a pas encore pu l'obtenir anhydre ; mais on l'obtient facilement à un équivalent d'eau en le concentrant sous le ré-cipient de la machine pneumatique. On ne peut le concentrer jusqu'à ce point par l'action de la chaleur car il se décompose vers 40 degrés en acide perchlorique, en chlore et en oxygène.

. L'acide chlorique monohydraté enflamme l'alcool à la température ordinaire ; il enflamme même le papier et le linge quand on en verse quelques gouttes sur ces corps et qu'on les chauffe un peu pour les dessécher. C'est un composé très-peu stable ; il est décomposé à froid par les acides sulfureux et phosphoreux qui s'emparent de son oxygène ; il l'est même par les acides chlorhydrique et sulfhydrique.

. L'acide chlorique n'existe dans la nature ni à l'état libre, ni à l'état de combinaison. On le produit en faisant passer un courant de chlore dans une dissolution concentrée de potasse. Il se forme alors un chlorate de potasse KO,ClO^5 qui se dépose en lamelles cristallines, et un chlorure de potassium KCl qui reste dans la dissolution. C'est du chlorate ainsi obtenu qu'on retire l'acide chlorique. — On dissout ce sel dans l'eau, puis on verse dans la solution de l'acide hydrofluosilicique jusqu'à ce qu'il ne se forme plus de précipité. Toute la potasse est alors précipitée à l'état d'hydrofluosilicate de potasse, et la dissolution ne contient plus que l'acide chlorique avec l'excès d'acide hydrofluosilicique employé. On reprend la dissolution, et on y verse peu à peu de l'eau de baryte qui précipite l'acide hydrofluosilicique à l'état d'hydrofluosilicate de baryte et qui forme avec l'acide chlorique un chlorate de baryte soluble. Il ne reste plus qu'à verser peu à peu de l'acide sulfurique dans la solution de ce sel, car on en précipite toute la baryte, et la liqueur ne contient plus alors que l'acide chlorique. On la concentre sous le récipient de la machine pneumatique jusqu'à consistance sirupeuse.

On détermine la composition de l'acide chlorique en décomposant par la chaleur un poids connu de chlorate de potasse et en pesant le chlorure de potassium résultant de la décomposition. On obtient par différence le poids de l'oxygène contenu dans le chlorate ; et, comme on connaît la composition du chlorure de potassium et celle de la potasse, on peut en déduire le poids de l'oxygène combiné avec le potassium et par suite le poids de l'oxygène combiné avec le chlore. On trouve ainsi que l'acide chlorique contient 36 chlore pour 40 oxygène et par suite qu'il a pour formule ClO^5.

85. *Acide perchlorique.* = Cet acide est liquide, incolore, inodore, il rougit la teinture de tournesol sans la décomposer. Il est beaucoup plus stable que l'acide chlorique; il n'est pas altéré par les acides sulfureux, sulfhydrique et chlorhydrique; on peut même le distiller sans le décomposer. Il bout vers 200° quand il est le plus concentré possible.

L'acide perchlorique se produit quand on verse de l'acide sulfurique sur des fragments de chlorate de potasse. Il se dégage alors un gaz jaune qui n'est autre chose que l'acide hypochlorique, et la liqueur contient un mélange de perchlorate et de bisulfate de potasse. La réaction se produit même à froid; elle est presque toujours accompagnée d'une ou plusieurs explosions qui proviennent de la décomposition de l'acide hypochlorique.

On retire ordinairement l'acide perchlorique du perchlorate de potasse en le traitant par l'acide hydrofluosilicique comme le chlorate. Quant au perchlorate, on le prépare généralement en chauffant le chlorate dans un ballon de verre jusqu'à ce qu'il laisse dégager une partie de son oxygène et qu'il arrive à une consistance pateuse. Il contient alors beaucoup de perchlorate, du chlorure de potassium et un peu de chlorate de potasse. On traite le mélange par l'eau qui dissout le chlorate et le chlorure, et le perchlorate se précipite eu égard à son peu de solubilité. Il ne reste plus qu'à le faire cristalliser.

On détermine la composition de l'acide perchlorique, comme celle de l'acide chlorique, en décomposant le perchlorate de potasse par l'action de la chaleur. Cet acide a pour formule ClO^7.

L'acide perchlorique sert à distinguer les sels de potasse des sels de soude, car il précipite les premiers tandis qu'il ne précipite pas les seconds.

86. *Acide hypochloreux.* = Cet acide est liquide, d'un rouge foncé, d'une odeur analogue à celle du chlore. Il bout vers 20° en produisant une vapeur d'un jaune orangé. Cette vapeur se décompose en chlore et en oxygène à une température peu élevée et même sous l'influence des rayons solaires. La décomposition est souvent accompagnée d'une explosion.

L'eau dissout environ 200 fois son volume de vapeur d'acide hypochloreux. La dissolution est d'un beau jaune foncé ; elle décolore le tournesol, l'indigo et les tissus avec beaucoup plus de force que le chlore, car elle agit, par son oxygène et par son chlore sur les matières colorantes.

L'acide hypochloreux se produit quand on fait passer un courant de chlore dans une solution étendue de potasse, car il se forme alors un hypochlorite de potasse KO,ClO et un chlorure de potassium KCl. Ces deux corps restent en dissolution ; on ne peut pas les séparer car ils possèdent des solubilités peu différentes ; on donne souvent à leur mélange le nom impropre de chlorure de potasse. — On obtient un résultat analogue en faisant passer un courant de chlore dans une solution étendue de soude ou dans un lait de chaux. Les composés ainsi obtenus sont très-employés dans les arts parce qu'ils possèdent un pouvoir décolorant considérable ; on les nomme des *chlorures décolorants.*

On obtient l'acide hypochloreux en faisant passer un courant de chlore sec dans un tube de verre contenant de l'oxyde rouge de mercure pulvérisé. Outre l'acide hypochloreux, il se forme du chlorure de mercure qui se combine avec l'oxyde non décomposé pour donner un oxychlorure de mercure. L'oxychlorure reste dans le tube, et l'acide hypochloreux se dégage à l'état gazeux. On le reçoit dans un tube en U entouré d'un mélange réfrigérant. Ce corps n'a aucun usage à l'état de pureté.

On l'analyse en faisant passer sa vapeur dans un tube capillaire un peu chaud ; on le décompose ainsi, sans détonation, en chlore et en oxygène. On détermine facilement le rapport du poids de ces deux gaz et par suite la composition de l'acide hypochloreux. Sa formule est ClO.

87. *Acide chloreux.* = L'acide chloreux est un gaz dont la couleur et l'odeur sont analogues à la couleur et à l'odeur du chlore ; il ne se liquifie pas par un froid de 20° ; il se décompose facilement par la chaleur. Il neutralise assez bien les bases.

Cet acide se produit quand on verse de l'acide azoteux dans une solution de chlorate de potasse ; mais on le prépare ordinairement en faisant une pâte avec du chlorate de potasse, de l'acide arsénieux et de l'eau, puis en versant sur cette pâte de l'acide azotique étendu. L'acide arsénieux se transforme en acide arsénique en amenant l'acide azotique à l'état d'acide azoteux, et l'acide chloreux se dégage. On le recueille à la manière ordinaire. L'eau en dissout 5 ou 6 fois son volume. Il a pour formule ClO^3.

88. *Acide hypochlorique.* = L'acide hypochlorique est liquide, rouge foncé, d'une odeur analogue à celle du chlore. Il détruit la couleur de tournesol sans la rougir. C'est un composé très-peu stable ; il se décompose en chlore et en oxygène à une température peu élevée et même sous l'influence des rayons solaires. Il se dédouble au contact des bases en donnant des chlorites et des chlorates. Cet acide bout vers 20° en produisant une vapeur d'un jaune verdâtre plus foncé que le chlore ; l'eau dissout environ 20 fois son volume de cette vapeur.

L'acide hypochlorique se produit, comme nous l'avons déjà vu, en versant de l'acide sulfurique concentré sur du chlorate de potasse. Il faut de grandes précautions dans la préparation de ce corps afin de se garantir des explosions qu'il produit si souvent. — On l'analyse comme l'acide hypochloreux. Sa formule est ClO^4.

§ 2. — *Combinaison du chlore avec l'hydrogène.*

89. *Acide chlorhydrique.* = Le chlore ne s'unit avec l'hydrogène qu'en une seule proportion. Le composé qui résulte de cette combinaison se nomme quelquefois *acide muriatique* ou *acide hydrochlorique*; on le nomme plus ordinairement *acide chlorhydrique.*

Propriétés. = L'acide chlorhydrique est gazeux, incolore, d'une odeur forte et piquante, d'une saveur très-acide. Il rougit fortement le tournesol; il éteint les corps en combustion et répand des vapeurs blanches au contact de l'air humide. Sa densité est 1,247. On n'a pu le liquéfier par un froid de 50°; mais il se liquéfie, comme tous les autres gaz composés, par une pression suffisante. La chaleur la plus forte n'a pu le décomposer.

L'acide chlorhydrique est décomposé en hydrogène et en chlore, par une série d'étincelles électriques; la décomposition toutefois n'est que partielle, car l'étincelle détermine la combinaison d'un mélange de chlore et d'hydrogène. — Aucun métalloïde n'agit sur ce gaz, soit à froid, soit à chaud; mais un grand nombre de métaux le décomposent à l'aide de la chaleur; l'action se produit même à froid avec le potassium. Dans tous les cas, l'hydrogène est mis en liberté, et il se forme un chlorure métallique.

L'acide chlorhydrique est un des gaz les plus solubles dans l'eau. L'eau en dissout plus de 500 fois son volume à la température zéro et près de 480 fois son volume à 15°. C'est à cause de la forte affinité qui existe entre cet acide et l'eau, qu'il fume dans l'air en s'emparant de la vapeur aqueuse que l'atmosphère contient; c'est aussi à cause de la même affinité que l'eau s'élance dans une éprouvette pleine d'acide chlorhydrique et totalement privée d'air, avec la même force que dans le vide.—La glace a également une grande affinité pour l'acide chlorhydrique; elle l'absorbe rapidement, et même elle fond par suite de la chaleur dégagée dans la combinaison.

Composition. =On parvient à la composition de l'acide chlorhydrique par la synthèse et par l'analyse.

On se sert, dans le premier cas, d'un petit ballon dont le col est usé de manière qu'il puisse boucher un flacon d'un égal vo-

Fig. 45.

lume. On remplit le ballon d'hydrogène et le flacon de chlore, puis on ajuste le ballon sur le flacon (*fig.* 45) et on soumet l'appareil à la lumière diffuse. Au bout d'un jour ou deux, on l'expose à la lumière solaire afin que la combinaison devienne complète. On trouve alors que les deux vases sont pleins d'acide chlorhydrique et que la pression de ce gaz est égale à la pression du chlore et de l'hydrogène employés. On voit par là que deux volumes d'acide chlorhydrique sont formés d'un volume de chlore et d'un volume d'hydrogène : résultat qui se trouve d'ailleurs confirmé, car la densité de l'acide chlorhydrique est égale à la demi-somme des densités du chlore et de l'hydrogène.

La composition en poids de l'acide chlorhydrique peut se déduire de la synthèse précédente. Si l'on appelle en effet P' et P'' les poids de l'hydrogène et du chlore, et si l'on remarque que ces deux gaz se combinent à volume égal, on aura $\frac{P''}{P'} = \frac{D''}{D'} = 36$. Le poids du chlore vaut donc 36 fois celui de l'hydrogène, et par suite l'acide renferme un équivalent de chlore contre un équivalent d'hydrogène. Sa formule est HCl.

On obtient aussi la composition de l'acide chlorhydrique par l'analyse, en le décomposant par le potassium dans une cloche courbe (*fig.* 29). On trouve ainsi qu'il se forme du chlorure de potassium et qu'il reste dans la cloche un volume d'hydrogène égal à la moitié du volume d'acide employé. Or, si dans la formule $VD = V'D' + V''D''$, on remplace D, D', D'' par leurs valeurs numériques et qu'on y fasse $V = 1$, $V' = \frac{1}{2}$, on trouvera aussi $V'' = \frac{1}{2}$. Ainsi l'analyse s'accorde parfaitement avec la synthèse.

Préparation. = L'acide chlorhydrique ne se rencontre que dans le voisinage des volcans en activité, et même il n'y existe que momentanément. On le prépare en traitant le chlorure de sodium (sel marin) par l'acide sulfurique concentré. On introduit le sel et l'acide dans un matras (*fig.* 8) dont le col est muni d'un tube à gaz, et on chauffe légèrement: il se forme alors du sulfate de soude, qui reste dans le matras, et de l'acide chlorhydrique, qu'on recueille sous le mercure. — L'eau contenue dans l'acide sulfurique est décomposée dans cette opération ; son hydrogène s'unit au chlore du chlorure pour faire de l'acide chlorhydrique, et son oxygène s'unit au sodium, pour faire de la soude, qui se combine à son tour avec l'acide sulfurique. — Si l'on emploie 1 éq. de chlorure de sodium NaCl, il faudra 1 éq. d'acide sulfurique HO,SO^3 ; on obtient alors pour produit 1 éq. d'acide chlorhydrique HCl et 1 éq. de sulfate de soude NaO, SO^3.

90. *Solution d'acide chlorhydrique.* = On prépare cette solution dans les laboratoires au moyen de l'appareil de Woolf. On ne doit mettre dans les flacons que les $\frac{2}{3}$ de leur volume d'eau, car ce liquide augmente beaucoup de volume en absorbant l'acide chlorhydrique ; on doit en outre les entourer de linges mouillés, qu'on renouvelle plusieurs fois afin de s'opposer à l'élévation de température qui résulte de la combinaison. — La solution aqueuse d'acide chlorhydrique se nomme souvent *acide chlorhydrique liquide.* On la prépare dans les arts en produisant le gaz dans de grands cylindres en fonte et en le recueillant dans des bonbonnes en grès à deux tubulures qu'on remplit à moitié d'eau. — L'acide du commerce est rarement pur ; il contient surtout du chlorure de fer qui le colore en jaune, et de l'acide sulfurique. On le purifie par la distillation.

L'acide chlorhydrique liquide est blanc, d'une odeur forte, d'une saveur très-acide ; il rougit fortement la teinture de tournesol ; il fume à l'air quand il est concentré. Sa densité est 1,21. Lorsqu'on l'expose à la chaleur, il abandonne d'abord une grande quantité de gaz chlorhydrique ; puis le dégagement du gaz s'arrête, et le liquide qui distille alors conserve une composition et une température constantes jusqu'à la fin de la distillation. Cette température est de 110°.

Usages. = Les usages de l'acide chlorhydrique sont très-nombreux, surtout à l'état de dissolution. C'est un des réactifs les plus employés en chimie ; on s'en sert en outre dans les arts ; pour préparer le chlore, le protochlorure d'étain et l'eau régale.

91. *Eau régale.* = Lorsqu'on chauffe jusqu'à l'ébullition un mélange d'acide azotique et d'acide chlorhydrique en parties égales, on obtient un liquide d'un rouge foncé qu'on nomme vulgairement l'*eau régale.*

L'eau régale est un agent chlorurant très-énergique ; elle agit plus fortement que le chlore sur les métaux, pour les transformer en chlorures ; elle dissout même l'or et le platine. Le nom d'eau régale vient de l'action de ce liquide sur l'or que les alchimistes appelaient le *roi des métaux.*

L'eau régale agit aussi comme un oxydant très-puissant ; elle transforme rapidement le soufre en acide sulfurique, le phosphore en acide phosphorique, l'acide arsénieux en acide arsénique.

La partie active de l'eau régale peut être considérée comme un composé de chlore et d'acide azoteux. Ce composé a pour formule AzO^3Cl^2 ; on lui donne le nom d'*acide chloroazotique.* La réaction du chlore sur l'acide azotique peut être représentée par l'équation $AzO^5 + 2HCl = AzO^3Cl^2 + 2HO$. L'eau régale est un des réactifs les plus précieux de la chimie.

CHAPITRE VII.

Brôme.

92. *Brôme.* = Le brôme est liquide à la température ordinaire, rouge noirâtre, d'une odeur et d'une saveur extrêmement désagréables ; il attaque les matières organiques, il désorganise la peau et la colore en jaune. Il agit avec énergie sur les animaux ; car une goutte de brôme mise dans le bec d'un oiseau suffit pour lui donner la mort. Sa densité est 3 ; son point d'ébullition est à 47°. Il est peu soluble dans l'eau et très-soluble dans l'alcool et l'éther.

Le brôme agit à la manière du chlore, mais avec moins d'énergie, sur les métalloïdes et sur les métaux ; il forme avec ces corps des composés parfaitement analogues à ceux du chlore. Aussi regarde-t-on le chlore et le brôme comme deux individus d'une même famille.

Le brôme a été découvert en 1826 par M. Balard. On se le procure en traitant le brômure de potassium par le bioxyde de

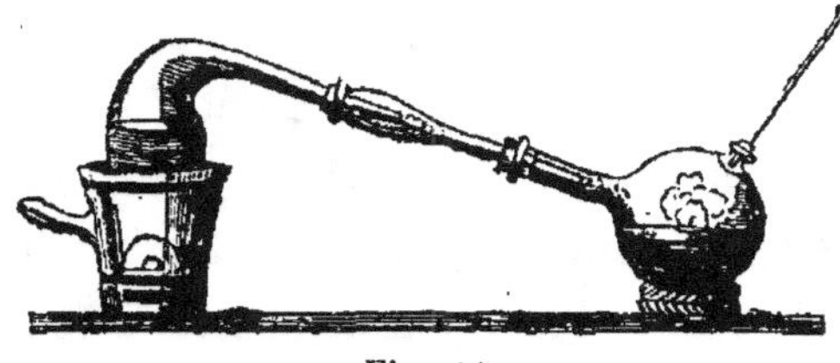

Fig. 46.

manganèse et l'acide sulfurique. On introduit les substances dans une cornue de verre dont le col est muni d'une allonge (*fig.* 46), qui se rend dans un matras tubulé qu'on refroidit avec de l'eau. Lorsqu'on chauffe un peu la cornue, le brôme se dégage à l'état de vapeurs qui vont se condenser dans l'allonge, et qui coulent ensuite dans le matras. La réaction est la même que pour le chlore.—Le brôme existe dans les eaux de la mer à l'état de brômure de magnésium.

93. *Acide bromhydrique.* = L'acide bromhydrique, le seul composé que le brôme forme avec l'hydrogène, est gazeux, incolore, d'une odeur très-vive. Il rougit fortement le tournesol, il éteint les corps en combustion ; il est extrêmement soluble dans l'eau et il répand des vapeurs blanches au contact de l'air humide. Sa densité est 2,731.

L'acide bromhydrique est décomposé par le chlore qui s'empare de son hydrogène pour former de l'acide chlorhydrique et qui met son brôme en liberté. On voit par là que le brôme a moins d'affinité que le chlore pour l'hydrogène. On sait d'ailleurs que le brôme ne s'unit pas à l'hydrogène quand on plonge une allumette allumée dans un mélange d'hydrogène et de vapeur de brôme, ou quand on expose ce mélange aux rayons solaires. — L'acide bromhydrique n'est décomposé par aucun autre métalloïde, mais il est décomposé par un grand nombre de métaux.

On analyse l'acide bromhydrique, comme l'acide chlorhydrique, au moyen du potassium. On trouve qu'il contient la moitié de son volume d'hydrogène. Il renferme d'ailleurs la moitié de son volume de vapeur de brôme, car sa densité est égale à la demi-somme des densités de l'hydrogène et des vapeurs de brôme.

On l'obtient par l'action qu'exercent sur l'eau, à une douce chaleur, le phosphore et le brôme. L'eau est décomposée : son oxygène se porte sur le phosphore pour l'amener à l'état d'acide phosphoreux, tandis que son hydrogène se porte sur le brôme pour l'amener à l'état d'acide bromhydrique. On introduit les substances dans un tube de verre d'environ un centimètre de diamètre et d'un décimètre de longueur, puis on adapte le tube à gaz et on chauffe légèrement. L'acide phosphoreux reste dans l'appareil, et l'acide bromhydrique se dégage ; on le reçoit sous le mercure.

CHAPITRE VIII.

Iode.

94. *Iode.* == L'iode est solide à la température ordinaire; il a l'éclat métallique, la forme lamelleuse et une ténacité très-faible. Il est gris-noir; sa saveur et son odeur sont très-désagréables. Sa densité est 5 environ. Il est peu soluble dans l'eau, car ce liquide n'en dissout que la 700ᵉ partie de son poids; il est plus soluble dans l'alcool et dans l'éther; ses dissolutions sont colorées en jaune orangé.

L'iode fond à 107° et bout à 180°. Sa vapeur est violette, comme on le voit, en projetant un peu d'iode sur un charbon rouge, ou en en chauffant quelques parcelles dans un petit ballon; elle a pour densité 8,7. L'iode est même volatil à la température ordinaire.

L'iode appartient à la même famille que le chlore et le brôme; il forme des composés analogues à ceux de ces deux métalloïdes, mais il agit moins énergiquement. Il détruit plusieurs substances organiques, et il communique des couleurs particulières à la plupart d'entre elles. Il tache la peau et le papier en jaune, mais la couleur disparaît au bout de quelque temps.

L'iode communique une belle couleur bleue à la dissolution d'amidon quand cette dissolution a été faite à la température de l'eau bouillante et qu'on la laisse ensuite refroidir. Il suffit d'une goutte d'une solution d'iode pour colorer une grande quantité d'amidon. La couleur bleue disparaît quand on porte la solution à une température supérieure à 70°, et reparait quand on la laisse de nouveau refroidir. Ce phénomène de coloration permet de reconnaître des traces d'iode dans une solution.

L'iode a été découvert, en 1813, par Courtois. On l'obtient dans les laboratoires en traitant l'iodure de potassium par le bioxyde de manganèse et l'acide sulfurique étendu. On introduit les substances dans une cornue de verre (*fig.* 46) dont le col porte une allonge qui plonge dans un matras, et on chauffe la cornue au moyen d'un petit fourneau. L'iode se condense en paillettes cristallines, soit dans l'allonge, soit dans le matras. La réaction est encore la même que pour le chlore et le brôme. — On prépare aussi quelquefois l'iode en faisant passer un courant de chlore dans une dissolution d'iodure de potassium. Il se forme alors un chlorure de potassium qui reste en dissolution, et l'iode se dépose en une poudre grisâtre qu'on purifie ensuite par la distillation.

On trouve l'iode, à l'état de combinaison, dans les eaux de quelques salines; mais on le rencontre principalement dans les plantes qui croissent sur les bords de la mer, et surtout dans les *varechs* de la Normandie. C'est même de ces varechs qu'on extrait l'iode dans le commerce. On incinère d'abord ces plantes, puis on traite les cendres par l'eau bouillante et on fait cristalliser. Les dernières *eaux mères,* c'est-à-dire les eaux qui ne peuvent presque plus fournir de cristaux, contiennent encore de l'iodure, du brômure et du sulfure de sodium, du carbonate de soude, des sulfates et des hyposulfites de soude, etc. On concentre ces eaux, puis on y fait passer un courant de chlore.

On emploie l'iode pour guérir les goîtres et les maladies scrofuleuses; on s'en sert aussi pour recouvrir les plaques qu'on destine aux épreuves daguerriennes.

95. *Acide iodique.* == On ne connaît que trois combinaisons d'iode et d'oxygène, ce sont les acides hypoiodique, iodique et periodique. Ces corps n'ont aucune importance.

L'acide iodique, le seul que nous décrirons, est solide à la température ordinaire; il cristallise facilement, et ses cristaux contiennent un équivalent d'eau. Il se décompose, par l'action de la chaleur, en iode et en oxygène. On peut l'obtenir en faisant chauffer de l'iode dans de l'acide azotique monohydraté; mais on le prépare ordinairement en saturant d'iode une solution bouillante de potasse. La dissolution laisse déposer, en se refroidissant, de l'iodate de potasse qu'on transforme en iodate de baryte au moyen du chlorure de barium, et dont on retire ensuite facilement l'acide iodique.

On détermine la composition de l'acide iodique en décomposant l'iodate de potasse par la chaleur et en opérant comme pour le chlorate de potasse. Sa formule est IO^5.

96. *Acide iodhydrique.* = Cet acide est gazeux, incolore, d'une odeur irritante; il est extrêmement soluble dans l'eau et il répand des vapeurs blanches au contact de l'air. Sa densité est 4,443.

Le chlore et le brôme décomposent l'acide iodhydrique en s'emparant de son hydrogène; l'oxygène le décompose de même à une température élevée. Un grand nombre de métaux agissent sur lui à froid ou à chaud; le mercure le décompose à la température ordinaire.

L'acide iodhydrique est formé, sans condensation, d'un demi-volume d'hydrogène et d'un demi-volume de vapeurs d'iodè, car sa densité est égale à la demi-somme des densités de ses deux éléments. On ne pourrait pas l'analyser comme les acides chlorhydrique et bromhydrique, car il est décomposé par le mercure à la température ordinaire.

On le prépare, comme l'acide bromhydrique, au moyen de l'iode, du phosphore et de l'eau; mais on ne peut le recueillir sur le mercure à cause de son action sur ce métal. On le recueille dans des flacons secs à la manière du chlore.

La solution d'acide iodhydrique est décomposée par l'oxy-

gène de l'air à la température ordinaire ; elle laisse déposer au
bout d'un certain temps de beaux cristaux d'iode. .

97. *Iodure d'azote.* = Ce composé est solide et d'un gris
foncé ; il détonne avec la plus grande facilité quand il est sec ; il
se décompose alors avec explosion dès qu'on le chauffe un peu
ou même dès qu'on le touche avec des barbes de plume. Sa
formule est AzI^3.

On le prépare en versant une solution concentrée d'ammoniaque sur de l'iode pulvérisé, et en laissant les deux corps en
contact pendant un quart d'heure environ. Il se forme alors de
l'iodhydrate d'ammoniaque qui reste en dissolution, et de l'iodure d'azote qui se dépose en poudre grise ; on jette la matière
sur un filtre, on lave en versant une assez grande quantité
d'eau et on laisse sécher la poudre sur le filtre même. Il faut
n'opérer que sur une petite quantité d'iode pour éviter les accidents qui pourraient résulter de l'explosion de l'iodure. On a,
pour la formule de la réaction, $4AzH^3 + 6I = AzI^3 + 3(AzH^3,HI)$.

On obtient plus rapidement l'iodure d'azote en versant de
l'ammoniaque dans une solution alcoolique d'iode. Il se précipite immédiatement sous la forme d'une poudre grise qu'il suffit de laver et de sécher.

CHAPITRE IX.

Fluor.

98. *Fluor.* = Le fluor est un gaz incolore ; on l'a obtenu, dans ces dernières années, en traitant le fluorure de mercure par le chlore et en opérant dans des vases de fluorure de calcium. Ce gaz attaque le verre, le platine et presque tous les corps ; c'est précisément ce qui rend si difficiles sa préparation et l'étude de ses propriétés.

99. *Acide fluorhydrique.* = L'acide fluorhydrique, le seul composé que le fluor forme avec l'hydrogène, a été découvert par Schéele ; mais ce sont MM. Gay-Lussac et Thénard qui l'ont obtenu les premiers à l'état de pureté.

Cet acide est liquide, incolore, fortement acide, d'une odeur pénétrante. C'est le plus corrosif de tous les corps : aussi suffit-il d'en mettre une goutte sur la peau pour produire une vive inflammation, une suppuration abondante et une fièvre plus ou moins forte. Sa densité est 1,06 quand il est anhydre. Il ne se congèle à aucune température. Il est très-volatil, car il bout vers 30° et il se vaporise dans l'air au-dessous de cette température, en produisant d'épaisses vapeurs blanches comme l'acide chlorhydrique.

L'acide fluorhydrique a beaucoup d'affinité pour l'eau ; il dégage beaucoup de chaleur en se combinant avec ce liquide ; il produit même un sifflement très-fort quand on en verse quelques gouttes dans sa masse.—L'acide étendu ne fume plus à l'air.

L'acide fluorhydrique est indécomposable par la chaleur et par tous les métalloïdes ; mais il est décomposé par un grand nombre de métaux. On admet, eu égard à son analogie avec les acides chlorhydrique, brômhydrique et iodhydrique, qu'il est formé sans condensation d'un demi-volume d'hydrogène et d'un demi-volume de vapeur de fluor, mais on ne peut vérifier cette composition, car on ne connaît pas les densités de la vapeur de fluor et de la vapeur d'acide fluorhydrique.

L'acide fluorhydrique attaque le verre et ses composés même à la température ordinaire ; on ne peut donc le conserver dans des vases de verre et de porcelaine. On le conserve dans des vases de plomb, d'argent ou de platine.

Préparation. = On extrait l'acide fluorhydrique d'un corps qu'on désigne ordinairement sous le nom de *spath fluor* et dont le nom chimique est *fluorure de calcium.* On le traite à l'aide d'une douce chaleur, par l'acide sulfurique concentré. De l'acide fluorhydrique et du sulfate de chaux sont les produits de la réaction.

On se sert ordinairement d'une cornue en plomb composée de deux parties qui peuvent s'emboîter et d'un tube de plomb en forme de U dans lequel on fait rendre le col de la cornue. On introduit le fluorure en poudre dans la cornue, on y verse l'acide, on mélange avec une spatule de platine et on chauffe un peu au-dessus de 100°. Le sulfate de chaux reste dans la cornue, et l'acide va se condenser dans le tube qu'on a soin de refroidir en le plongeant dans l'eau.

Usages. = On emploie l'acide fluorhydrique pour graver sur le verre. On recouvre à cet effet la surface du verre d'une légère couche de cire ou de vernis, puis on y grave avec un stylet les caractères ou le dessin qu'on veut obtenir, en ayant soin d'aller jusqu'à la surface du verre. On remplit ensuite ces traits d'acide fluorhydrique étendu ou on les expose à la vapeur de cet acide. L'acide attaque alors la silice dans les parties du verre qui ont été mises à nu et détermine des sillons d'autant plus profonds que l'action de l'acide a été de plus longue durée. Il ne reste plus qu'à enlever la cire ou le vernis qui recouvre le verre. — Les traits ainsi obtenus sont transparents quand on emploie les vapeurs de l'acide.

On se sert fréquemment de ce moyen pour tracer les divisions sur les tiges des thermomètres et sur les cloches de verre.

7.

CHAPITRE X.

Phosphore.

100. *Phosphore.* = Le phosphore a été découvert en 1669 par Brandt; il est resté d'une rareté extrême jusqu'en 1769, époque à laquelle Gahn le découvrit dans les os.

Propriétés. = Le phosphore est solide à la température ordinaire; il est si mou, que l'ongle le raye facilement et qu'on peut le plier plusieurs fois en sens inverse sans le rompre. Il est sans saveur, d'une légère odeur d'ail, quelquefois transparent et incolore, plus ordinairement jaunâtre ou d'une couleur ambrée. Sa densité est 1,77; il n'est pas soluble dans l'eau; il l'est à peine dans l'alcool, un peu mieux dans l'éther, assez bien dans les huiles, et très-bien dans le sulfure de carbone. On l'obtient cristallisé en dodécaèdres rhomboïdaux en le dissolvant à chaud dans ce sulfure et en laissant ensuite refroidir la dissolution.

Le phosphore fond à 44°,2 et bout à 29°. Sa vapeur a pour densité 4,355. Le phosphore fondu à 70° se prend en une masse noire quand on le refroidit brusquement en le versant dans une grande masse d'eau. Ce changement de couleur ne provient pas d'une action chimique, mais seulement d'une modification dans l'état moléculaire du phosphore.

Le phosphore a beaucoup d'affinité pour l'oxygène; il brûle dans l'air dès qu'on le met en contact avec un corps enflammé ou simplement quand on le porte à 70°. La combustion est extrèmement vive dans l'air, mais elle est plus vive encore dans l'oxygène pur. On s'en assure en plongeant dans un flacon plein d'oxygène (*fig.* 5) une petite capsule de porcelaine contenant un petit morceau de phosphore qu'on enflamme préalablement au moyen d'une allumette.—C'est de l'acide phosphorique qu'on obtient par la combustion vive du phosphore dans l'oxygène ou dans l'air.

Le phosphore brûle aussi dans l'air à la température ordinaire ; mais la combustion est alors très-lente, et la lumière dégagée est si faible qu'elle ne paraît que dans un lieu obscur. C'est précisément cette combustion qui permet de voir, dans l'obscurité, des traits qu'on a tracés sur un mur avec un bâton de phosphore ou simplement avec une allumette phosphorique. On obtient dans ce cas de l'acide phosphoreux pur ou mélangé avec un peu d'acide phosphorique, pour produit de la combustion. — On voit par là qu'on ne peut pas conserver le phosphore dans l'air, car il brûlerait peu à peu en se combinant avec son oxygène. On le conserve toujours dans des flacons remplis d'eau qu'on a privés d'air par l'ébullition; on les entoure même d'une feuille de papier noir, car il se couvre sous l'influence de la lumière, d'une croûte blanche qui tient encore à une modification moléculaire. — On ne doit manier le phosphore dans l'air qu'avec la plus grande précaution, car la chaleur développée par le frottement suffit pour l'enflammer ; et les brûlures qu'il produit sont extrêmement douloureuses ; on le manie ordinairement sous l'eau.

Un fait bien remarquable, c'est que le phosphore ne brûle pas dans l'oxygène pur à la température ordinaire ; il ne brûle qu'aux températures supérieures à 27°. Il brûlerait cependant si on réduisait la pression de ce gaz à 15 ou 20 centimètres, ou si l'on ajoutait à l'oxygène de l'azote, de l'acide carbonique ou d'autres gaz qui n'ont pas d'action sur le phosphore. Ces faits n'ont pas encore reçu d'explication satisfaisante.

Le phosphore ne se combine pas seulement avec l'oxygène; il s'unit aussi, quelquefois directement, quelquefois dans des circonstances particulières, avec plusieurs autres métalloïdes et avec presque tous les métaux.—Le chlore est un des métalloïdes qui agissent avec le plus d'énergie sur le phosphore ; il suffit en effet de plonger, dans un flacon plein de chlore, une petite capsule de porcelaine contenant un petit morceau de phosphore allumé pour qu'il continue à y brûler avec une vive lumière.

Préparation. = On trouve le phosphore à l'état de phosphate d'ammoniaque et de soude dans l'urine, à l'état de phosphate de chaux dans les os, à l'état de phosphate de magnésie dans plusieurs graines et surtout dans les céréales ; on le trouve aussi dans la laitance de carpe et dans la matière cérébrale, où il est combiné avec les éléments ordinaires des matières organiques.

On tirait autrefois le phosphore de l'urine humaine. On l'extrait maintenant des os, qu'on peut regarder comme formés de 53 de sous-phosphate de chaux, de 14 de carbonate de chaux et de 33 de matière animale, abstraction faite d'une petite portion de substances étrangères.

La première partie de l'opération consiste à traiter les os pour obtenir du biphosphate de chaux. — On les fait d'abord brûler au contact de l'air, afin d'en détruire la matière animale ; puis, quand ils sont blancs et friables, on les pulvérise et on les arrose peu à peu avec leur poids d'acide sulfurique étendu. Cet acide s'unit à toute la chaux du carbonate et seulement à une partie de la chaux du sous-phosphate ; il en résulte du gaz acide carbonique, du sulfate de chaux et du biphosphate de chaux. L'acide carbonique se dégage avec une vive effervescence, tandis que le sulfate et le biphosphate restent ensemble à l'état d'une bouillie épaisse. Comme le sulfate est très-peu soluble dans l'eau, et que le biphosphate y est au contraire très-soluble, il est facile de les séparer par des filtrations et des lavages répétés. On finira donc par avoir une dissolution de biphosphate de chaux sensiblement pur.

La deuxième partie de l'opération consiste à extraire le phos-

phore de cette dissolution. On l'évapore à cet effet jusqu'à consistance sirupeuse, puis on la mêle intimement avec le quart
de son poids de charbon pulvérisé; on dessèche le mélange
dans une bassine de fonte chauffée au rouge, et on en rempli
aux trois quarts une cornue de grès bien lutée. On fixe alors la
cornue dans un bon fourneau à réverbère, et on adapte à son
col une allonge en cuivre dont on fait plonger l'extrémité dans
une masse d'eau (*fig.* 47). Dès que la cornue est portée au
rouge, il se dégage de l'oxyde de
carbone et du carbure d'hydrogène, qui proviennent de la décomposition que le charbon fait éprouver à l'eau du biphosphate, mais
ce n'est qu'au bout de 3 ou 4 heures de feu que le charbon décompose l'acide du sel. L'oxyde de
carbone qui résulte de cette dé-

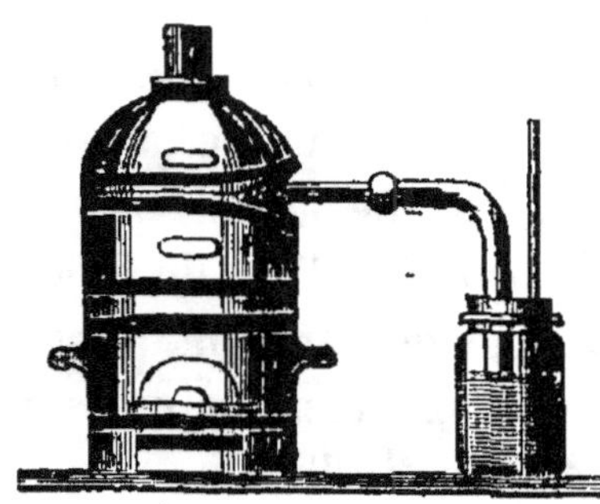

Fig. 47.

composition se dégage, et le phosphore va se condenser dans
l'eau qui reçoit l'extrémité de l'allonge. — Il est impossible de
décomposer complétement le biphosphate par le charbon, et
par suite de lui enlever tout son phosphore; on peut seulement
l'amener à l'état de phosphate basique. Lorsque l'opération est
bien faite, on retire environ 90 grammes de phosphore par
kilogramme de phosphate.

Le phosphore obtenu est toujours mélangé avec de l'oxyde de
phosphore et du charbon; on le met, pour le purifier, dans une
peau de chamois qu'on serre en nouet sous de l'eau presque
bouillante; comme il est le seul corps fusible, il passe seul à travers la peau. — Lorsqu'on veut l'obtenir en cylindres, on le
fond dans de l'eau à 45 ou 50 degrés, on y plonge l'extrémité
d'un tube de verre droit, et on aspire avec la bouche pour faire
monter le phospore liquide. — On cesse d'aspirer dès que le
tube est presque plein, puis on met rapidement le doigt sur
l'ouverture supérieure pour empêcher le liquide de redescendre

et on plonge le tube dans un bain d'eau froide pour solidifier le phosphore.

Le phosphore ainsi préparé est suffisamment pur pour les besoins de l'industrie et pour la plupart des expériences de laboratoire ; mais il contient encore quelques millièmes de matières étrangères dont on peut le débarrasser par une nouvelle distillation. Cette distillation présente des difficultés à cause de l'inflammabilité du phosphore. On se met à l'abri de tout danger en introduisant le phosphore dans une cornue de verre dont on fait rendre le col dans un long tube en U contenant seulement 2 ou 3 centimètres d'eau pour séparer l'intérieur de la cornue de l'air atmosphérique. Lorsqu'on chauffe la cornue, l'air qu'elle contient se dilate et sort en traversant l'eau du tube ; le phosphore se distille ensuite et va se condenser dans le coude du tube qu'on a soin de maintenir à une température supérieure à 45° pendant toute la durée de la distillation.

Usages. = On emploie le phosphore dans les arts pour la préparation des *briquets phosphoriques* et des *allumettes à friction.* — Pour faire un briquet phosphorique, on remplit de phosphore sec un petit tube ou un petit flacon de verre ; on l'expose au-dessus de quelques charbons incandescents ou d'une lampe à alcool jusqu'à ce que le phosphore soit fondu, puis on le retire et on le bouche. Lorsqu'on plonge dans le briquet une allumette soufrée qui détache une parcelle de phosphore et qu'on la frotte sur un bouchon de liége, le phosphore se combine avec le soufre et produit une combustion qui se communique à l'allumette et l'enflamme.

On fabrique les allumettes à friction en trempant un instant l'une des extrémités des allumettes, préalablement soufrées, dans une pâte formée avec de l'eau, de la gomme ou de la colle forte, du phosphore, du sable pulvérisé et un peu d'ocre rouge. Ces allumettes s'enflamment sans bruit et sans déflagration dès qu'on en frotte l'extrémité sur un corps un peu rugueux.

Le phosphore sert en chimie pour faire quelques analyses et

pour préparer quelques produits ; il sert aussi en médecine :
on l'emploie alors comme excitant, mais à une très-petite
dose, 3 ou 4 centigrammes au plus par jour. Si on en prend
une dose plus forte, il détermine la mort en produisant une vive
inflammation dans les organes qu'il touche.

§ 1ᵉʳ. — *Combinaisons du phosphore avec l'oxygène.*

Le phosphore se combine avec l'oxygène en quatre proportions. Trois des composés sont acides ; ce sont : l'acide hypophosphoreux PhO, l'acide phosphoreux PhO³ et l'acide phosphorique PhO⁵. Le quatrième composé est neutre ; c'est l'oxyde
de phosphore Ph²O. — L'acide phosphorique est le plus stable
et le plus important de ces composés.

101. *Acide phosphorique.* = Cet acide est solide, incolore,
inodore ; il rougit fortement la teinture de tournesol ; il est très-
soluble dans l'eau et plus dense que ce liquide. On peut l'obtenir à l'état anhydre ou en combinaison avec un, deux et trois
équivalents d'eau.

L'acide anhydre PhO⁵ s'obtient en brûlant du phosphore
dans l'air sec. On place le phosphore dans une capsule de porcelaine qu'on pose sur une assiette flottant sur la cuve à mercure, et on recouvre la capsule d'une cloche pleine d'air desséché. L'acide phosphorique se dépose en flocons neigeux sur
l'assiette et sur les parois de la cloche ; on le recueille et on
l'enferme dans un flacon bouché à l'émeri. Cet acide est extrêmement avide d'humidité ; il absorbe l'eau avec tant de vivacité qu'il produit, en tombant dans ce liquide, un bruit analogue à celui d'un fer rouge qu'on y plonge. On ne peut pas le
séparer complétement, par l'action de la chaleur, de l'eau qu'il
a une fois absorbée ; on peut seulement le transformer en acide
monohydraté en le portant à la chaleur rouge. Il fond à cette
température et donne une matière visqueuse qui présente l'as-

pect d'un verre transparent après son refroidissement. C'est dans un vase de platine qu'il faut en opérer la fusion, car il attaque les vases de terre et de verre; il attaque même les vases d'argent au contact de l'air en formant un phosphate. Il se volatilise au-dessus de la chaleur rouge.

L'acide phosphorique monohydraté $PhO^5 + HO$ s'obtient en calcinant fortement l'acide trihydraté ou en décomposant par la chaleur le phosphate d'ammoniaque dans une cornue de platine. Il précipite en blanc l'azotate d'argent et la dissolution d'albumine; on peut l'employer pour reconnaître cette dernière substance; car il la précipite même des dissolutions qui n'en renferment que des traces.

L'acide phosphorique trihydraté $PhO^5 + 3HO$ s'obtient en traitant le phosphoré par l'acide azotique à une température voisine de l'ébullition : le phosphore s'acidifie ; et il se dégage de l'azote et du bioxyde d'azote. Cet acide précipite l'azotate d'argent en jaune, et il ne précipite pas la dissolution d'albumine.

L'acide phosphorique bihydraté $PhO^5 + 2HO$ se forme en chauffant convenablement l'acide trihydraté ; il précipite l'azotate d'argent en blanc, et il ne précipite pas l'albumine de ses dissolutions. — Si l'on chauffait l'acide trihydraté au point de l'obtenir à l'état vitreux, il perdrait 2 équivalents d'eau, et il se transformerait alors en acide monohydraté; on ne peut jamais le transformer en acide anhydre quelle que soit la température à laquelle on l'expose.

Composition. = On détermine la composition de l'acide phosphorique par le moyen déjà employé pour l'acide sulfurique.

On place un poids connu de phosphore dans un petit ballon de verre et on le transforme en acide phosphorique en le chauffant avec un excès d'acide azotique. On verse alors cet acide dans un creuset de platine contenant un poids d'oxyde de plomb plus que suffisant pour saturer l'acide phosphorique produit, et on chauffe fortement pour chasser l'eau et l'acide azotique excédant. Le creuset ne contient plus alors que l'acide phosphorique uni à l'oxyde de plomb et l'excès d'oxyde de plomb. Si donc on retranche du poids total le poids de l'oxyde employé, on a le poids de l'acide produit. On trouve ainsi que 32 parties de phosphore donnent 72 parties d'acide phosphorique, et par suite que 72 parties d'acide phosphorique sont formées de 32 phosphore et 40 oxygène. L'acide phosphorique anhydre a donc pour formule PhO^5.

102. *Acide phosphoreux.* = L'acide phosphoreux est solide, incolore, inodore ; il cristallise en aiguilles ; il est très-soluble dans l'eau. Il réduit plusieurs oxydes par sa tendance à s'emparer de leur oxygène pour passer à l'état d'acide phosphorique ; il décompose même, à la température de l'ébullition, l'eau dans laquelle on l'a dissout, et de là résultent du phosphure gazeux d'hydrogène qui se dégage et de l'acide phosphorique qui reste en dissolution.

Cet acide se produit par la combinaison lente du phosphore dans l'air ; mais on le prépare plus rapidement en faisant agir le chlore sur le phosphore en présence de l'eau. On place à cet effet le phosphore au fond d'une éprouvette à pied, puis on le recouvre d'une couche épaisse d'eau à 45 ou 50 degrés et on fait arriver du chlore gazeux jusqu'au fond de la masse du phosphore qui est devenu liquide à cette température. Le chlore se combine d'abord avec le phosphore pour former le protochlorure de phosphore $PhCl^3$, mais ce chlorure se décompose, au moment même de sa formation, en acide phosphoreux PhO^3 et en acide chlorhydrique $3HCl$. Si on évapore alors la liqueur jusqu'à siccité, l'acide chlorhydrique se dégage, et l'acide phosphoreux cristallise.

103. *Acide hypophosphoreux.* = Cet acide est liquide, incristallisable, d'une saveur très-acide. On ne peut l'obtenir à l'état anhydre. Il réduit un grand nombre d'oxydes comme l'acide phosphoreux, et il se transforme, comme cet acide, en phosphure gazeux d'hydrogène et en acide phosphorique, quand on le chauffe.

L'acide hypophosphoreux se produit quand on fait bouillir du phosphore avec une dissolution de potasse, de soude ou avec un lait de chaux. Il se dégage du phosphure gazeux d'hydrogène, et il se forme un hypophosphite qui reste en dissolution. L'eau est alors décomposée, et chacun de ses éléments s'unit avec une portion de phosphore. La réaction est exprimée par la formule $4Ph + 3(HO,KO) = PhH^3 + 3(KO,PhO)$.

On l'obtient à l'état de liberté en versant peu à peu de l'acide sulfurique dans une dissolution d'hypophosphite de baryte. Il se forme un sulfate de baryte qui se précipite et de l'acide hypophosphoreux qui reste en dissolution. Il ne reste plus qu'à évaporer la liqueur jusqu'à consistance sirupeuse.

104. *Oxyde de phosphore.* = Cet oxyde est rouge, inodore et insipide ; il est insoluble dans l'eau, l'alcool et l'éther ; il se transforme à la chaleur rouge en phosphore et en acide phosphorique ; il ne donnerait que de l'acide phosphorique si on le chauffait au contact de l'air. — On l'obtient en mettant du phosphore dans une éprouvette contenant de l'eau à 45 ou 50 degrés et en faisant arriver au fond de la masse un courant d'oxygène ; il en résulte de l'acide phosphorique qui reste en dissolution et de l'oxyde de phosphore qui se dépose.

§ 2. — *Combinaisons du phosphore avec l'hydrogène.*

Il existe trois phosphures d'hydrogène : un phosphure solide, un phosphure liquide et un phosphure gazeux. Ce dernier se nomme souvent *hydrogène phosphoré ;* c'est le plus important.

105. *Phosphure gazeux.* = Le phosphure gazeux d'hydrogène est incolore, d'une odeur d'ail très-mauvaise, d'une saveur

amère. Sa densité est 1,185. Il n'a pas d'action sur les couleurs végétales; l'eau en dissout la 8ᵉ partie de son volume. Ce gaz se décompose à la chaleur rouge ou sous l'influence d'une série d'étincelles électriques : le phosphore se dépose, et l'hydrogène s'en dégage.

Le phosphure gazeux ne s'enflamme pas au contact de l'air à la température ordinaire; mais il s'enflamme à 100° et aux températures supérieures. Si l'on approche, par exemple, une bougie allumée de l'ouverture d'une éprouvette pleine de ce gaz, il brûle en produisant de l'eau, de l'acide phosphorique et du phosphore. On obtient les mêmes résultats en mettant le phosphure gazeux en contact avec l'oxygène; à cela près qu'il ne se forme que de l'eau et de l'acide phosphorique s'il rencontre une quantité suffisante de ce gaz. La décomposition du phosphure par l'oxygène peut avoir lieu à la température ordinaire quand on soumet le mélange des gaz à une faible pression.

Le chlore décompose le phosphure d'hydrogène à la température ordinaire ; on en fait l'expérience dans une petite éprouvette contenant du chlore et dans laquelle on fait arriver le phosphure bulle à bulle. Il en résulte un dégagement énergique de chaleur et de lumière; il se forme en outre du chlorure de phosphore et de l'acide chlorhydrique. Le brôme et l'iode agiraient de la même manière; le soufre le décompose aussi, mais à une température élevée.

Presque tous les métaux peuvent décomposer le phosphure d'hydrogène à cause de la forte affinité qu'ils ont pour le phosphore. Ainsi si l'on dirige un courant de ce phosphure sur du potassium, du fer, du cuivre et même de l'argent suffisamment chauffés, il se forme un phosphure métallique, et il se dégage de l'hydrogène.

Le phosphure d'hydrogène joue quelquefois le rôle d'une base : il s'unit avec l'acide iodhydrique, à volume égal, dès qu'on le met en contact avec ce gaz ; le sel qui résulte de la combinaison est blanc, solide, volatil et parfaitement analogue au chlorhydrate d'ammoniaque, à quelque différence près dans la forme cristalline. Il s'unit aussi avec l'acide sulfurique; mais le sel qui se forme n'a qu'une existence éphémère.

Composition. = On détermine la composition du phosphure gazeux d'hydrogène en le décomposant par le cuivre à la chaleur rouge. On introduit le cuivre dans un tube de verre horizontal qu'on porte au rouge, puis on fait arriver le phosphure gazeux par une extrémité du tube et l'on dirige l'hydrogène dans une éprouvette au moyen d'un tube à gaz adapté à l'autre extrémité. On connaît le poids du phosphore par l'augmentation de poids du cuivre, et le poids de l'hydrogène par son volume. On trouve ainsi que le phosphure gazeux contient 32 parties de phosphore et 3 parties d'hydrogène, et par suite qu'il a pour formule PhH^3.

Il est facile de déterminer le rapport des volumes du phosphure et de l'hydrogène puisqu'on connaît le rapport des poids de ces corps et le rapport de leurs densités. On trouve ainsi qu'un volume de phosphure contient $\frac{3}{2}$ volume d'hydrogène. Or si dans la formule $VD = V'D' + V''D''$, on fait $V = 1$, $V' = \frac{3}{2}$, $D = 1,185$, $D' = 0,0692$, $D'' = 3,355$, on trouve $V'' = \frac{1}{4}$. Il en résulte qu'un volume de phosphure gazeux d'hydrogène est formé de $\frac{3}{2}$ vol. d'hydrogène et de $\frac{1}{4}$ vol. de vapeur de phosphore.

Préparation. = Le phosphure d'hydrogène se rencontre dans la nature; il donne naissance aux feux follets qui s'observent dans les cimetières humides; mais alors il est spontanément inflammable.

· On l'obtient à l'état de pureté en chauffant de l'acide phosphoreux dans un petit ballon; l'eau qu'il contient se décompose sous l'influence de l'acide; son hydrogène se combine avec une portion du phosphore pour donner du phosphure d'hydrogène, et son oxygène se combine avec l'autre portion du phosphore déjà oxygénée pour donner de l'acide phosphorique. —

On l'obtient aussi en projetant du phosphure de chaux dans l'acide chlorhydrique fumant, au moyen d'un tube vertical plongeant dans l'acide ; il se forme en outre, dans ce cas, du chlorure de calcium, qui reste dissous, et une quantité considérable de phosphure d'hydrogène solide, qui reste en suspension dans l'eau sans y subir d'altération.

On reconnaît la pureté du phosphure gazeux d'hydrogène quand il est complétement absorbé par une dissolution de sulfate de cuivre à la température ordinaire. Il se forme dans ce cas du phosphure de cuivre qui se précipite, et il reste dans la dissolution de l'eau et de l'acide sulfurique.

Lorsqu'on projette dans de l'eau tiède un phosphure alcalin, le phosphure de potasse ou de chaux, par exemple, on obtient un hypophosphite et du phosphure gazeux d'hydrogène ; mais ce phosphure s'enflamme dès qu'il arrive dans l'air même à la température ordinaire. Son inflammabilité est due à une petite quantité de vapeur de phosphure liquide qu'il entraîne avec lui. — On prépare ordinairement le phosphure spontanément inflammable en chauffant, dans un petit ballon de verre, une solution concentrée de potasse dans laquelle on a mis de petits morceaux de phosphore, et en recueillant le gaz à la manière ordinaire. On le prépare aussi en mettant dans un petit ballon de petites boulettes de chaux humectée contenant intérieurement un petit morceau de phosphore. Il suffit de chauffer un peu pour que le gaz se dégage. L'hypophosphite produit dans les deux cas reste dans le petit ballon.

. Le phosphure obtenu de cette manière contient toujours un peu d'hydrogène libre. Il contient aussi une petite quantité de phosphure liquide qui le rend spontanément inflammable au contact de l'air. On peut du reste, au besoin, lui faire perdre son inflammabilité. Il suffit de le faire passer dans un tube en U entouré d'un mélange réfrigérant qui condense le phosphure liquide, ou dans de l'acide chlorhydrique, dans de l'acide bromhydrique, qui l'en débarrassent également.

Le phosphure d'hydrogène spontanément inflammable donne lieu à une vive lumière dès qu'il arrive dans l'air ; chaque bulle produit en outre une couronne qui s'élève dans l'atmosphère en conservant sa forme et en augmentant de plus en plus de diamètre. Ces couronnes sont formées de vapeurs d'eau et d'acide phosphorique. — Quelques bulles d'oxygène introduites dans une éprouvette à moitié pleine de ce gaz donnent lieu à une combustion énergique, en produisant d'ailleurs les mêmes composés. — Ce phosphure d'hydrogène ne perd pas seulement son inflammabilité en traversant un tube refroidi, ou quelques dissolutions ; il la perd aussi, au bout de quelque temps, dans son contact avec les parois des vases et surtout sous l'influence de la lumière ; c'est qu'alors le phosphure liquide qu'il contient se transforme en phosphure solide et en phosphure gazeux.

106. *Phosphure solide.* = Le phosphure solide est jaune ; il prend naissance dans un grand nombre de circonstances. On le forme rapidement en grande quantité en faisant arriver dans l'acide chlorhydrique liquide le phosphure gazeux spontanément inflammable ; il y laisse un dépôt solide, qu'on lave à l'eau froide et qu'on dessèche rapidement sous la machine pneumatique. Sa formule est Ph^2H.

107. *Phosphure liquide.* = On obtient ce phosphure en faisant passer le phosphure spontanément inflammable dans un tube en U entouré d'un mélange réfrigérant. Il est parfaitement transparent, sans couleur ; il a une tension considérable, car il bout à — 10° ; il s'enflamme au contact de l'air avec une grande énergie et y brûle avec une flamme blanche extrêmement vive. Il se décompose, à la lumière solaire, en phosphure solide et en phosphure gazeux ; sa décomposition a même lieu à la lumière diffuse, mais avec moins de vivacité. Il rend inflammable l'hydrogène, le cyanogène et plusieurs autres gaz aussi bien que l'hydrogène phosphoré. Sa formule est PhH^2.

CHAPITRE XI.

Arsenic.

108. *Arsenic.* = L'arsenic est solide, d'un gris d'acier, d'une texture cristalline ; il possède l'éclat métallique ; il est facile à réduire en poudre. Sa densité est 5,75. Il est inodore, insipide, insoluble dans l'eau et dans l'alcool. Il ne paraît pas vénéneux quand il est pur, mais il le devient quand il est combiné avec certains corps, et surtout avec l'oxygène et l'hydrogène.

L'arsenic se volatilise à 300° en passant directement de l'état solide à l'état gazeux ; on ne peut le fondre qu'en le chauffant sous l'influence d'une forte pression. — Sa vapeur est incolore ; elle a une odeur d'ail caractéristique ; on obtient l'arsenic cristallisé en tétraèdres réguliers quand on la condense par le refroidissement.

L'arsenic n'agit pas sur l'oxygène et sur l'air à la température ordinaire quand ces gaz sont secs ; mais, s'ils sont humides, il se combine peu à peu avec l'oxygène, et donne un produit noir qu'on regarde comme un mélange d'arsenic et d'acide arsénieux. L'action est beaucoup plus forte à une température élevée ; il en résulte une combustion vive et d'abondantes vapeurs blanches d'acide arsénieux.

On trouve l'arsenic dans la nature à l'*état natif*, c'est-à-dire libre de toute combinaison, à l'état d'acide arsénieux, à l'état d'arséniate, à l'état de sulfure d'arsenic, et enfin à l'état d'arséniure métallique. On l'extrait ordinairement d'un composé de soufre, d'arsenic et de fer qu'on nomme sulfoarséniure de fer et quelquefois *mispickel*. On introduit ce composé dans des cylindres de terre cuite qu'on porte à la chaleur rouge, et on reçoit la vapeur d'arsenic dans d'autres cylindres où elle se condense. Le sulfoarséniure de fer se transforme en sulfure de fer en perdant son arsenic. — On purifie l'arsenic par une nouvelle distillation. — L'arsenic n'a pas d'usage ; ses propriétés vénéneuses étaient connues des anciens.

§ 1er. — *Combinaisons de l'arsenic avec l'oxygène.*

L'arsenic forme deux acides en se combinant avec l'oxygène : l'acide arsénieux AsO^3 et l'acide arsénique AsO^5 ; il forme en outre un autre composé que certains chimistes regardent comme un oxyde et que d'autres regardent comme un mélange d'arsenic et d'acide arsénieux. Ce composé, qui est noir et pulvérulent, se produit quand l'arsenic est exposé au contact de l'air humide ; il se partage en arsenic et en acide arsénieux quand on le met dans de l'eau chaude ; on l'appelle souvent *mort aux mouches*.

109. *Acide arsénieux.* = L'acide arsénieux porte dans le commerce le nom d'*arsenic blanc*, de *mort aux rats* ; il est inodore, il a une saveur âcre, nauséabonde qui provoque la salive ; c'est un des poisons les plus actifs ; il ulcère promptement les parties qu'il touche ; il agit même à l'extérieur sur la peau. On emploie comme contre-poison l'hydrate de peroxyde de fer délayé dans l'eau, car il forme avec ce corps un arsénite de fer insoluble qui n'est pas vénéneux.

L'acide arsénieux rougit faiblement la teinture de tournesol ; sa densité est 3,74. L'eau n'en dissout que la 100ᵉ partie de son poids à la température ordinaire ; elle en dissout environ 10 fois plus à la température de 100° ; aussi une dissolution saturée à cette température laisse-t-elle déposer des cristaux d'acide arsénieux par le refroidissement. Ces cristaux sont tétraédriques.

L'acide arsénieux est volatil à la chaleur rouge ; si on le porte à cette température dans un petit matras à long col, il se sublime, et ses vapeurs se condensent dans le col du matras en une croûte blanche formée de petits cristaux tétraédriques. Si le matras eût été fermé, les vapeurs n'auraient pu se produire, et alors l'acide se serait fondu en donnant lieu à une masse vitreuse et transparente.

L'acide arsénieux est incolore et d'un aspect vitreux quand il vient d'être fondu ou volatilisé ; mais il perd peu à peu sa transparence, et, au bout d'un certain temps, il devient blanc et opaque, même quand on le conserve à l'abri de l'air et de l'humidité. L'acide est identique sous le rapport chimique dans ces deux cas ; mais il présente une solubilité bien différente. On a reconnu en effet que l'acide vitreux se dissout plus rapidement dans l'eau que l'acide opaque et qu'il y est environ trois fois plus soluble.

Cet acide est indécomposable par la chaleur. L'oxygène et l'air n'ont aucune action sur lui ; le carbone, l'hydrogène et le soufre le décomposent au contraire à une température élevée. Le carbone donne lieu à de l'arsenic et à de l'acide carbonique ; l'hydrogène à de l'arsenic, à de l'eau et à un peu d'hydrogène arsénié ; le soufre à de l'acide sulfureux et à du sulfure rouge d'arsenic. La décomposition par le carbone se fait même dès qu'on projette l'acide sur des charbons ardents, car on sent alors une odeur d'ail qui n'appartient pas aux vapeurs de l'acide et qu'on doit attribuer aux vapeurs d'arsenic.

On détermine sa composition en brûlant un poids connu d'arsenic dans un excès d'oxygène et en mesurant le volume d'oxygène absorbé. On a trouvé ainsi qu'il est formé de 75 arsenic et de 24 oxygène, et que par conséquent sa formule est AsO^3.

On prépare l'acide arsénieux en grillant les sulfoarséniures de fer, de nickel ou de cobalt. On place le minerai sur la sole d'un fourneau à réverbère et on le porte à la chaleur rouge. L'air qui entre par la grille agit sur le soufre et sur l'arsenic du sulfoarséniure, et transforme ces corps en acide sulfureux et en acide arsénieux. L'acide sulfureux se dégage par la cheminée, et l'acide arsénieux se condense dans des tuyaux. On fait subir à cet acide une nouvelle sublimation pour l'avoir à l'état de pureté.

L'acide arsénieux a plusieurs usages; on s'en sert pour préparer le vert de Schéele et l'orpiment, qui ne sont autre chose que de l'arsénite de cuivre et du sulfure d'arsenic; on l'emploie dans les manufactures de verre; il entre dans plusieurs préparations pharmaceutiques qu'on administre à l'extérieur; on s'en sert enfin pour composer, avec la farine, la graisse et les amandes, une pâte propre à détruire les rats.

110. *Acide arsénique.* = Cet acide est solide, blanc, très-soluble dans l'eau. Il rougit fortement la teinture de tournesol; c'est aussi un des poisons les plus violents. Il se décompose à la chaleur rouge en acide arsénieux et en oxygène; il fond avant de se décomposer, et donne lieu à une masse vitreuse comme l'acide arsénieux. Il n'a aucun usage.

L'acide arsénique ne se rencontre pas dans la nature; on ne peut l'obtenir directement en chauffant l'arsenic ou l'acide arsénieux au contact de l'oxygène, mais on l'obtient en traitant à l'aide de la chaleur l'acide arsénieux ou l'arsenic par l'acide azotique ou mieux par l'eau régale et en évaporant la liqueur jusqu'à siccité.

Il est facile de distinguer l'acide arsénique de l'acide arsénieux par la différence de solubilité; mais il vaut mieux verser une dissolution de ces acides saturée d'ammoniaque dans une dissolution d'azotate d'argent ou de sulfate de cuivre. L'acide arsénieux donne un précipité jaune clair dans l'azotate d'argent et vert d'herbe dans le sulfate de cuivre; l'acide arsénique donne un précipité rouge brique dans l'azotate et un précipité bleu de ciel dans le sulfate.

§ 2. — *Combinaison de l'arsenic avec l'hydrogène.*

111. *Arséniure d'hydrogène.* = L'arsenic forme avec l'hydrogène un composé gazeux qu'on nomme souvent *hydrogène arsénié* ou *arséniqué* ; il forme aussi un composé solide dont on n'a pas encore étudié les propriétés.

Propriétés. = L'hydrogène arsénié est incolore, d'une odeur nauséabonde ; il éteint les corps en combustion ; c'est un des gaz les plus vénéneux. Sa densité est 2,69. L'eau en dissout environ la 5e partie de son volume. Il est décomposé par la chaleur et par une série d'étincelles électriques.

L'air et l'oxygène n'ont pas d'action sur ce gaz, à la température ordinaire, quand ils sont secs ; mais s'ils sont humides ils le décomposent peu à peu en absorbant son hydrogène. L'action de ces gaz est très-vive à une température élevée ; il se produit une lumière éclatante, et il se forme de l'eau, de l'acide arsénieux et de l'arsenic, ou simplement de l'eau et de l'acide arsénieux si l'oxygène est en excès. On voit par là que l'hydrogène arsénié doit brûler au contact de l'air et d'une bougie allumée : la flamme en est blanche, et il se produit un dépôt d'arsenic.

Le chlore, le brôme et l'iode décomposent ce gaz à la température ordinaire ; le soufre et le phosphore le décomposent à une température élevée : ces corps agissent dans ce cas par la double affinité qu'ils exercent sur les deux éléments du composé : aussi leur action est-elle très-énergique ; elle est même si vive avec le chlore, qu'il faut faire passer ce gaz bulle à bulle dans l'hydrogène arsénié, car il se produirait une forte explosion si on opérait sur des volumes un peu grands.

Presque tous les métaux décomposent aussi l'hydrogène arsénié ; ils dégagent l'hydrogène et se convertissent en arséniures.

Composition. = On obtient la composition de l'hydrogène arsénié comme celle du phosphure gazeux d'hydrogène. On trouve ainsi qu'il contient 75 arsenic combiné avec 3 hydrogène et par suite qu'il a pour formule AsH^3. On déduit de ces poids et des densités qu'un volume de ce gaz est formé de $\frac{3}{4}$ volume d'hydrogène et de $\frac{1}{4}$ volume de vapeur d'arsenic.

Préparation. = On prépare l'hydrogène arsénié au moyen de l'arséniure d'étain, composé qu'on forme en chauffant dans une cornue de grès de l'arsenic pulvérisé et de l'étain. On pulvérise cet arséniure, on l'introduit dans un petit matras, on verse sur lui de l'acide chlorhydrique, et on chauffe à une douce chaleur. Il se forme du chlorure d'étain, qui reste dans le matras, et de l'hydrogène arsénié, qui se dégage. — On reconnaît que ce gaz est pur quand il est complétement absorbé par une solution de sulfate de cuivre ; il se forme alors de l'eau, de l'arséniure de cuivre, et l'acide sulfurique devient libre.

112. *Recherches sur les empoisonnements par l'arsenic.* = Lorsque le gaz hydrogène prend naissance dans une dissolution contenant de l'acide arsénieux ou de l'acide arsénique, il réduit ces acides et se combine avec leur arsenic pour faire de l'hydrogène arsénié qui se dégage de la dissolution et dont il est facile de constater la présence. Tel est le principe qui sert de base au moyen proposé par Marsh, en 1836, pour reconnaître les empoisonnements par l'arsenic. Nous ne décrirons pas ici l'appareil de Marsh, car il a déjà reçu des modifications importantes ; nous indiquerons seulement l'appareil que l'Académie des sciences a regardé comme le plus avantageux, mais nous le ferons précéder de quelques notions préliminaires.

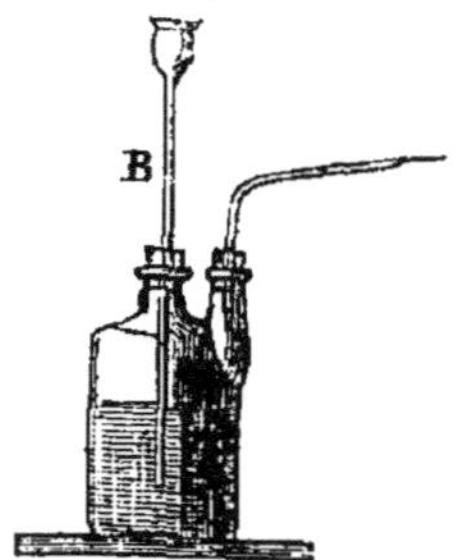

Fig. 48.

Supposons qu'on introduise dans le bouchon d'un flacon à large goulot (*fig.* 48) un tube à gaz effilé à son extrémité extérieure, et un tube droit qui descende jusqu'au fond du flacon ; supposons en outre qu'on mette dans le flacon de l'eau, du zinc, de l'acide sulfurique et une dissolution arsénicale; il se forme aussitôt de l'hydrogène et de l'hydrogène arsénié qui sortent par le tube effilé après avoir chassé l'air. Si l'on enflamme alors le jet, et qu'on approche un morceau de verre ou une capsule de porcelaine de la flamme de manière à la couper vers le milieu de sa longueur, on obtient sur ces corps des taches d'un gris noir et d'un aspect miroitant qui sont formées d'arsenic. — L'hydrogène arsénié s'est en effet décomposé au contact de l'air sous l'influence de la flamme; son hydrogène s'est combiné avec l'oxygène de l'air, et son arsenic a été mis en liberté.

Les taches miroitantes se forment toujours quand la liqueur contient des traces d'acide arsénieux ou d'acide arsénique; mais elles se produisent aussi quand elle renferme des préparations antimoniales, de l'émétique par exemple, qui donnent lieu à du gaz hydrogène antimonié facilement réductible; elles apparaissent même aussi quand l'hydrogène entraîne quelques parcelles de composés de fer ou de zinc qui se réduisent dans la flamme et surtout quand la liqueur contient des matières organiques qui engendrent des carbures gazeux d'hydrogène. On serait donc exposé quelquefois à des méprises très-graves, si l'on affirmait, d'après le seul aspect des taches, que la dissolution contient des préparations arsénicales.

Ces notions préliminaires étant établies, nous allons décrire l'appareil de Marsh, tel qu'il a été modifié par l'Académie, et indiquer les précautions qu'il faut prendre dans les recherches sur les empoisonnements par l'arsenic.

Cet appareil consiste en un flacon à large goulot dont le bouchon reçoit un tube droit B d'un centimètre de diamètre qui plonge jusqu'au fond, et un tube C d'un diamètre moindre recourbé à angle droit (*fig.* 49). Ce dernier tube s'engage dans un autre tube plus large DE, de 3 décimètres environ de longueur, qu'on remplit d'amiante afin d'arrêter les substances solides qui pourraient être entraînées par les gaz; et ce tube lui-même est adapté à un tube en verre peu fusible E d'environ 2 ou 3 millimètres de diamètre qu'on effile à son extrémité. On entoure le tube EF d'une feuille de clinquant sur une longueur d'environ 1 décimètre.

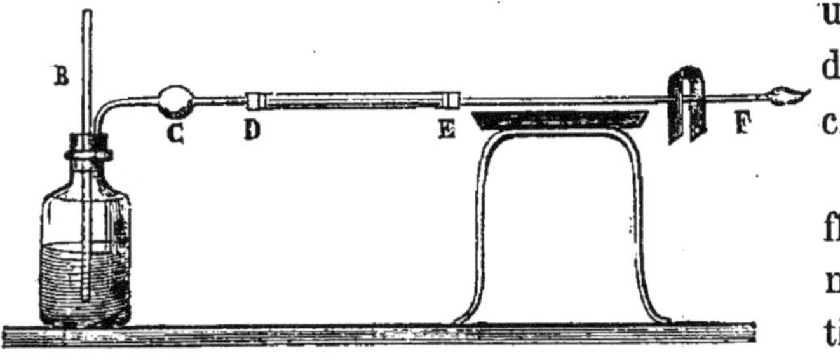

Fig. 49.

On choisit le flacon de manière qu'il contienne tout le liquide à essayer et qu'il reste encore un vide d'environ la 5e partie de sa capacité ; on opère d'ailleurs sur un petit volume de liquide, car on concentre toujours afin d'obtenir des taches plus intenses.

Le tube C est terminé en biseau à son extrémité inférieure, et il porte une petite boule près de cette extrémité. Cette disposition a l'avantage de faire retomber dans le flacon presque toute l'eau entraînée, qui est en quantité assez considérable quand le liquide s'est échauffé par la réaction.

L'appareil étant ainsi disposé, on introduit dans le flacon quelques lames de zinc, une couche d'eau pour fermer l'ouverture du tube de sûreté B et un peu d'acide sulfurique. Le gaz hydrogène qui se dégage chasse l'air du flacon. On porte au rouge le tube dans la partie qui est enveloppée de clinquant, au moyen de charbons placés sur une grille. Un petit écran empêche le tube de s'échauffer à une distance trop grande de la partie entourée de charbons. On introduit ensuite le liquide suspect par le tube ouvert, et on ajoute un peu d'acide sulfurique si le dégagement du gaz se ralentit après l'introduction de la liqueur.

S'il se dégage de l'hydrogène arsénié, il se décompose dans la partie chauffée du tube, et l'arsenic va se déposer un peu au delà sous forme d'anneau. On doit toutefois mettre le feu au gaz qui sort du tube, et essayer de recueillir les taches sur une soucoupe de porcelaine ; on en obtient quelquefois quand le tube a un trop grand diamètre ou quand on n'en chauffe pas une partie assez longue.

L'arsenic se trouvant déposé dans le tube sous forme d'anneau, il est facile de constater toutes les propriétés physiques et chimiques qui caractérisent cette substance. Ainsi l'on vérifiera facilement sa volatilité et son changement en une poudre blanche volatile, l'acide arsénieux, quand on chauffera le tube ouvert aux deux bouts, dans une position inclinée. On chauffera en outre un peu d'acide azotique ou d'eau régale dans le tube, afin de faire passer l'arsenic à l'état d'acide arsénique très-soluble dans l'eau ; puis on évaporera la liqueur à sec dans une petite capsule de porcelaine, et on obtiendra un précipité rouge-brique quand on versera dans la capsule quelques gouttes d'une dissolution neutre d'azotate d'argent. Après toutes ces épreuves on pourra isoler de nouveau l'arsenic à l'état pur : il suffit pour cela d'ajouter une petite quantité de *flux noir* dans la capsule où l'on a fait la précipitation par l'azotate d'argent ; de dessécher la matière et de l'introduire dans un petit tube (*fig.* 50),

Fig. 50.

dont une des extrémités *b* est effilée et dont on ferme l'autre extrémité *a* au chalumeau après l'introduction du mélange. On fait tomber la matière dans la partie évasée, et l'on porte celle-ci à une bonne chaleur rouge. L'arsenic se réduit, et il forme dans la partie étroite du tube un anneau qui présente tous les caractères physiques de l'arsenic, même quand il n'existe que des quantités très-petites de cette substance. — On peut aussi reconnaître les mêmes caractères dans les taches miroitantes obtenues sur la soucoupe.

Ce procédé est d'une sensibilité extrême ; il fait découvrir un dixième de milligramme d'arsenic dans une liqueur.

Il s'agit maintenant d'indiquer la préparation du liquide dans lequel on cherche à reconnaître la présence de l'arsenic. Il faut d'abord qu'il ne contienne aucune substance organique, car il mousserait dans l'appareil de Marsh, et il donnerait lieu à des carbures gazeux d'hydrogène qui produiraient des taches miroitantes en se décomposant dans la flamme. On doit donc détruire toute la substance organique qui contient les matières vénéneuses ; on y parvient en la *carbonisant.*

On place, à cet effet, la matière organique divisée dans une capsule de porcelaine ; on y ajoute environ le 6ᵉ de son poids d'acide sulfurique, puis on chauffe peu à peu jusqu'à ce que cet acide forme des vapeurs blanches. La matière entre d'abord en dissolution, puis elle se charbonne pendant la concentration de la liqueur ; on remue continuellement avec une baguette de verre, et on continue l'action de la chaleur jusqu'à ce que le charbon paraisse friable et presque sec. On laisse alors refroidir la capsule, puis on y ajoute avec une pipette une petite quantité d'acide azotique, qui fait passer l'acide arsénieux à l'état d'acide arsénique, état dans lequel il est beaucoup plus soluble ; on évapore de nouveau à sec, puis on reprend par l'eau bouillante. La liqueur est alors parfaitement limpide et dans l'état le plus convenable pour être traitée par l'appareil de Marsh. Ce procédé de carbonisation est dû à MM. Danger et Flandin.

Lorsqu'un expert est chargé de constater un empoisonnement par l'arsenic, il doit essayer préalablement avec le plus grand soin toutes les substances qu'il désire employer dans ses recherches ; il doit même faire, après l'expérience sur les matières empoisonnées, une expérience *à blanc,* en employant les mêmes réactifs et en même quantité que dans l'opération véritable.

§ 3. — *Combinaisons de l'arsenic avec le soufre.*

L'arsenic se combine avec le soufre en plusieurs proportions ; mais il ne forme avec ce métalloïde que deux composés importants : le bisulfure AsS^2 et le trisulfure AsS^3. Ces deux composés se désignent sous les noms de *réalgar* et d'*orpiment* ; ils sont solides, insolubles dans l'eau, moins vénéneux que les acides de l'arsenic, plus fusibles et plus volatils que ce métalloïde ; ils absorbent tous les deux l'oxygène de l'air à une température élevée, et produisent de l'acide sulfureux et de l'acide arsénieux. On les emploie en peinture.

113. Le *réalgar* AsS^2 est rouge orangé ; on le trouve dans la nature cristallisé sous diverses formes qui dérivent du prisme oblique ; on l'obtient en masse transparente et d'un beau rouge rubis en faisant fondre dans un creuset un mélange intime d'un équivalent d'arsenic et de 2 équivalents de soufre. Les artificiers l'emploient pour faire les *feux blancs*, et à cet effet ils en mêlent 1 partie avec 3,5 parties de soufre et 12 parties d'azotate de potasse. La lumière produite par la combustion du mélange a un éclat extrêmement vif.

114. L'*orpiment* AsS^3 est jaune d'or ; on le trouve souvent en cristaux qui dérivent du prisme oblique, mais le plus souvent en masses composées de lames demi-transparentes, tendres et flexibles. On l'obtient dans les laboratoires en faisant passer un courant d'acide sulfhydrique dans une dissolution d'acide arsénieux ; on le prépare dans les arts en fondant ensemble un équivalent d'arsenic et 3 équivalents de soufre. — On l'emploie surtout dans la teinture et dans les manufactures de toiles peintes.

CHAPITRE XII.

Bore.

115. *Bore.* = Le bore est solide, brun, inodore, insipide, insoluble. Il est infusible aux feux de forge les plus ardents. Il a beaucoup d'affinité pour l'oxygène ; il prend feu et se transforme en acide borique quand on le chauffe dans ce gaz ou simplement dans l'air.

On prépare le bore en décomposant l'acide borique par le potassium. On calcine l'acide pour le priver de son eau, puis on le réduit en poudre et on l'introduit avec le potassium dans un petit tube de verre. On scelle ce tube à la lampe, puis on le chauffe sur des charbons rouges. Une partie de l'acide borique est décomposée : son bore est mis en liberté, et son oxygène se combine avec le potassium pour donner de la potasse qui forme du borate de potasse avec la partie de l'acide non décomposé. On brise le tube après la réaction et on jette les produits dans de l'eau tiède. Le borate s'y dissout, et le bore s'y dépose sous forme de poudre fine. On n'a plus qu'à filtrer et à laver.

116. *Acide borique.* = Le bore ne s'unit qu'en une seule proportion avec l'oxygène ; le composé qu'il forme joue le rôle d'un acide : on le nomme acide borique.

L'acide borique se présente sous la forme de cristaux lamelleux, incolores et inodores qui renferment environ 43 pour 100 d'eau. Il ne rougit le tournesol qu'en rouge vineux. Si on l'expose à l'action de la chaleur, il fond d'abord dans l'eau qu'il contient ; puis cette eau se volatilise ; et si on continue à chauffer jusqu'au rouge, l'acide borique lui-même se fond en un liquide d'une limpidité parfaite qui donne un verre incolore après son refroidissement.

L'acide borique vitreux ne conserve pas longtemps sa transparence, même à l'abri de l'air ; il devient peu à peu opaque, comme l'acide arsénieux, par suite d'un arrangement moléculaire différent. — Il se couvrirait bientôt d'une matière pulvérulente s'il était exposé au contact de l'air humide, car il s'hydraterait en absorbant l'humidité de l'air.

L'eau dissout environ 2 centièmes d'acide borique à 10° et 8 centièmes à 100°. On peut donc le faire cristalliser en laissant refroidir une dissolution saturée à chaud.

L'acide borique ne bout pas à la température la plus élevée de nos fourneaux ; mais il émet beaucoup de vapeurs à partir de la chaleur rouge ; il finit même par se volatiliser entièrement à cette température. — Il dissout, à la chaleur rouge, beaucoup d'oxydes métalliques, et il forme avec eux des verres colorés de diverses couleurs qui servent souvent à faire reconnaître ces oxydes.

Le potassium et le sodium sont les seuls métaux qui décomposent l'acide borique ; il n'est décomposé par aucun métalloïde. On peut toutefois le décomposer en faisant agir en même temps deux métalloïdes dont l'un puisse se combiner avec son bore et l'autre avec son oxygène ; c'est ce qui arrive pour le chlore et le charbon. Si l'on fait passer en effet un courant de chlore sur un mélange intime de charbon et d'acide borique portés au rouge, il se forme de l'oxyde de carbone CO et du chlorure de bore BCl^3. Ce chlorure est gazeux ; il fume à l'air ; il est facilement décomposable par l'eau.

Un caractère distinctif de l'acide borique, c'est de colorer en vert les flammes dans lesquelles il se trouve ; on le constate facilement en dissolvant l'acide dans de l'alcool et en enflammant la solution.

Composition. = On détermine la composition de l'acide borique en cherchant l'augmentation de poids qu'éprouve un poids connu de bore quand on le chauffe au contact de l'air jusqu'à ce qu'il soit totalement transformé en acide borique. On trouve ainsi qu'il est formé de 11 bore et 24 oxygène. On admet assez généralement que l'acide borique anhydre est formé d'un équivalent de bore et de trois équivalents d'oxygène ou qu'il a pour formule BO^3 ; on doit alors prendre 11 pour l'équivalent du bore. — L'acide borique cristallisé a pour formule $3HO,BO^3$; il contient 3 équivalents d'eau.

Préparation. = On trouve l'acide borique en dissolution dans plusieurs petits lacs de la Toscane. Ces lacs, nommés *lagoni*, sont formés par des jets de vapeur qui s'élancent par les fissures du sol dans les parties volcaniques de la Toscane, et qui contiennent principalement de l'eau, de l'acide borique et de l'acide sulfhydrique. Il suffit d'évaporer l'eau de ces lacs pour en retirer l'acide borique, et de le faire cristalliser plusieurs fois pour l'avoir à l'état de pureté. — On profite de la chaleur due à la condensation de la vapeur des *soffioni* (c'est le nom qu'on donne aux jets de vapeur) pour produire l'évaporation et pour sécher ensuite les cristaux.

On trouve aussi l'acide borique dans plusieurs lacs de l'Inde ; mais il est alors combiné avec la soude à l'état de borate de soude ou de *borax*. On l'extrait souvent de ce corps dans les laboratoires. On dissout le borax dans l'eau bouillante, puis on verse peu à peu dans la solution de l'acide sulfurique jusqu'à ce que la liqueur commence à colorer le papier de tournesol en rouge pelure d'oignon. Le borax est alors complétement décomposé : le sulfate de soude qui en résulte reste en dissolution, et l'acide borique cristallise par le refroidissement en lames minces. On retire les cristaux, puis on les lave avec un peu d'eau. Il faudrait dissoudre l'acide et le faire cristalliser une seconde fois pour l'avoir à l'état de pureté complète.

On emploie l'acide borique pour fondre et analyser certaines pierres, pour faire le borate de soude et pour composer l'émail des faïences fines. Il entre dans la composition du strass et de certains verres.

117. *Fluorure de bore.* $=$ Le fluorure de bore, qu'on nomme souvent l'acide *fluoborique,* est gazeux, incolore, d'une odeur suffocante, d'une saveur fortement acide. Il éteint les corps en combustion et rougit fortement le tournesol. Sa densité est 2,37. C'est le gaz le plus soluble dans l'eau ; elle en dissout environ 700 fois son volume ; aussi s'élance-t-elle dans une éprouvette pleine de ce gaz comme dans le vide. Il répand d'abondantes vapeurs blanches au contact de l'air atmosphérique en absorbant son humidité ; il charbone le bois, le papier et généralement les matières végétales et animales avec plus d'énergie encore que l'acide sulfurique. Ce gaz est indécomposable par la chaleur, par tous les métalloïdes et par presque tous les métaux. Sa formule est BFl^3.

On l'obtient en traitant un mélange d'acide borique vitrifié et de fluorure de calcium par l'acide sulfurique concentré. On pulvérise l'acide et le fluorure, on les mélange intimement, on les introduit dans un matras avec de l'acide sulfurique, et on chauffe à une douce chaleur. L'acide borique est décomposé : son bore s'unit au fluor, et donne le fluorure de bore qu'on reçoit sous le mercure ; son oxygène s'unit au calcium, et donne de la chaux qui se combine avec l'acide sulfurique. — On doit employer un excès d'acide sulfurique afin qu'il retienne l'eau qu'abandonne la partie d'acide qui s'unit à la chaux,

Lorsqu'on veut obtenir l'acide fluoborique en dissolution, on fait rendre au fond d'une éprouvette le tube qui amène le gaz ; on met 2 ou 3 centimètres de mercure dans l'éprouvette, et on achève de la remplir avec de l'eau. Il ne faudrait pas faire plonger directement l'ouverture du tube dans l'eau ; car elle s'élancerait dans le matras, en vertu de son affinité pour le gaz fluoborique. La dissolution est très-limpide, très-fumante et très-acide.

CHAPITRE XIII.

Silicium.

118. *Silicium.* == Le silicium est solide, brun, inodore, insi-pide, insoluble dans l'eau; il est infusible aux feux de forge les plus ardents. Il a beaucoup d'affinité pour l'oxygène ; il prend feu et se transforme en acide silicique quand on le chauffe dans ce gaz ou dans l'air.

On ne peut obtenir le silicium en décomposant l'acide silici-que par le potassium, car la décomposition, qui exige d'ailleurs une température très-élevée, est toujours incomplète et ne four-nit jamais le silicium bien pur. On l'obtient beaucoup plus facile-ment en décomposant le fluorure double de potassium et de silicium par le potassium. Le procédé est le même que pour la préparation du bore. Le silicium ainsi obtenu est toujours en poudre très-fine.

119. *Acide silicique.* == Le silicium ne se combine avec l'oxy-gène qu'en une seule proportion ; le composé qu'il forme rem-plit le rôle d'un acide ; on le nomme acide silicique ou silice.

L'acide silicique est sans odeur, sans saveur, sans action sur le tournesol, infusible au feu de forge, mais fusible au chalu-meau à gaz oxyhydrogène, irréductible par la chaleur. Il est indécomposable par tous les corps simples à l'exception du po-tassium et du sodium. Il n'est décomposé que par les corps qui peuvent agir en même temps sur son silicium et sur son oxy-gène; c'est ce qui arrive pour le charbon et le chlore à une température élevée, et pour l'acide fluorhydrique à la température ordinaire.

L'acide silicique est un des corps les plus répandus dans la nature ; on l'y trouve à l'état de pureté parfaite dans le quartz ou cristal de roche, substance incolore, transparente et cristallisée en prismes à six pans réguliers terminés par des pointements pyramidaux ; on l'y trouve également dans l'améthiste, dans l'agate ou calcédoine, dans la cornaline, le silex, le sable blanc, la pierre meulière, qui contiennent seulement 2 ou 3 centièmes de matières étrangères ; on le rencontre aussi dans les grès, dans les terres où il est mélangé avec du carbonate de chaux, de l'alumine… ; on le trouve enfin en combinaison avec diverses bases dans presque toutes les pierres dures et précieuses, à l'exception du diamant, du saphir et du rubis.

On peut obtenir, dans les laboratoires, l'acide silicique à l'état gélatineux. On fond, à cet effet, dans un creuset de platine, du sable réduit en poudre, avec un poids triple d'hydrate de potasse, et on maintient ces corps à l'état de fusion parfaite pendant un quart d'heure au moins. On forme ainsi un silicate de potasse soluble dans l'eau. Il suffit de dissoudre ce silicate dans une petite quantité d'eau bouillante et de verser dans la solution un excès d'acide chlorhydrique pour en précipiter la silice sous forme de flocons gélatineux qu'on sépare facilement de la liqueur en la filtrant. Il reste, il est vrai, une assez grande quantité de silice dans la partie filtrée, car la silice est soluble dans l'acide chlorhydrique, mais si on l'évapore à sec et qu'on verse de nouveau de l'eau bouillante sur le résidu, on en sépare complétement la silice. On l'obtiendrait par la calcination sous forme d'une poudre blanche, très-légère et très-dure.

L'acide silicique a de nombreux usages ; on s'en sert à l'état de sable pour faire les mortiers et les verres, à l'état de grès et de cailloux pour faire des pavés et des pierres de construction. On l'emploie également dans la fabrication des poteries, dans la fabrication de la fonte, du plomb, du cuivre... On s'en sert enfin, à l'état de cristal de roche, pour faire des lustres et des verres d'optique.

120. *Chlorure de silicium.* = Ce chlorure est liquide, incolore, très-volatil. Il répand des fumées très-acides, et bout à 59°. Sa densité est 1,5 et celle de sa vapeur 5,9. Il se décompose au contact de l'eau en acide chlorhydrique et en acide silicique. Il résulte de là que le chlorure de silicium a la même formule que l'acide silicique. Sa formule est donc $SiCl^3$ si on admet SiO^3 pour celle de cet acide. — On détermine l'équivalent du silicium en partant de l'analyse de son chlorure qui aucune difficulté ; on a trouvé 21 pour cet équivalent.

121. *Fluorure de silicium.* = Le fluorure de silicium, qu'on nomme souvent *acide fluosilicique*, est un gaz incolore, d'une odeur suffocante et d'une saveur fortement acide. Il éteint les corps en combustion et il rougit fortement le tournesol. Sa densité est 3,57. Il est indécomposable par la chaleur, par les métalloïdes et par la plupart des métaux. Il répand des vapeurs blanches très-acides dans son contact avec l'air humide. Sa formule est $SiFl^3$.

On l'obtient en chauffant dans un ballon de verre, un mélange intime de sable et de fluorure de calcium avec un excès d'acide sulfurique concentré. Le sulfate de chaux reste dans le ballon, et le gaz fluoborique se dégage. On le reçoit dans une éprouvette sous le mercure.

122. *Acide hydrofluosilicique.* = L'eau décompose à la température ordinaire le gaz fluosilicique : son oxygène s'unit à une partie de silicium pour former de la silice, et son hydrogène se combine avec l'autre partie du silicium et avec le fluor pour former un composé qui a pour formule $H^3Si^2Fl^9$ et qu'on nomme *acide hydrofluosilicique*. La silice se dépose alors à l'état gélatineux, et l'acide hydrofluosilicique reste en dissolution.

La réaction, en équivalents, est exprimée par la formule
$3SiFl^3 + 3HO = SiO^3 + H^3Si^2Fl^9$.

L'acide hydrofluosilicique s'obtient en faisant rendre un courant de fluorure de silicium au fond d'une éprouvette dans laquelle on a mis un peu de mercure et qu'on a recouvert de quelques centimètres d'eau. La silice se sépare à l'état gélatineux et l'acide hydrofluosilicique reste en dissolution. On filtre la dissolution pour l'avoir parfaitement limpide. — Si on n'avait pas soin de faire plonger dans le mercure le tube à gaz qui amène le fluorure de silicium, il serait bientôt obstrué par le dépôt de silice qui résulte de la décomposition due au contact du gaz et de l'eau.

L'acide hydrofluosilicique est un liquide incolore, incristallisable, d'une saveur fortement acide ; il se décompose quand on le chauffe pour le concentrer, et il donne un dépôt de silice et un dégagement d'acide fluorhydrique.

Cet acide sature parfaitement les bases alcalines. Les hydrofluosilicates de potasse, de soude, de baryte... sont peu solubles dans l'eau ; ceux de strontiane, de magnésie... sont au contraire très-solubles.

La formule de l'acide hydrofluosilicique s'écrit souvent sous la forme $3HFl,2SiFl^3$. On regarde alors cet acide comme un composé d'acide fluorhydrique et de fluorure de silicium ou comme un fluosilicate de fluorure d'hydrogène. Il se combine toujours avec une quantité de base qui contient autant d'équivalents d'oxygène qu'il en faut pour neutraliser tout son hydrogène. Ainsi la formule de l'hydrofluosilicate de potasse est $3KFl,2SiFl^3 + 3HO$. On peut donc regarder cet hydrofluosilicate comme un composé de fluorure de potassium et de fluorure de silicium ou comme un fluorure double de potassium et de silicium.

On se sert de l'acide hydrofluosilicique pour préparer l'acide chlorique et pour distinguer les sels de baryte des sels de strontiane. On s'en sert aussi pour faire le fluorure double de potassium et de silicium qui a servi dans la préparation du silicium.

CHAPITRE XIV.

Classification des métalloïdes.

123. *Classification.* = Plusieurs métalloïdes se ressemblent par leurs propriétés chimiques et par l'analogie de composition des composés qu'ils forment avec les autres corps ; ils peuvent donc être regardés comme les individus d'une même famille. M. Dumas a classé les métalloïdes d'après cette ressemblance, et il les a groupés en quatre familles naturelles.

Première famille : Fluor, chlore, brôme, iode. = Ces corps ont beaucoup d'affinité pour l'hydrogène ; ils forment avec ce métalloïde des acides très-énergiques qui ont tous la même composition soit en volumes, soit en équivalents. Ils donnent, en outre, en se combinant avec l'oxygène et les autres corps, des composés qui n'ont pas une ressemblance moins complète.

Deuxième famille : Oxygène, soufre, sélénium, tellure. = Ces corps forment avec l'hydrogène des composés faiblement acides ou neutres dont les plus hydrogénés ont la même composition en équivalents ; ils donnent en outre, en se combinant avec les métaux et avec quelques métalloïdes, des composés assez analogues. Cette famille n'est pas si naturelle que la première : l'oxygène ressemble beaucoup moins aux trois autres corps qu'ils ne se ressemblent entre eux.

Troisième famille : Azote, phosphore, arsenic. = Ces corps forment avec l'hydrogène des composés gazeux qui ont la même formule en équivalents et qui jouent plus ou moins le rôle de base. L'ammoniaque AzH^3 est une des bases les plus énergiques; le phosphure et l'arséniure d'hydrogène PhH³ et AsH³ sont des bases très-faibles. Le phosphore et l'arsenic ont plus d'analogie entre eux qu'ils n'en ont avec l'azote ; leurs composés cristallisés sont isomorphes.

Quatrième famille : Bore, silicium. = Ces deux corps forment, avec l'oxygène, le chlore et le fluor, des composés qui présentent une analogie remarquable ; ils n'ont pas encore pu être combinés avec l'hydrogène.

L'hydrogène et le carbone ne se ressemblent pas assez pour qu'on puisse les réunir dans une même famille ; ils s'éloignent trop d'ailleurs des autres métalloïdes pour qu'on puisse les classer dans les familles précédentes. — On place quelquefois le carbone dans la même famille que le bore et le silicium ; mais il ne ressemble à ces corps que par quelques propriétés physiques et par sa forte affinité pour l'oxygène.

124. *Des principaux composés métalloïdiques.* = Nous terminerons la classification des métalloïdes par le tableau des principaux composés binaires qu'ils forment en se combinant entre eux. Ce tableau comprendra 1° les composés hydrogénés, 2° les composés oxygénés, 3° les sulfures, 4° les chlorures, 5° les fluorures, 6° les iodures, 7° les azotures. — Les métalloïdes seront d'ailleurs classés, dans chacun de ces groupes, dans l'ordre suivant : hydrogène, fluor, chlore, brôme, iode, oxygène, soufre, sélénium, tellure, azote, phosphore, arsenic, carbone, bore, silicium.

COMPOSÉS HYDROGÉNÉS.

Acides.		*Basiques.*	
Acide fluorhydrique.	HFl	Ammoniaque.	AzH³
Acide chlorhydrique.	HCl	Hydrogène phosphoré.	PhH³
Acide bromhydrique.	HBr	Hydrogène arsénié.	AsH³
Acide iodhydrique.	HI	*Neutres.*	
Acide sulfhydrique.	HS	Protoxyde d'hydrogène (eau).	HO
Acide sélénhydrique.	HSe	Bioxyde d'hydrogène.	HO²
		Hydrogène protocarboné.	H4C²
Acide tellurhydrique.	HTe	Hydrogène bicarboné.	H4C⁴

COMPOSÉS OXYGÉNÉS.

Acides.

Acide hypochloreux.	ClO	Acide azoteux.	AzO^3
Acide chloreux.	ClO^3	Acide hypoazotique.	AzO^4
Acide hypochlorique.	ClO^4	Acide azotique.	AzO^5
Acide chlorique.	ClO^5	Acide hypophosphoreux.	PhO
Acide perchlorique.	ClO^7	Acide phosphoreux.	PhO^3
Acide bromique.	BrO^5	Acide phosphorique.	PhO^5
Acide iodique.	IO^5	Acide arsénieux.	AsO^3
Acide periodique.	IO^7	Acide arsénique.	AsO^5
Acide hyposulfureux.	SO	Acide carbonique	CO^2
Acide sulfureux.	SO^2	Acide borique.	BO^3
Acide hyposulfurique.	S^2O^5	Acide silicique.	SiO^3
Acide sulfurique.	SO^3		
Acide sélénieux.	SeO^2		

Neutres.

Acide sélénique.	SeO^3	Protoxyde d'hydrogène (eau).	HO
Acide tellureux.	TeO^2	Bioxyde d'hydrogène.	HO^2
Acide tellurique.	TeO^3	Protoxyde d'azote	AzO
		Bioxyde d'azote	AzO^2
		Oxyde de carbone.	CO

SULFURES.

Bisulfure d'arsenic.	AsS^2	Sulfure de bore.	BS^3
Trisulfure d'arsenic.	AsS^3	Sulfure de silicium.	SiS^3
Sulfure de carbone.	CS^2		

CHLORURES.

Chlorure d'azote.	$AzCl^3$	Chlorure d'arsenic.	$AsCl^3$
Protochlorure de phosphore.	$PhCl^3$	Chlorure de bore.	BCl^3
Perchlorure de phosphore.	$PhCl^5$	Chlorure de silicium.	$SiCl^3$

FLUORURES.

Fluorure de bore.	BFl^3	Fluorure de silicium.	$SiFl^3$

IODURE.

Iodure d'azote.	AzI^3		

AZOTURES.

Azoture de carbone (cyanogène).	AzC^2	Azoture de soufre.	AzS^2

DEUXIÈME PARTIE.

DES MÉTAUX.

CHAPITRE PREMIER.

NOTIONS GÉNÉRALES SUR LES MÉTAUX.

§ 1er. — *Propriétés et classification.*

125. *Propriétés.* = Nous devons commencer l'étude des métaux par quelques notions sur leurs principales propriétés.

État. = Les métaux sont tous solides à la température ordinaire, à l'exception du mercure.

Éclat. = Les métaux possèdent naturellement un éclat particulier que nous avons nommé *éclat métallique,* ou bien ils acquièrent cet éclat quand on les frotte avec un corps dur et poli.

Opacité. = Les métaux sont tous opaques : l'or cependant laisse passer un peu de lumière quand il est réduit en feuille extrêmement mince, car une pareille feuille paraît verte quand on l'interpose entre l'œil et la lumière.

Couleur. = Les métaux sont tous blancs, ou d'un blanc gris quand ils sont polis ; l'or, le cuivre et le titane font seuls exception : l'or est jaune, le cuivre et le titane sont rouges.

Odeur et saveur. = Les métaux sont sans odeur et sans saveur, à l'exception du fer, de l'étain, du cuivre et du plomb, qui acquièrent une odeur et une saveur désagréables quand on les frotte avec la main.

Densité. = Les métaux sont tous plus denses que l'eau, à l'exception du potassium et du sodium. La densité du platine, le plus dense de tous les métaux, est d'environ 22, tandis que celle du potassium n'est que de 0,865.

Conductibilité. = Les métaux conduisent mieux la chaleur que les métalloïdes; mais ils ne la conduisent pas, à beaucoup près, au même degré. L'or, le platine, l'argent et le cuivre sont très-bons conducteurs; le fer, le zinc et l'étain conduisent beaucoup moins; le plomb conduit moins encore.

Dureté. = Les métaux n'ont pas tous la même dureté. Le fer est très-dur, car il raye presque tous les corps; le plomb offre peu de dureté, car il est rayé même par l'ongle. Le potassium et le sodium sont très-mous; leur consistance est celle de la cire. Quelques métaux acquièrent une dureté plus grande quand ils se combinent avec de petites quantités de carbone, de phosphore et d'arsenic : l'acier, par exemple, est plus dur que le fer, quoiqu'il ne diffère de ce métal que par quelques millièmes de carbone. — Les métaux les plus durs sont en même temps les plus élastiques et les plus sonores.

Malléabilité. = La plupart des métaux sont *malléables*, c'est-à-dire qu'ils se réduisent en feuilles minces par l'action du marteau; mais ils n'ont pas le même degré de malléabilité. L'or, l'argent, le cuivre et l'étain sont très-malléables; le plomb, le platine, le zinc et le fer le sont beaucoup moins; le bismuth et le cobalt ne le sont presque pas. Ces derniers métaux sont *cassants*; ils se réduisent en fragments quand on les frappe à coups de marteau.

On n'emploie pas seulement le marteau pour réduire les métaux en lames minces; on se sert plus souvent du *laminoir*. Cet appareil se compose de deux cylindres de fonte qu'on fixe l'un au-dessus de l'autre dans une position horizontale, et dont on engage les axes dans deux montants verticaux. On peut approcher plus ou moins ces deux cylindres l'un de l'autre et les maintenir à la distance à laquelle on les a fixés. On introduit, dans l'intervalle qui les sépare, l'extrémité déjà amincie de la plaque dont on veut réduire l'épaisseur, puis on les fait tourner dans un sens tel qu'ils tendent tous les deux à entraîner la plaque. La plaque passe alors entre les cylindres et s'amincit jusqu'à ce que son épaisseur soit seulement égale à leur distance. On rapproche un peu les cylindres après le passage de la plaque, puis on la fait passer de nouveau, et on répète la même opération jusqu'à ce qu'elle soit réduite à l'épaisseur voulue.

Les métaux deviennent durs et cassants quand on les réduit en lames par l'action du marteau et du laminoir; on ne peut les obtenir en lames très-minces qu'en les *recuisant* de temps en temps, c'est-à-dire qu'en les chauffant au rouge et en les laissant ensuite refroidir lentement. — La malléabilité de plusieurs métaux augmente avec la température; on profite de cette circonstance quand on veut les obtenir en lames minces.

Ductilité. = Plusieurs métaux sont *ductiles*, c'est-à-dire qu'ils peuvent se réduire en fils au moyen de la *filière*. Le platine, l'argent et le fer sont très-ductiles; le cuivre et l'or le sont moins; le zinc, l'étain et le plomb beaucoup moins encore. — La filière n'est autre chose qu'une plaque d'acier percée d'un grand nombre de trous d'un diamètre décroissant. On la fixe dans un étau, puis on introduit dans un des trous l'extrémité d'un fil déjà amincie, on la saisit avec une pince et on la tire pour faire passer le fil. On introduit ensuite la même extrémité dans un trou plus petit, on tire de nouveau, et on continue la même opération jusqu'à ce que le fil ait le diamètre voulu. — Les métaux deviennent plus durs et plus cassants en passant à la filière; on doit donc les recuire de temps en temps pour les obtenir en fils de plus en plus fins.

Ténacité. = Les différents métaux n'ont pas la même ténacité; en d'autres termes, ils ne résistent pas également à la traction qu'on leur fait subir dans le sens de leur longueur. On compare la ténacité des métaux en les réduisant en fils de même diamètre au moyen de la filière, puis en suspendant un fil de chaque métal à un point fixe, et en mettant peu à peu des poids dans un bassin attaché à son extrémité inférieure jusqu'à ce qu'il se rompe. Le poids minimum qui produit la rupture du fil mesure sa ténacité. Les nombres du tableau suivant représentent la ténacité de quelques métaux ; ils représentent le nombre de kilogrammes qui suffit pour en rompre des fils d'un diamètre de 2 millimètres :

Fer. . .	250	Platine. . .	124	Or. . .	68
Cuivre .	137	Argent. . .	85	Plomb .	12

La ténacité des métaux dépend de la durée de la traction, car on a vu des métaux qui avaient résisté pendant quelque temps à des tractions considérables, céder ensuite sous l'action plus prolongée d'une traction moins forte. .

Action de la chaleur. = Tous les métaux peuvent se fondre par l'action de la chaleur, mais le point de fusion varie considérablement avec la nature du métal. Le mercure fond à —39°, le potassium à 58°, le sodium à 90°, l'étain à 228°, le plomb à 335°, le zinc à 500°, l'argent vers 1000°, le cuivre et l'or vers 1200° ; le manganèse, le nickel et le fer ne fondent qu'à une température beaucoup plus élevée ; le platine résiste aux feux de forge les plus ardents ; mais il se fond facilement au chalumeau à gaz oxyhydrogène.

Cinq métaux peuvent entrer en ébullition à une température suffisamment élevée ; ce sont le mercure, le cadmium, le sodium, le potassium et le zinc. Le mercure bout à 360°. le cadmium, le sodium et le potassium un peu au-dessous de la chaleur rouge, le zinc au rouge blanc. Le plomb, l'argent, le cuivre et quelques autres métaux émettent aussi des vapeurs à une température extrêmement élevée, mais ils ne peuvent pas entrer en ébullition. Le manganèse et le fer ne donnent jamais de vapeurs.

Plusieurs métaux cristallisent par fusion ; c'est ce qui arrive pour le bismuth, l'étain, l'antimoine… ; d'autres ne s'obtiennent en cristaux qu'en décomposant lentement par la pile quelques-unes de leurs combinaisons. Les formes cristallines qu'on rencontre le plus ordinairement dans les métaux sont les formes cubiques et octaédriques.

126. *Classification.* = La meilleure classification des métaux a été imaginée par M. Thénard ; on l'adopte généralement, sauf quelques modifications qui sont dues à M. Regnault ; elle repose sur le degré d'affinité des métaux pour l'oxygène. Cette affinité est d'ailleurs mesurée par la facilité plus ou moins grande avec laquelle les différents métaux décomposent l'eau pour s'emparer de l'oxygène qu'elle renferme. — Les métaux ont été rangés en 6 sections dans la classification de M. Thénard ; voici les caractères des sections et les noms des métaux qui les composent.

Première section : Potassium, sodium, lithium, barium, strontium, calcium.—Ces métaux décomposent l'eau, même à la température ordinaire ; on donne souvent aux trois premiers le nom de *métaux alcalins,* et aux trois derniers le nom de *métaux alcalino-terreux.*

Deuxième section : Magnésium, aluminium, glucinium, zirconium, ittrium, erbium, terbium, cérium, thorium, lanthane, dydyme, manganèse.—Ces métaux ne décomposent pas l'eau à une température inférieure à 50° ; mais ils la décomposent tous à une température inférieure à 200°, et à plus forte raison aux températures plus élevées. On les nomme souvent des *métaux terreux.*

Troisième section : Fer, chrôme, cobalt, nickel, zinc, cadmium, vanadium, uranium.—Ces métaux ne décomposent l'eau qu'à partir de la chaleur rouge quand ils agissent seuls ; mais ils la décomposent à la température ordinaire sous l'influence d'un acide énergique, tel que l'acide sulfurique, l'acide azotique.

Quatrième section : Tungstène, molybdène, osmium, titane,

tantale, niobium, ilménium, pélopium, étain, antimoine.—Ces métaux ne décomposent l'eau qu'à partir de la chaleur rouge comme les métaux de la section précédente ; mais ils ne la décomposent pas à froid sous l'influence des acides.

Cinquième section : Cuivre, plomb, bismuth.— Ces métaux ne décomposent l'eau qu'à la chaleur blanche ; ils ne la décomposent pas à froid sous l'influence des acides.

Sixième section : Mercure, argent, or, platine, palladium, rhodium, iridium, ruthénium. — Ces métaux ne décomposent l'eau à aucune température.

Les métaux des cinq premières sections ont beaucoup plus d'affinité pour l'oxygène que ceux de la sixième. Leurs protoxydes sont en effet irréductibles par l'action de la chaleur, tandis que tous les oxydes des métaux de la sixième section se décomposent à la chaleur rouge ; d'un autre côté, les métaux des cinq premières sections se combinent tous directement avec l'oxygène à une température plus ou moins élevée, tandis que les métaux de la sixième section, le mercure excepté, ne peuvent se combiner avec ce gaz qu'autant qu'ils le rencontrent à l'état naissant.

127. *État naturel des métaux.* = On ne trouve qu'un petit nombre de métaux à l'*état natif*, c'est-à-dire à l'état de liberté ou de simple mélange ; on ne rencontre dans cet état que les métaux peu avides d'oxygène, tels que le bismuth et les métaux de la sixième section. On en trouve au contraire un grand nombre à l'état d'oxydes, de sulfures et d'arséniures ; on en rencontre aussi plusieurs à l'état de sels, et surtout de carbonates et de silicates. Quelques-uns sont combinés avec le chlore, le fluor, le brôme, l'iode, le sélénium et le tellure ; aucun n'est uni avec l'hydrogène et le charbon.

128. *Liste des métaux à étudier.* = Nous ne devons pas étudier tous les métaux dans un cours aussi élémentaire ; nous devons nous borner à ceux qui sont importants soit par eux-mêmes, soit par leurs combinaisons. Ce sont : le potassium, le

sodium, le barium, le strontium, le calcium, le magnésium, l'aluminium, le manganèse, le fer, le chrôme, le nickel, le cobalt, le zinc, l'étain, l'antimoine, le cuivre, le plomb, le bismuth, le mercure, l'argent, l'or et le platine.

On ne peut employer tous ces métaux à l'état métallique dans le commerce et dans l'industrie; on ne peut employer en effet dans cet état que ceux qui s'extraient à peu de frais, qui s'altèrent peu au contact de l'air à la température ordinaire, et qui ont une dureté, une malléabilité, une ductilité et une ténacité suffisantes. Il n'existe que neuf métaux qui remplissent toutes ces conditions; ce sont le fer, le zinc, l'étain, le cuivre, le plomb, le mercure, l'argent, l'or et le platine. On emploie aussi, mais en quantité beaucoup moins grande, le nickel, l'antimoine et le bismuth en les alliant avec quelques autres métaux.

§ 2. — *Des alliages.*

129. On donne le nom d'*alliages* aux composés qui résultent de la combinaison des métaux entre eux.

Les alliages ne sont pas soumis à la loi des proportions multiples, car les métaux peuvent se combiner ensemble en toutes proportions. On trouve cependant quelques alliages qui sont formés en *proportions définies,* c'est-à-dire qui contiennent un nombre simple d'équivalents de chacun des métaux alliés; ces alliages sont presque toujours cristallisés.

Préparation. = On emploie dans les arts un grand nombre d'alliages. On les prépare toujours en faisant fondre dans un creuset les métaux qui doivent constituer l'alliage, puis en les brassant avec soin, quand ils sont devenus liquides, pour former un composé parfaitement homogène, et en coulant ensuite ce composé soit dans une lingotière, soit dans un moule de forme quelconque. — Si l'un des métaux qui doivent entrer dans l'alliage était volatil, il faudrait le placer au fond du creuset et chauffer lentement.

Propriétés physiques. = Les alliages sont tous solides à la température ordinaire, excepté quelques alliages de potassium et de sodium, et de quelques amalgames dans lesquels le mercure prédomine. Ils sont tous opaques et brillants ; ils conduisent tous la chaleur et l'électricité. La densité d'un alliage ne peut pas toujours se déduire des densités et des poids des métaux qui le composent, car les métaux en s'alliant éprouvent quelquefois une contraction et quelquefois une dilatation.

La dureté d'un alliage est toujours plus grande que celle qui semblerait résulter de la dureté des métaux alliés. L'argent et le cuivre, par exemple, forment des alliages d'une dureté assez grande, quoique chacun de ces métaux soit très-mou ou très-malléable. Le cuivre et l'étain sont dans le même cas : l'alliage de 90 parties cuivre et 10 parties d'étain, qui forme le bronze, est plus dur que chacun de ces métaux, et l'alliage de 78 parties de cuivre et 22 parties d'étain, qui forme le métal des cloches, possède encore une dureté plus grande. On voit par là qu'on augmente, dans certains cas, la dureté d'un métal très-malléable en l'alliant à un autre métal malléable ; on l'augmenterait toujours en l'alliant à un autre métal dur. C'est ainsi qu'un alliage de cuivre et de zinc est toujours plus dur que le cuivre, et qu'un alliage de plomb et d'antimoine est plus dur que le plomb.

On tire un grand profit, dans les arts, de l'accroissement de dureté que les métaux prennent en s'alliant. On forme, en effet, en alliant certains métaux, des composés d'une dureté convenable pour un grand nombre d'usages auxquels on ne pourrait pas appliquer les métaux isolément. On doit toutefois remarquer que les alliages deviennent d'autant moins malléables et d'autant plus cassants qu'ils sont plus durs ; il faut donc, quand on forme un alliage de certains métaux pour un objet déterminé, employer les métaux en proportions telles que l'alliage soit assez dur pour l'objet, mais qu'il ne soit pas trop cassant et qu'il conserve assez de malléabilité pour pouvoir être travaillé facilement.

Action de la chaleur. = Tous les alliages se fondent par l'action de la chaleur ; ils sont toujours plus fusibles que le métal le moins fusible qui entre dans leur composition ; ils sont même beaucoup plus fusibles que chacun des métaux quand ces métaux n'ont pas leurs points de fusion très-éloignés. C'est ainsi que les alliages d'étain, de bismuth et de plomb fondent au-dessous du point de fusion de l'étain ; l'alliage de 3 parties d'étain, de 8 parties de bismuth et de 5 parties de plomb fond même à 94 degrés : on le nomme l'*alliage fusible de d'Arcet.*

Les alliages qui contiennent des métaux volatils se décomposent par l'action de la chaleur. La décomposition est complète quand le métal volatil est le mercure ; elle n'est que partielle quand ce métal est le potassium, le sodium, le cadmium et le zinc ; elle n'a même lieu dans ce dernier cas qu'autant que le métal volatil est très-prédominant.

Les alliages qui contiennent des métaux inégalement fusibles se décomposent aussi par la chaleur. Leurs métaux se séparent quand on porte l'alliage à une température suffisante pour fondre le métal le moins fusible, et trop peu élevée pour fondre le métal le moins fusible. C'est ce qui arrive pour un alliage d'étain et de fer, d'étain et de cuivre. — On ne peut pas séparer par ce moyen deux métaux, tels que l'argent et le cuivre, dont les points de fusion sont trop rapprochés ; on introduit alors dans l'alliage un troisième métal, le plomb, par exemple, beaucoup plus fusible que chacun des deux autres, car ce métal entraîne l'argent dans sa fusion et laisse le cuivre en liberté. On pratique cette opération en grand dans l'exploitation des mines de cuivre argentifère ; on sépare ensuite l'argent du plomb par le procédé de la *coupellation* dont nous parlerons plus loin.

Ces notions générales étant établies, nous devons décrire sommairement les alliages les plus usuels.

130. *Cuivre et zinc.* = Le cuivre et le zinc forment deux alliages usuels : le laiton et le chrysocale.

Le *laiton*, qu'on nomme souvent *cuivre jaune*, contient environ un tiers de zinc et deux tiers de cuivre ; il est jaune clair ; il se travaille facilement au tour ; il est plus dur que le cuivre ; il est plus propre au moulage que ce métal car il se contracte moins quand il passe de l'état liquide à l'état solide. Il ne s'oxyde que lentement au contact de l'air à la température ordinaire. — Le laiton contient souvent un ou deux centièmes de plomb ou d'étain ; il *graisse* moins la lime dans ce cas, et il se travaille plus facilement.

Le *chrysocale*, qu'on nomme aussi *similor, or de Manhein*, contient environ un cinquième de zinc et quatre cinquièmes de cuivre ; il est jaune d'or ; on l'emploie dans la fabrication des bijoux en faux. On vernit toujours les bijoux de cette espèce afin de les soustraire à l'action oxydante de l'air atmosphérique.

131. *Cuivre et étain.* = Ces métaux forment en se combinant plusieurs alliages d'une haute importance.

Le *bronze* ou l'*airain* est formé d'environ 90 parties de cuivre et de 10 parties d'étain. Il est jaune rougeâtre, plus tenace, plus dur et plus fusible que le cuivre ; il s'altère à la longue au contact de l'air et se couvre d'une couche verdâtre de carbonate basique de cuivre hydraté. On l'emploie pour faire les canons et les statues.

Le *métal des cloches* est formé d'environ 78 parties de cuivre et de 22 parties d'étain ; il est d'un blanc gris, à grains fins et serrés, plus cassant, plus dur et plus sonore que le bronze ; il s'altère un peu moins vite au contact de l'air.

Les *tamtams et les cymbales* contiennent 80 parties de cuivre et 20 parties d'étain ; les *miroirs des télescopes* 67 parties de cuivre et 33 d'étain. Ce dernier alliage contient souvent un peu d'arsenic et quelquefois un peu d'arsenic et de platine qui le rendent meilleur.

La *nouvelle monnaie de bronze* qu'on commence à fabriquer

en France contient 95 parties de cuivre, 4 parties d'étain et 1 partie de zinc. Les pièces de 10, 5, 2 et 1 centimes pèsent respectivement 10, 5, 2 et 1 grammes; elles ont respectivement pour diamètres 30, 25, 20 et 15 millimètres.

Les alliages de cuivre et d'étain sont durs et cassants quand on les a laissés refroidir lentement après les avoir portés à une température élevée; ils sont au contraire malléalables quand on les fait refroidir brusquement, en les plongeant par exemple dans de l'eau froide. On met à profit cette propriété dans la fabrication des cymbales, des médailles et des monnaies; on les forme avec un alliage qu'on rend malléable par la trempe afin de le travailler plus facilement au marteau ou de le frapper plus facilement au balancier, puis on leur donne une dureté suffisante en les portant à une température élevée et en les laissant refroidir lentement.

Les alliages de cuivre et d'étain se décomposent facilement par la chaleur eu égard à la différence de fusibilité et de densité des deux métaux; ils se séparent même par la fusion en deux alliages distincts : l'un qui surnage et qui contient plus d'étain, l'autre qui va au fond de la masse et qui contient plus de cuivre. On conçoit par là combien il est difficile de préparer un alliage homogène de ces deux métaux quand l'alliage doit avoir la masse énorme qui est nécessaire à la fabrication des canons et des grandes cloches.

132. *Cuivre, zinc et nickel.* = On emploie dans les arts un alliage formé de 50 parties de cuivre, 30 parties de zinc et 20 parties de nickel qu'on désigne sous le nom de *maillechort*, de *packfund*, d'*argentan*. Cet alliage peut prendre un beau poli et l'éclat de l'argent; on s'en sert pour faire des garnitures de couteaux, des chandeliers, des éperons, des plaques pour gibernes et pour divers autres objets d'ornement. L'addition de 2 ou 3 centièmes de fer rend cet alliage plus blanc; mais il devient en même temps plus cassant et plus dur.

133. *Alliages de plomb.* = Le plomb forme, en s'alliant avec

l'antimoine et l'étain, divers alliages employés dans les arts.

On emploie un alliage de plomb et d'antimoine pour les caractères de l'imprimerie. Cet alliage doit satisfaire à plusieurs conditions pour être propre à l'usage auquel on le destine; il doit être assez fusible pour prendre exactement la forme du moule; il ne doit pas être trop dur, car il couperait le papier; il ne doit pas être trop mou, car il se déformerait sous l'action de la presse. L'alliage le plus convenable correspond à peu près à la formule Pb^2Sb; il est formé de 76 parties de plomb et de 24 parties d'antimoine.

On emploie plusieurs alliages de plomb et d'étain: l'alliage formé de 2 parties de plomb et d'une partie d'étain constitue la *soudure des plombiers*; l'alliage formé, en parties égales, de plomb et d'étain compose la *soudure des ferblantiers*; l'alliage de 20 parties de plomb et de 80 parties d'étain sert à former des flambeaux, des écritoires...; l'alliage de 10 parties de plomb et de 90 parties d'étain sert à fabriquer de la vaisselle, des plats, des fontaines... L'étain prédomine dans les deux derniers alliages; le plomb avec lequel on l'allie a pour objet de rendre l'alliage un peu plus dur.

134. *Alliages de mercure.* = Le mercure se combine avec tous les métaux à l'exception du manganèse, du fer, du nickel, du cobalt, du chrôme et de quelques autres qui fondent à une température très-élevée. On obtient les alliages de mercure, qu'on nomme ordinairement *amalgames*, en mettant en contact le mercure et le métal très-divisé, ou mieux en chauffant légèrement le métal avec du mercure. Les amalgames d'étain et de bismuth sont seuls employés.

L'amalgame d'étain est brillant et inaltérable au contact de l'air; on l'emploie pour étamer les glaces, ou, comme on dit, pour passer les glaces au *tain*. Cette opération n'offre aucune difficulté. On étend d'abord une feuille d'étain sur une table horizontale, puis on y verse une couche de mercure d'environ un centimètre qui la recouvre en tous ses points. On fait alors glisser une glace qui coupe la couche de mercure en deux, afin d'empêcher l'interposition de l'air, et on la charge de poids en différents points de sa surface. L'excès du mercure coule, et au bout de quelques jours la surface inférieure de la glace est recouverte d'une pellicule d'amalgame d'étain qui y adhère assez fortement. Cet amalgame contient environ 4 parties d'étain et une partie de mercure.

L'*amalgame de bismuth* s'emploie pour étamer intérieurement les globes de verre. On chauffe d'abord les globes pour les sécher, et quand ils sont encore chauds on y verse l'amalgame en pleine fusion. On promène ensuite l'amalgame sur la surface du verre afin qu'il se solidifie et qu'il adhère aux parois.

135. Nous ne parlerons pas ici des alliages d'argent et de cuivre, d'or et de cuivre qui ont beaucoup d'importance ; nous les étudierons dans les chapitres relatifs à l'argent et à l'or.

§ 3. — *Des oxydes métalliques.*

136. *Action de l'oxygène sec sur les métaux.* = Tous les métaux peuvent se combiner directement avec l'oxygène, à l'exception de l'argent, de l'or, du platine, du palladium, du rhodium, de l'iridium et du ruthénium. Le potassium, le sodium et probablement les autres métaux de la première section s'emparent de ce gaz même à la température ordinaire ; les autres ne l'absorbent qu'à une température élevée. La combinaison donne toujours lieu à un dégagement de chaleur ; elle produit souvent un dégagement de lumière. — On constate ces faits en introduisant le métal dans un petit tube de verre horizontal dans lequel on fait passer un courant d'oxygène ou plus simplement en le mettant dans la partie supérieure d'une cloche courbe (*fig.* 29) contenant de l'oxygène et reposant sur la cuve à mercure. On chauffe du reste, avec une lampe à alcool, la partie du tube ou de la cloche contenant le métal si l'on veut opérer à une température élevée.

La combustion est d'autant plus vive que le métal présente
plus de points à l'action de l'oxygène ; elle est par conséquent plus
énergique pour un métal réduit en poudre que pour un métal en
masse compacte ; elle est cependant assez vive , même dans ce
dernier cas, si l'oxyde formé est fusible à la température de l'expérience, car alors il se sépare du métal à mesure qu'il se produit et il ne s'oppose pas à la continuation de l'action.

137. *Action de l'oxygène humide.* = Presque tous les métaux
des cinq premières sections agissent sur l'oxygène humide à la
température ordinaire. L'action est très-vive pour les métaux
de la première section qui absorbent l'oxygène de l'eau en même
temps que l'oxygène libre ; mais elle est moins vive pour les métaux des quatre sections suivantes, qui ne décomposent pas l'eau
à froid. Le fer et le cuivre sont, après les métaux de la première
section, ceux qui s'oxydent le plus promptement dans l'oxygène
humide ; le plomb et le zinc s'oxydent assez rapidement ; le
nickel, le cobalt, le bismuth et l'étain n'éprouvent qu'une altération très-faible.

L'oxydation dans l'oxygène humide n'a lieu qu'à la surface
pour quelques métaux tels que le plomb et le zinc ; elle ne cesse,
pour d'autres, que quand le métal est entièrement oxydé ; c'est .
ce qui arrive pour le fer.

Il est facile d'expliquer l'influence de la vapeur d'eau dans
l'action de l'oxygène sur les métaux. La vapeur d'eau agit
d'abord en dissolvant de l'oxygène et en mettant ainsi ce gaz
dans un état plus favorable à la combinaison ; d'un autre côté,
elle tend à se combiner avec l'oxyde pour former un hydrate et
par conséquent elle fait intervenir une nouvelle affinité qui s'a-
joute à l'affinité du métal pour l'oxygène.

L'air atmosphérique agit sur les métaux, comme l'oxygène
humide , par son oxygène et par sa vapeur d'eau ; il agit quelquefois aussi par son acide carbonique. On sait en effet que les
statues d'airain se couvrent à la longue d'une couche de carbonate basique d'oxyde de cuivre hydraté, et que les bassins de

plomb se couvrent d'une couche de carbonate de plomb un peu
au-dessus du niveau de l'eau qu'ils contiennent. Les métaux de
la première section se transforment aussi en carbonate au
contact de l'air en absorbant l'oxygène et l'acide carbonique de
ce gaz.

138. *Division des oxydes métalliques.* = Tous les métaux
peuvent se combiner avec l'oxygène au moins en une proportion
quand on les place dans des circonstances convenables. Les
composés qui résultent de cette combinaison se désignent sous
le nom général d'*oxydes métalliques*; on les divise en cinq
classes, en oxydes basiques, acides, indifférents, salins et singuliers.

Les *oxydes basiques* sont ceux qui neutralisent les acides :
tels sont les protoxydes des métaux de la première section, les
protoxydes de manganèse, de fer, de plomb...

Les *oxydes acides* sont ceux qui neutralisent les bases : tels
sont l'acide chromique CrO^3, l'acide manganique MnO^3, l'acide
antimonique Sb^2O^5, l'acide stannique SnO^2...

Les *oxydes indifférents* sont ceux qui remplissent tantôt le
rôle de bases, tantôt le rôle d'acides : tels sont l'alumine Al^2O^3,
le protoxyde de zinc ZnO, l'oxyde de cuivre CuO... Ces oxydes
jouent le rôle de bases avec les acides; mais ils se comportent
comme des acides par rapport aux bases puissantes telles que
la potasse et la soude.

Les *oxydes salins* sont ceux qui sont formés de deux oxydes contenant le même métal à deux degrés différents d'oxygénation. On les regarde comme de véritables sels dans lesquels
l'oxyde le moins oxygéné remplit le rôle de base, et l'oxyde
le plus oxygéné le rôle d'acide : tels sont l'oxyde de fer magnétique Fe^3O^4 qu'on regarde comme un ferrate de protoxyde de
fer FeO,Fe^2O^3, le minium Pb^3O^5 qu'on regarde comme un
plombate de protoxyde de plomb PbO,PbO^2...

Les *oxydes singuliers* sont ceux qui ne se combinent ni avec
les acides, ni avec les bases, mais qui abandonnent une partie

de leur oxygène sous l'influence de plusieurs acides et qui se
transforment alors en oxydes moins oxygénés qui se combinent avec l'acide : tels sont le bioxyde de manganèse, le bioxyde
de barium... Ces corps perdent une partie de leur oxygène sous
l'influence de l'acide sulfurique, et se convertissent en protoxydes de manganèse et de barium qui se combinent avec cet
acide.

139. *Propriétés physiques.* = Les oxydes métalliques sont
tous solides, cassants et opaques; ils sont ternes quand ils sont
réduits en poussière; ils sont sans saveur à l'exception des
oxydes des métaux de la première section dont la saveur est
très-âcre et très-caustique ; ils sont tous inodores à l'exception
de l'acide osmique. Leur densité est plus grande que celle de
l'eau, mais elle est moindre que celle du métal correspondant à
l'exception des oxydes de potassium et de sodium.

Les oxydes de la première section sont les seuls oxydes solubles dans l'eau, ils verdissent le sirop de violettes, rougissent
le papier de curcuma et ramènent au bleu le tournesol rougi
par les acides. La magnésie MgO et le protoxyde de mercure
HgO jouissent aussi de ces propriétés, mais à un moindre
degré.

140. *Action de la chaleur.* = Les oxydes de la sixième section sont complétement réduits par la chaleur; les oxydes des
autres sections ne sont jamais décomposés s'ils sont à l'état de
protoxydes, mais ils perdent quelquefois une partie de leur
oxygène s'ils sont à un état plus élevé d'oxygénation. C'est
ce qui arrive, entre autres, pour le bioxyde de manganèse
MnO^2, et c'est même en chauffant fortement ce corps qu'on se
procure ordinairement l'oxygène.

Les oxydes indécomposables par la chaleur se fondent tous
à une température suffisamment élevée. Les protoxydes de barium, de strontium et de calcium et les oxydes de la deuxième
section ne se fondent qu'au chalumeau d'oxygène et d'hydrogène ou par le courant d'une pile suffisamment énergique; les

autres peuvent se fondre à un feu ordinaire ou à un feu de forge. Quant aux oxydes réductibles en tout ou en partie, ils se décomposent en général avant leur fusion.

141. *Action des métalloïdes.* == Nous n'examinerons que l'action de l'oxygène, de l'hydrogène, du carbone, du phosphore, du soufre et du chlore. Il est facile de prévoir l'action des autres métalloïdes d'après leur affinité pour l'oxygène et leur analogie avec les corps qui précèdent. L'azote n'a aucune action sur les oxydes métalliques.

Oxygène. == L'oxygène agit sur plusieurs oxydes à une température élevée; il les porte alors à un degré plus élevé d'oxygénation; c'est ce qui arrive pour les protoxydes de potassium, de sodium, de barium, d'étain, de plomb et pour les sous-oxydes de cuivre et de mercure.

L'oxygène agit plus facilement quand l'oxyde est combiné avec l'eau ou simplement humecté avec ce liquide; il agit même alors à la température ordinaire. Les hydrates de protoxydes de fer et de manganèse, par exemple, se convertissent rapidement en hydrates de sesquioxydes au contact de l'oxygène ou de l'air. Ainsi qu'on verse de l'ammoniaque dans une dissolution récemment préparée de sulfate de protoxyde de fer, il se forme immédiatement un précipité blanc d'hydrate de protoxyde; mais ce précipité devient successivement vert, vert foncé et jaune rougeâtre en absorbant l'oxygène dissous.

Hydrogène. == L'hydrogène n'agit à aucune température sur les protoxydes des métaux des deux premières sections; mais il réduit complétement à une température élevée tous les oxydes des quatre dernières sections, et il ramène à l'état de protoxydes les peroxydes des deux premières. On constate ces faits en introduisant l'oxyde dans une

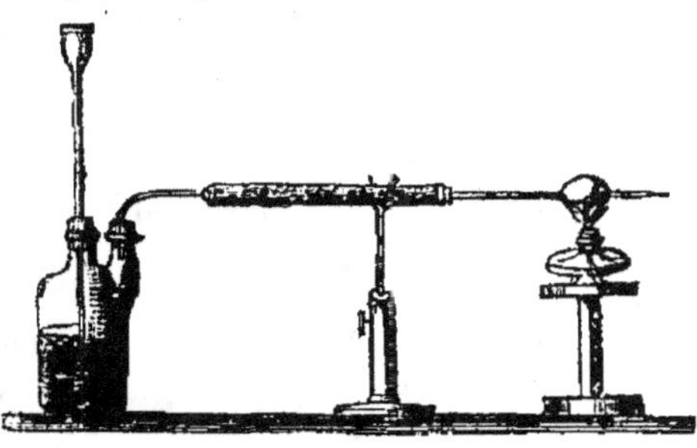

Fig. 51.

ampoule de verre (*fig.* 51) qu'on chauffe avec une lampe à alcool et en faisant arriver sur lui un courant d'hydrogène desséché par les moyens ordinaires. La réaction est toujours accompagnée d'un dégagement de chaleur; elle a même lieu avec dégagement de lumière, dans le cas des oxydes faciles à réduire. — Les métaux provenant de la réduction des oxydes par l'hydrogène possèdent quelquefois des propriétés particulières : le fer, par exemple, est noir, pulvérulent et sans ténacité; il s'enflamme même immédiatement à la température ordinaire quand on le projette dans l'air ; on lui donne le nom de *fer pyrophorique*.

Carbone. = Le carbone décompose à une température élevée tous les oxydes métalliques à l'exception de la baryte, de la strontiane, de la chaux et des oxydes de la deuxième section ; il décompose même les oxydes de manganèse qui font partie de cette section. La décomposition n'a lieu qu'à la chaleur blanche avec la potasse et la soude ; elle a lieu à une température moins élevée avec les autres oxydes. On obtient de l'acide carbonique quand l'oxyde est facile à réduire ; on obtient de l'oxyde de carbone dans le cas contraire ; on trouve dans la plupart des cas un mélange d'oxyde de carbone et d'acide carbonique. — C'est en traitant les oxydes naturels par le charbon qu'on se procure le plus grand nombre des métaux employés dans les arts.

Soufre. = Le soufre décompose, à une température plus ou moins élevée, tous les oxydes métalliques à l'exception des oxydes de la deuxième section, et encore les oxydes de manganèse sont-ils eux-mêmes réduits. Les produits varient avec la nature de l'oxyde ; on obtient un mélange de sulfate et de sulfure avec les oxydes de la première section ; on obtient un sulfure et de l'acide sulfureux avec les autres. — On constate ces résultats en introduisant l'oxyde dans un

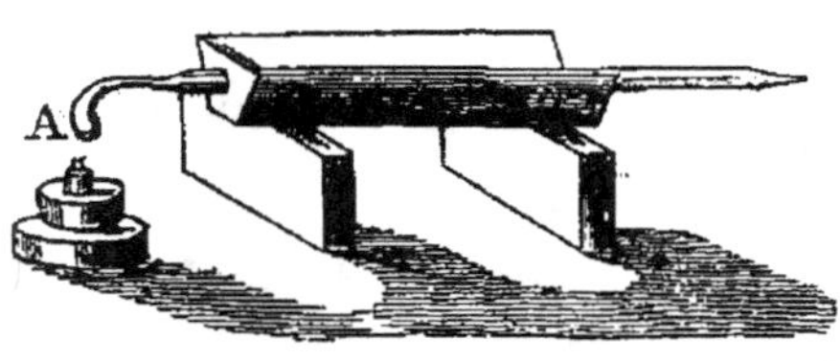

Fig. 52.

tube de verre horizontal qu'on porte au rouge au moyen d'une

grille contenant des charbons ardents, et en dirigeant ensuite
sur l'oxyde un courant de vapeur de soufre ; on place ordinairement le soufre dans la partie courbe A (*fig.* 52.) du tube et on
le chauffe avec une lampe à alcool pour le vaporiser quand
l'oxyde est chauffé jusqu'au rouge. On obtient toujours un dégagement de chaleur et souvent un dégagement de lumière
dans ces expériences.

Le soufre donne un polysulfure métallique et un hyposulfite
quand on le chauffe avec une dissolution d'un oxyde de la première section : le polysulfure se dissout dans la liqueur et la
colore en jaune.

Phosphore. = Le phosphore agit sur les oxydes métalliques
comme le soufre ; il donne un phosphate et un phosphure avec
les oxydes de la première section, de l'acide phosphorique et
un phosphure avec les autres. L'action est plus vive que dans
le cas du soufre, car le phosphore a plus d'affinité pour l'oxygène que ce métalloïde ; on opère du reste de la même manière.
—Le phosphore agit aussi sur les oxydes de la première section par l'intermédiaire de l'eau, mais on obtient alors un
hypophosphite et du phosphure gazeux d'hydrogène, comme
nous l'avons déjà vu.

Chlore. = Le chlore décompose la plupart des oxydes métalliques à une température élevée, il se combine avec le métal
pour former un chlorure et il met l'oxygène en liberté. On constate facilement ce résultat en mettant l'oxyde dans un tube
de verre horizontal qu'on porte au rouge et y en faisant arriver
un courant de chlore sec.. Les oxydes de la deuxième section,
la magnésie et les oxydes de manganèse exceptés, sont les seuls
qui résistent à l'action du chlore. — Tous les oxydes se décomposeraient si on faisait agir en même temps le carbone et le
chlore, car alors le carbone s'unirait avec l'oxygène pendant
que le chlore s'unirait au métal. On en fait l'expérience en faisant arriver un courant de chlore sec sur un mélange d'oxyde
et de charbon.

Le chlore agit à la température ordinaire sur les dissolutions alcalines; il donne un hypochlorite et un chlorure quand la dissolution est étendue, et un chlorate et un chlorure quand la dissolution est concentrée. Nous avons déjà étudié cette action dans le paragraphe relatif à l'acide hypochloreux et à l'acide chlorique.

142. *Action des métaux.* = Les métaux doués d'une forte affinité pour l'oxygène réduisent en général à une température élevée, les oxydes dont les métaux possèdent une affinité moins forte pour ce gaz. C'est ainsi que le potassium et le sodium réduisent à la chaleur rouge tous les oxydes métalliques des quatre dernières sections, et qu'un métal d'une de ces sections réduit souvent un oxyde d'une section suivante ; mais il est impossible de poser une règle générale qui fasse prévoir l'action d'un métal sur un oxyde, car l'affinité des métaux varie avec la température, et tel métal qui a plus d'affinité pour l'oxygène qu'un autre métal à une température donnée peut avoir une affinité plus faible à une température différente. Le potassium, par exemple, réduit l'oxyde de fer à la chaleur rouge, et le fer réduit l'oxyde de potassium à la chaleur blanche.

143. *Caractères génériques.* = On distingue facilement les oxydes métalliques des autres composés binaires que forment les métaux. La plupart des oxydes se dissolvent dans les acides puissants tels que l'acide sulfurique, l'acide azotique, sans aucun dégagement de gaz ou de vapeurs acides; ils donnent presque tous de l'oxyde de carbone ou de l'acide carbonique quand on les chauffe fortement avec du charbon, et de la vapeur d'eau quand on les soumet à un courant d'hydrogène sec à une haute température ; ils donnent tous sans exception de l'oxyde de carbone ou de l'acide carbonique et un chlorure métallique quand on les soumet à l'action du charbon et du chlore sec à une température élevée.

La plupart des oxydes métalliques se reconnaissent du reste immédiatement à leur aspect ou à quelques propriétés bien simples. Les autres composés binaires avec lesquels on pourrait les confondre, d'après cet aspect ou ces propriétés, ont des caractères parfaitement tranchés et faciles à mettre en évidence qui ne laissent aucun doute sur la nature du composé.

144. *Préparation.* = On trouve dans la nature plusieurs oxydes métalliques à l'état de pureté ; on y trouve surtout l'alumine, l'oxyde de fer salin, le sesquioxyde de fer, le bioxyde d'étain et le bioxyde de manganèse. —On obtient les autres oxydes de diverses manières ; voici les principales :

1° *Calcination du métal au contact de l'air.* = On chauffe le métal dans un creuset jusqu'à la chaleur rouge ; s'il ne fond pas à cette température, on agite constamment avec une spatule jusqu'à ce que l'oxydation soit complète ; s'il fond, on enlève les couches d'oxyde qui se forment à la surface et on les calcine à mesure pour achever l'oxydation. On prépare ainsi les oxydes de zinc, de cuivre, de plomb... On n'emploie l'oxygène pur que pour les peroxydes de potassium et de sodium ; on opère alors dans une cloche courbe sur le mercure.

2° *Décomposition d'un sel par la chaleur.* = On chauffe au rouge les carbonates, les azotates et quelquefois les sulfates contenant les oxydes qu'on veut obtenir : l'acide provenant de la décomposition du sel se dégage, et l'oxyde est mis en liberté. On obtient ainsi la chaux par la décomposition du carbonate de chaux, le sesquioxyde de fer par la décomposition du sulfate de fer, la baryte, la strontiane, les protoxydes de cuivre, de mercure... par la décomposition des azotates de ces bases.

3° *Décomposition d'un sel par une base.* = On dissout dans l'eau un sel contenant l'oxyde qu'on veut obtenir et on verse dans la dissolution une base alcaline, la potasse, la soude ou l'ammoniaque, qui précipite l'oxyde sans se combiner avec lui. On recueille le précipité, on le lave et on le dessèche. Ce moyen est applicable à presque tous les oxydes ; on ne peut toutefois l'employer pour les protoxydes de la première section qui sont solubles.

§ 4. — *Des sulfures métalliques.*

145. *Action du soufre sur les métaux.* == Tous les métaux se combinent avec le soufre quand on les chauffe avec ce métalloïde, ou du moins quand on fait passer sur eux un courant de vapeur de soufre après les avoir portés à une température élevée. La combinaison a toujours lieu avec dégagement de chaleur et souvent avec dégagement de lumière. Il suffit de projeter de la limaille de cuivre ou de plomb dans un petit ballon contenant du soufre en ébullition pour produire immédiatement une vive incandescence.

Le soufre agit même sur plusieurs métaux à la température ordinaire sous l'influence de l'humidité. Si l'on mêle intimement de la limaille de fer et de la fleur de soufre et qu'on humecte le mélange, on obtient au bout de quelques heures du sulfure de fer et un dégagement énergique de chaleur.

Les métaux se combinent souvent avec le soufre en plusieurs proportions. Les composés ont la même composition que les oxydes métalliques correspondants ; on les désigne sous le nom de *monosulfures* quand ils contiennent un équivalent de soufre pour un équivalent du métal, et sous le nom de *polysulfures* quand ils contiennent plusieurs équivalents de soufre.

Les métaux ne sont pas rangés dans le même ordre quand on les classe d'après leur affinité pour le soufre et pour l'oxygène. Le cuivre, par exemple, a plus d'affinité pour le soufre que le fer, le zinc et l'étain, car il décompose les sulfures de ces métaux, tandis que le fer, le zinc et l'étain ne décomposent pas le sulfure de cuivre. Les métaux alcalins sont ceux qui possèdent la plus grande affinité pour le soufre.

Les sulfures métalliques peuvent être divisés en sulfures basiques, en sulfures acides et en sulfures neutres. Les monosulfures alcalins jouent le rôle de base au plus haut degré ; ils se combinent soit avec l'acide sulfhydrique, soit avec les sulfures métalloïdiques, soit avec les sulfures métalliques acides. Les sulfures d'étain, d'antimoine, d'or, de platine... jouent le rôle de sulfures acides, et les polysulfures le rôle de sulfures neutres. —Les composés qui résultent de la combinaison de deux sulfures sont analogues aux oxysels ; on les nomme des sulfosels.

146. *Propriétés physiques.* = Les sulfures métalliques sont tous solides et cassants ; ils sont insipides à l'exception des sulfures de la première section et du sulfure de magnésium dont la saveur est âcre et caustique ; ils sont tous inodores. Plusieurs sulfures métalliques sont ternes et plus ou moins colorés ; d'autres possèdent l'éclat métallique.

147. *Action de la chaleur.* = Les sulfures métalliques sont indécomposables par la chaleur, à l'exception du sulfure de mercure, qui se décompose à la chaleur blanche, et des sulfures d'or, de platine et des métaux suivants, qui se décomposent à une température moins élevée. Les polysulfures abandonnent en général une partie de leur soufre quand on les soumet à l'action de la chaleur.

Les sulfures indécomposables par la chaleur peuvent tous se fondre à une température suffisamment élevée ; ils sont même plus fusibles que les métaux correspondants, à moins que ceux-ci ne fondent bien au-dessous de la chaleur rouge. Quelques-uns sont volatils, mais à une température élevée. On en fait cristalliser un assez grand nombre par fusion ou par vaporisation.

148. *Action de l'oxygène.* = L'oxygène sec n'agit sur aucun sulfure métallique à la température ordinaire, mais il agit sur tous à une température élevée. Les produits obtenus varient avec la température et avec la nature du sulfure ; car, de tous les composés qui peuvent résulter de l'action du soufre, de l'oxygène et du métal, c'est toujours le corps le plus stable à la température de l'expérience qui se forme.

Les sulfures de la première section donnent toujours un sulfate, car les sulfates de la première section sont indécomposables par la chaleur; il en est de même du sulfure de magnésium. — Le sulfure de manganèse et les sulfures de la troisième et de la cinquième section donnent un oxyde et de l'acide sulfureux à une haute température et un sulfate à une température moins élevée.—Les sulfures de la quatrième section donnent toujours un oxyde et de l'acide sulfureux; ceux de la sixième de l'acide sulfureux et le métal du sulfure.

L'oxygène humide agit sur plusieurs sulfures à la température ordinaire. Le sulfure de fer, par exemple, passe peu à peu à l'état de sulfate quand il est exposé au contact de l'air humide ; puis il se décompose en acide sulfureux et en oxyde de fer par suite de la chaleur dégagée dans la combinaison. Le feu qui prend quelquefois aux mines de houille résulte de la combustion du sulfure de fer. — L'air agirait plus rapidement sur les sulfures en dissolution; c'est ainsi qu'une solution de sulfure de potassium passe successivement à l'état d'hyposulfite, de sulfite et de sulfate de potasse.

149. *Action du chlore.* = Le chlore sec décompose tous les sulfures soit à froid, soit à chaud; il s'unit toujours au métal pour former un chlorure. L'action se produit facilement quand on emploie le chlore en dissolution : ainsi, qu'on verse une dissolution de chlore dans une dissolution de sulfure de potassium, on obtient immédiatement du chlorure de potassium et un dépôt de soufre. Si l'on délayait du sulfure de mercure dans une dissolution de chlore, on trouverait du sulfate de mercure et de l'acide chlorhydrique, car l'eau serait décomposée dans ce cas, et ses éléments s'uniraient l'un avec le chlore, l'autre avec le soufre et le mercure.

150. *Action de l'eau.* = Les sulfures de la première section sont tous solubles dans l'eau. La dissolution est incolore dans le cas des monosulfures; elle est jaune dans le cas des polysulfures; elle a une saveur âcre, caustique, analogue aux œufs pourris; elle dégage une légère odeur d'acide sulfhydrique. — Le sulfure d'aluminium et plusieurs autres sulfures de la deuxième

section décomposent l'eau à la température ordinaire; il en résulte un oxyde et un dégagement d'acide sulfhydrique.

Le sulfure de manganèse et les sulfures des quatres dernières sections sont insolubles dans l'eau; ils se combinent pour la plupart avec ce liquide dans des circonstances particulières et forment des hydrates de sulfures. Si l'on verse par exemple une solution de sulfure de potassium dans une solution d'un sel de zinc, on obtient un précipité blanc de sulfure de zinc hydraté. — Les sulfures métalliques hydratés ont des couleurs qui varient avec la nature du métal et qui servent, comme nous le verrons plus loin, à faire reconnaître la nature de la base d'un sel.

151. *Caractères génériques.* = Les sulfures métalliques sont faciles à distinguer des autres composés binaires qui contiennent des métaux; ils donnent en effet presque tous un dégagement d'acide sulfhydrique, corps dont l'odeur est caractéristique, quand on les traite par l'acide chlorhydrique concentré. L'action se produit à froid avec les sulfures en dissolution et quelques sulfures insolubles; elle se produit à la température de l'ébullition avec les autres.

Si l'on considère un monosulfure, on obtient un chlorure métallique et de l'acide sulfhydrique; si l'on considère un polysulfure on a en outre un dépôt de soufre. On conçoit le premier fait d'après la formule $KS + HCl = KCl + HS$, et le second d'après la formule $KS^n + HCl = KCl + HS + (n-1)S$.

Quelques sulfures métalliques ne sont par attaqués par l'acide chlorhydrique, même à la température de l'ébullition; on les transforme alors en sulfates en les traitant par l'acide azotique. Nous verrons plus loin les caractères des sulfates.

152. *Préparation.* = On trouve un grand nombre de sulfures métalliques dans la nature; les sulfures de fer, de zinc, d'antimoine, de cuivre, de plomb, de mercure et d'argent sont les plus répandus. — On prépare les sulfures dans les laboratoires par trois moyens principaux:

1° On peut obtenir presque tous les sulfures des quatre der-

nières sections en chauffant directement le métal et le soufre. Si
le métal est difficile à fondre, on l'introduit dans un tube de
verre qu'on porte au rouge et on fait arriver sur lui un courant
de vapeurs de soufre; s'il est très-fusible, on le mélange avec
le soufre et on chauffe le mélange dans un ballon ou dans un
creuset. — On obtient le même résultat en prenant, au lieu du
métal, un de ses oxydes.

2° On peut obtenir les sulfures de la première section et un
grand nombre des sulfures des quatre dernières en décomposant
les sulfates par le charbon. On réduit à cet effet le sulfate en
poudre; on le mélange avec un poids convenable de noir de
fumée, et on chauffe fortement le mélange dans un creuset
fermé.

3° On peut obtenir presque tous les sulfures des quatre dernières sections en faisant passer un courant d'acide sulfhydrique dans les dissolutions des sels qui contiennent les métaux
dont on veut former les sulfures. Si l'on emploie, par exemple,
du sulfate de cuivre, on obtient un précipité de sulfure de cuivre
hydraté, et l'acide sulfurique du sulfate reste dans la dissolution. La réaction est exprimée en équivalents par la formule
$CuO,SO^3 + HS = CuS + HO + SO^3$.

On peut employer une dissolution de sulfure de potassium au
lieu d'acide sulfhydrique. Si l'on verse par exemple du sulfure
de potassium dans une dissolution de sulfate de cuivre, on obtient
du sulfure de cuivre qui se précipite et du sulfate de potasse qui
reste en solution. On a en effet $CuO,SO^3 + KS = CuS + KO,SO^3$.

§.5. — *Des chlorures métalliques.*

153. *Action du chlore sur les métaux.* = Le chlore peut se
combiner directement avec presque tous les métaux à la température ordinaire ou à une température peu élevée.

La combinaison est toujours accompagnée d'un dégagement
énergique de lumière quand elle se produit à une température

élevée. On peut s'en assurer en faisant passer un courant de chlore sur le métal chauffé au rouge dans un tube de verre horizontal ou quelquefois en plongeant dans un flacon plein de chlore un gros fil du métal après l'avoir roulé en spirale et chauffé à la chaleur rouge. La combinaison est beaucoup moins vive en général quand on opère à la température ordinaire; mais on trouve cependant quelques corps, tels que le potassium, le sodium, l'antimoine.... qui possèdent une si grande affinité pour le chlore qu'ils prennent feu immédiatement quand on les projette en petits morceaux, ou en poussière dans un flacon plein de ce gaz.—Les métaux qui donnent lieu à la combustion la plus vive sont ceux qui forment des chlorures volatils ou simplement fusibles à la température de l'expérience, car leur surface est constamment en contact avec le chlore par suite de la volatilisation ou de la fusion du chlorure.

L'affinité des métaux pour le chlore varie suivant le même ordre que leur affinité pour l'oxygène. On a trouvé en effet qu'un métal de la première section décompose tous les chlorures des autres sections, et qu'en général un métal d'une section décompose tous les chlorures des sections suivantes. Cette propriété est mise à profit dans l'extraction de plusieurs métaux de la deuxième section, car on les obtient en décomposant leurs chlorures par le potassium; on l'utilise également dans la préparation d'un grand nombre de chlorures, car on réduit le protochlorure de mercure $HgCl$ en le traitant par un métal quelconque des cinq premières sections, et on obtient ainsi un nouveau chlorure qu'il est en général assez facile de séparer du mercure et de l'excès de métal par la différence de volatilisation.

154. *Division des chlorures métalliques.* $=$ Les chlorures métalliques peuvent se diviser en chlorures acides, en chlorures basiques et en chlorures neutres. Les chlorures alcalins jouent toujours le rôle de chlorures basiques; le protochlorure de mercure $HgCl$, le bichlorure de platine $PtCl^2$, le chlorure d'or Au^2Cl^3... jouent le rôle de chlorures acides. Les composés d'un *chloracide* et d'un *chlorobase* sont analogues aux oxysels ; on les nomme alors des *chlorosels*. — On rencontre quelques chlorures singuliers dans la classe des chlorures neutres ; le sous-chlorure de mercure Hg^2Cl est dans ce cas : il laisse déposer la moitié de son mercure au contact d'une dissolution de chlorure de sodium, et il donne un précipité $NaCl,HgCl$ formé de chlorure de sodium et de protochlorure de mercure.

155. *Propriétés physiques.* = Les chlorures sont presque tous solides et susceptibles de cristallisation ; ils sont presque tous sapides ; leur densité est plus grande que celle de l'eau. Plusieurs chlorures dégagent d'abondantes vapeurs au contact de l'air en décomposant la vapeur d'eau qu'il contient.

156. *Action de la chaleur.* = Les chlorures sont irréductibles par la chaleur à l'exception des chlorures d'or et de platine qui sont complétement décomposés et du protochlorure de cuivre qui passe à l'état de sous-chlorure Cu^2Cl. — Ils sont tous fusibles à l'exception des chlorures susceptibles de réduction ; ils sont même volatils à une température plus ou moins élevée selon leur nature.

157. *Action des métalloïdes.* = L'oxygène n'exerce aucune action à aucune température sur les chlorures de la première section et sur les chlorures de la sixième section ; mais il transforme en oxydes, à une température élevée, tous les chlorures des quatre autres sections. — L'hydrogène n'agit à aucune température sur les chlorures des deux premières sections , mais il réduit complétement tous les chlorures des quatre dernières sections à une température suffisamment élevée : le métal est mis en liberté, et l'acide chlorhydrique dû à la combinaison de l'hydrogène et du chlore se dégage. — Le charbon ne réduit aucun chlorure.

158. *Action de l'eau.* = Les chlorures sont presque tous solubles dans l'eau. Le chlorure d'argent, les sous-chlorures de mercure et d'or, les protochlorures de platine et d'iridium sont complétement insolubles ; le protochlorure

de plomb et le sous-chlorure de cuivre sont très-peu solubles.

On trouve quelques chlorures, et particulièrement dans la deuxième section, qui se dissolvent dans l'eau à la température ordinaire, mais qui la décomposent à 140 ou 150 degrés ; on en trouve quelques autres, parmi lesquels nous citerons le chlorure de bismuth et les perchlorures de manganèse et de chrôme, qui la décomposent même à la température ordinaire. La décomposition donne toujours un oxyde et de l'acide chlorhydrique.

159. *Caractères génériques.* = Les chlorures sont faciles à distinguer des autres composés binaires formés par les métaux. 1° Ils produisent des vapeurs piquantes d'acide chlorhydrique quand on les traite par l'acide sulfurique concentré à la température ordinaire ou à une température peu élevée. 2° Ils donnent du chlore quand on les chauffe avec du bioxyde de manganèse et de l'acide sulfurique étendu. 3° Ils donnent un précipité blanc quand on verse de l'azotate d'argent dans leur dissolution ; ce précipité a pour caractères de se réunir facilement par l'agitation en flocons caillebottés, de noircir peu à peu à la lumière diffuse et surtout aux rayons solaires, d'être insoluble dans l'eau et les acides, et de se dissoudre facilement dans l'ammoniaque.

160. *Préparation.* = On trouve dans la nature les chlorures de potassium, de sodium, de calcium, de magnésium, de plomb, de cuivre, d'argent et le sous-chlorure de mercure : tous ces composés sont très-rares à l'exception du chlorure de sodium.

On peut obtenir presque tous les chlorures en traitant les oxydes ou les carbonates par l'acide chlorhydrique en dissolution ; mais on les prépare dans certains cas en traitant le métal lui-même par cet acide, par l'eau régale ou par le protochlorure de mercure. On les obtient aussi quelquefois en faisant arriver un courant de chlore sec sur le métal ou sur son oxyde mélangé le plus ordinairement avec du charbon.

§ 6. — *Des brómures, iodures, fluorures et cyanures.*

161. *Brómures.* = Le brôme peut se combiner directement avec presque tous les métaux. La combinaison s'opère quelquefois à la température ordinaire; mais elle ne se produit le plus souvent qu'en faisant passer un courant de vapeurs de brôme sur le métal porté au rouge. — Le potassium, le sodium, l'antimoine et l'étain dégagent une vive lumière quand on les met en contact à la température ordinaire avec la vapeur de brôme.

Les brômures métalliques sont parfaitement analogues aux chlorures correspondants, par leur composition, leur état physique, leur forme cristalline, leur volatilité, leur solubilité et leurs propriétés chimiques. On les reconnaît en les chauffant un peu avec du bioxyde de manganèse et de l'acide sulfurique étendu. Leur dissolution donne, avec l'azotate d'argent, un précipité blanc qui brunit promptement à la lumière et qui a en outre pour caractère d'être insoluble dans les acides et soluble dans l'ammoniaque; elle est décomposée par le chlore même à froid et prend une teinte brune due au brôme qui est mis en liberté. — On ne trouve dans la nature que les brômures de sodium, de calcium et de magnésium; on les rencontre dans l'eau de la mer et de quelques sources salines.

162. *Iodures.* = L'iode se combine aussi directement avec presque tous les métaux; mais il ne donne pas, à beaucoup près, le même dégagement de chaleur que le chlore et le brôme.

On reconnaît les iodures en versant peu à peu du chlore dans leur dissolution, en lavant le précipité, en le séchant et en le projetant sur des charbons ardents. On obtient alors une belle vapeur violette. Il ne faudrait pas verser trop de chlore, car l'eau serait alors décomposée et il se produirait de l'acide iodique et de l'acide chlorhydrique. — On reconnaît plus rapidement les iodures en s'appuyant sur la propriété que possède l'iode de donner une belle couleur bleue avec l'amidon à l'état d'empois. Si l'on ajoute, en effet, un peu d'empois à la dissolution d'un iodure, ou simplement à un iodure réduit en poudre et qu'on verse un peu de chlore, on obtient immédiatement une belle couleur bleue.

On ne trouve dans la nature que les iodures de potassium, de sodium et d'argent. On emploie l'iodure de potassium en médecine.

163. *Fluorures.* = On reconnaît les fluorures à la propriété qu'ils possèdent de former des vapeurs qui corrodent le verre quand on les chauffe avec de l'acide sulfurique concentré. On en pulvérise une petite quantité, on l'introduit dans un petit creuset de platine avec l'acide sulfurique, puis on le recouvre avec une petite lame de verre et on chauffe un peu. — Le verre ne serait pas attaqué si le fluorure était mêlé avec de la silice, car il se produirait du fluorure de silicium au lieu d'acide fluorhydrique ; mais on reconnaît facilement ce gaz à la propriété qu'il possède de donner un dépôt gélatineux de silice quand on le fait rendre dans l'eau.

Le *fluorure de calcium* est le seul fluorure qu'on rencontre assez abondamment dans la nature. On le trouve ordinairement en beaux cristaux ou en masses formées de petits cristaux entassés les uns sur les autres et colorés en violet, en vert ou en jaune. Ces couleurs disparaissent par l'action du feu. On le désigne souvent sous le nom de *spath fluor.*

164. *Cyanures.* = Le cyanogène se combine avec presque tous les métaux. Les composés qu'il forme sont analogues aux chlorures, aux bromures, aux iodures et aux fluorures par leur composition et par leurs principales propriétés.

On reconnaît les cyanures en les traitant par l'acide sulfurique ou l'acide chlorhydrique, car ils donnent tous des vapeurs d'acide cyanhydrique qu'il est facile de reconnaître à l'odeur. Les cyanures solubles donnent cette odeur avec les acides les plus faibles, et les cyanures alcalins la donnent même au contact de l'air humide. — Les cyanures solubles forment, avec les sels de protoxydes de fer, un précipité blanc qui bleuit rapidement au contact de l'air.

On ne trouve aucun cyanure dans la nature. On les obtient généralement en combinant directement le cyanogène avec les métaux, ou en traitant les oxydes métalliques, les carbonates ou les acétates par l'acide cyanhydrique.

CHAPITRE II.

NOTIONS GÉNÉRALES SUR LES SELS.

§ 1ᵉʳ. — *Propriétés des sels.*

165. On donne le nom de *sel* à tout composé qui résulte de la combinaison d'un acide et d'une base.

Les hydracides ne forment pas des sels quand ils agissent sur les oxydes métalliques, car ils ne s'unissent pas purement et simplement avec ces oxydes, mais ils les décomposent en se décomposant eux-mêmes, et ils donnent lieu à deux composés binaires distincts. L'acide chlorhydrique et le protoxyde de sodium, par exemple, donnent de l'eau et du chlorure de sodium, comme l'indique la formule $NaO + HCl = HO + NaCl$. Il en est de même des autres hydracides et des autres oxydes. — Les chlorures, les brômures, les cyanures..... qui résultent de l'action des hydracides sur les oxydes métalliques, ont beaucoup d'analogie avec les sels dans leurs propriétés ; ils se comportent comme eux dans presque toutes les réactions qui se passent avec le contact de l'eau ; aussi quelques chimistes les regardent-ils comme de véritables sels. Ils leur donnent le nom de *sels haloïdes,* et ils nomment *halogènes* les corps électronégatifs, tels que le chlore, le brôme, le cyanogène... qui entrent dans leur composition.

Nous considérerons seulement, dans ce cours élémentaire, les oxysels, les sels haloïdes et les sels ammoniacaux. Ce sont, à beaucoup près, les sels·les plus importants; les autres_sels ont été d'ailleurs fort peu étudiés.

166. *Propriétés physiques.* = Les sels sont presque tous solides à la température ordinaire; ils sont presque tous inodores; ils sont tous plus denses que l'eau.

Les sels n'ont pas de saveur quand ils sont insolubles dans l'eau; mais ils ont tous une saveur quand ils y sont solubles. Les sels contenant la même base ont, en général, la même saveur : c'est ainsi que les sels de magnésie sont amers, les sels d'alumine astringents, les sels de fer styptiques, les sels de plomb d'abord sucrés, puis styptiques. Les sels de soude ont, en général, une saveur *salée* comme le sel marin, et les sels de potasse une saveur un peu amère comme le sulfate de potasse; mais la saveur de ces sels varie, beaucoup plus que celle des autres, avec la nature de l'acide. Les acides hyposulfureux, sulfureux... ont une assez grande influence sur la saveur des sels.

Les sels sont tous incolores quand ils sont formés d'un acide et d'une base incolores, mais ils sont colorés quand ils contiennent un acide ou une base colorée. Les acides interviennent peu dans la coloration, à l'exception des acides chrômique, ferrique, permanganique... qui sont fortement colorés; ce sont les bases qui déterminent, en général, la couleur du sel. On sait en effet que les sels de protoxyde de fer sont d'un vert émeraude, que les sels de sesquioxyde de fer sont d'un jaune rougeâtre, que les sels de nickel sont verts, les sels de cobalt roses, les sels de protoxyde de cuivre bleus ou verts...

167. *Action de l'eau.* = L'eau n'exerce aucune action sur beaucoup de sels; elle se combine avec quelques-uns et en dissout un grand nombre. Nous devons dire quelques mots des phénomènes qui accompagnent cette combinaison et cette dissolution.

Hydratation. = Plusieurs sels anhydres se combinent avec 'eau ou s'hydratent quand on les met en contact avec ce·liquide. Le sulfate de soude, le sulfate de chaux, le sulfate de cuivre... sont dans ce cas quand on les a privés par la calcination de l'eau qu'ils renferment habituellement; ils absorbent alors une petite quantité d'eau sans paraître humides, et ils forment avec ce liquide de véritables composés chimiques. Cette hydratation est toujours accompagnée d'un dégagement de chaleur, comme toutes les autres combinaisons; elle modifie souvent aussi les propriétés du sel. On trouve un exemple frappant de cette modification dans le sulfate de cuivre, car il est blanc quand on l'a rendu anhydre par la calcination, et il devient immédiatement bleu quand on verse quelques gouttes d'eau sur sa masse.

Dissolution. = La dissolution d'un sel dans l'eau n'est pas due à une action chimique; elle provient d'un simple effet mécanique analogue à l'expansion des gaz et des vapeurs; aussi a-t-elle lieu pour le même sel en un nombre infini de proportions.

Les sels hydratés qui contiennent toute l'eau qu'ils sont susceptibles de recevoir en combinaison, et les sels anhydres qui ne peuvent pas se combiner avec ce liquide, produisent toujours un abaissement de température, en se dissolvant dans l'eau, puisqu'ils doivent absorber de la chaleur pour passer à l'état liquide et qu'il n'existe pas d'action chimique pour reproduire cette chaleur. Le froid produit est souvent considérable : le chlorure de potassium produit un abaissement de température de 11°,4 en se dissolvant dans quatre parties d'eau; il donne ainsi une température de — 11°,4 si on prend l'eau à 0°, et une température de — 1°,4 si on la prend à 10°. Le froid est encore plus intense quand on dissout certains sels dans quelques acides ; on obtient en effet un abaissement de température de plus de 25° en dissolvant du sulfate de soude cristallisé dans la moitié de son poids environ d'acide chlorhydrique.

Le froid produit augmente encore d'intensité quand on remplace l'eau par la glace pilée, car le sel et la glace absorbent l'un et l'autre de la chaleur en passant à l'état liquide. Le sel marin et la glace pilés donnent, comme on sait, un froid de 17° quand on les mélange en parties égales, et un froid de 24° quand on mélange une partie de sel avec une partie et demie de glace.

Lorsqu'on met dans l'eau un sel anhydre qui puisse se combiner avec ce liquide et s'y dissoudre, il dégage de la chaleur pendant qu'il s'hydrate et du froid pendant que l'hydrate formé se dissout. On obtient ainsi deux effets contraires pendant les deux périodes de l'expérience et par suite une élévation ou un abaissement de température selon que la chaleur dégagée l'emporte sur le froid produit ou que le froid l'emporte sur la chaleur dégagée. Le froid prédomine presque toujours ; on trouve cependant quelques corps tels que le chlorure de calcium et le sulfate de soude anhydre qui dégagent de la chaleur en se dissolvant dans l'eau.

La solubilité des sels croît en général avec la température ; elle augmente assez lentement pour quelques-uns quand la température s'élève ; elle croît très-rapidement pour d'autres. Il existe même certains sels, et de ce nombre est le sulfate de soude, dont la solubilité croît jusqu'à une certaine température et décroît au delà.

Degré d'affinité des sels pour l'eau. = On ne peut pas juger du degré d'affinité des sels pour l'eau par les quantités relatives des différents sels qu'il faut pour saturer un même poids d'eau puisque la dissolution est un fait purement mécanique et indépendant de l'action chimique. On en juge par le retard que le sel apporte au point de l'ébullition de l'eau, car la vapeur se forme d'autant plus difficilement que l'eau a plus d'affinité pour le sel. L'eau, par exemple, a plus d'affinité pour le chlorure de sodium que pour le carbonate de soude, quoique le chlorure soit moins soluble, car l'eau saturée de chlorure de sodium ne bout qu'à 108°, tandis que l'eau saturée de carbonate de soude bout à 105°. — Le carbonate de potasse retarde le point d'ébullition jusqu'à 135°, et le chlorure de calcium jusqu'à 180 degrés environ.

168. *Cristallisation.* = On peut faire cristalliser par la voie humide presque tous les sels qui sont solubles dans l'eau. On y parvient si le sel est plus soluble à chaud qu'à froid, en laissant refroidir une dissolution saturée à chaud ; on y arrive, si le sel est à peu près également soluble aux diverses températures, en abandonnant à une évaporation lente une dissolution saturée à la température ordinaire. — On nomme souvent *eaux-mères*, les eaux qui restent après la cristallisation.

Lorsqu'on veut obtenir de beaux cristaux, on dissout le sel à chaud, puis on laisse refroidir la dissolution, et on met les eaux-mères dans un large vase à fond plat. Au bout de quelques jours, on retire les cristaux les plus réguliers, on les place dans un autre vase contenant une eau-mère analogue, et on les retourne chaque jour pour les faire grossir également sur toutes leurs faces.

On met souvent à profit la cristallisation pour purifier un sel ; car les parties salines de même nature se choisissent pour ainsi dire dans la cristallisation, tandis qu'elles laissent de côté les corps de nature étrangère. Mais comme le sel retient presque toujours entre ses lamelles une partie des eaux-mères, et par suite une partie des corps étrangers qu'elles renferment, il faut avoir soin d'agiter la masse pendant toute la durée de la cristallisation, afin que le volume des cristaux soit le plus petit possible.

Il existe des dissolutions salines qui ne cristallisent pas quand elles sont tranquilles, et qui cristallisent immédiatement quand on les agite ; c'est ce qui arrive pour l'azotate d'argent. Il en existe d'autres qui ne cristallisent pas même par l'agitation quand elles sont dans le vide, et qui cristallisent tout à coup dès qu'il rentre de l'air ; c'est ce qui arrive surtout pour le sulfate de soude. On peut en faire l'expérience en remplissant à moitié un tube de verre, effilé à la lampe, d'une dissolution de ce sel saturée à 34 ou 35 degrés, puis en faisant bouillir la couche supérieure pour chasser l'air, et en dirigeant alors une flamme ardente sur l'extrémité effilée du tube pour le fermer. La dissolution ne cristallise pas par le refroidissement tant que le tube reste fermé ; elle cristallise au contraire dès qu'on en brise l'extrémité pour laisser entrer l'air.

La plupart des sels qui cristallisent dans l'eau contiennent de l'eau en combinaison ; cette eau se nomme *eau de cristallisation*. Un sel donné retient toujours la même quantité d'eau quand il cristallise à la même température, et le nombre d'équivalents qui représente cette eau est en rapport simple avec l'équivalent du sel. — L'eau de cristallisation d'un sel varie avec la température à laquelle il cristallise ; c'est ainsi que le borate de soude contient 10 équivalents d'eau quand il cristallise à la température ordinaire, tandis qu'il en contient 5 équivalents quand il cristallise à une température supérieure à 70°. Le sulfate de soude est anhydre quand il cristallise à une température supérieure à 33° ; il contient 10 équivalents d'eau quand il cristallise à la température ordinaire.

Les sels qui contiennent beaucoup d'eau de cristallisation fondent rapidement quand on les soumet à l'action de la chaleur ; mais cette fusion, qu'on appelle *fusion aqueuse*, n'est à proprement parler qu'une dissolution du sel dans l'eau. Le sel perd peu à peu son eau et revient à l'état solide si on continue à le chauffer, et ce n'est qu'à une température beaucoup plus élevée qu'il éprouve sa vraie fusion. Cette fusion se nomme souvent la *fusion ignée*.

Plusieurs sels, l'azotate de potasse, par exemple, cristallisent dans l'eau sans retenir aucune partie de ce liquide ; d'autres, le chlorure de sodium, par exemple, n'en retiennent qu'une quantité très-faible qui varie d'ailleurs avec la grosseur du cristal. Cette eau n'est plus en rapport simple avec l'équivalent du sel ; on ne la considère plus comme de l'eau de combinaison, mais comme de l'eau mécaniquement interposée entre les lamelles du cristal. Il suffit d'exposer pendant quelque temps les cristaux dans un lieu sec, de les placer pendant quelques instants dans le vide ou même de les presser entre quelques doubles de papier non collé pour leur enlever complétement cette eau.

Les sels qui contiennent de l'eau interposée font entendre une suite de petites détonations quand on les projette sur des charbons ardents; on dit alors qu'ils *décrépitent*. La décrépitation provient souvent de la vaporisation subite de l'eau interposée entre les lamelles du cristal, car la vapeur sépare brusquement ces lamelles et les projette au loin par suite de sa force expansive; mais elle provient souvent aussi de l'imparfaite conductibilité du sel, car il se dilate inégalement dans ses différentes couches, et par suite il se sépare en fragments comme le soufre quand on le chauffe en quelques uns de ses points.

169. *Action hygrométrique de l'air.* = Il existe des sels qui absorbent l'humidité de l'atmosphère et qui se dissolvent dans l'eau qu'ils ont prise; il en est d'autres qui abandonnent au contact de l'air une partie de l'eau qu'ils contiennent et qui tombent en poussière. On désigne les premiers sous le nom de *sels déliquescents*, et les seconds sous le nom de *sels efflorescents*. Tous les sels qui sont déliquescents et efflorescents dans l'air ordinaire contiennent au moins la moitié de leur poids d'eau de cristallisation. On rencontre les sels déliquescents parmi les sels très-solubles qui ont beaucoup d'affinité pour l'eau; exemples : chlorure de calcium, azotate de soude. On trouve les sels efflorescents parmi les sels très-solubles qui ont peu d'affinité pour ce liquide; exemples : sulfate de soude, phosphate de soude.

170. *Action de la chaleur.* = Tous les azotates, la plus grande partie des sulfates, des sulfites, des carbonates et un grand nombre d'autres sels se décomposent quand on les porte à une température suffisamment élevée; ils donnent des produits qui varient avec la nature de l'acide, avec la nature de la base et avec le degré de chaleur. Nous examinerons ces produits dans l'étude particulière des sels, mais nous devons dire dès maintenant que l'acide acquiert toujours de la stabilité par l'influence de la base avec laquelle il est combiné, et que réciproquement la base acquiert de la stabilité par l'in-

fluence de l'acide. C'est ainsi qu'un acide qui se décompose à une certaine température quand il est libre, ne se décompose qu'à une température beaucoup plus élevée s'il est combiné avec une base puissante.

Les sels qui ne se décomposent pas par l'action de la chaleur peuvent tous se fondre et se volatiliser à une température élevée. S'ils sont anhydres, ils se transforment par la fusion en une masse transparente qui présente l'aspect du verre après son refroidissement ; s'ils sont hydratés, ils éprouvent d'abord la fusion aqueuse, puis ils perdent leur eau, et ils subissent ensuite la fusion ignée comme les sels anhydres.

On ne rencontre aucun sel volatil parmi les oxysels, mais on en trouve un grand nombre parmi les sels haloïdes et les sels ammoniacaux.

171. *Action de la pile.* = Tous les sels se décomposent par l'action de la pile. L'acide et la base sont simplement désunis, s'ils possèdent une grande stabilité et si le courant n'est pas très-fort ; l'acide se rend alors au pôle positif, et la base au pôle négatif. Mais si la pile est suffisamment forte, ou si les deux composés binaires ne jouissent pas d'une grande stabilité, ils sont eux-mêmes décomposés en totalité ; leur oxygène va au pôle positif, et les deux radicaux se rendent au pôle négatif. Il arrive souvent aussi que l'un des composés binaires, la base par exemple, soit seule décomposée par le courant, et qu'alors son oxygène se rende au pôle positif avec l'acide non décomposé, tandis que le métal se rend au pôle négatif. La galvanoplastie et les procédés de dorure, d'argenture... qui viennent de faire une si grande révolution dans l'industrie, ne sont que des applications bien simples de ce dernier principe. On a décrit ces procédés dans le Cours de physique.

172. *Action des métalloïdes.* = Les métalloïdes, l'azote excepté, agissent sur la plupart des sels à une température élevée ; les résultats sont trop variés pour qu'il soit possible de les envisager d'une manière générale.

173. *Action des métaux.* = Nous n'examinerons l'action des métaux que sur les dissolutions salines ; nous ne parlerons pas des métaux de la deuxième section dont l'action n'a pas été étudiée, et des métaux de la première qui décomposent l'eau de préférence au sel et se comportent alors comme des bases.

Lorsqu'on plonge dans une dissolution saline un métal moins avide d'oxygène que celui de la dissolution, le sel de la dissolution n'est jamais décomposé ; la décomposition s'opère, au contraire, quand le métal est plus avide d'oxygène que celui du sel. C'est ainsi que les métaux des 4 dernières sections ne précipitent aucun sel des deux premières, que les métaux des trois dernières sections ne précipitent aucun sel de la troisième, que les métaux de la troisième section précipitent les sels des trois dernières..... Les métaux d'une section précipitent rarement les sels des métaux qui appartiennent à la même section, car les affinités pour l'oxygène sont alors trop peu différentes ; le mercure précipite cependant l'argent de ses dissolutions, car il est beaucoup plus avide d'oxygène que ce métal.

Les métaux précipités de leur dissolution se déposent quelquefois sans s'attacher au métal précipitant ; quelquefois ils s'y attachent et l'enveloppent pour ainsi dire dans tous ses points. La précipitation continue encore dans ce cas, quoique l'action chimique soit pour ainsi dire suspendue ; mais elle est due à une action électrique. Les deux métaux superposés forment en effet une petite pile voltaïque dont l'énergie est suffisante pour décomposer le sel. Le métal de la base se porte au pôle négatif, c'est-à-dire sur le métal déjà précipité, et l'acide se rend, avec l'oxygène de la base, au pôle positif, c'est-à-dire sur le métal précipitant. Le métal précipité s'accumule ainsi de plus en plus sur les couches qui se sont déposées les premières, tandis que le métal précipitant se combine peu à peu avec l'acide et avec l'oxygène de la base décomposée pour former un nouveau sel.

La précipitation la plus remarquable s'obtient en plongeant une lame de zinc dans une dissolution d'acétate de plomb. On emploie une dissolution contenant environ la 30ᵉ partie de son poids de sel, on en remplit un flacon à large goulot, puis on y introduit une lame de zinc fixée au bouchon du flacon avec des fils de cuivre ; on a soin en outre de faire plonger quelques-uns de ces fils dans la dissolution. Le plomb se précipite bientôt en petits cristaux brillants sur le zinc et sur le cuivre, et il forme au bout de quelques jours des ramifications qui s'étendent dans presque toute la masse liquide. On a donné à cette cristallisation le nom d'*arbre de Saturne*, car on employait le nom de *Saturne* pour désigner le plomb.

Les métaux précipités s'allient quelquefois avec le métal précipitant, et surtout quand ce métal est le mercure. Si l'on met, par exemple, 15 ou 20 grammes de mercure dans un verre à pied, qu'on y verse ensuite 50 ou 60 grammes d'une dissolution d'azotate d'argent contenant environ 7 grammes d'argent, et qu'on l'abandonne à elle-même après avoir fermé le vase, on voit, au bout de quelques jours, une multitude de petits cristaux d'argent qui se combinent avec quelques parties de mercure, et qui forment des ramifications de quelques millimètres de hauteur. Ces ramifications portent le nom d'*arbre de Diane*, car on désignait autrefois l'argent sous le nom de *Diane*.

§ 2. — *Lois de Berthollet.*

Les lois de Berthollet sont relatives à l'action des acides et des bases sur les sels, et à l'action des sels les uns sur les autres.

174. *Action des acides.* = On peut ramener à quelques lois générales les nombreux phénomènes qui résultent de l'action des acides sur les sels. Nous devons indiquer ces lois :

1° *Un acide décompose complétement les sels qui contiennent un acide plus volatil que lui à la température de l'expérience.* Ainsi les carbonates sont tous décomposés à la température ordinaire par les acides sulfurique, azotique, chlorhydrique et acétique, car l'acide carbonique est plus volatil que ces acides.

—Les azotates et les chlorures sont décomposés à une température peu différente de 100° par l'acide sulfurique, car les acides azotique et chlorhydrique ont leurs points d'ébullition voisins de 100°, tandis que l'acide sulfurique ne bout qu'à 325°.
— Les sulfates de potasse et de soude sont décomposés à la chaleur rouge par l'acide silicique, car l'acide sulfurique est gazeux au delà de 325°, tandis que l'acide silicique est fixe à la chaleur rouge. Ce dernier exemple fait bien voir l'influence de la volatilité et de la fixité dans l'action des acides sur les sels, car l'acide sulfurique est un des acides les plus puissants, et l'acide silicique un des acides les plus faibles à la température ordinaire.

La décomposition aurait encore lieu si l'acide réagissant et l'acide du sel étaient gazeux et d'une énergie à peu près égale, pourvu que l'acide réagissant fût en quantité plus grande que l'acide du sel. On s'en assure en faisant passer un courant d'acide carbonique dans une dissolution de sulfure de potassium, ou un courant d'acide sulfhydrique dans une dissolution de carbonate de potasse. La décomposition est complète dans les deux cas.

2° *Un acide décompose complétement les sels quand il forme avec leur base un sel insoluble ou beaucoup moins soluble à la température de l'expérience que le sel employé.* Ainsi la dissolution d'azotate de baryte est décomposée par l'acide sulfurique et même par l'acide oxalique à la température ordinaire, à cause de l'insolubilité du sulfate et de l'oxalate de baryte.

3° *Un acide décompose complétement les sels dont les acides sont insolubles ou beaucoup moins solubles que lui à la température de l'expérience.* Ainsi les dissolutions de silicate de potasse, de borate de soude sont décomposées par l'acide sulfurique à la température ordinaire, car l'acide silicique est insoluble, et l'acide borique est beaucoup moins soluble que l'acide sulfurique.

Si l'on verse un peu d'acide sulfurique dans une dissolution

.étendue de borate de soude, on n'obtient pas de précipité, car l'acide borique est un peu soluble dans l'eau, mais la décomposition n'en est pas moins produite. On s'en assure en plongeant un morceau de papier de tournesol dans le liquide; il prend une couleur rouge vineux, qui est due à l'acide borique mis en liberté, tandis qu'il passerait au rouge pelure d'oignon si l'acide sulfurique était resté libre. La décomposition ne provient pas dans ce cas de la différence de solubilité des deux acides, mais de la différence de leur affinité pour la soude.

Nous avons considéré jusqu'à présent l'action d'un acide sur les sels contenant des acides d'une autre nature. Si l'acide réagissant est de même nature que celui du sel, le sel se combine quelquefois avec une nouvelle quantité d'acide pour former un nouveau sel, et il se dissout quelquefois dans cet acide sans former un nouveau composé. Le premier cas se présente quand on verse de l'acide sulfurique dans une dissolution de sulfate neutre de potasse ou de soude, et le second quand on verse de l'acide azotique dans une dissolution d'un azotate neutre quelconque.

175. *Action des bases.* = Les phénomènes qui proviennent de l'action des bases sur les sels sont soumis à des lois aussi générales que ceux qui résultent de l'action des acides.

1° *Une base fixe décompose complétement, sous l'influence de la chaleur, les sels contenant des bases volatiles.* Ainsi les sels ammoniacaux sont décomposés par la potasse, la soude, et par toutes les bases alcalines à une température élevée; ils sont même décomposés par l'oxyde de plomb et par beaucoup d'autres oxydes métalliques qui remplissent le rôle de bases.

2° *Une base soluble décompose complétement les dissolutions des sels qui contiennent des bases insolubles.* Ainsi les six protoxydes de la première section précipitent de leurs dissolutions les bases de tous les sels des cinq dernières sections. L'ammoniaque elle-même décompose toutes les dissolutions des sels de ces sections, tandis qu'elle est chassée de ses combinaisons à une température élevée, eu égard à sa volatilité, par la plus grande partie de leurs bases.

3° *Une base décompose complétement les dissolutions des sels quand elle peut former avec leur acide un sel insoluble.* Ainsi la baryte, la strontiane et la chaux décomposent les sulfates et les carbonates de potasse et de soude.

4° *Une base insoluble décompose complétement les dissolutions des sels qui contiennent une base insoluble, quand la base réagissante a plus d'affinité pour l'acide que la base du sel.* Ainsi l'oxyde d'argent décompose une dissolution d'azotate de cuivre et précipite l'oxyde de cuivre à l'état d'hydrate.

176. *Action des sels.* = Les actions réciproques des sels sont soumises à des lois aussi générales et aussi simples que celles qui régissent les actions des acides et des bases sur les sels.

1° *Lorsqu'on chauffe ensemble deux sels qui peuvent, par l'échange de leurs bases et de leurs acides, former un sel plus volatil que chacun des sels mis en présence, la double décomposition a toujours lieu.* Ainsi le carbonate de chaux et le sulfate d'ammoniaque donnent du carbonate d'ammoniaque et du sulfate de chaux, car le carbonate d'ammoniaque est plus volatil que les deux sels employés.

2° *Lorsqu'on chauffe ensemble deux sels qui, par l'échange de leurs bases et de leurs acides, peuvent former un sel moins fusible que chacun des deux sels, la double décomposition a toujours lieu.* Ainsi si l'on chauffe fortement un mélange intime de sulfate de baryte et de chlorure de calcium, on obtient du chlorure de barium et du sulfate de chaux, car le sulfate de chaux est moins fusible que les sels mélangés.

3° *Lorsqu'on met en contact deux dissolutions salines qui, par l'échange de leurs bases et de leurs acides, peuvent former un sel insoluble, la double décomposition a toujours lieu.* Ainsi, si l'on verse une dissolution de sulfate de soude dans une dissolution d'azotate de baryte, on obtient du sulfate de baryte qui se précipite eu égard à son insolubilité, et de l'azotate de soude qui reste en dissolution. — De même, si l'on mélange une dissolution de sulfate de chaux et une dissolution de carbonate d'ammoniaque, on obtient un précipité de carbonate de chaux et une solution de sulfate d'ammoniaque. Cette réaction est l'inverse de celle qu'on produit en chauffant un mélange de sulfate d'ammoniaque et de carbonate de chaux.

Si l'on mélangeait deux dissolutions salines qui ne forment que des sels solubles par l'échange de leurs bases et de leurs acides, on pourrait croire que la double décomposition n'a pas lieu, et que chacun des sels employés reste intact dans la solution; mais l'expérience démontre qu'il n'en est pas ainsi dans certains cas. Si l'on verse, par exemple, une dissolution concentrée de chlorure de sodium dans une dissolution concentrée de sulfate de cuivre, le liquide, de bleu qu'il était, passe au vert, ce qui prouve qu'il contient du chlorure de cuivre, et par suite qu'il y a eu double décomposition. On ne sait pas, du reste, si la double décomposition est complète ou si elle n'est que partielle, en d'autres termes, si le liquide ne contient que du chlorure de cuivre et du sulfate de soude, ou s'il contient, outre ces deux sels, une certaine quantité des sels dont on a mélangé les dissolutions.

Si l'on mélangeait deux dissolutions telles que le chlorure de sodium et le sulfate de magnésie, qui donnent deux sels solubles et incolores par l'échange des bases et des acides, on ne pourrait connaître la nature des sels contenus dans la dissolution. Il est vrai qu'elle donne un précipité de chlorure de sodium quand on la concentre à chaud, mais elle donne un précipité de sulfate de soude quand on la refroidit. On connaît ici la nature des produits que la solution renferme quand, en modifiant son état, on force un sel à se déposer; mais on ne sait rien de positif sur la nature de ceux qu'elle contenait avant toute modification.

4° Lorsqu'on fait bouillir pendant longtemps une solution de carbonate de potasse ou de soude contenant un sel insoluble, il y a toujours double décomposition. Si l'on considère, par exemple, le carbonate de potasse et le sulfate de plomb, on obtient du carbonate de plomb et du sulfate de potasse. La décomposition toutefois n'est complète qu'autant qu'on emploie un grand excès de carbonate alcalin et qu'on prolonge l'ébullition pendant plusieurs heures. Si l'ébullition ne durait qu'une dixaine de minutes, on aurait un dépôt de carbonate et de sulfate de plomb, et une solution de carbonate et de sulfate de potasse.

La double décomposition est plus facile, dans le cas d'un carbonate de potasse ou de soude et d'un sel insoluble, quand on opère par la voie sèche, c'est-à-dire quand on expose le mélange des deux sels à l'action de la chaleur. On emploie souvent ce moyen pour transformer un sel insoluble, dont on veut déterminer l'acide et la base, en un carbonate insoluble et un sel soluble de potasse.

§ 3. — *Composition des sels.*

177. *Division des sels.* = On divise les sels, comme les composés binaires, en trois classes : en sels neutres, en sels acides et en sels basiques.

C'est ordinairement au moyen de la teinture bleue de tournesol et de la teinture de tournesol rougie par un acide qu'on détermine la nature d'un sel ; il convient donc de faire connaître la nature des principes qui forment cette teinture et l'action que les acides et les bases exercent sur eux.

La teinture bleue de tournesol est un sel résultant de la combinaison d'une base avec un acide végétal d'un rouge pelure d'oignon. Les acides énergiques la rougissent parce qu'ils s'emparent de sa base et mettent l'acide rouge en liberté ; les bases au contraire la ramènent au bleue quand elle a été rougie par un acide parce qu'elles s'emparent de l'acide rouge et forment avec lui des sels bleus. — Les sels qui sont formés d'un acide et d'une base réunis par une forte affinité ne produisent aucun changement de couleur ni dans la teinture bleue, ni dans la teinture rougie, parce qu'ils ne peuvent céder à *ces teintures* ni leurs acides, ni leurs bases.

Lorsqu'on met la teinture bleue en contact avec un sel contenant un acide puissant et une base peu énergique, une partie de l'acide du sel se combine avec une partie de la base de la teinture et met en liberté une partie de l'acide rouge; la teinture est alors rougie par le sel. Si on met, au contraire, la teinture rougie en contact avec un sel contenant un acide faible et une base puissante, une partie de la base se combine avec une quantité plus ou moins grande de l'acide rouge, et la teinture reprend plus ou moins sa couleur bleue. On voit par là que certains sels peuvent se décomposer sous l'influence de l'acide ou de la base de la teinture de tournesol, et que cette teinture ne peut alors servir pour constater leur neutralité. — La teinture de tournesol est également insuffisante dans le cas des sels insolubles dans l'eau.

Ces notions posées, nous devons établir les faits qui ont guidé les chimistes dans la détermination de la neutralité des sels. Nous n'examinerons que le cas des sulfates, des azotates et des carbonates.

Sulfates. = L'acide sulfurique forme avec la potasse deux sels solubles dans l'eau et facilement cristallisables. L'un de ces sels n'a aucune action sur les teintures de tournesol; on doit le regarder comme neutre; on trouve, en l'analysant que la quantité d'oxygène contenue dans son acide est triple de la quantité d'oxygène contenue dans sa base. L'autre agit à la manière des acides sur la teinture de tournesol; il contient deux fois plus d'acide que le premier pour la même quantité de base, on doit le regarder comme un sel acide, comme un bisulfate. — La formule du sulfate neutre est KO,SO^3, car l'acide sulfurique et la potasse ont respectivement pour formule SO^3 et KO et l'oxygène de l'acide est triple de l'oxygène de la base. La formule du bisulfate est alors $KO,2SO^3$. — On arriverait identiquement aux mêmes résultats en considérant les sulfates de soude et de lithine.

L'acide sulfurique ne s'unit qu'en une seule proportion avec la baryte, la strontiane et la chaux. Les sulfates qui résultent de cette combinaison sont ou complétement insolubles ou excessivement peu solubles dans l'eau ; ils n'agissent pas par conséquent sur la teinture de tournesol. On les regarde comme des sels neutres ; la quantité d'oxygène de leur acide est encore triple de la quantité d'oxygène de leur base. Leur formule est XO,SO^3.

L'acide sulfurique ne se combine généralement qu'en une seule proportion avec les bases des cinq dernières sections. Les sulfates qui en résultent contiennent une quantité d'acide qui renferme trois fois plus d'oxygène que la base ; on les regarde encore comme des sels neutres. Les sulfates de ces sections rougissent tous la teinture de tournesol quand ils sont solubles, car les oxydes métalliques des cinq dernières sections ne sont pas des bases assez puissantes pour empêcher l'acide de s'unir en partie avec la base de la teinture de tournesol.

On voit en récapitulant qu'on convient de regarder comme sulfate neutre tout sulfate dans lequel l'oxygène de l'acide est triple de l'oxygène de la base. Il résulte de là que les sulfates neutres de protoxydes ont pour formule XO,SO^3 ; les sulfates neutres de sesquioxydes $X^2O^3,3SO^3$; les sulfates neutres de bioxydes $XO^2,2SO^3$.

Azotates. = L'acide azotique ne se combine qu'en une seule proportion avec les oxydes alcalins. Les azotates qui en résultent sont tous solubles, cristallisables, neutres aux réactifs colorés ; on doit les regarder comme des sels neutres. L'oxygène de leur acide est quintuple de l'oxygène de leurs bases.

L'acide azotique forme également, avec les oxydes métalliques des cinq dernières sections des azotates, qui sont solubles, cristallisables et dans lesquels l'oxygène de l'acide est quintuple de l'oxygène de la base ; on les regarde encore comme des sels neutres, quoiqu'ils rougissent tous la teinture de tournesol. On regarde donc comme neutres tous les azotates dans lesquels la quantité d'oxygène de l'acide est quintuple de la quantité d'oxygène de la base. Il résulte de là que les azotates neutres de protoxydes ont pour formule XO,AzO^5; les azotates neutres de sesquioxydes $X^2O^3,3AzO^5$....

L'acide azotique ne peut former aucun sel acide, mais il forme quelques sels basiques avec quelques bases des cinq dernières sections. L'acide sulfurique au contraire ne forme qu'un très-petit nombre de sels basiques, mais il forme des bisulfates avec la potasse, la soude et la lithine.

Carbonates. = Il est impossible de constater la neutralité des carbonates au moyen des réactifs colorés, car les carbonates insolubles ne peuvent agir sur ces réactifs, et les carbonates solubles agissent à la manière des bases, eu égard au peu d'énergie de leur acide. On est convenu de regarder comme neutres les carbonates de baryte, de strontiane, de chaux, de magnésie, de fer... qu'on rencontre en beaux cristaux et en grande quantité dans la nature. Or comme l'oxygène de leur acide est double de l'oxygène de leurs bases, on regarde comme neutres tous les carbonates qui offrent ces rapports. Il résulte de là que les carbonates neutres de protoxydes ont pour formule XO,CO^2; les carbonates neutres de sesquioxydes $X^2O^3,3CO^2$...

L'acide carbonique peut former des carbonates acides en s'unissant avec la potasse, la soude et quelques autres bases; il peut aussi former des carbonates basiques en se combinant avec quelques bases des cinq dernières sections.

§ 4. — *Caractères des principaux genres de sels.*

On constitue les *genres* de sels en groupant ensemble les sels qui contiennent le même acide; on forme ainsi le *genre sulfate*, le *genre carbonate*.... Chaque genre de sels a des propriétés générales et des caractères particuliers qu'il est indispensable de connaître; nous indiquerons ces propriétés et ces caractères en nous bornant toutefois aux principaux genres.

178. *Azotates.* = L'acide azotique ne forme, en se combinant avec les bases, que des azotates neutres et des azotates basiques, et encore le nombre de ces derniers sels est-il extrêmement restreint. La quantité d'oxygène de l'acide est quintuple de la quantité d'oxygène de la base dans les azotates neutres.

Les azotates sont tous décomposés par la chaleur. Les azotates alcalins, les plus difficilement décomposables, perdent d'abord deux équivalents d'oxygène et se transforment en azotites; puis il s'en dégage de l'azote et de l'oxygène à la chaleur rouge et il ne reste que la base du sel. Les autres azotates donnent de l'oxygène, de l'acide hypoazotique et l'oxyde du sel à moins que cet oxyde ne puisse se réduire ou se suroxyder.

Le carbone, le soufre, le phosphore, l'arsenic, le bore et le silicium agissent vivement sur les azotates à une température élevée; ils s'emparent de l'oxygène de l'acide azotique, et ils forment des acides qui se combinent en partie avec la base du sel. La réaction est toujours accompagnée d'une vive lumière. On s'en assure en projetant de l'azotate de potasse sur des charbons ardents ou en versant un mélange intime de soufre et d'azotate de potasse ou de strontiane dans un creuset chauffé au rouge. Dans le premier cas, il se forme de l'azote, de l'acide carbonique et du carbonate de potasse; dans le second, il se produit de l'azote, de l'acide sulfureux et du sulfate de potasse ou de strontiane. On obtient une belle lumière blanche avec l'azotate de potasse et une belle lumière rouge avec l'azotate de strontiane.

Les azotates neutres sont tous solubles dans l'eau; les azotates basiques sont insolubles ou très-peu solubles.

L'acide sulfurique décompose tous les azotates à une température peu élevée; il s'unit à la base du sel et met l'acide en liberté. — L'acide chlorhydrique décompose aussi tous les azotates, il forme de l'eau et un chlorure en agissant sur la base, et de l'eau régale en agissant sur l'acide. La décomposition toutefois n'est pas complète, car l'acide chlorhydrique n'est ni plus puissant, ni plus fixe que l'acide azotique ; aussi l'acide azotique décompose-t-il lui-même partiellement les chlorures en donnant des résultats analogues.

Les azotates forment un des genres de sels les plus faciles à reconnaître. Ils activent fortement la combustion quand on les projette sur des charbons ardents ; ils dégagent en outre des vapeurs blanches et piquantes d'acide azotique quand on les chauffe un peu avec de l'acide sulfurique concentré, et des vapeurs rutilantes d'acide hypoazotique quand on ajoute au mélange un peu de cuivre. — On peut reconnaître des traces d'acide azotique ou d'un azotate dans un liquide en versant une partie du liquide dans une dissolution de sulfate de protoxyde de fer préalablement mêlée avec de l'acide sulfurique et en y plongeant une lame de fer. Le liquide se colore au bout de quelque temps en rose ou en brun pour peu qu'il contienne de l'acide azotique libre ou un azotate. La coloration provient de l'action du bioxyde d'azote sur le sulfate de fer, et le bioxyde d'azote résulte de la décomposition que le fer fait éprouver à l'acide azotique sous l'influence de l'acide sulfurique.

On trouve dans la nature les azotates de potasse, de soude, de chaux et de magnésie. On y rencontre aussi, mais en très-petite quantité, l'azotate d'ammoniaque ; il provient de l'action que les éclairs exercent sur l'azote et l'oxygène de l'air sous l'influence de l'ammoniaque.

179. *Carbonates.* = L'acide carbonique forme, en s'unissant avec les bases, des carbonates neutres, des carbonates acides et des carbonates basiques. Dans les carbonates neutres la quantité d'oxygène de l'acide est double de la quantité d'oxygène de la base.

Les carbonates se décomposent tous par la chaleur à l'exception des carbonates de potasse, de soude et de lithine. Les carbonates de baryte, de strontiane et de chaux exigent une température supérieure au rouge ; les autres se décomposent à une température beaucoup moins élevée. Dans tous les cas l'acide carbonique se dégage, et la base est mise en liberté.

Le charbon décompose tous les carbonates à une température suffisamment élevée. On obtient de l'oxyde de carbone et le métal de la base avec les carbonates de potasse, de soude et de lithine ; on a de l'oxyde de carbone et la base du sel avec les carbonates de baryte, de strontiane et de chaux. — Les carbonates des cinq dernières sections se décomposent par la chaleur avant que le charbon ait commencé à agir sur eux; ils se comportent par conséquent, sous l'influence du charbon, comme les oxydes qu'ils renferment. — Le phosphore décompose tous les carbonates à une température élevée; il se forme des phosphates, et le carbone est mis en liberté. Le soufre n'exerce aucune action, car il a moins d'affinité que le carbone pour l'oxygène, et il ne peut par conséquent décomposer l'acide carbonique.

Les carbonates neutres sont tous insolubles dans l'eau à l'exception des carbonates de potasse et de soude qui sont trsè-solubles, et du carbonate de lithine qui l'est un peu. — La plupart des carbonates neutres, le carbonate de chaux lui-même, sont solubles dans une eau contenant de l'acide carbonique en dissolution.

Tous les acides, à l'exception de quelques acides très-faibles, décomposent les carbonates. Les acides liquides ou en dissolution les décomposent même à la température ordinaire; ils s'emparent de la base du sel et en dégagent l'acide carbonique avec une vive effervescence.

Les carbonates forment le genre de sel le plus facile à reconnaître. Ils produisent, en effet, quand on verse sur eux de l'acide chlorhydrique, une vive effervescence en dégageant un gaz incolore, inodore, presque insipide et qui précipite l'eau de chaux; c'est l'acide carbonique. — On distingue facilement les bicarbonates des carbonates neutres, car ils ne précipitent pas le sulfate de magnésie, tandis que les carbonates neutres le précipitent.

On trouve un grand nombre de carbonates dans la nature; on y rencontre surtout les carbonates de chaux, de fer, de soude, de potasse, de cuivre, de plomb, de zinc, de baryte, de strontiane, de magnésie et de manganèse. Le carbonate de chaux constitue à lui seul des montagnes et des chaines entières de montagnes.

180. *Sulfates.* = L'acide sulfurique forme, en se combinant avec les bases, des sulfates neutres, deux ou trois sulfates acines et quelques sulfates basiques. Dans les sulfates neutres la quantité d'oxygène de l'acide est triple de la quantité d'oxygène de la base.

Les sulfates sont tous décomposés par la chaleur à l'exception des sulfates de la première section, du sulfate de magnésie et du sulfate de plomb. Ils donnent de l'acide sulfureux, de l'oxygène et l'oxyde du sel, à moins que cet oxyde ne puisse lui-même se réduire ou se suroxyder. Quelques-uns donnent en outre de l'acide sulfurique anhydre.

Le carbone décompose tous les sulfates à une température élevée; il donne de l'oxyde de carbone ou de l'acide carbonique et d'autres produits qui varient avec la température et la nature du sulfate. On obtient avec les sulfates alcalins un monosulfure quand on chauffe à la chaleur blanche, et un polysulfure mêlé avec de l'oxyde quand on chauffe seulement jusqu'au rouge sombre. On obtient, avec les sulfates de magnésie, d'alumine et de quelques autres oxydes de la deuxième section, du sulfure de carbone et l'oxyde du sel, et avec les sulfates des quatre dernières sections de l'acide sulfureux et un sulfure métallique ou le métal.—Le phosphore décompose aussi tous les sulfates; le soufre n'en décompose aucun.

Les sulfates sont presque tous solubles dans l'eau; le sulfate de baryte est complétement insoluble; les sulfates de plomb, de strontiane, de chaux, de mercure et d'argent sont très-peu solubles. Le sulfate de baryte est non-seulement insoluble dans l'eau, mais dans tous les acides, à l'exception de l'acide sulfurique bouillant.

Les sulfates ne sont décomposés par aucun oxacide à la température ordinaire ; mais ils sont décomposés à la chaleur rouge par les acides phosphorique, borique et silicique qui sont plus fixes que l'acide sulfurique à cette température, et de là résultent des phosphates, borates et silicates, et un dégagement d'oxygène et d'acide sulfureux dans les proportions qui forment l'acide sulfurique. — L'acide sulfhydrique décompose presque tous les sulfates des quatres dernières sections à la température ordinaire ; il met l'acide sulfurique en liberté, et il réagit sur la base du sel pour donner de l'eau et un sulfure.

On reconnaît facilement les sels qui appartiennent au *genre sulfate*. Ces sels ne font effervescence avec l'acide sulfurique ni à froid, ni à chaud ; ils donnent en outre un précipité blanc, insoluble dans les acides et dans les alcalis, quand on verse de l'azotate de baryte dans leur dissolution. — Si on avait à constater le genre d'un sulfate insoluble, on le mélangerait avec un excès de carbonate de potasse, on calcinerait le mélange, puis on le traiterait par l'eau et on filtrerait. La solution contiendrait alors du sulfate de potasse dont on reconnaîtrait le genre au moyen de l'azotate de baryte.

On trouve un grand nombre de sulfates dans la nature ; les sulfates de chaux, de baryte, d'alumine et de potasse sont les plus répandus.

181. *Sulfites.* = La chaleur décompose tous les sulfites ; elle transforme les sulfites de la première section en sulfates et en sulfures, elle chasse l'acide sulfureux de tous les autres. Le carbone agit sur eux comme sur les sulfates.

Les sulfites de potasse et de soude sont très-solubles dans l'eau ; ils ont une saveur sulfureuse caractéristique ; ils se convertissent peu à peu en sulfates au contact de l'air et ils y passent rapidement sous l'influence de l'acide azotique, du chlore et des autres corps oxydants. Les autres sulfites connus sont insolubles dans l'eau ; ils s'altèrent beaucoup moins au contact de l'air.

On reconnaît les sulfites en versant sur eux de l'acide sulfurique ; ils dégagent immédiatement de l'acide sulfureux et ne produisent pas de dépôt de soufre.

182. *Hyposulfites.* = Les hyposulfites se comportent comme les sulfites sous l'influence de la chaleur ; ils se transforment aussi en sulfates par l'action des oxydants, mais ils n'y passent que très-lentement au contact de l'air. Les hyposulfites sont tous très-solubles à l'exception des hyposulfites de baryte, de plomb, de cuivre et d'argent, qui le sont très-peu.

Les hyposulfites de potasse et de soude ont la propriété de dissoudre les chlorures, bromures et iodures d'argent qui sont complétement insolubles dans l'eau ; on s'en sert, eu égard à cette propriété, pour enlever des plaques daguerriennes, la couche d'iodure d'argent qui reste sur elles après leur exposition dans la chambre obscure.

On reconnaît les hyposulfites en versant sur eux de l'acide sulfurique ; ils donnent un dégagement d'acide sulfureux et un dépôt de soufre.

183. *Hyposulfates.* = Les hyposulfates de la première section et l'hyposulfate de plomb se transforment en sulfates et en acide sulfureux par l'action de la chaleur ; les autres éprouvent une décomposition plus complète. Ils sont tous très-solubles dans l'eau et ils se transforment facilement en sulfates sous l'influence des oxydants. On les reconnaît encore au moyen de l'acide sulfurique : on n'obtient aucun dégagement de gaz à froid quand on verse de l'acide sulfurique dans leur dissolution, mais on dégage de l'acide sulfureux quand on soumet le liquide à l'action de la chaleur.

On ne rencontre dans la nature aucun sulfite, aucun hyposulfite, aucun hyposulfate.

184. *Chlorates.* — Les chlorates se décomposent tous par la chaleur : les chlorates des deux premières sections donnent de l'oxygène et un chlorure ; les autres donnent du chlore, de l'oxygène et un oxyde ou un oxychlorure.

Les chlorates sont des oxydants plus énergiques que les azotates ; ils activent fortement la combustion quand on les projette sur des charbons ardents et ils produisent de fortes détonations quand on les mélange avec du soufre, du sucre..... et qu'on soumet le mélange à l'action de la chaleur ou à un choc un peu rude.

Les chlorates sont tous solubles dans l'eau ; ils ne précipitent pas les sels d'argent puisque le chlorate d'argent est soluble, mais ils les précipitent quand on les a calcinés si toutefois ils donnent un chlorure par l'action de la chaleur.

L'acide sulfurique décompose les chlorates à la température ordinaire : il suffit de verser une goutte d'acide sulfurique concentré sur un fragment de chlorate de potasse pour qu'il en résulte une violente détonation et un dégagement de vapeurs jaunes d'acide hypochlorique ; il se forme en outre du bisulfate et du perchlorate de potasse. On obtiendrait les mêmes produits en versant l'acide dans une dissolution de chlorate et en portant la liqueur à l'ébullition ; mais la détonation serait moins forte.

On reconnaît les chlorates à la propriété qu'ils possèdent d'activer la combustion quand on les projette sur des charbons ardents et de donner des vapeurs jaunes d'une odeur de chlore, quand on verse sur eux de l'acide sulfurique concentré.

185. *Perchlorates.* — Les perchlorates se comportent, comme les chlorates, sous l'influence de la chaleur et des corps combustibles ; mais on les distingue facilement des chlorates, car ils ne dégagent pas de vapeurs jaunes et ils ne se colorent pas quand on les met en contact avec l'acide sulfurique concentré. Cet acide se combine alors avec la base du sel et isole complète-ment l'acide perchlorique sans le décomposer. — Le perchlorate de potasse est très-peu soluble dans l'eau ; aussi l'acide perchlo-rique précipite-t-il les dissolutions concentrées des sels de potasse. •

186. *Hypochlorites.* = Les seuls hypochlorites qu'on ait étudiés sont les hypochlorites de potasse, de soude et de chaux. Ce sont des composés très-peu stables ; ils se trans-forment en chlorates et en chlorures quand on les soumet à une douce chaleur ou même à l'action de la lumière. Ils se comportent comme des oxydants très-énergiques : ils transfor-ment, à la température ordinaire, les sulfites en sulfates, les sels de protoxyde de fer en sels de sesquioxyde ; ils décolorent rapidement les substances végétales. — Les hypochlorites sont décomposés par presque tous les acides, et même par l'acide carbonique ; ils ont la saveur et l'odeur de l'acide hypo-chloreux.

On ne trouve dans la nature, ni chlorate, ni perchlorate, ni hypochlorite.

187. *Phosphates.* = L'acide phosphorique forme, en s'unis-sant avec les bases, des phosphates neutres, des phosphates acides et des phosphates basiques. Dans les phosphates neu-tres, la quantité d'oxygène de l'acide vaut deux fois et demie la quantité d'oxygène de la base ; leur formule générale est ainsi : $2XO,PhO^5$.

Les phosphates ne sont pas décomposés par la chaleur, à moins qu'ils ne contiennent un oxyde réductible.

Les phosphates neutres et les phosphates acides sont partiel-lement décomposés par le charbon à une température très-élevée ; ils donnent de l'oxyde de carbone, du phosphore et un phosphate basique s'ils appartiennent aux deux premières sections, et de l'oxyde de carbone, de l'acide carbonique et un phosphure s'ils appartiennent aux sections suivantes. Tous les phosphates sans exception sont décomposés et donnent du phosphore, si on les chauffe fortement après les avoir mélangés avec du charbon, et de l'acide borique ou silicique.

Les phosphates de potasse et de soude sont solubles dans l'eau ; les autres phosphates y sont insolubles, à moins qu'ils ne soient avec excès d'acide phosphorique.

Les phosphates ne dégagent aucun gaz quand on les met en contact avec les acides sulfurique, azotique et chlorhydrique à la température ordinaire ; ils ne font en général que se dissoudre dans ces acides ; ils ne sont décomposés par aucun d'eux à une température élevée, eu égard à la fixité de l'acide phosphorique.

Les phosphates forment un genre de sels assez facile à reconnaître. Ils donnent tous du phosphore quand on les chauffe fortement avec du charbon et de l'acide borique ou silicique; ils produisent, en outre, quand on les chauffe avec du potassium, du phosphure de potassium qui laisse dégager du phosphure gazeux d'hydrogène dans son contact avec l'eau tiède. — Les phosphites et les hypophosphites possèdent aussi ces deux caractères, mais ils se distinguent facilement des phosphates, soit parce qu'ils donnent du phosphure gazeux d'hydrogène quand on les soumet à l'action de la chaleur, soit parce qu'ils dégagent des vapeurs rutilantes d'acide hypoazotique quand on les traite par l'acide azotique à une douce chaleur. Les phosphites et les hypophosphites se transforment en phosphates dans ces deux cas.

On trouve plusieurs phosphates dans la nature ; on rencontre un phosphate basique de chaux dans plusieurs localités de l'Espagne, un autre phosphate basique dans les os des différents animaux, le phosphate double de soude et d'ammoniaque dans les urines humaines, le phosphate double d'ammoniaque et de magnésie dans les calculs qui se forment dans les intestins des chevaux et de la vessie de l'homme, le phosphate de magnésie dans les céréales et le phosphate de potasse dans un grand nombre de graines. On trouve enfin les phosphates de plomb, de cuivre, de fer, d'urane et de quelques autres bases dans le règne minéral, mais ces phosphates sont peu abondants.

188. *Arséniates.* = Les arséniates sont analogues aux phosphates par leur composition et par un grand nombre de leurs propriétés.

Ils sont indécomposables par la chaleur, à moins qu'ils ne contiennent un oxyde réductible. Ils sont tous décomposés par le charbon à une température suffisamment élevée ; ils donnent de l'oxyde de carbone ou de l'acide carbonique, des vapeurs d'arsenic et la base du sel ou le métal de la base, selon la nature de l'arséniate.

Les arséniates sont tous insolubles dans l'eau, à l'exception des arséniates de potasse et de soude ; mais ils sont tous solubles dans un excès d'acide.

Tous les arséniates chauffés avec du charbon et de l'acide borique dans un petit tube de verre fermé par un bout donnent des vapeurs d'arsénic qui vont se condenser dans la partie supérieure du tube sous la forme d'un anneau miroitant. — Les arsénites possèdent aussi ce caractère, mais on les distingue des arséniates aux vapeurs rutilantes qu'ils produisent quand on les traite par l'acide azotique.

Les arséniates solubles donnent un précipité rouge brique d'arséniate d'argent quand on verse dans leur dissolution de l'azotate d'argent bien neutre ; il donnent des taches miroitantes quand on les traite par l'appareil de Marsh ; ils donnent enfin un précipité jaune de sulfure d'arsenic avec l'acide sulfhydrique, mais ce précipité est souvent lent à se former.

189. *Arsénites.* = Les arsénites se composent, comme les arséniates, sous l'influence de la chaleur et du charbon. Ils sont de même insolubles dans l'eau, à l'exception des arsénites de potasse et de soude, et ils se dissolvent aussi dans un excès d'acide.

Les arsénites solubles donnent immédiatement un précipité jaune dans l'acide sulfhydrique et un précipité jaune clair dans l'azotate d'argent bien neutre; ils donnent aussi des taches miroitantes dans l'appareil de Marsh.

Tous les arsénites se transforment en arséniates, en dégageant des vapeurs rutilantes, quand on les traite par l'acide azotique.

On rencontre quelques arséniates et quelques arsénites dans la nature : l'arséniate de cobalt et l'arsénite de cuivre sont les plus abondants.

190. *Borates.* = L'acide borique s'unit avec quelques bases en plusieurs proportions : on regarde assez généralement comme borates neutres ceux dans lesquels l'oxygène de l'acide est triple de l'oxygène de la base.

Les borates ne sont pas décomposés à la chaleur rouge; ils se fondent tous en un verre incolore ou coloré, selon que leur base est elle-même incolore ou colorée. Ils se décomposent en abandonnant leur acide, quand on les maintient pendant longtemps à la chaleur blanche. — Quelques borates sont décomposés par le charbon à une température très-élevée; ils donnent de l'oxyde de carbone et un borure métallique.

Les borates sont insolubles dans l'eau, à l'exception des borates de potasse, de soude et de lithine.

Les acides sulfurique, azotique et chlorhydrique décomposent les borates en présence de l'eau ; ils s'emparent de leurs bases et mettent l'acide borique en liberté.

On reconnaît les borates en isolant leur acide au moyen de l'acide sulfurique et en voyant si l'acide obtenu est presque insipide, s'il fond à la chaleur rouge en un verre transparent et s'il communique une couleur verte à la flamme de l'alcool. On les reconnaît aussi en les chauffant avec du fluorure de calcium et de l'acide sulfurique concentré, car ils donnent du fluorure de bore qu'on reconnaît aux vapeurs blanches qu'il répand dans l'air et à son action sur l'eau.

On ne trouve dans la nature que les borates de soude, de magnésie, de chaux et de fer ; et encore ces trois derniers borates sont-ils extrêmement rares.

191. *Silicates.* = L'acide silicique se combine avec les bases en plusieurs proportions, mais il ne les neutralise pas d'une manière complète. On regarde comme silicates neutres ceux dont l'acide contient trois fois plus d'oxygène que la base.

Les silicates sont indécomposables par la chaleur, mais ils se fondent en général à une température suffisamment élevée. Leur fusibilité est en rapport avec celle de leurs bases ; c'est ainsi que les silicates de potasse, de soude et de plomb sont très-fusibles, que les silicates de chaux et de baryte sont très-difficiles à fondre, et que les silicates d'alumine et de manganèse sont infusibles au feu de forge. Les silicates doubles sont toujours plus fusibles que le silicate le moins fusible qui entre dans leur composition.

Tous les silicates sont insolubles dans l'eau, à l'exception des silicates de potasse et de soude. Ces silicates ne sont même solubles que quand ils contiennent un grand excès de bases.

L'acide fluorhydrique attaque tous les silicates à la température ordinaire en donnant lieu à du fluorure de silicium. Les acides sulfurique, azotique et chlorhydrique agissent sur les silicates de potasse et de soude à la température ordinaire ou au moins à la température de l'ébullition, mais ils n'agissent sur les autres silicates qu'autant qu'ils contiennent un excès de base et qu'ils n'ont pas une grande cohésion. La silice mise en liberté par ces acides se dépose en gelée si l'acide est concentré, et se dissout dans l'eau s'il est étendu.

On reconnaît les silicates en isolant leur acide silicique, car cet acide est caractérisé par son insipidité, son insolubilité et sa fixité. On pulvérise à cet effet le silicate, on le mêle avec trois fois son poids de carbonate de soude, puis on chauffe le mélange jusqu'à ce qu'il devienne pâteux. On le délaye ensuite dans de l'eau, puis on y verse de l'acide chlorhydrique, qui précipite la silice. — On reconnaît aussi les silicates en les chauffant, dans un vase de platine, avec du fluorure de calcium et de l'acide sulfurique concentré, car ils donnent du fluorure de silicium qui fume à l'air et qui laisse déposer de la silice gelatineuse dans son contact avec l'eau.

On rencontre un grand nombre de silicates dans la nature. Les silicates de chaux, d'alumine, de magnésie et de fer sont les plus communs.

§ 5. — *Des sels ammoniacaux.*

192. *Composition des sels ammoniacaux.* = L'ammoniaque se combine avec les acides et les neutralise aussi complétement que les bases oxygénées les plus énergiques. On donne le nom de sels ammoniacaux aux composés qui résultent de cette combinaison.

L'ammoniaque se combine directement avec les hydracides : ainsi, qu'on verse une dissolution d'ammoniaque dans une dissolution d'acide chlorhydrique jusqu'à saturation et qu'on fasse évaporer la liqueur, on obtient un composé cristallin, dont la formule est AzH^3,HCl et qu'on nomme chlorhydrate d'ammoniaque. La combinaison s'effectue aussi quand on met l'ammoniaque et l'acide en contact à l'état de gaz; ils se combinent en volumes égaux et donnent encore le composé AzH^3,HCl.

L'ammoniaque se combine aussi directement avec les oxacides ; ainsi, qu'on verse une dissolution d'ammoniaque dans de l'acide sulfurique étendu et qu'on évapore la liqueur, on obtient un composé cristallin dont la formule est $HO + AzH^3,SO^3$

et qu'on nomme sulfate d'ammoniaque. On obtiendrait un résultât analogue avec les autres oxacides hydratés. — Les sels ainsi formés contiennent tous de l'eau de cristallisation ; on peut les débarrasser en général d'une partie de cette eau par l'action de la chaleur ou par l'évaporation dans le vide, mais il reste toujours un équivalent qu'il est impossible de leur faire perdre sans les décomposer. Cet équivalent d'eau est donc nécessaire à la constitution du sel.

Le gaz ammoniac se combine cependant quelquefois avec les oxacides anhydres, mais il forme alors des composés qui diffèrent des sels par quelques propriétés essentielles. Ainsi le gaz ammoniac et l'acide sulfurique anhydre forment, en s'unissant, le composé AzH^3,SO^3 qui ne précipite pas immédiatement l'azotate de baryte comme le sulfate d'ammoniaque $HO + AzH^3,SO^3$ et comme tous les autres sulfates. Ce composé ne précipite l'azotate de baryte qu'après une ébullition prolongée ; ce n'est donc pas un sel ordinaire.

Les véritables sels ammoniacaux contiennent tous par conséquent un équivalent d'eau nécessaire à leur constitution ; ils ont donc pour base l'ammoniaque unie à un équivalent d'eau ou le composé AzH^3,HO. — Quelques chimistes regardent ce composé comme formé d'oxygène et du radical AzH^4 qu'ils nomment *ammonium*, et ils le nomment alors un *oxyde d'ammonium*. En admettant cette idée le composé $HO + AzH^3,SO^3$ est un sulfate d'oxyde d'ammonium (AzH^4O,SO^3), et le composé AzH^4,HCl un chlorure d'ammonium (AzH^4Cl). — Les mêmes chimistes donnent le nom d'*amides* aux composés qui résultent de la combinaison de l'ammoniac et des oxacides secs, et ils admettent un nouveau radical AzH^2, qu'ils appellent *amidogène*, qui joue un grand rôle dans la théorie des amides. Nous n'insisterons pas sur ces idées purement hypothétiques, et nous continuerons à employer les dénominations anciennement adoptées pour les sels ammoniacaux.

193. *Propriétés générales.* = Tous les ammoniacaux sont

solides à la température ordinaire, à l'exception du fluoborate, qui est liquide ; ils sont tous blancs ; ils ont une saveur piquante; ils sont tous solubles dans l'eau et susceptibles de cristallisation.

Les sels ammoniacaux dont l'acide est gazeux se volatilisent par l'action de la chaleur ; ceux dont l'acide est fixe abandonnent leur ammoniaque à une température élevée, et ceux dont l'acide n'est ni gazeux, ni fixe se décomposent par suite de la réaction des éléments de l'acide sur ceux de la base. Nous citerons le carbonate, le sulfite, le chlorhydrate parmi les sels ammoniacaux qui se volatilisent, le phosphate et le borate parmi ceux qui abandonnent leur ammoniaque, et le sulfate et l'azotate parmi ceux qui éprouvent une décomposition plus complète.

Les six bases alcalines de la première section chassent complétement l'ammoniaque de ses combinaisons en se substituant à elle ; la magnésie, l'oxyde de zinc, l'oxyde de cuivre la chassent en partie en donnant lieu à des sels doubles ; mais la plupart des bases des cinq dernières sections n'ont aucune action sur les sels ammoniacaux.

On reconnaît les sels ammoniacaux à l'odeur d'ammoniaque qui se dégage quand on les chauffe avec un alcali fixe, la potasse, la soude ou la chaux. Si l'odeur ammoniacale n'était pas appréciable, quoiqu'il n'en faille que $\frac{1}{2000}$ pour agir sur l'odorat, on les reconnaîtrait en approchant du mélange un tube imprégné d'acide chlorhydrique, car la combinaison de l'acide et de l'ammoniaque produit immédiatement d'abondantes vapeurs blanches.

On ne trouve dans la nature que le sulfate, le phosphate, le carbonate, le chlorhydrate et le sulfhydrate d'ammoniaque.

Ces notions préliminaires étant établies, nous devons décrire les principaux sels ammoniacaux. Nous commencerons par le chlorhydrate, le plus important de tous les sels.

194. *Chlorhydrate d'ammoniaque.*=Le chlorhydrate d'ammoniaque, qu'on nomme vulgairement le *sel ammoniac*, n'a pas d'odeur; il a une saveur piquante, il est beaucoup plus soluble à chaud qu'à froid; il se volatilise au dessous de la chaleur rouge. Il cristallise quelquefois en octaèdres isolés, mais plus ordinairement en longues aiguilles qui présentent une assez grande élasticité. Ses cristaux sont anhydres; on les obtient soit par sublimation, soit par la voie humide.

On trouve le chlorhydrate d'ammoniaque dans les urines humaines et dans la fiente des chameaux; il existe aussi aux environs des volcans.

On retirait autrefois de l'Egypte tout le sel ammoniac qu'on employait dans l'industrie. On l'y préparait au moyen de la suie qui provenait de la combustion de la fiente des chameaux ; on en remplissait aux trois quarts de grosses fioles de verre ; on les soumettait à l'action de la chaleur pour sublimer le sel, et on les brisait ensuite pour en retirer la croûte de chlorhydrate qui s'était attachée à leurs parties supérieures.

On l'obtient actuellement en France au moyen du carbonate d'ammoniaque qui se forme abondamment et comme produit secondaire quand on décompose la houille dans la préparation du gaz de l'éclairage ou quand on calcine les matières animales dans la préparation du cyanure de potassium. On fait arriver les produits gazeux dans de l'eau afin d'y condenser le carbonate, puis on sature cette eau par l'acide chlorhydrique et on soumet la liqueur à l'évaporation. Le chlorhydrate d'ammoniaque se dépose alors en gros cristaux qui retiennent des matières étrangères, mais qu'on purifie aisément en les sublimant. — On l'obtient aussi au moyen du carbonate d'ammoniaque qu'on prépare en distillant dans un alambic les urines putréfiées.

On prépare souvent le sel ammoniac en traitant le sulfate d'ammoniaque par le sel marin : il se forme alors du chlorhydrate d'ammoniaque et du sulfate de soude, comme l'indique la formule $AzH^3.HO,SO^3 + NaCl = AzH^3,HCl + NaO,SO^3$. On peut opérer par la voie sèche, car le chlorhydrate d'ammoniaque est

plus volatil que le sulfate, ou par la voie humide, car le chlorhydrate cristallise avant le sulfate de soude. — Quant au sulfate
d'ammoniaque qu'on emploie dans cette préparation, on l'obtient en faisant filtrer, à travers des couches épaisses de sulfate
de chaux pulvérisé, le carbonate d'ammoniaque qui se forme
dans la préparation du gaz de l'éclairage ou du cyanure de potassium. Le carbonate d'ammoniaque et le sulfate de chaux
donnent, par leur réaction, du carbonate de chaux insoluble
et du sulfate d'ammoniaque soluble qu'on retire par évaporation.

On emploie le sel ammoniac pour préparer l'ammoniaque,
pour *décaper* les métaux, c'est-à-dire pour enlever la couche
d'oxyde adhérente à leur surface, et pour former différents produits pharmaceutiques. On s'en sert aussi dans quelques opérations de teinture et dans le traitement du minerai de platine.

195. *Carbonates d'ammoniaque.* = L'ammoniaque et l'acide
carbonique forment, en se combinant ensemble, un carbonate
neutre, un sesquicarbonate, un bicarbonate et plusieurs autres
composés qu'on peut regarder comme des combinaisons de ces
trois sels en différentes proportions.

L'ammoniaque et l'acide carbonique ne peuvent se combiner
qu'en une seule proportion quand on les met en contact à l'état
de gaz; ils s'unissent toujours, quelles que soient les quantités
relatives des deux corps, dans le rapport de deux volumes de
gaz ammoniac et d'un volume de gaz acide carbonique. Le composé qu'on obtient ainsi a pour formule AzH^3,CO^2; il cristallise
en aiguilles, il a une odeur ammoniacale très-prononcée et il
se sublime sans altération par l'action de la chaleur. Ce corps
se dissout facilement dans l'eau, et il agit alors comme les carbonates ordinaires; il prend ainsi l'équivalent d'eau nécessaire
à la constitution des sels ammoniacaux et produit le carbonate
neutre $AzH^3.HO,CO^2$. Ce carbonate est sans usages.

On obtient le *sesquicarbonate d'ammoniaque* en chauffant un mélange intime de chlorhydrate d'ammoniaque et de carbonate de chaux. On introduit le mélange dans une cornue de grès qu'on chauffe avec un petit fourneau, et on reçoit les produits volatils dans un récipient qu'on refroidit avec de l'eau. Il reste dans la cornue du chlorure de calcium, et il s'en dégage de l'eau, du gaz ammoniac et du sesquicarbonate d'ammoniaque. Le sesquicarbonate se condense, sous forme d'une croûte blanche dans le col de la cornue et dans le récipient. — On emploie souvent le sulfate d'ammoniaque impur au lieu du chlorhydrate, mais il faut alors sublimer de nouveau le sesquicarbonate pour l'avoir à l'état de pureté.

Le sesquicarbonate d'ammoniaque a une réaction alcaline et une odeur ammoniacale très-prononcée; il est extrêmement volatil, de sorte qu'il faut des flacons bien bouchés pour le conserver. On l'emploie dans les laboratoires et en médecine. On le désigne quelquefois sous les noms de *sel volatil d'Angleterre*, *d'alcali volatil concret*.

On obtient le *bicarbonate d'ammoniaque* en faisant passer un courant d'acide carbonique dans une dissolution d'ammoniaque jusqu'à ce que le gaz cesse de se dissoudre. Ce sel cristallise facilement; il répand une légère odeur ammoniacale. C'est le plus stable des trois carbonates d'ammoniaque, car les deux premiers se transforment en bicarbonate, au contact de l'air, en perdant une partie de leur base. L'eau bouillante le décompose cependant et lui enlève une partie de son acide carbonique.

Le carbonate qu'on obtient par la calcination de la houille et des matières animales est un mélange ou une combinaison de divers carbonates d'ammoniaque. Il est difficile de le séparer des matières goudronneuses et des huiles empyreumatiques qu'il entraîne avec lui; on le convertit toujours maintenant en sulfate d'ammoniaque qu'on sépare beaucoup plus facilement de ces substances.

196. *Sulfate.*=Le sulfate neutre d'ammoniaque $AzH^3.HO, SO^3$

est amer et très-piquant; il fond à 140° et se décompose vers
180°; il donne d'abord de l'eau et de l'azote, puis du sulfite
d'ammoniaque qui se sublime. Il cristallise facilement par la
voie humide, car il est deux fois plus soluble à chaud qu'à froid;
ses cristaux ne contiennent pas d'eau de cristallisation.

Le sulfate d'ammoniaque est isomorphe avec le sulfate de
potasse KO,SO³; il remplace ce sel dans plusieurs composés; il
forme par exemple avec le sulfate d'alumine un *alun* à base ammoniacale parfaitement analogue à l'alun à base de potasse. Il
est bon de remarquer que l'ammoniaque qui remplace un équivalent de potasse KO a pour formule AzH³.HO ou AzH⁴O.

On obtient le sulfate d'ammoniaque dans les laboratoires en
saturant une dissolution d'ammoniaque avec de l'acide sulfurique
étendu et en faisant cristalliser. — On l'obtient dans l'industrie
en saturant d'acide sulfurique ou en décomposant par le sulfate
de chaux ou de fer le carbonate d'ammoniaque impur qui provient de la distillation de la houille ou des matières animales.
On évapore jusqu'à siccité le sulfate ainsi obtenu, puis on le
grille légèrement pour décomposer les matières organiques qu'il
renferme en grande quantité. On le dissout ensuite et on le fait
cristalliser.

On emploie le sulfate d'ammoniaque pour préparer l'alun
ammoniacal et le chlorhydrate d'ammoniaque. On peut aussi
l'employer dans la préparation de l'ammoniaque, mais il faut
alors réduire le sulfate et la chaux en poudre très-fine et faire le
mélange exactement.

On peut obtenir un bisulfate d'ammoniaque en ajoutant un
équivalent d'acide sulfurique à un équivalent de sulfate neutre.
Ce sel est déliquescent et facilement cristallisable. Il n'a aucun
usage.

197. *Azotate d'ammoniaque.* == Ce sel a une saveur aigre et
piquante, il est un peu déliquescent; il cristallise par la voie
humide en aiguilles flexibles qui s'accolent en formant des ca-

nelures. Il fond vers 200° et se décompose vers 250° en eau et
en protoxyde d'azote. Il donnerait, outre ces produits, de l'ammoniaque et du bioxyde d'azote ou de l'acide hypoazotique si on
le chauffait trop brusquement. Il fuse sur des charbons ardents
et il produit une flamme jaunâtre qui provient de la combustion
rapide de l'hydrogène de l'ammoniaque avec l'oxygène de l'acide
azotique. — On obtient ce sel en saturant une dissolution
d'ammoniaque avec de l'acide azotique, en évaporant et en faisant cristalliser.

198. *Phosphate d'ammoniaque.* = L'ammoniaque se combine
avec l'acide phosphorique en plusieurs proportions : le phosphate neutre $[2(AzH^3.HO)+HO]\,PhO^5$ est le plus important de
tous les composés qui résultent de cette combinaison.

Ce sel est sans odeur, il verdit fortement le sirop de violette ; il
est plus soluble à chaud qu'à froid ; il cristallise par la voie humide
en prismes à quatre pans. Il se décompose complétement par la
chaleur : son ammoniaque se dégage, et son acide reste à l'état
d'acide phosphorique monohydraté. Il abandonne une partie
de son ammoniaque et se transforme en biphosphate quand on
fait bouillir sa dissolution pendant quelque temps.

On obtient le phosphate neutre d'ammoniaque en versant un
excès d'ammoniaque dans le biphosphate de chaux. Il se forme
un phosphate de chaux qui se précipite et un phosphate d'ammoniaque qui reste en dissolution. On évapore la liqueur et on
fait cristalliser.

On rend les étoffes incombustibles en les imprégnant d'une
dissolution de phosphate d'ammoniaque, car l'acide phosphorique qui se produit quand on expose l'étoffe à l'action de la
chaleur recouvre le tissu d'une pellicule vitreuse qui le préserve
du contact de l'air. Le tissu se carbonise alors sans donner de
flamme et par conséquent sans propager la combustion. — Tous
les sels solubles qui éprouvent la fusion ignée à la chaleur rouge
jouissent de la même propriété.

199. *Sulfhydrate d'ammoniaque.* — L'acide sulfhydrique s'unit à l'ammoniaque en plusieurs proportions; il donne du sulfhydrate neutre, du bisulfhydrate et d'autres composés qui paraissent des combinaisons de ces deux sulfhydrates.

Le bisulfhydrate $AzH^3,2HS$, le plus important de tous ces composés, a une odeur très-désagréable et une saveur piquante et sulfureuse. Il est extrèmement volatil; il cristallise en lames ou en aiguilles. Ce sel absorbe l'oxygène à la température ordinaire en produisant de l'eau et un *sulfhydrate sulfuré* de couleur jaune; il passe même, si l'action est prolongée, à l'état d'hyposulfite et de sulfite. Il est très-soluble dans l'eau, et sa dissolution est un des réactifs les plus précieux en chimie.

On l'obtient en dissolution en faisant passer un courant d'acide sulfhydrique dans une dissolution d'ammoniaque jusqu'à ce qu'elle soit saturée. On l'obtient à l'état sec en faisant rendre en même temps un courant de gaz ammoniac et un courant de gaz sulfhydrique dans un ballon refroidi; mais il faut avoir soin de faire communiquer l'intérieur du ballon avec un tube plongeant sous le mercure afin de donner issue à l'excès de gaz sans établir de communication avec l'atmosphère. — On obtiendrait le sulfhydrate neutre AzH^3,HS si on employait un grand excès d'ammoniaque et si on entourait le ballon d'un mélange réfrigérant; mais ce sulfhydrate est très-peu stable.

On connaît plusieurs combinaisons de sulfhydrate d'ammoniaque et de soufre. On obtient une de ces combinaisons en chauffant fortement un mélange intime de chlorhydrate d'ammoniaque, de soufre et de chaux. On introduit le mélange dans une cornue de grès qu'on place dans un fourneau et on reçoit les produits volatils dans un récipient qu'on a soin de refroidir. Le sulfhydrate sulfuré d'ammoniaque passe dans le récipient, et il reste dans la cornue un mélange de sulfate de chaux et de chlorure de calcium.

Le sulfhydrate sulfuré ainsi préparé est liquide, rouge brun, d'une odeur extrèmement fétide; il répand à l'air des fumées blanches. Il se décompose par la chaleur en sulfhydrate simple et en soufre. On lui donnait autrefois le nom de *liqueur fumante de Boyle*.

200. *Cyanhydrate d'ammoniaque.* = Ce sel a une odeur qui tient de l'odeur de l'acide cyanhydrique et de l'odeur de l'ammoniaque; il est très-vénéneux, très-soluble dans l'eau, très-volatil. Il cristallise en cube; il est formé, comme le chlorhydrate d'ammoniaque, en volumes égaux et sans condensation, de vapeurs d'acide cyanhydrique et de gaz ammoniac. Sa formule est AzH^3,HCy.

On l'obtient en combinant directement l'acide cyanhydrique avec l'ammoniaque ou en distillant un mélange de chlorhydrate d'ammoniaque et de cyanure de potassium. — On peut aussi le préparer en faisant passer un courant de gaz ammoniac sur des charbons chauffés au rouge dans un tube de porcelaine. Le carbone décompose l'ammoniaque à cette température, il chasse une partie de son hydrogène et forme de l'acide cyanhydrique $HAzC^2$ ou HCy qui s'unit avec l'ammoniaque non décomposée pour former le cyanhydrate AzH^3,HCy. On recueille ce cyanhydrate, sous forme cristalline, dans un récipient qu'on entoure d'un mélange réfrigérant. — On voit par là que le cyanhydrate d'ammoniaque doit se former dans toutes les circonstances où l'on calcine les matières animales, car on met alors en présence du carbone et de l'ammoniaque à une température élevée.

CHAPITRE III.

MÉTAUX DE LA PREMIÈRE SECTION.

§ 1er. — *Potassium.*

201. *Potassium.* = Le potassium n'existe pas à l'état de liberté dans la nature. On l'y rencontre à l'état de chlorure, de bromure et d'iodure ; on l'y trouve aussi à l'état de carbonate, d'azotate, de sulfate, de silicate, d'oxalate et de tartrate de potasse.

Le potassium est un peu cassant au-dessous de zéro, mais il est mou comme la cire à la température ordinaire ; il possède l'éclat métallique au plus haut degré quand il a été fraîchement coupé, mais il se ternit rapidement en se combinant avec l'oxygène de l'air. Sa densité est 0,86. Il fond à 58° ; il entre en ébullition à la chaleur rouge et produit une vapeur d'une belle couleur verte. On doit opérer dans une atmosphère privée d'air, dans une atmosphère d'azote, par exemple, quand on veut le fondre et le volatiser.

Le potassium s'oxyde rapidement au contact de l'air, même à la température ordinaire ; il se couvre alors d'une couche d'hydrate de potasse KO,HO. L'action serait beaucoup plus vive à une température élevée ; le potassium prendrait feu et brûlerait avec une flamme violacée en donnant du trioxyde de potassium KO^3.

Le potassium décompose l'eau à la température ordinaire :

il absorbe son oxygène et il met son hydrogène en liberté. On peut recueillir l'hydrogène en introduisant un peu d'eau au-dessus de la colonne mercurielle d'un tube-barométrique et en faisant passer dans le tube un petit globule de potassium. L'action se produit dès que ce corps arrive dans l'eau. L'hydrogène déprime le mercure dans le tube, et la potasse se dissout dans l'eau qu'elle rend alcaline. — Si l'on jette un petit globule de potassium sur de l'eau, l'hydrogène dû à la décomposition se dégage dans l'air, et, comme il rencontre alors de l'oxygène, il se combine avec ce gaz sous l'influence de la chaleur produite dans l'oxydation du potassium. L'hydrogène brûle dans cette expérience avec une petite flamme violacée, et il reproduit une quantité d'eau égale à celle qui a été décomposée par le métal. Le petit globule de potassium circule rapidement sur l'eau sans la toucher pour ainsi dire ; il diminue peu à peu de volume, puis il finit par faire explosion.

On ne peut pas conserver le potassium dans l'air, ni dans l'eau eu égard à l'action qu'il exerce sur ces corps. On le conserve dans des flacons pleins d'huile de naphte qu'on ferme hermétiquement. Le potassium ne peut agir sur cette huile, car elle est formée uniquement d'hydrogène et de carbone.

On peut obtenir le potassium en décomposant l'hydrate de potasse KO,HO par la pile, mais ce moyen n'en fournit jamais que de petites quantités. On l'obtient plus facilement en décomposant l'hydrate de potasse par le fer ou le carbonate de potasse par le charbon. C'est du carbonate de potasse qu'on l'extrait presque toujours maintenant (*fig.* 53).

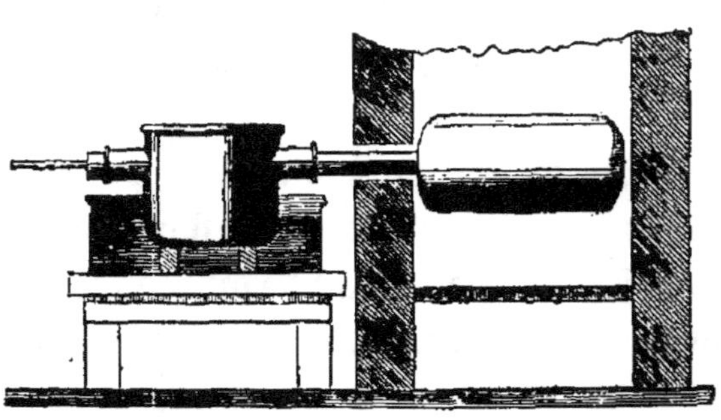

Fig. 53.

On introduit un mélange intime de charbon et de carbonate de potasse dans une bouteille de fer recouverte d'un lut réfractaire; puis on la place dans un bon fourneau muni d'une longue cheminée à tirage. On visse au col de la bouteille un canon de fusil qu'on fait communiquer avec un récipient contenant de l'huile de naphte. On chauffe ensuite la bouteille jusqu'à la chaleur blanche. Le carbone décompose le carbonate de potasse à cette température; il donne de l'oxyde de carbone qui se dégage et des vapeurs de potassium qui vont se condenser dans le récipient qu'on a soin de refroidir. — Le potassium ainsi obtenu est toujours mélangé avec des matières étrangères et surtout du charbon; on lui enlève une partie de ces matières en le filtrant dans un linge, à la manière du phosphore, sous de l'huile de naphte chauffée vers 60° ; mais on ne l'obtient à l'état de pureté complète qu'en lui faisant subir une nouvelle distillation.

On emploie avec avantage le carbonate de potasse qui provient de la calcination du bitartrate de potasse, car il contient du charbon avec lequel il est mélangé plus intimement que si le mélange eût été fait par des procédés mécaniques. On lui ajoute seulement le cinquième de son poids de charbon ordinaire pulvérisé.

Le potassium n'a aucune importance dans l'industrie à l'état de corps simple, mais on s'en sert souvent en chimie dans cet état. Il sert dans la préparation de plusieurs corps simples tels que le bore, le silicium, le magnésium... et dans l'analyse de plusieurs corps composés.

Nous devons maintenant décrire les principaux composés qui contiennent du potassium.

202. *Oxydes de potassium.* = Le potassium forme deux combinaisons avec l'oxygène : le protoxyde de potassium KO et le trioxyde de potassium KO^3.

On obtient le trioxyde en faisant passer un courant d'oxygène sec dans un tube de verre horizontal qu'on chauffe avec quelques charbons et dans lequel on introduit une capsule d'argent contenant un petit morceau de potassium. Le métal brûle alors avec une vive lumière et se transforme en trioxyde. Ce composé est jaune, très-fusible ; il se décompose au contact de l'eau en oxygène et en hydrate de potasse.

On obtient plus difficilement le protoxyde de potassium ou la *potasse anhydre*. On le prépare ordinairement en chauffant le trioxyde de potassium avec un poids de potassium double de celui qu'il renferme et en opérant dans une atmosphère privée d'oxygène. Ce corps n'a aucun usage à l'état de liberté ; mais il entre dans un grand nombre de composés d'une haute importance, tels que l'azotate de potasse, le sulfate de potasse, l'hydrate de potasse, l'alun, le verre..... C'est la base la plus énergique.

203. *Potasse hydratée.* = Le protoxyde de potassium KO forme avec l'eau un composé défini KO, HO qu'on nomme *potasse hydratée, hydrate de potasse* ou simplement *potasse*.

La potasse est solide, blanche, opaque, très-âcre et très-caustique ; elle est onctueuse au toucher ; elle corrode la peau. Sa densité est 2 environ. Elle est très-soluble dans l'eau et très-déliquescente ; elle se résout rapidement en liqueur au contact de l'air en absorbant son humidité et son acide carbonique ; elle verdit fortement le sirop de violette ; elle rougit le papier jaune de curcuma et ramène au bleu le tournesol rougi par les acides.

La potasse fond un peu au-dessous de la chaleur rouge ; elle se volatilise sans altération à la chaleur blanche. On ne peut lui enlever son eau qu'en la combinant avec un acide, ce qui porte à la regarder comme un véritable sel dans lequel l'eau joue le rôle d'un acide et la potasse le rôle d'une base.

La potasse agit sur la silice et sur l'alumine à une température élevée ; on ne peut donc pas la fondre dans des vases de verre et de porcelaine. On la fond ordinairement dans des capsules d'argent. — Le carbone et le fer la décomposent à la chaleur blanche en donnant du potassium, de l'hydrogène et de l'oxyde de carbone ou de l'oxyde de fer; le potassium décompose de son côté l'oxyde de carbone et l'oxyde de fer à la chaleur rouge.

C'est du carbonate de potasse qu'on extrait la potasse hydratée. On dissout ce carbonate dans 10 ou 12 fois son poids d'eau, puis on porte la liqueur à l'ébullition dans une chaudière de fonte et on y ajoute peu à peu de la chaux délayée dans l'eau. On produit ainsi du carbonate de chaux qui se précipite et de l'hydrate de potasse qui reste en dissolution. Lorsque tout le carbonate de potasse a été décomposé, ce qu'il est facile de reconnaître en traitant une petite partie de la liqueur par l'acide chlorhydrique, on retire la chaudière du feu, on la ferme afin d'empêcher la potasse de se carbonater dans son contact avec l'air, puis on la laisse reposer et on la décante au moyen d'un siphon. On la met ensuite dans une capsule d'argent et on la chauffe fortement. L'eau qui maintenait l'hydrate en dissolution s'évapore en premier lieu, et l'hydrate se fond ensuite. On le coule alors dans une bassine de cuivre où il se fige immédiatement. Il ne reste plus qu'à le concasser et à l'introduire dans des flacons à l'émeri.

L'hydrate de potasse ainsi préparé contient toujours un peu de carbonate de potasse, car la décomposition du carbonate de potasse par la chaux n'est presque jamais complète; il renferme en outre d'autres matières et surtout du chlorure de potassium, du sulfate de potasse, du silicate de potasse qui se trouvaient dans le carbonate de potasse qu'on emploie ordinairement dans la préparation de l'hydrate. On le désigne souvent sous le nom de *potasse à la chaux.*

On prépare quelquefois l'hydrate de potasse, à l'état de pureté, pour les besoins des laboratoires. On purifie alors la potasse à la chaux en la traitant par l'alcool concentré. On verse l'alcool sur la dissolution de potasse concentrée jusqu'à consistance sirupeuse, puis on chauffe la liqueur pendant quelques minutes et on l'introduit dans des flacons bouchés à l'émeri.

Au bout de 24 heures, tous les sels étrangers sont déposés au fond de la masse, et l'hydrate de potasse seul reste en dissolution. On décante la dissolution alcoolique d'hydrate de potasse, puis on la soumet à la distillation de manière à en retirer les $\frac{2}{3}$ de son alcool, et on achève l'évaporation dans une capsule d'argent comme dans le cas précédent. — L'hydrate de potasse ainsi préparé est pur ; on le désigne souvent sous le nom de *potasse à l'alcool*.

L'hydrate de potasse est un des réactifs les plus précieux de la chimie. On s'en sert en médecine, sous le nom de *pierre à cautère*, pour ouvrir les cautères et pour cautériser les chairs ; on le coule, pour cet usage, dans un petit moule de bronze, afin de lui donner la forme de petits cylindres.

204. *Sulfures de potassium.* = On connaît cinq sulfures de potassium qui sont représentés par les formules KS, KS^2, KS^3, KS^4, KS^5.

On prépare le monosulfure KS en chauffant fortement dans un creuset un mélange de sulfate de potasse et de charbon ; mais le sulfure ainsi obtenu contient toujours un peu de polysulfure de potassium qui lui donne une teinte rougeâtre. — On 'obtient à l'état de pureté en saturant d'acide sulfhydrique une dissolution de potasse KO,HO afin de la transformer en sulfhydrate de sulfure de potassium KS,HS, puis en mélangeant ce sulfhydrate avec un poids de potasse KO,HO égal à celui de la dissolution ; on a en effet $KS,HS + KO,HO = 2KS + 2HO$. On évapore la liqueur, et on a une masse cristallisée parfaitement incolore. — La dissolution de monosulfure de potassium est souvent employée comme réactif.

On prépare les autres sulfures de potassium en chauffant le monosulfure avec 1, 2, 3 et 4 équivalents de soufre. — Le pentasulfure KS^5 est employé en médecine sous le nom de *foie de soufre* pour guérir les maladies de la peau ; on le forme ordinairement en calcinant le carbonate de potasse avec un excès

de soufre, ou en faisant bouillir une dissolution de potasse avec
du soufre ; mais il contient alors du sulfate de potasse dans le
premier cas et de l'hyposulfite dans le second. On pourrait le
séparer de ces sels au moyen de l'alcool qui le dissout facilement, et qui ne dissout ni le sulfate, ni l'hyposulfite de
potasse.

Lorsqu'on décompose le sulfate de potasse par un excès de
charbon très-divisé, on obtient un sulfure d'une telle inflammabilité qu'il prend feu quand on le projette dans l'air. On lui
donne le nom de *pyrophore de Gay-Lussac*. On prépare ordinairement ce pyrophore en introduisant un mélange intime de
deux parties de sulfate et d'une partie de noir de fumée dans
une cornue de grès à laquelle on adapte un long tube qui se
rend sous le mercure. On chauffe la cornue au moyen d'un
fourneau à réverbère. Il se dégage de l'acide carbonique et de
l'oxyde de carbone, et il reste le monosulfure très-divisé et mélangé intimement avec un excès de charbon. On laisse refroidir
la cornue quand le dégagement de gaz cesse. L'inflammabilité
du pyrophore au contact de l'air provient de la chaleur dégagée
par la combustion rapide du soufre et du potassium sous l'influence de l'oxygène qui se condense entre ses parties.

205. *Chlorure de potassium.* = Le chlorure de potassium a
une saveur amère ; il est beaucoup plus soluble à chaud qu'à
froid ; il cristallise en cubes ; il fond à la chaleur rouge et il se
volatilise à une température beaucoup plus élevée. Ses cristaux
sont anhydres ; il produit un abaissement de température assez
grand quand on le dissout dans l'eau.

On peut le former en saturant une dissolution de potasse ou
de carbonate de potasse par l'acide chlorhydrique ; mais on
l'obtient, comme produit secondaire, dans plusieurs opérations
des arts et surtout dans le raffinage du salpêtre et dans les sa-
vonneries. On le retire aussi des soudes de varech qui en contiennent près de 30 pour 100 ; ces soudes donnent, par des

cristallisations successives, du sulfate de potasse, du chlorure de potassium, du chlorure de sodium....

206. *Iodure de potassium.* $=$ Cet iodure a une saveur piquante; il cristallise en cubes; il fond à la chaleur rouge et se volatilise à une température plus élevée; il est déliquescent; il produit du froid en se dissolvant dans l'eau.

On le prépare en dissolvant de l'iode dans de la potasse. On obtient ainsi un mélange d'iodure de potassium et d'iodate; on chauffe fortement ce mélange pour transformer l'iodate en iodure, puis on dissout dans l'eau et on fait cristalliser. On retire aussi l'iodure de potassium des soudes de varech; il est plus soluble que la plupart des autres composés qu'elles renferment; il cristallise l'un des derniers.

207. *Cyanure de potassium.* $=$ Ce cyanure a une saveur âcre; il est très-vénéneux; il est très-soluble dans l'eau et presque insoluble dans l'alcool; il cristallise en cubes. Il fond à la chaleur rouge et se décompose à la chaleur blanche.

Le cyanure de potassium est décomposé par les acides les plus faibles et même par l'acide carbonique; aussi répand-il une légère odeur d'acide cyanhydrique au contact de l'air humide, et sa dissolution se transforme-t-elle complétement à la longue en carbonate de potasse quand on l'abandonne à elle-même dans un vase ouvert.

On prépare le cyanure de potassium en calcinant dans une cornue de grès le cyanoferrure de potassium $2KCy + FeCy$ jusqu'à ce qu'il ne se dégage plus d'azote. On obtient ainsi un mélange de cyanure de potassium et de carbure de fer qu'on traite par l'eau bouillante. Le cyanure se dissout, et le carbure de fer se précipite; il ne reste plus qu'à faire cristalliser.

208. *Carbonates de potasse.* $=$ L'acide carbonique forme trois carbonates différents en s'unissant avec la potasse : un carbonate neutre, un sesquicarbonate et un bicarbonate.

Carbonate neutre. = Le carbonate neutre de potasse a une saveur âcre et caustique; il est déliquescent, très-soluble dans l'eau; il cristallise en lames rhomboïdales, mais sa cristallisation est difficile à cause de sa déliquescence et de son extrême solubilité. Il possède des réactions alcalines; il se transforme, à la longue, en bicarbonate au contact de l'air.

On obtient ce carbonate en calcinant le bitartrate de potasse dans un creuset de fer; il reste une matière noire formée de carbonate de potasse et de charbon qu'on traite par l'eau bouillante et qui fournit facilement le carbonate pur. — On l'obtient aussi en projetant, par petites portions, dans un creuset de fer chauffé au rouge, un mélange intime de deux parties d'azotate de potasse et d'une partie de bitartrate; il se produit une vive déflagration due à l'action de l'oxygène de l'acide azotique sur une partie du charbon de l'acide tartrique, et il reste une matière blanche formée presque entièrement de carbonate de potasse qu'on traite par l'eau et qu'on fait cristalliser. — La matière noire obtenue par la calcination du bitartrate se désigne quelquefois sous le nom de *flux noir*; la matière blanche obtenue par l'action de l'azotate sur le bitartrate se nomme le *flux blanc*. On emploie ces deux corps comme *fondants*, le flux noir agit en outre comme réducteur en raison du charbon qu'il renferme.

On retire souvent le carbonate neutre de potasse de la *potasse du commerce*. Cette potasse est formée principalement de carbonate de potasse, de sulfate de potasse; elle contient en outre un peu de carbonate de soude, de chlorure de potassium et quelques millièmes de matières étrangères telles que la chaux, la silice. On la met en contact avec son poids d'eau froide et on l'y laisse pendant plusieurs jours en ayant soin de l'agiter de temps à autre; on ne dissout ainsi que les carbonates de potasse et de soude qui sont beaucoup plus solubles que les autres sels contenus dans la potasse, de sorte qu'il suffit de décanter la liqueur et de l'évaporer pour obtenir le carbonate de potasse presque pur.

Bicarbonate. == Le bicarbonate de potasse cristallise en prismes à quatre pans; il est beaucoup moins soluble que le carbonate neutre; il n'est pas déliquescent. Sa réaction est encore alcaline; il se transforme en carbonate neutre par l'action de la chaleur. On l'obtient en faisant passer, jusqu'à saturation, un courant d'acide carbonique dans une dissolution concentrée de carbonate neutre. — On s'en sert dans le traitement de la gravelle et de la goutte.

Si l'on fait bouillir pendant quelque temps une dissolution de bicarbonate de potasse, elle dégage le quart de son acide carbonique et se transforme en sesquicarbonate; elle se transformerait en carbonate neutre si l'ébullition durait trop longtemps.

Potasse du commerce. == On obtient la potasse du commerce en brûlant le bois et les végétaux en général qui croissent un peu loin de la mer, puis en lessivant les cendres et en évaporant la liqueur jusqu'à siccité dans des chaudières de fonte. On calcine ensuite le résidu dans des fours afin de le sécher et de brûler complétement les matières charbonneuses qui auraient pu être entraînées; puis on le laisse refroidir et on le livre au commerce dans des tonneaux bien fermés. Cette opération ne s'exécute que dans les pays où les bois sont communs.

Les potasses des différents pays n'ont pas, à beaucoup près, la même composition. La potasse de Toscane contient environ 74 centièmes de carbonate de potasse, 13 centièmes de sulfate de potasse, 3 centièmes de carbonate de soude, et 1 centième de chlorure de potassium. — La potasse d'Amérique contient environ 68 carbonate de potasse, 15 sulfate de potasse, 8 chlorure de potassium, 6 carbonate de soude; celle des Vosges 39 carbonate de potasse, 34 sulfate de potasse, 9 chlorure de potassium, 4 carbonate de soude. — Il ne faudrait pas croire que le bois contient le carbonate de potasse tout formé; il contient de l'acétate, du malate, de l'oxalate, du tartrate… de potasse, et ces sels se transforment en carbonate par l'action de la chaleur.

On emploie la potasse du commerce dans la fabrication du salpêtre, de l'alun, du verre, du savon vert ou mou, du bleu de Prusse, et enfin dans les lessives.

Essais alcalimétriques. = Comme les potasses qui proviennent des différents pays n'ont pas la même composition, et comme elles n'agissent généralement que par le carbonate de potasse qu'elles contiennent, il est important de pouvoir déterminer le *titre* d'une potasse donnée, c'est-à-dire le nombre de kilogrammes de matière utile qu'elle renferme par quintal.

On sait que 5 grammes d'acide sulfurique monohydraté saturent exactement 4^g,807 de potasse pure; si donc il faut seulement 10 ou 15 centièmes de 5 grammes d'acide sulfurique pour saturer 4^g,807 d'une potasse du commerce, elle ne contiendra que 10 ou 15 centièmes de son poids de potasse pure, c'est-à-dire 10 ou 15 kil. sur 100 kil. C'est sur ce principe que M. Gay-Lussac s'appuie dans son essai des potasses du commerce. Nous dirons seulement quelques mots sur la méthode pratique.

On se sert essentiellement d'une burette AB (*fig.* 54) divisée de C en B en 100 parties d'égales capacités; on y met 5 grammes d'acide sulfurique pur, après l'avoir étendu pour que l'action sur la potasse soit moins vive, et on fait en sorte que la dissolution occupe les 100 parties de la burette. On dissout ensuite dans de l'eau distillée 4^g,807 de la potasse à essayer, puis on colore la dissolution avec de la teinture bleue de tournesol, et on y verse peu à peu l'acide sulfurique. L'acide se combine immédiatement avec la potasse du carbonate en chassant l'acide carbonique avec une vive effervescence, et la liqueur se colore en rouge vineux par l'effet de l'acide mis en liberté. On verse l'acide sulfurique de plus en plus lentement quand l'effervescence diminue, puis on s'arrête quand la liqueur est devenue rouge pelure d'oignon. Cette couleur étant produite

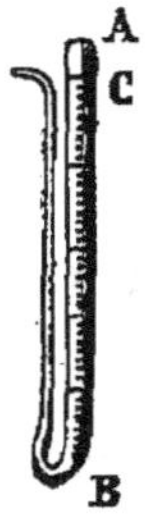

Fig. 54.

par l'action de l'acide sulfurique sur le tournesol, on est sûr que toute la potasse du carbonate a été neutralisée, et on juge conséquemment de la quantité de potasse par la quantité d'acide employé. S'il a fallu 60 divisions de la burette, on a employé les 60 centièmes de l'acide sulfurique, et par suite l'échantillon de potasse contient les 60 centièmes de son poids de potasse active, c'est-à-dire 60 kil. par quintal.

209. *Azotate de potasse.* = L'azotate de potasse se désigne souvent, dans le commerce, sous les noms de *nitre* ou de *salpêtre*. Il a une saveur fraîche, un peu amère ; il cristallise en prismes à six pans qui se réunissent souvent pour former des canelures. Ses cristaux ne contiennent pas d'eau de cristallisation. L'eau en dissout 0,13 à 0° et 2,36 à 98°. Il n'est déliquescent que dans un air presque saturé d'humidité ; il fond à 350° et il se décompose à la chaleur rouge.

L'azotate de potasse brûle avec une vive lumière quand on le mêle intimement avec le charbon ou le soufre, et qu'on enflamme le mélange ou qu'on le verse dans un creuset chauffé au rouge. Il se forme, avec le charbon, du carbonate de potasse, de l'acide carbonique et de l'azote ; il se produit, avec le soufre, du sulfate de potasse, de l'azote et de l'acide sulfureux. — La poudre ordinaire n'est qu'un mélange, en proportions convenables, de soufre, de charbon et d'azotate de potasse.

On forme une *poudre fulminante* en mélangeant intimement 3 parties de nitre, 2 parties de potasse et 1 partie de soufre. Si on chauffe quelques grammes de cette poudre dans une cuillère, elle entre d'abord en fusion, puis elle détone avec force. — On forme une *poudre de fusion* en mélangeant 3 parties de nitre, 1 partie de sciure de bois et 1 partie de soufre. Le cuivre et quelques autres métaux se fondent facilement quand on les chauffe avec cette poudre, car ils se combinent avec une partie de son soufre et ils passent ainsi à l'état de sulfures très-fusibles.

L'azotate de potasse est un des sels les plus employés. On s'en sert fréquemment dans les laboratoires comme oxydant; mais c'est dans la préparation de l'acide azotique et dans la fabrication de la poudre qu'on en fait la plus grande consommation.

Préparation. = L'azotate de potasse est très-répandu dans la nature. On le trouve abondamment dans l'Inde, en Egypte, en Espagne, et généralement dans les pays chauds; on le trouve également en France, mais en moindre quantité. Les azotates de chaux et de magnésie se rencontrent presque toujours avec lui.

Dans l'Inde et dans les pays chauds, l'azotate de potasse se trouve souvent en efflorescence à la surface du sol et à une petite profondeur dans la terre après la saison des pluies. On l'obtient à l'état de pureté en recueillant les efflorescences et la terre salpêtrée, en lessivant et en faisant cristalliser. Les azotates de chaux et de magnésie restent d'ailleurs dans les eaux-mères; on pourrait les en retirer, comme nous le verrons bientôt, en traitant ces eaux par le carbonate de potasse.

En France, on le rencontre rarement en efflorescence à la surface du sol, mais on le trouve dans certaines terres, dans les caves, dans les écuries et sur les murs des vieux bâtiments. On peut le retirer des terres qui en contiennent une quantité notable en suivant le même procédé que dans les pays chauds, c'est-à-dire en lessivant la terre et en faisant cristalliser la dissolution.

On rencontre rarement le nitre en Prusse, en Suède et dans les pays froids; mais on l'y produit au moyen des *nitrières artificielles*. On mélange, dans certaines localités, des cendres lessivées avec de la paille d'orge et de la terre végétale, on arrose le mélange avec de l'eau de fumier, on le gâche avec soin et on en forme des tas que l'on arrose de temps à autre. Le nitre est formé au bout de quelques années; il suffit de lessiver la terre à la manière ordinaire pour l'en retirer.

On fabrique, en France, beaucoup de salpêtre au moyen des platras qui proviennent de la démolition des parties inférieures des vieux bâtiments et surtout des écuries. On pulvérise ces platras et on les lessive. La dissolution contient, en général, 25 centièmes d'azotate de potasse, 33 centièmes d'azotate de chaux, 5 centièmes d'azotate de magnésie et 37 centièmes de chlorures de sodium, de potassium, de calcium et de magnésium. On la concentre, puis on y ajoute une dissolution concentrée de potasse du commerce jusqu'à ce qu'elle cesse de précipiter. Cette potasse agit par son carbonate et par son sulfate sur les azotates de chaux et de magnésie, et sur les chlorures de calcium et de magnésium. Il en résulte du carbonate de chaux, du carbonate de magnésie et du sulfate de chaux qui se précipitent, et de l'azotate de potasse et du chlorure de potassium qui restent en dissolution. On concentre la liqueur jusqu'à 45° de l'aréomètre de Beaumé ; on la décante et on la fait cristalliser.

Le sel ainsi obtenu se nomme le *salpêtre brut* ; il contient environ les 85 centièmes de son poids d'azotate de potasse et les 15 centièmes de chlorures de sodium et de potassium. On en détermine facilement la richesse en en traitant une partie par une dissolution saturée d'azotate de potasse pur, car on ne dissout ainsi que les matières étrangères et on laisse l'azotate à l'état de pureté.

On *raffine* le salpêtre brut en le dissolvant dans le moins d'eau possible et en portant peu à peu la liqueur à l'ébullition. Les chlorures qui sont beaucoup moins solubles à chaud que l'azotate, se précipitent au fond de la chaudière avant que l'azotate commence à se déposer. On décante ensuite la liqueur, on lui ajoute un peu d'eau, on la fait bouillir pendant quelques minutes avec du blanc d'œuf pour la clarifier et on la fait cristalliser.

Théorie de la nitrification. = Les azotates de potasse, de chaux et de magnésie qu'on trouve à certaines époques dans les lieux humides proviennent indubitablement de la décomposition des carbonates de potasse, de chaux et de magnésie par l'acide azotique ; mais quelle est l'origine de cet acide?

On sait que les azotates de potasse, de chaux et de magnésie se trouvent presque exclusivement sur les murs humides exposés aux émanations des matières animales, ou dans les terres qui sont arrosées par des eaux contenant ces matières en dissolution ou en suspension ; on sait, d'un autre côté, que les matières animales dégagent toujours de l'ammoniaque dans leur décomposition ; on sait enfin que l'ammoniaque et l'oxygène peuvent s'unir ensemble, à une température un peu élevée et sous l'influence des corps poreux, pour former de l'acide azotique. Tels sont les faits qui conduisent à la théorie de la nitrification. Le gaz ammoniac dégagé par les substances animales en putréfaction, se trouvant en contact avec les carbonates poreux ou extrêmement divisés, se condense rapidement dans leurs pores qui sont déjà remplis de gaz oxygène ; il produit ainsi un dégagement de chaleur assez énergique, et il s'unit avec ce gaz puisque toutes les circonstances nécessaires à la combinaison sont remplies. De là résulte l'acide azotique, et par suite les azotates.

Quelques chimistes admettent la formation du nitre dans les lieux qui ne contiennent aucune émanation de matières animales ; ils supposent alors que l'acide azotique provient de la combinaison de l'oxygène et de l'azote de l'air sous l'influence des étincelles électriques et des bases, ou simplement sous l'influence des bases poreuses.

De la poudre. = La poudre est un mélange intime de salpêtre, de charbon et de soufre ; elle contient environ 1 éq. de salpêtre, 1 éq. de soufre et 3 éq. de charbon ; elle donne en brûlant 1 éq. de sulfure de potassium, 1 éq. d'azote et 3 éq. d'acide carbonique. Les produits gazeux qui résultent de la combustion de la poudre ont une force expansive considérable, eu égard à la température élevée qui provient de l'action chimique. — On aurait bien encore une poudre en employant seulement le salpêtre et le charbon, ou le salpêtre et le soufre, mais elle serait beaucoup moins bonne, car elle produirait moins de gaz dans sa combustion.

Les poudres de guerre, de chasse et de mine ne contiennent pas exactement le salpêtre, le charbon et le soufre dans les mêmes proportions. Voici leurs compositions :

Salpêtre	75	78	62
Charbon	12,5	12	18
Soufre	12,5	10	20

La poudre contiendrait 75 salpêtre, 13 charbon et 12 soufre si elle satisfaisait à la formule $KO,AzO^5 + S + 3C$, que nous avons indiquée plus haut.

Le soufre qu'on emploie dans la fabrication de la poudre doit être extrêmement pur ; le salpêtre doit être raffiné et en petits grains. Quant au charbon, il doit être sec, sonore, léger et facile à pulvériser : tels sont les charbons de bourdaine, de peuplier, de tilleul, de marronnier, de châtaignier et de fusain ; on emploie principalement le charbon de bourdaine dans les poudres françaises.

La poudre à tirer ne doit pas être trop explosive, car elle briserait l'arme en produisant une très-grande quantité de gaz dans un temps extrêmement court, et par suite dans un espace extrêmement petit ; mais elle doit l'être à un certain degré, car elle ne produirait pas tout son effet sur le projectile si elle ne brûlait pas complétement pendant qu'il est dans l'arme. La qualité de la poudre varie, à quantité égale, avec la grosseur des grains, avec sa densité, avec la carbonisation plus ou moins grande du charbon.

210. *Sulfate de potasse.* = L'acide sulfurique forme, en se combinant avec la potasse, un sulfate neutre et un bisulfate.

Le sulfate neutre de potasse est un peu amer ; il cristallise en prismes à 4 ou 6 pans terminés par des pyramides; il est anhydre; il décrépite au feu et se fond au rouge cerise. Il est peu soluble, car l'eau n'en dissout que 10 centièmes à la température ordinaire et 26 centièmes à la température de l'ébullition.

On l'obtient en versant de l'acide sulfurique étendu dans une dissolution de carbonate de potasse jusqu'à saturation complète, ou en calcinant jusqu'au rouge le bisulfate qu'on obtient dans la préparation de l'acide azotique. — On en emploie de grandes quantités dans la fabrication de l'alun et du nitre ; on s'en sert quelquefois comme purgatif.

211. *Chlorate de potasse.* = Ce chlorate est anhydre ; il est inaltérable à l'air ; il cristallise en lames hexagonales; il est peu soluble dans l'eau froide; l'eau n'en dissout que 6 centièmes à 15°, et 60 centièmes à 104°. Il fond vers 400°, et se décompose à une température plus élevée.

Le chlorate de potasse active vivement la combustion quand on le projette sur des charbons ardents; il forme des mélanges explosifs avec le soufre, le charbon, le phosphore et presque tous les corps combustibles. Il suffit de mélanger du chlorate pulvérisé avec de la fleur de soufre, de mettre une petite partie du mélange sur une enclume et de le frapper d'un coup de marteau pour produire une forte détonation. On forme un mélange encore plus explosif avec le chlorate et le phosphore; aussi, faut-il opérer sur de petites quantités de matière et prendre de grandes précautions pour éviter les accidents.

On a préparé pendant longtemps les *allumettes chimiques à friction* avec le chlorate de potasse. On formait une pâte avec de l'eau gommée, du chlorate, du phosphore et un peu d'ocre rouge, puis on plongeait un instant dans cette pâte l'une des extrémités des allumettes préalablement soufrées à la manière ordinaire. Mais ces allumettes ont l'inconvénient de produire, quand elles s'enflamment, une déflagration qui lance au loin de petites parcelles de phosphore.

On prépare aussi avec le chlorate de potasse la pâte dont on imprègne l'extrémité des allumettes destinées aux *briquets oxygénés*. On forme cette pâte avec du chlorate pulvérisé, de la fleur de soufre, de l'eau gommée et un peu d'ocre, et on y plonge un instant l'une des extrémités des allumettes. Ces allumettes s'enflamment instantanément dès qu'on les plonge dans de l'acide sulfurique étendu. On introduit ordinairement l'acide dans un petit flacon de verre rempli d'amiante, car ce corps absorbe l'acide et l'empêche de se répandre au dehors quand le flacon se renverse. — L'action de l'acide sulfurique concentré sur un mélange de chlorate et de fleur de soufre est extrêmement énergique ; il suffit de verser une goutte d'acide sur le mélange pour produire une combustion des plus vives.

Le chlorate de potasse n'existe pas dans la nature ; il se forme, comme nous l'avons déjà vu, quand on fait passer un courant de chlore dans une solution concentrée d'hydrate de potasse.

On l'emploie quelquefois, en chimie, comme corps oxydant ; on s'en sert aussi dans la préparation de l'oxygène, des allumettes destinées aux briquets oxygénés..... Il ne peut pas remplacer l'azotate de potasse dans la poudre à tirer, car les mélanges qu'il forme avec le charbon et le soufre sont explosifs par le simple choc, et ils brûlent trop rapidement pour que l'arme puisse résister à la pression des gaz produits.

212. *Hypochlorite de potasse.* = Cet hypochlorite s'obtient en faisant passer un courant de chlore dans une dissolution étendue de potasse ; mais il est alors mélangé avec du chlorure de potassium. On donne le nom d'*eau de javelle* à ce mélange ; on l'emploie dans les arts pour le blanchiment ; on lui préfère toutefois l'hypochlorite de soude, qui produit le même effet et qui est moins cher. — L'hypochlorite de chaux, dont nous parlerons plus loin, est encore plus économique et par conséquent plus employé.

213. *Silicates de potasse.* = La silice se combine avec la potasse en un grand nombre de proportions. Les silicates qui en résultent sont tous fusibles, à moins que l'acide n'y entre pour une proportion trop forte; ils sont aussi plus ou moins solubles dans l'eau, selon la proportion de potasse qu'ils renferment. — Le silicate formé d'une partie de silice et 2 ou 3 parties de potasse est même déliquescent; il se résout peu à peu en liquide au contact de l'air, et il se dissout assez rapidement dans l'eau; on l'appelait anciennement *liqueur des cailloux*; presque tous les acides en précipitent la silice; les eaux de baryte, de strontiane, de chaux et les dissolutions salines des cinq dernières sections enlèvent de même cet acide à la potasse.

Le *verre soluble* de M. Fuchs est un silicate de potasse formé de 3 parties de potasse et de 7 parties de silice. Ce verre n'éprouve aucune altération dans l'air, si ce n'est qu'il se fendille et qu'il s'effleurit lentement à sa surface; il n'est soluble dans l'eau froide qu'autant qu'il est réduit en poudre, mais il se dissout au bout de quelque temps dans l'eau bouillante. La dissolution a une consistance sirupeuse quand sa densité est 1,5; elle est visqueuse quand elle est plus concentrée, et se laisse alors tirer en fils comme le verre fondu. — On peut employer le verre soluble pour rendre incombustibles les bois et les tissus; on en fait une dissolution d'une densité de 1,5 environ, et on en applique plusieurs couches avec un pinceau sur les objets, en ayant soin de laisser un intervalle d'environ 24 heures entre deux couches consécutives, afin de donner au verre le temps de sécher. Le verre forme alors vernis, et préserve les substances de l'inflammation en s'opposant au contact de l'air.

214. *Caractères des sels de potasse.* = Les sels de potasse sont tous solubles dans l'eau : le bitartrate, le perchlorate, l'hydrofluosilicate et quelques sels doubles, tels que le sulfate double d'alumine et de potasse, et le chlorure double de platine et de potassium, sont toutefois assez peu solubles.

Le carbonate neutre de potasse ne précipite aucun sel de potasse, de soude ou d'ammoniaque ; il précipite au contraire tous les autres sels. Ce réactif permet, par conséquent, de reconnaître facilement si un sel est à base de potasse, de soude ou d'ammoniaque. Les sels de potasse se distinguent d'ailleurs facilement des sels ammoniacaux, car ces derniers dégagent une forte odeur d'ammoniaque quand on les chauffe avec de la potasse ; on les distingue facilement aussi des sels de soude au moyen des caractères suivants :

L'acide tartrique donne, dans leur dissolution concentrée, un précipité blanc cristallin de bitartrate de potasse ; l'acide perchlorique un précipité blanc cristallin de perchlorate de potasse ; le sulfate d'alumine un précipité blanc cristallin d'alun ; l'acide hydrofluosilicique un précipité blanc gélatineux d'hydrofluosilicate de potasse, et le chlorure de platine un précipité jaune de chlorure double de platine et de potassium. Les sels de soude ne précipitent par aucun de ces réactifs.

La lithine est la base qui s'approche le plus de la potasse et de la soude ; mais ses dissolutions précipitent à froid par le carbonate de potssse, et de plus elles communiquent une couleur rouge pourpre à la flamme de l'alcool, ce qui n'arrive pas pour les bases précédentes.

§ 2. — *Sodium.*

215. *Sodium.* = Le sodium ne se rencontre pas à l'état de liberté dans la nature, mais on l'y trouve abondamment à l'état de combinaison. Il fait partie du chlorure de sodium et des carbonate, azotate, sulfate, phosphate, borate et silicate de soude.

Le sodium ressemble au potassium par sa consistance, par son éclat métallique et par son altérabilité au contact de l'air. Sa densité est 0,97 ; il se fond à 90° et il bout un peu au-dessous de la chaleur rouge.

Le sodium décompose l'eau, comme le potassium, à la température ordinaire ; mais il ne produit pas un dégagement si considérable de chaleur. L'hydrogène dû à la décomposition ne s'enflamme pas au contact de l'air, quand on projette un globule de sodium sur l'eau, si on laisse le métal libre de circuler à la surface du liquide ; il ne s'enflamme qu'autant qu'on le force à rester à la même place, soit en le maintenant au fond d'un tube étroit, soit en le mettant sur de l'eau fortement gommée. — On conserve le sodium dans de l'huile de naphte, comme le potassium.

On l'extrait de l'hydrate de soude ou du carbonate de soude par les mêmes moyens que le potassium.

Le sodium forme, en s'unissant avec l'oxygène, deux oxydes analogues aux deux oxydes de potassium ; on les prépare de la même manière. Ils n'ont aucun usage à l'état de liberté. Le protoxyde NaO est une des bases les plus énergiques ; il entre dans la composition du carbonate de soude, de l'azotate de soude, du sulfate de soude, du verre, du savon.....

216. *Soude hydratée.* = Le protoxyde de sodium forme, avec l'eau, un composé défini NaO,HO qu'on nomme *soude hydratée, hydrate de soude,* ou simplement *soude.* Ce composé possède beaucoup de propriétés communes avec la potasse KO,HO ; il sert aux mêmes usages ; on l'emploie même de préférence, car il est moins cher. On l'obtient en traitant le carbonate de soude par son poids de chaux ; on forme d'ailleurs soit la *soude à la chaux,* soit la *soude à l'alcool.*

L'hydrate de soude se distingue facilement de l'hydrate de potasse, car il ne se résout pas en liqueur comme ce corps au contact de l'air humide. La différence provient de ce que le carbonate de soude est un sel efflorescent, tandis que le carbonate de potasse est un sel déliquescent. On peut, du reste, distinguer ces deux hydrates l'un de l'autre au moyen des réactifs qui servent à distinguer les sels de potasse des sels de soude.

217. *Chlorure de sodium.* = Le chlorure de sodium est un

des sels les plus répandus dans la nature; il existe en dissolution dans les eaux des mers, et il forme des amas considérables dans l'intérieur de la terre. On lui donne le nom de *sel marin* ou de *sel gemme*, selon qu'on le retire de la mer ou des mines.

Le chlorure de sodium a une saveur agréable et caractéristique; il cristallise en cubes; il est déliquescent dans un air humide; il décrépite par l'action du feu. Ses cristaux ne contiennent pas d'eau combinée, mais seulement de l'eau interposée entre les lamelles; l'eau en dissout les 36 centièmes de son poids à 15°, et les 40 centièmes à 108°. On obtient peu de cristaux quand on laisse refroidir une dissolution de chlorure de sodium saturée à chaud, car ce sel n'est guère plus soluble à chaud qu'à froid; on a recours à l'évaporation spontanée pour le faire cristalliser.

Le chlorure de sodium fond à la chaleur rouge, et il se volatilise à une température plus élevée en donnant des vapeurs blanches.

Le silice décompose le chlorure de sodium au rouge cerise sous l'influence de la vapeur d'eau; de l'acide chlorhydrique et du silicate de soude sont les produits de la réaction. On vernit certaines poteries de grès en partant de cette propriété; il suffit en effet de mettre du sel humide dans le four où cuisent ces poteries pour les recouvrir d'une couche vitreuse de silicate de soude. Ce silicate provient de l'action que la silice exerce sur la vapeur du chlorure de sodium sous l'influence de la vapeur d'eau.

Extraction. = On extrait le chlorure de sodium des mines de sel gemme, des sources salées et de l'eau des mers.

Lorsque le sel d'une mine est suffisamment pur, on l'extrait comme la pierre, le charbon, les minerais, et on le livre au commerce après l'avoir taillé en bloc ou réduit en poudre. — Lorsqu'il est impur, on fait arriver de l'eau de source jusqu'au dépôt de sel au moyen d'un trou de sonde, et on retire l'eau à l'aide de pompes, quand elle est saturée. On la soumet ensuite à l'évaporation dans de grandes chaudières de fer. Il se dépose toujours, avant le sel, une matière étrangère qu'on appelle *schlot* qui est formée principalement de sulfate double de chaux et de soude; on doit la retirer avant la cristallisation du chlorure de sodium.

On trouve souvent des sources salées dans le voisinage des mines de sel. Les eaux de ces sources ne sont presque jamais saturées, parce qu'elles se mêlent avec de l'eau douce avant d'arriver à la surface du sol; on les concentre ordinairement par une évaporation naturelle, afin d'éviter les frais de combustible, avant de les soumettre à l'évaporation dans les chaudières. On emploie souvent à cet effet les *bâtiments de graduation*. Ce sont des espèces de murs de 10 ou 12 mètres de hauteur, de 5 ou 6 mètres d'épaisseur, et de 400 ou 500 mètres de longueur, qu'on construit avec des fagots d'épines entassés dans des charpentes de bois; on élève l'eau salée, à l'aide de pompes, dans des rigoles placées au-dessus, et on la laisse couler par de nombreuses ouvertures sur les fagots, afin qu'elle se divise et se concentre dans son trajet; on la reprend dans le réservoir où elle se rend et on l'élève de nouveau jusqu'à ce qu'elle contienne environ 25 centièmes de sel. — On recouvre toujours d'une toiture les bâtiments de graduation afin de les garantir de la pluie, et on fait tomber l'eau salée sur la face du mur qui est exposée au vent, afin d'accélérer l'évaporation.

L'eau de la mer contient, en moyenne, les 28 millièmes de son poids de chlorure de sodium; on en retire facilement ce sel par l'évaporation. Dans les pays chauds, sur les côtes de la Méditerranée, par exemple, l'évaporation se fait naturellement dans les marais salants; ce sont de vastes réservoirs peu profonds qu'on creuse sur le bord de la mer, et dans lesquels on amène l'eau au moyen de canaux et d'écluses. Dans les pays froids, on commence l'évaporation dans des marais salants, sur des bâtiments de graduation ou de toute autre manière peu coûteuse, et on l'achève dans des chaudières de fer.

Les usages du sel sont extrêmement nombreux; on l'emploie

dans la préparation de tous les aliments; on s'en sert pour saler et conserver les viandes, pour préparer le chlore, l'acide chlor-hydrique, le sel ammoniac...; on l'emploie aussi à petite dose pour engraisser les bestiaux et pour amander certaines terres. Il sert enfin pour vernisser certaines poteries grossières.

218. *Carbonates de soude.* = Il existe trois carbonates de soude: un carbonate neutre, un bicarbonate et un sesquicar-bonate.

Carbonate neutre. = Le carbonate neutre de soude a une saveur âcre et légèrement caustique; il cristallise en prismes rhomboïdaux qui contiennent 10 équivalents d'eau; il s'effleurit au contact de l'air. L'eau en dissout les 17 centièmes de son poids à 10° et les 48 centièmes à 104°. Il éprouve facilement la fusion aqueuse et la fusion ignée. On l'obtient en faisant cris-talliser plusieurs fois la *soude du commerce.*

Bicarbonate. = Le bicarbonate de soude a une saveur moins amère que le carbonate neutre; il cristallise en prismes rectan-gulaires à 4 pans qui contiennent un équivalent d'eau; il possède une réaction alcaline comme le carbonate neutre; il est moins soluble dans l'eau; il n'est pas efflorescent. La dissolution laisse dégager de l'acide carbonique à partir de 70°, et se transforme peu à peu en sesquicarbonate et en carbonate neutre.

On l'obtient en faisant passer un courant d'acide carbonique jusqu'à saturation dans une dissolution de carbonate neutre. On le trouve en dissolution dans les eaux de Vichy et du Mont-Dore. — On en emploie de grandes quantités dans la préparation des *pastilles de Vichy* et dans la fabrication des eaux gazeuses; on l'obtient alors en faisant arriver de l'acide carbonique sur des cristaux de carbonate neutre de soude.

Sesquicarbonate. = Le sesquicarbonate de soude se trouve dans l'Inde, en Egypte et dans quelques contrées chaudes de l'Amérique; on l'y rencontre soit en dissolution dans les eaux de plusieurs petits lacs, soit en masses dures et compactes provenant de l'évaporation de ces eaux. On lui donne le nom de *natron*; il est inaltérable à l'air.

Soude du commerce. = On a retiré pendant longtemps la soude du commerce des plantes marines et des plantes qui croissent sur les bords de la mer. On brûlait ces plantes dans de grandes fosses peu profondes et on obtenait pour résidu une matière saline, dure, compacte, à demi fondue que l'on concassait et qu'on livrait au commerce sous le nom de *soude*. Cette matière contient plus ou moins de carbonate de soude selon le lieu d'où elle vient. La soude d'Alicante en contient 30 ou 40 pour 100; les autres matières sont du sulfate de soude, du sulfure de sodium, du chlorure de sodium, du carbonate de chaux, de l'alumine, de la silice et du charbon. — La soude de Narbone ne contient que 14 ou 15 centièmes de carbonate de soude; celle de Varech n'en contient qu'environ un centième, mais elle renferme des sulfates de potasse et de soude, des chlorures de potassium et de sodium et de l'iodure de potassium qui la faisaient rechercher.

On n'emploie presque plus de *soudes naturelles* depuis qu'on est parvenu à fabriquer artificiellement, à peu de frais, des soudes qui peuvent servir aux mêmes usages.

On prépare les *soudes artificielles* au moyen du sulfate de soude, de la craie et du charbon. On fait un mélange de 1 partie de sulfate de soude anhydre, de 1 partie de craie desséchée et d'environ $\frac{1}{2}$ partie de charbon, puis on porte le mélange dans un four chauffé au rouge et on le brasse de temps en temps avec un ringard de fer. La matière se ramollit peu à peu et après 4 ou 5 heures elle devient à moitié fluide; on la retire alors et on la laisse refroidir. — Le produit ainsi obtenu est formé principalement de carbonate de soude et d'oxy-sulfure de calcium; on lui donne le nom de *soude brute*; il est d'un gris bleuâtre; sa dureté est assez grande quand il a été récemment préparé, mais il devient de plus en plus friable au contact de l'air.

On purifie la soude brute en la pulvérisant et la traitant par l'eau bouillante, car on en sépare l'oxysulfure de calcium qui se dépose, eu égard à son insolubilité ; on évapore ensuite la dissolution et on calcine le résidu dans un four. On forme ainsi la *soude du commerce.* — On peut encore purifier la soude du commerce en la faisant cristalliser ; on obtient ainsi un nouveau produit qu'on livre au commerce sous le nom de *sel de soude.* Il suffit de le dissoudre encore une fois et de le faire cristalliser pour avoir le carbonate neutre de soude à l'état de pureté.

On emploie la soude du commerce dans la fabrication du savon, du verre, dans les lessives et dans quelques opérations de teintures. On en fait l'essai, comme pour la potasse, en sachant que 5 grammes d'acide sulfurique monohydraté saturent 3^g,185 de soude pure.

219. *Azotate de soude.* = L'azotate de soude cristallise en rhomboèdres qui diffèrent peu du cube ; on lui donne souvent le nom de *nitre cubique.* Il est déliquescent, ce qui empêche de l'employer dans la fabrication de la poudre. On en trouve, au Pérou, une couche d'une épaisseur variable et d'une superficie de plus de 100 lieues carrées.

On l'emploie avec avantage, depuis quelques années dans la préparation de l'acide azotique. On l'emploie aussi dans la préparation de l'azotate de potasse. Si l'on mélange en effet des dissolutions d'azotate de soude et de chlorure de potassium saturées à chaud, on obtient du chlorure de sodium et de l'azotate de potasse, car le chlorure de sodium est moins soluble à chaud que le chlorure de potassium ; le chlorure de sodium se précipite, et la dissolution ne contient plus que de l'azotate de potasse qu'il est facile de faire cristalliser.

220. *Sulfate de soude.* = Le sulfate neutre de soude, appelé vulgairement *sel de Glauber*, est très-amer ; il cristallise en prismes à 4 pans terminés par des pyramides. Ces cristaux contiennent 10 équivalents d'eau s'ils se forment à une température

inférieure à 33° ; ils sont anhydres s'ils se forment au-dessus. Ils sont efflorescents et ils éprouvent facilement la fusion aqueuse. Le sulfate de soude ne fond qu'au rouge cerise.

La solubilité du sulfate de soude augmente avec la température jusqu'à 33° et diminue à partir de ce point. Ainsi 100 parties d'eau en dissolvent environ 5 parties à 0°, 17 parties à 18°, 43 parties à 31°, 51 parties à 33°, 44 parties à 71° et 43 parties à 103°. Ce sel a donc un maximum de solubilité à 33°, et de plus sa solubilité, qui croît assez rapidement jusqu'à ce point, décroît ensuite assez lentement jusqu'à la température de l'ébullition.

On trouve le sulfate de soude combiné avec le sulfate de chaux dans plusieurs points du globe; on le rencontre aussi dans les plantes qui croissent sur les bords de la mer et dans les eaux de plusieurs sources salées. On le prépare en décomposant le chlorure de sodium par l'acide sulfurique. — On en emploie des quantités considérables dans la fabrication de la soude du commerce ; on s'en sert en médecine comme purgatif.

221. *Borate de soude.* = Le borate de soude, vulgairement appelé *borax*, a une saveur alcaline ; il verdit le sirop de violette ; il est soluble dans 2 fois son poids d'eau bouillante et dans 12 fois son poids d'eau froide.

Ses cristaux sont prismatiques et contiennent 10 équivalents d'eau s'ils se forment à la température ordinaire ; ils sont au contraire octaédriques et ne contiennent que 5 équivalents d'eau s'ils se forment à une température supérieure à 70°. Dans le premier cas, ils deviennent opaques et s'effleurissent dans l'air sec ; dans le second, ils ne se conservent bien que dans l'air sec, et ils deviennent opaques dans l'air humide. Le borate octaédrique est d'ailleurs plus dense et plus dur que le borate prismatique.

Le borate de soude facilite la fusion des oxydes métalliques, et il forme des verres plus ou moins colorés avec la plupart d'entre eux. L'oxyde de manganèse le colore en violet, l'oxyde de fer en vert bouteille, l'oxyde de cobalt en bleu violet, l'oxyde de chrôme en vert émeraude , l'oxyde de cuivre en vert clair ; les oxydes blancs ne le colorent presque pas. On utilise souvent cette propriété pour reconnaître les oxydes métalliques; on se sert alors du chalumeau pour opérer la fusion.

On emploie le borax pour réduire un grand nombre de sels, pour servir de fondant, pour reconnaître les oxydes métalliques et pour souder les métaux. Il agit dans cette dernière circonstance soit en empêchant l'oxydation des métaux au contact de l'air, soit en dissolvant l'oxyde formé. Les bijoutiers préfèrent le borax octaédrique, parce qu'il ne se brise pas en fragments comme le borax prismatique.

Le borate de soude existe dans plusieurs lacs de la Perse et de l'Inde; on l'en retire par l'évaporation. — On le prépare quelquefois au moyen de l'acide borique et du carbonate de soude.

222. *Caractères des sels de soude.* = Les caractères qui permettent de reconnaître les sels de soude ont été indiqués en même temps que les caractères des sels de potasse. Les sels de soude sont tous solubles dans l'eau sans aucune exception.

§ 3. — *Barium.*

223. *Barium.* = Le barium existe dans la nature à l'état de carbonate et de sulfate. On l'obtient en décomposant la baryte BaO soit par la pile, soit par la vapeur de potassium. Il possède l'éclat de l'argent quand il est fraîchement coupé, mais il se ternit rapidement au contact de l'air en absorbant son oxygène. Il décompose l'eau à la température ordinaire; il fond à la chaleur rouge.

Le barium s'unit avec l'oxygène en deux proportions : de la combinaison résultent le protoxyde de barium ou baryte et le bioxyde de barium.

224. *Baryte.* = La baryte a une saveur âcre ; elle est vénéreuse, elle verdit fortement le sirop de violette ; elle est infusible au feu de forge ; mais elle fond au chalumeau à gaz oxyhydrogène. Elle se réduit en poussière au contact de l'air en absorbant l'humidité et l'acide carbonique.

La baryte a beaucoup d'affinité pour l'eau ; elle dégage beaucoup de chaleur en se combinant avec ce liquide, comme le prouvent les vapeurs abondantes qui se forment quand on en fait tomber quelques gouttes sur un morceau de baryte. L'hydrate de baryte qui se produit dans cette expérience tombe en poussière ou se réduit en bouillie, selon que la quantité d'eau est plus ou moins grande. On ne peut lui enlever toute son eau quand on le porte à la chaleur rouge ; il en conserve toujours un équivalent dont on ne peut le séparer.

L'eau dissout la 10ᵉ partie de son poids de baryte à la température de 100°, et seulement la 20ᵉ partie à la température ordinaire ; elle en abandonne par conséquent une partie quand on la sature à chaud et qu'on laisse ensuite refroidir la dissolution. La baryte se dépose alors sous forme de lames cristallines qui contiennent 10 équivalents d'eau. Cet hydrate se décompose en partie par la chaleur et se transforme en un monohydrate BaO,HO.

On extrait la baryte BaO de l'azotate de baryte. On introduit l'azotate dans une cornue de grès qu'on porte dans un fourneau à réverbère et qu'on chauffe fortement jusqu'à ce qu'il ne se dégage plus de gaz. La baryte ainsi obtenue se présente sous la forme d'une masse poreuse, d'un gris blanc ; on la conserve dans des flacons à l'émeri ; sa densité vaut environ 4 fois celle de l'eau.

225. *Bioxyde de barium.* = Ce corps est d'un gris blanc ; il n'a pas de saveur ; il se combine avec l'eau à la température ordinaire et forme un hydrate blanc qui est peu soluble ; il abandonne de l'oxygène et se transforme en hydrate de baryte quand on le met dans l'eau bouillante.

On prépare le bioxyde de barium en chauffant la baryte anhydre BaO dans un courant d'oxygène ou d'air secs jusqu'à 400 ou 500°; il se décompose, en baryte et en oxygène, quand on le porte à une température beaucoup plus élevée. — Ce corps sert à préparer le bioxyde d'hydrogène.

226. *Chlorure de barium.* = Le chlorure de barium a une saveur âcre et piquante; il est vénéneux; il est plus soluble dans l'eau chaude que dans l'eau froide et il cristallise par le refroidissement en prismes larges et aplatis. Il est inaltérable à l'air; il décrépite et fond par l'action de la chaleur.

On obtient facilement le chlorure de barium en traitant le carbonate de baryte par l'acide chlorhydrique. — On l'obtient aussi en calcinant un mélange de sulfate de baryte et de chlorure de calcium pulvérisés, puis en pilant la matière après sa fusion complète et en la jetant dans une bassine pleine d'eau bouillante. Le sulfate de chaux se précipite, et le chlorure de barium se dissout; on décante rapidement pour éviter la reproduction des corps primitifs, on filtre et on fait cristalliser. — On emploie le chlorure de barium en médecine contre les scrofules et les tumeurs blanches; on s'en sert aussi comme réactif pour reconnaître la présence de l'acide sulfurique et des sulfates.

227. *Azotate de baryte.* = Ce sel est anhydre, inaltérable à l'air, assez soluble dans l'eau, insoluble dans l'alcool et dans l'acide azotique; il cristallise en octaèdres réguliers. On l'emploie pour préparer la baryte et pour reconnaître la présence de l'acide sulfurique et des sulfates.

On l'obtient en traitant le carbonate de baryte naturel par l'acide azotique ou en transformant le sulfate de baryte en sulfure de barium au moyen du charbon et en traitant ensuite ce sulfure par l'acide azotique.

228. *Caractères des sels de baryte.* = Les sels de baryte donnent, avec l'acide sulfurique, un précipité blanc complétement insoluble dans l'eau et dans les acides chlorhydrique et azotique. Cette propriété est caractéristique.

Les sels de strontiane et de plomb donnent, avec le même réactif, un précipité très-peu soluble dans l'eau et qu'on pourrait prendre au premier abord pour le sulfate de baryte; mais ce précipité jouit d'une certaine solubilité, car en le traitant par l'eau et en filtrant on obtient une liqueur qui précipite par l'azotate de baryte. Les sels de baryte se distinguent facilement d'ailleurs des sels de strontiane et de plomb. Ils précipitent en effet, immédiatement, par l'acide hydrofluosilicique et par le chromate de potasse ce qui n'arrive pas pour les sels de strontiane, et ils ne précipitent pas par l'acide sulfhydrique tandis que les sels de plomb donnent avec cet acide un précipité noir abondant.

§ 4. — *Strontium.*

229. *Strontium.* = Le strontium existe dans la nature, comme le barium, à l'état de carbonate et de sulfate. On l'obtient de même que le barium, il possède des propriétés analogues; il s'unit également avec l'oxygène en deux proportions.

La *strontiane* SrO se prépare comme la baryte; elle a le même aspect, la même affinité pour l'eau; elle forme, comme elle, un hydrate $SrO,10HO$ quand on en laisse refroidir une dissolution saturée à chaud, et cet hydrate se transforme en un monohydrate SrO,HO à la chaleur rouge.

Le *bioxyde de strontium* s'obtient en versant de l'eau oxygénée dans une dissolution de strontiane; il se dépose par l'évaporation en paillettes cristallines.

Le *chlorure de strontium* s'obtient comme le chlorure de barium; il cristallise en aiguilles tandis que le chlorure de barium cristallise en lames carrées; il est soluble dans l'alcool concentré tandis que le chlorure de barium n'y est pas soluble.

L'*azotate de strontiane* se prépare aussi comme l'azotate de baryte; il cristallise de la même manière. On l'emploie dans la préparation des feux rouges de Bengale ; on les forme ordinairement en mélangeant 40 parties d'azotate de strontiane anhydre, 13 de fleur de soufre, 5 de chlorate de potasse et 4 de sulfure d'antimoine.

230. *Caractères des sels de strontiane.* = Les sels de strontiane donnent, avec l'acide sulfurique, un précipité blanc qui est presque insoluble dans l'eau et les acides, et qu'on ne peut guère confondre qu'avec le sulfate de baryte et le sulfate de plomb. On les distingue des sels de baryte, car ils ne précipitent pas par l'acide hydrofluosilicique et ils ne précipitent que très-lentement par le chromate de potasse ; on les distingue des sels de plomb car ils ne précipitent pas par l'acide sulfhydrique.
— Les sels de strontiane ont d'ailleurs la propriété de colorer en rouge pourpre la flamme de l'alcool, ce qui n'arrive ni pour les sels de baryte, ni pour les sels de plomb.

§ 5. — *Calcium.*

231. *Calcium.* = Le calcium est un des corps les plus répandus dans la nature ; on l'y trouve surtout à l'état de carbonate, de sulfate, de silicate et de phosphate. On l'obtient comme le barium et le strontium ; il possède des propriétés analogues à celles de ces deux métaux ; il s'unit aussi avec l'oxygène en deux proportions.

Le protoxyde de calcium est un des corps les plus importants ; on le désigne généralement sous le nom de *chaux.* Quant au bioxyde de calcium, il est sans usages ; on le prépare, comme le bioxyde de strontium, au moyen de l'eau oxygénée.

232. *Chaux.* = La chaux est blanche, caustique et alcaline.

Sa densité est 2,3 environ. Elle est infusible au feu de forge, mais elle fond au chalumeau à gaz oxyhydrogène.

La chaux a beaucoup d'affinité pour l'eau; aussi dégage-t-elle, quand on verse de l'eau sur sa masse, assez de chaleur pour vaporiser une partie de ce liquide; elle se transforme alors en un hydrate de chaux qu'on désigne sous le nom de *chaux éteinte*. — La chaux éteinte est beaucoup moins caustique que la *chaux vive* (chaux-anhydre), car elle absorbe avec beaucoup moins d'énergie l'humidité qui recouvre la langue et par suite elle dégage beaucoup moins de chaleur dans cette absorption. Elle est légère et douce au toucher quand on n'a pas employé beaucoup d'eau; elle forme une bouillie laiteuse, un *lait de chaux*, quand la quantité d'eau est assez grande. On doit la regarder comme un monohydrate CaO,HO dans le premier cas.

La chaux vive augmente de volume et tombe en poussière quand on l'expose au contact de l'air; elle se *délite* en absorbant l'humidité et l'acide carbonique de l'atmosphère.

La chaux ne se dissout que dans 800 ou 900 fois son poids d'eau à la température ordinaire; elle est un peu moins soluble à une température plus élevée, car sa solution se trouble quand on la porte à l'ébullition. Cette solution porte le nom d'*eau de chaux*; elle laisse déposer des cristaux héxaèdres de monohydrate quand on la fait évaporer sous le récipient de la machine pneumatique.

On obtient toujours la chaux en calcinant le carbonate de chaux naturel. On fait la calcination dans les *fours à chaux* pour les besoins des arts; on la fait dans des creusets de terre pour les besoins des laboratoires. On emploie dans ce dernier cas le carbonate de chaux à l'état de marbre blanc pour avoir une chaux plus pure.

Les usages de la chaux sont extrêmement nombreux. On s'en sert dans la préparation de l'hydrate de potasse, de l'hydrate de soude et de l'ammoniaque. On l'emploie dans les fabriques de savon pour enlever l'acide carbonique à la potasse et à la soude du commerce, et dans les usines à gaz pour absorber les acides carbonique et sulfhydrique qui proviennent de la distilla-tion de la houille. On s'en sert également pour chauler le blé, pour augmenter la causticité des lessives, pour amender les terres argileuses et pour faire les mortiers.

Mortiers. == On prépare les mortiers avec la chaux, l'eau et le sable ou la brique pilée ; leur qualité dépend principalement de la nature de la chaux.

On divise la chaux en chaux grasse, en chaux maigre et en chaux hydraulique.

La chaux grasse provient de la calcination du marbre, de la craie ou des calcaires qui ne renferment presque pas de matières étrangères ; elle se délite facilement dans son contact avec l'eau ; elle s'échauffe, se fendille, foisonne beaucoup et forme une bouillie pâteuse quand on la traite par ce liquide ; mais elle ne durcit pas dans son contact avec lui. La dureté que pren-nent les mortiers formés avec de la chaux grasse ne provient pas d'une combinaison entre la chaux et l'acide silicique, car ils ne forment jamais de gelée avec les acides ; elle provient uniquement d'un carbonate calcaire qui résulte de l'action de l'air sur la chaux, et qui adhère fortement, à mesure qu'il se forme, soit avec la silice, soit avec les pierres.

La chaux maigre provient des calcaires qui renferment 25 ou 30 pour 100 de carbonate de magnésie ; elle se délite moins facilement que la chaux grasse dans son contact avec l'eau, elle s'y échauffe moins et y augmente moins de volume ; elle a du reste moins de liant que la chaux grasse, car la magnésie qu'elle renferme n'a pas la propriété de faire pâte avec l'eau. On l'em-ploie comme la chaux grasse. Ces deux espèces de chaux n'éprouvent aucune altération quand on les conserve pendant un temps quelconque sous l'eau ou dans la terre humide, car elles sont alors à l'abri du contact de l'acide carbonique de l'atmosphère.

La chaux hydraulique a la propriété de durcir sous l'eau et d'y contracter une adhérence aussi forte que celle des pierres de construction ; elle ne fuse point quand elle est humectée ; elle absorbe l'eau sans dégager beaucoup de chaleur et sans augmenter beaucoup de volume ; mais elle forme avec ce liquide une pâte qui durcit sous l'eau dans l'espace de quelques heures ou quelquefois de quelques jours. Elle ne prend d'ailleurs qu'une faible ténacité au contact de l'air. — La chaux hydraulique résulte des pierres calcaires qui contiennent une certaine proportion d'argile ; elle n'est que faiblement hydraulique quand elles en contiennent 10 pour 100 ; elle l'est fortement quand elles en contiennent 20 pour 100, et plus encore quand elles en renferment de 28 à 30 pour 100. Cette dernière constitue le *ciment romain*.

On ne peut préparer la chaux hydraulique en calcinant le carbonate de chaux avec l'alumine, la magnésie ou les oxydes de fer et de manganèse. On ne l'obtient pas mieux avec le carbonate de chaux et le sable ordinaire ; mais on en fabrique une assez bonne en calcinant ce carbonate, avec la silice en gelée ou à l'état pulvérulent ; on la rend encore meilleure en ajoutant à la silice de l'alumine ou de la magnésie. On fabrique depuis quelque temps une très-bonne chaux hydraulique à Paris en employant 4 parties de craie de Meudon et 1 partie d'argile de Poissy. On délaye les matières dans l'eau, et on les mêle intimement en les pulvérisant au moyen de meules, puis on fait rendre la bouillie dans des bassins, et quand la matière y est déposée, on en forme des briques qu'on fait cuire dans un four à chaux. — La chaux hydraulique fait gelée avec les acides ; on doit la regarder comme un silicate de chaux et d'alumine ou de magnésie, mélangé avec de la chaux en excès ; elle doit la dureté qu'elle prend sous l'eau, à la combinaison de ce liquide avec les silicates qu'elle renferme.

233. *Carbonate de chaux.* = Le carbonate de chaux est un des corps les plus répandus dans la nature; on l'y trouve ordinairement à l'état amorphe; mais on l'y rencontre aussi à l'état cristallin. Le spath d'Islande et l'arragonite ne sont autre chose que des carbonates de chaux cristallisés dans deux systèmes différents. Le carbonate de chaux offre donc un exemple de dimorphisme.

Le carbonate de chaux présente une foule de variétés. C'est lui qui constitue le calcaire grossier, le calcaire compacte, la pierre à chaux, la pierre à bâtir, la craie, le marbre, la pierre lithographique, l'albâtre..... Il est blanc quelquefois; mais le plus souvent il est coloré par quelques substances étrangères, telles que le bitume, l'oxyde de fer et l'oxyde de manganèse. Sa dureté est très-variable; sa densité varie de 2,3 jusqu'à 3,8.

Le carbonate de chaux se rencontre dans tous les terrains, depuis les plus anciens jusqu'aux plus modernes; il forme dans les uns d'immenses couches intercalées dans diverses roches; il forme dans les autres des montagnes et des dépôts qui occupent des étendues très-considérables. — On le trouve aussi dans les eaux de certaines sources à la faveur d'un excès d'acide carbonique; ce sont les eaux chargées de ce sel qui, en filtrant à travers la voûte des cavernes si abondantes dans les pays calcaires, produisent les stalactites et les stalagmites d'où l'on tire l'albâtre; ce sont ces mêmes eaux qui donnent lieu aux pétrifications ou aux incrustations, ainsi qu'aux tufs calcaires qui se présentent souvent en amas très-considérables. — On le rencontre enfin dans le règne organique; car il forme presque à lui seul le test de certains mollusques, et il entre comme partie constituante dans la charpente osseuse de tous les animaux.

Le carbonate de chaux se décompose à la chaleur rouge. On peut toutefois empêcher sa décomposition en l'introduisant dans un canon de fusil hermétiquement fermé, car le gaz qui ne peut alors se dégager exerce une forte pression sur le carbonate. Il se fond dans ce cas sans éprouver de décomposition, et il se présente après le refroidissement sous la forme d'un corps grenu, cristallisé, ressemblant à du marbre.

Le carbonate de chaux a de nombreux usages. On en extrait la chaux et l'acide carbonique. A l'état compacte, on l'emploie comme pierre à bâtir; à l'état de marbre, on en fait des statues, des colonnes, des chambranles de cheminées; à l'état d'albâtre, on en fait des pendules, des vases demi-transparents. On s'en sert aussi à l'état de craie ou de blanc d'Espagne.

234. *Sulfate de chaux.* = On trouve dans la nature le sulfate de chaux à l'état anhydre et à l'état hydraté.

Le sulfate anhydre, qu'on nomme quelquefois *anhydrite*, est blanc ou grisâtre; il ne blanchit pas au feu; il ne peut pas se combiner avec l'eau; il est plus dur que le sulfate hydraté. Sa densité est 2,96. On le trouve quelquefois sous forme de prismes rectangulaires, mais le plus souvent sous forme lamelleuse. Il forme des couches considérables dans l'intérieur de la terre. Il n'a pas d'usages; on en emploie seulement une variété bleue et siliceuse, qu'on rencontre en Italie, pour faire des chambranles de cheminées.

Le sulfate de chaux hydraté se désigne sous les noms de *gypse,* de *pierre à plâtre.* Il contient deux équivalents d'eau; il n'a pas de saveur sensible; il est peu soluble dans l'eau, car ce liquide n'en dissout que la 500e partie de son poids; il est un peu plus soluble à chaud qu'à froid, car sa dissolution saturée à chaud se trouble quand elle vient à la température ordinaire. Il a peu de dureté; il fond en un émail blanc à la chaleur rouge.

Le sulfate de chaud hydraté perd toute son eau quand on le chauffe à 130 ou 140 degrés, mais il la reprend facilement dès qu'il en trouve une quantité suffisante. Il l'absorberait moins facilement si on l'eût chauffé à 200°, et il n'en prendrait pas la plus petite quantité si on l'eût porté au rouge. Il se comporterait dans ce dernier cas comme le sulfate anhydre qu'on rencontre dans la nature.

On rencontre souvent le gypse cristallisé en tables biselées à base de parallélogramme ; on le trouve en fer de lance, en lentilles plus ou moins volumineuses. Ses cristaux sont quelquefois limpides ; mais le plus souvent ils sont opaques et colorés en rouge par des argiles ferrugineuses. Sa structure est quelquefois fibreuse, quelquefois lamelleuse et souvent compacte. — On le rencontre en masse considérable dans l'intérieur de la terre ; on le trouve dans la partie supérieure des terrains secondaires, intercalé dans des couches de carbonate de chaux ; on le trouve dans les terrains tertiaires mélangé avec des matières argileuses. Il est très-abondant dans ce dernier état aux environs de Paris, où on l'exploite comme pierre à plâtre.

On emploie le sulfate hydraté pour faire le *plâtre*. On le *cuit* à cet effet pour le débarrasser de toute son eau, puis on le bat et on le tamise. Lorsqu'on veut se servir du plâtre ainsi obtenu, on le délaye dans son volume d'eau ; puis on le *gâche* avec soin, et on l'applique sur les objets à l'instant où il va se solidifier ; il prend alors beaucoup de dureté en se combinant avec l'eau, et il contracte beaucoup d'adhérence avec les objets par l'effet des cristaux qui se forment et qui s'entrelacent dans tous les sens. — Le plâtre qu'on emploie dans les constructions provient toujours d'un sulfate de chaux mélangé avec 12 ou 15 centièmes de son poids de carbonate calcaire ; car il est plus dur et plus tenace que celui qui résulte du sulfate pur. Ce dernier, qui est beaucoup plus blanc, n'est guère employé que pour les objets de sculpture. — On doit conserver le plâtre à l'abri du contact de l'air, car il reprendrait peu à peu son eau de cristallisation, et il ne pourrait plus se gâcher.

On ne se sert pas seulement du plâtre pour les constructions et pour les objets de sculpture ; on en forme aussi le *stuc*. On le gâche à cet effet avec une dissolution de colle forte, puis on le mélange avec des matières colorées, et on en applique une couche sur les objets qu'on veut en recouvrir. Il suffit alors de polir la couche pour que l'objet imite le marbre. On emploie enfin le plâtre pour amender les prairies artificielles.

Le gypse sert quelquefois à faire des pendules, des vases.....
on le désigne alors sous le nom d'*albâtre gypseux* pour le
distinguer de l'*albâtre calcaire*.

235. *Hypochlorite de chaux.* = On obtient l'hypochlorite de
chaux, à l'état de pureté, en versant une dissolution d'acide
hypochloreux dans un lait de chaux. Il est indispensable de
laisser un excès de chaux, car l'hypochlorite se transforme en
chlorate de chaux et en chlorure de calcium dès que la quantité
de chlore devient prédominante.

On prépare l'hypochlorite de chaux dans les arts en faisant
arriver un courant de chlore dans un lait de chaux ; mais il se
forme en outre du chlorure de calcium, comme l'indique la formule $2Cl + 2CaO = CaO, ClO + CaCl$. — On le prépare aussi
en faisant arriver un courant de chlore sur des couches peu
épaisses d'hydrate de chaux qu'on étend sur des tablettes à re-
bord et en agitant souvent l'hydrate avec un ringard. Le courant de chlore ne doit pas être trop rapide dans l'un et l'autre
cas, car il se produirait beaucoup de chaleur dans la combinaison, et on obtiendrait du chlorate de chaux au lieu d'hypochlorite. On doit de même employer un excès d'hydrate de chaux
afin d'empêcher la formation de ce chlorate.

Le mélange d'hypochlorite de chaux et de chlorure de calcium ainsi obtenu se désigne généralement sous le nom de
chlorure de chaux. Il est blanc, pulvérulent, amorphe ; il est
très-soluble dans l'eau. Il est décomposé par les acides les plus
faibles et même par l'acide carbonique ; aussi dégage-t-il une
odeur de chlore due à sa décomposition par l'acide carbonique
de l'air.

Les acides, en décomposant le chlorure de chaux, mettent
en liberté tout le chlore qu'il renferme ; ils s'emparent en effet
de la chaux contenue dans l'hypochlorite et de la chaux qui résulte de la combinaison de l'oxygène de l'acide hypochloreux

avec le calcium du chlorure. Or, comme le chlorure de chaux contient beaucoup de chlore condensé sous un petit volume, il agit, comme désinfectant et comme décolorant, avec beaucoup plus d'énergie qu'un même volume de chlore gazeux et de chlore dissous dans l'eau.

On emploie des quantités énormes de chlorure de chaux pour blanchir les étoffes ; on trempe d'abord l'étoffe dans une solution faible d'acide chlorhydrique, puis on la plonge dans un bain de chlorure de chaux et on la lessive ensuite à la manière ordinaire. — On emploie aussi le chlorure de chaux pour détruire les mauvaises odeurs et les miasmes putrides de l'atmosphère ; on l'étend alors sur de grands plats, afin qu'il présente beaucoup de surface à l'air, ou mieux on imbibe un linge d'une dissolution de ce chlorure et on étend ce linge dans le lieu qu'il s'agit de désinfecter.

On peut employer le chlorure de chaux pour préparer les deux autres chlorures décolorants, le chlorure de potasse et le chlorure de soude, que nous avons désignés sous le nom d'*eau de javelle*. Si l'on verse en effet une dissolution de carbonate de potasse ou de soude dans une dissolution de chlorure de chaux, on obtient du carbonate de chaux qui se précipite et du chlorure de potasse ou de soude qui reste en dissolution.

236. *Chlorure de calcium.* = Le chlorure de calcium a une saveur amère ; il cristallise en prismes à 6 pans qui contiennent 6 équivalents d'eau. Il est très-soluble dans l'eau ; il est très-déliquescent ; il possède une si grande affinité pour l'eau qu'il retarde son point d'ébullition jusqu'à 180 degrés. Il est susceptible d'éprouver la fusion aqueuse et la fusion ignée.

Le chlorure de calcium dégage de la chaleur ou produit du froid quand il se combine avec l'eau selon qu'il est anhydre ou hydraté. Un mélange de chlorure cristallisé et de glace donne un froid capable de congeler le mercure.

Le chlorure de calcium acquiert la propriété de devenir phosphorescent dans l'obscurité quand on l'a fondu et qu'on le frotte ensuite légèrement. On lui donnait autrefois le nom de *phosphore de Homberg.*

On prépare le chlorure de calcium en traitant le carbonate de chaux par l'acide chlorhydrique; on l'obtient aussi en traitant par l'eau les résidus de la préparation de l'ammoniaque. — On l'emploie pour dessécher les gaz, pour produire du froid artificiel et pour obtenir l'alcool anhydre.

237. *Caractères des sels de chaux.* = Les sels de chaux donnent un précipité blanc avec l'acide sulfurique; mais ce précipité ne peut être confondu ni avec le sulfate de baryte, ni avec le sulfate de strontiane, car il est un peu soluble dans l'eau, et sa solution précipite par la baryte et la strontiane. Les sels de chaux ne donnent d'ailleurs aucun précipité avec l'acide sulfurique quand leur dissolution est très-étendue.

Les sels de chaux précipitent par la potasse, la soude, la baryte et la strontiane; mais ils ne précipitent ni par l'eau de chaux, ni par l'ammoniaque.

Ils donnent enfin, avec l'acide oxalique et les oxalates, un précipité grenu d'oxalate de chaux, insoluble dans l'eau et dans l'acide acétique, mais soluble dans l'acide azotique. Cette propriété est caractéristique pour les sels de chaux.

CHAPITRE IV.

MÉTAUX DE LA DEUXIÈME SECTION.

§ 1er. — *Magnésium.*

238. *Magnésium.* = Le magnésium se rencontre dans la nature à l'état de carbonate, de sulfate, d'azotate, de silicate, de phosphate, de borate et de chlorure. On l'obtient en décomposant le chlorure de magnésium anhydre par le potassium.

On introduit le potassium et le chlorure dans un creuset de platine; puis on ferme solidement le creuset avec son couvercle et on le chauffe avec une lampe à alcool. La réaction est très-vive : le potassium s'empare du chlore, et le magnésium est mis en liberté. On laisse ensuite refroidir le creuset et on traite le produit par l'eau froide. On dissout ainsi le chlorure de potassium et la portion de chlorure de magnésium qui n'a pas été décomposée, et le magnésium se trouve isolé.

Le magnésium est brillant comme l'argent, assez dur, assez malléable; il fond à la chaleur rouge. Il ne commence à décomposer l'eau qu'à partir de 30° ; il s'altère moins rapidement que les métaux de la première section au contact de l'air humide; il brûle avec une vive lumière quand on le chauffe dans l'oxygène ou dans le chlore.

239. *Magnésie.* = Le magnésium ne se combine, avec l'oxygène, qu'en une seule proportion ; on donne le nom de *magnésie* à l'oxyde qui résulte de cette combinaison. Sa formule est MgO.

La magnésie est blanche, pulvérulente, douce au toucher ; elle n'a pas de saveur ; sa densité est 2,3. Elle est à peine soluble dans l'eau ; il faut 5000 parties d'eau pour dissoudre une partie de magnésie ; elle verdit cependant un peu le sirop de violette et ramène au bleu le tournesol rougi. C'est la base la plus puissante après les six bases de la première section.

La magnésie absorbe peu à peu l'acide carbonique de l'air et se transforme en carbonate ; elle ne dégage pas de chaleur sensible quand on la met en contact avec l'eau, car elle ne se combine que très-lentement avec ce liquide ; elle forme alors un hydrate qui a pour formule MgO,HO. On obtient plus rapidement cet hydrate en précipitant un sel de magnésie par la potasse ou la soude ; il abandonne toute son eau à la chaleur rouge.

On prépare la magnésie soit en calcinant le carbonate de magnésie, soit en versant de la potasse dans le sulfate de magnésie et en calcinant l'hydrate de magnésie qui se précipite. — On l'emploie pour dissiper les aigreurs de l'estomac et pour neutraliser les effets des empoisonnements par les acides ; elle sert même comme contre-poison de l'acide arsénieux. L'hydrate de magnésie est préférable à la magnésie anhydre dans ces différents cas.

240. *Carbonate de magnésie.* Le carbonate neutre de magnésie MgO,CO^2 se rencontre ordinairement en masses compactes et sans forme régulière ; mais on le trouve aussi quelquefois cristallisé en rhomboèdres. On le trouve souvent combiné avec le carbonate de chaux et formant alors un carbonate double qu'on désigne sous le nom de *dolomie.*

Lorsqu'on verse un carbonate de potasse ou de soude dans une solution de sulfate de magnésie, on obtient un précipité gélatineux de carbonate basique de magnésie. On le prépare en grand pour les besoins de la médecine ; on le désigne, dans les pharmacies, sous le nom de *magnésie blanche.*

241. *Sulfate de magnésie.* = Le sulfate de magnésie est très-amer ; il est beaucoup plus soluble à chaud qu'à froid, car l'eau en dissout les 33 centièmes de son poids à 14° et les 72 centièmes à 97°. Il contient des quantités d'eau de cristallisation très-différentes selon la température à laquelle il cristallise ; il en renferme ordinairement 7 équivalents quand il cristallise vers 15°, et ses cristaux sont alors des prismes rectangulaires à 4 pans. Il s'effleurit lentement au contact de l'air ; il peut éprouver la fusion aqueuse et la fusion ignée.

On prépare le sulfate de magnésie en traitant le carbonate de magnésie naturel, ou même la dolomie par l'acide sulfurique ; on le sépare facilement dans le dernier cas du sulfate de chaux qui se forme en même temps que lui. On l'obtient aussi en évaporant certaines eaux minérales, telles que les eaux d'Epsom, les eaux de Sedlitz, qui le contiennent en dissolution et qui lui doivent leurs propriétés médicinales. — On le désigne souvent sous les noms de *sel d'Epsom*, de *sel de Sedlitz*. On l'emploie comme purgatif.

242. *Caractères des sels de magnésie.* = La potasse et la soude donnent, avec les sels de magnésie, un précipité blanc insoluble dans un excès d'alcali ; l'acide sulfurique et les sulfates alcalins n'y donnent aucun précipité. Ces caractères les distinguent complétement des sels de la première section.

L'ammoniaque donne un précipité blanc avec les sels de magnésie. Le précipité n'aurait pas lieu toutefois si la liqueur contenait une quantité suffisante d'un sel ammoniacal, car ce sel formerait avec le sel magnésien un sel double qui est indécomposable par l'ammoniaque. Il en serait de même si le sel de magnésie était fortement acide, car l'ammoniaque s'unirait d'abord à l'excès d'acide et formerait une quantité de sel ammoniacal suffisante pour constituer, avec le sel de magnésium, le sel double indécomposable par l'alcali.

Le bicarbonate de soude ne précipite pas les sels de magnésie, car le bicarbonate de magnésie qui se forme est très-soluble dans l'eau.

Le phosphate de soude ammoniacal y donne un précipité blanc de phosphate double d'ammoniaque et de magnésie qui est insoluble dans l'eau.

§ 2. — *Aluminium.*

243. *Aluminium.* = L'aluminium est un des corps les plus répandus dans la nature; on le rencontre à l'état d'oxyde et à l'état de silicate. On l'obtient en décomposant le chlorure d'aluminium anhydre par le potassium.

L'aluminium est brillant comme l'étain; il est assez dur, assez malléable; il fond à la chaleur rouge. Il a très-peu d'action sur l'air à la température ordinaire, mais il brûle avec une vivacité extraordinaire dans l'air et dans l'oxygène à une température élevée. Il décompose l'eau à froid sous l'influence des acides énergiques et des bases alcalines, car l'oxyde d'aluminium joue le rôle de base avec les acides énergiques et le rôle d'acide avec les bases puissantes; il ne décompose l'eau qu'à partir de 100° quand il agit seul.

244. *Alumine.* = L'aluminium ne se combine avec l'oxygène qu'en une seule proportion; on donne le nom d'*alumine* à l'oxyde qui résulte de cette combinaison. Sa formule est Al^2O^3.

L'alumine existe à l'état cristallisé dans la nature; elle y forme divers minéraux qu'on désigne sous le nom général de *corindons*. Elle est parfaitement transparente et incolore dans le *corindon hyalin*; elle est colorée en rouge dans le *rubis*, en bleu dans le *saphir*, en vert dans l'*émeraude orientale,* en jaune dans la *topaze orientale,* en violet dans l'*améthyste orientale.* Ces minéraux ont, en général, la forme de prismes hexaèdres ou de dodécaèdres triangulaires; leur densité est comprise entre 3,6 et 4,3; leur dureté approche de celle du diamant. On les em-

ploie comme pierres précieuses ; ils doivent leurs couleurs à des
traces de divers oxydes métalliques combinés avec l'alumine.
— L'émeri dont on se sert pour polir le verre et les glaces, n'est
autre chose qu'un corindon opaque réduit en poussière plus ou
moins fine.

On prépare l'alumine pure dans les laboratoires en calcinant
l'alun ammoniacal ; on l'obtient aussi en calcinant l'hydrate d'a-
lumine qui se précipite quand on verse de l'ammoniaque dans
une solution d'alun à base de potasse.

L'alumine ainsi préparée est blanche, douce au toucher ; elle
happe à la langue ; elle est infusible au feu de forge ; elle est insoluble dans l'eau ; elle ne se combine pas directement avec ce
liquide, mais elle en absorbe des quantités assez considérables
par un effet purement hygrométrique. Elle n'absorbe pas l'acide
carbonique de l'air comme les bases précédentes, car elle ne
peut se combiner avec cet acide.

On obtient l'hydrate d'alumine en versant de l'ammoniaque
ou du carbonate d'ammoniaque dans un sel d'alumine. Cet hydrate est très-peu soluble dans l'eau ; il se dissout facilement
dans les acides sulfurique, azotique, chlorhydrique, ainsi que
dans les solutions alcalines ; il forme, avec les acides, des sels
dans lesquels il remplit le rôle de bases, et avec les bases des
sels dans lesquels il remplit le rôle d'acide. Il n'abandonne son
eau qu'à la chaleur rouge.

245. *Silicates d'alumine.* = Il existe plusieurs silicates d'a-
lumine dans la nature. On les rencontre quelquefois à l'état de
cristaux ; mais on les trouve plus ordinairement en masses plus
ou moins compactes et sans formes régulières. L'*argile* pure
n'est autre chose que du silicate d'alumine hydraté représenté
par la formule $Al^2O^3, SiO^3 + 2HO$.

L'argile pure est blanche, opaque, tendre et à grains fins ; elle
est onctueuse au toucher ; elle happe à la langue ; sa densité est
2,5. Elle se gonfle dans son contact avec l'eau et s'y délaie

promptement; elle est très-*plastique*, c'est-à-dire qu'elle forme avec l'eau une pâte qu'on peut pétrir et façonner avec la plus grande facilité. Elle est complétement infusible aux températures les plus élevées de nos fourneaux; elle a une si grande affinité pour l'eau qu'elle en retient encore une certaine quantité à la chaleur blanche. — Les objets que l'on façonne avec les pâtes argileuses se fendillent quand on les soumet à une température élevée pour les dessécher; ils se fendillent beaucoup moins quand ils se dessèchent simplement dans l'air à la température ordinaire.

Les acides chlorhydrique et azotique dissolvent lentement l'alumine de l'argile à la température ordinaire; l'acide sulfurique agit beaucoup plus rapidement. Les solutions étendues de potasse et de soude n'agissent pas sur sa silice à moins qu'un acide ne lui ait enlevé préalablement une partie de sa base. On voit par là que l'argile se comporte comme un corps composé d'un acide et d'une base et par suite comme un véritable sel.

Les argiles sont rarement pures dans la nature; elles sont mélangées surtout avec du sable, du carbonate de chaux, du sesquioxyde de fer hydraté et du sulfure de fer. Celles qui contiennent du sable sont infusibles, comme l'argile pure, aux températures les plus élevées de nos fourneaux; celles qui contiennent du carbonate de chaux et des composés ferrugineux y sont au contraire plus ou moins fusibles selon la proportion des matières étrangères. — On les divise en *argiles grasses* et en *argiles maigres* selon qu'elles sont plus ou moins plastiques, c'est-à-dire selon qu'elles forment des pâtes plus ou moins liantes avec l'eau. Ce sont les argiles les plus pures qui présentent en général le plus de plasticité.

Le *kaolin* est une argile presque pure; il est formé de grains de quartz ou de sable, de petits fragments de feldspath et du silicate d'alumine $Al^2O^3, SiO^3 + 2HO$; on en sépare facilement le silicate par des lavages répétés. On l'emploie dans la fabrication de la porcelaine; aussi l'appelle-t-on souvent *terre à porcelaine*.

Il provient de l'altération que les roches granitiques éprouvent à la longue par les influences atmosphériques. Ces roches sont en effet principalement formées d'un silicate double d'alumine et de potasse ou de soude ; or ce silicate se décompose peu à peu en un silicate de potasse ou de soude qui se dissout, et en un silicate d'alumine qui reste à l'état solide. — On désigne généralement, sous le nom de *feldspaths* les silicates doubles d'alumine et d'une base alcaline.

La *marne* est une argile mélangée avec une proportion assez considérable de carbonate de chaux et de silice ; elle fait effervescence avec les acides ; elle est plus ou moins fusible, elle forme une pâte assez peu liante avec l'eau. On s'en sert dans la fabrication des faïences, des briques, des tuiles et des terres cuites en général ; on l'emploie aussi dans l'agriculture afin de diviser les terres trop argileuses et de leur fournir le calcaire qui est indispensable pour la végétation.

Les *ocres* sont des argiles mélangées avec le sesquioxyde de fer hydraté ; elles sont ordinairement jaunes ; on en trouve cependant quelquefois de rouges ; on transforme d'ailleurs les ocres jaunes en ocres rouges par la calcination. — Il existe quelques ocres de couleurs brunes, la *terre d'ombre* par exemple ; elles doivent leur couleur à de l'hydrate de sesquioxyde de manganèse. — On emploie les différentes espèces d'ocres en peinture.

La *terre à foulon* est une espèce d'argile qu'on emploie dans le dégraissage des étoffes de laine. On répand cette argile, après l'avoir séchée et pulvérisée, sur le drap que l'on veut dégraisser, et on le passe ensuite au cylindre. L'argile absorbe alors, par un effet capillaire, toute la matière grasse de l'étoffe.

246. *Sulfate d'alumine.* = Le sulfate d'alumine a une saveur astringente ; il est très-acide, très-soluble dans l'eau ; il cristallise ordinairement en petites lames qui contiennent 18 équi-

valents d'eau. Il éprouve facilement la fusion aqueuse; ils se décompose à la chaleur rouge.

On prépare souvent le sulfate d'alumine avec les argiles qui contiennent peu de carbonate de chaux et d'oxyde de fer. On les calcine d'abord pour les rendre plus friables, puis on les pulvérise et on les traite à une douce chaleur par l'acide sulfurique étendu. De là résultent de la silice, du sulfate de chaux, du sulfate de sesquioxyde de fer et du sulfate d'alumine. La silice et le sulfate de chaux se déposent tandis que le sulfate de fer et le sulfate d'alumine restent en dissolution. On sépare ensuite facilement ces deux sels l'un de l'autre par leur différence de solubilité.

On prépare souvent aussi le sulfate d'alumine au moyen des *schistes argileux*, qui sont principalement composés d'argile, de sulfures de fer et de matières bitumineuses. Lorsque les schistes sont peu compactes, on les transforme en un mélange de sulfate d'alumine, de sulfate de fer, de silice et de quelques matières étrangères en les exposant pendant plusieurs mois au contact de l'air et en les arrosant de temps en temps, puis on les lessive afin d'en séparer les deux sulfates, et on concentre la dissolution afin de les faire cristalliser. — Lorsque les schistes sont trop compactes, on les grille dans.des fours, puis on lessive le mélange et on fait cristalliser la dissolution. — Le sulfate de fer cristallise toujours avant le sulfate d'alumine, car il est beaucoup moins soluble.

Le sulfate d'alumine s'emploie en grand dans les fabriques de toiles peintes où il commence à remplacer l'alun. On en emploie des quantités plus considérables encore dans la préparation de cette dernière substance.

247. *Aluns.* = Le sulfate d'alumine peut s'unir avec le sulfate de potasse, le sulfate de soude, le sulfate d'ammoniaque, le sulfate de protoxyde de fer..., pour former des sels doubles. Ces sels ont tous la même composition; ils contiennent tous le

même nombre d'équivalents d'eau; ils cristallisent tous de la même manière; on leur donne le nom général d'*aluns*.—L'alun le plus important est l'alun à base de potasse; c'est le seul que nous décrirons; sa formule est $KO, SO^3 + Al^2O^3, 3SO^3 + 24HO$.

L'alun a une saveur astringente; il s'effleurit lentement à l'air; l'eau en dissout la 15ᵉ partie de son poids à la température ordinaire, et plus de son poids à 100 degrés. Il cristallise en beaux octaèdres quand il se sépare par le refroidissement d'une dissolution saturée à chaud, mais il cristallise en cubes quand ses cristaux se forment sous l'influence d'un excès d'alumine et à une température qui ne dépasse pas 45°. L'alun cubique et l'alun octaédrique ont la même composition; l'alun cubique se transforme même en alun octaédrique quand on abandonne à l'évaporation spontanée sa dissolution dans l'eau froide.

L'alun éprouve la fusion aqueuse à une température un peu inférieure à 100°. Au delà, il perd peu à peu son eau, il devient de plus en plus opaque et il se boursouffle considérablement. A la chaleur rouge, il abandonne de l'oxygène, de l'acide sulfureux et de l'acide sulfurique anhydre, et il donne de l'alumine et du sulfate de potasse pour résidu; à une température encore plus élevée, il perd tout son acide sulfurique et il se transforme en aluminate de potasse. — L'alun qu'on laisse refroidir après lui avoir fait éprouver la fusion aqueuse se présente en masses vitreuses; on lui donne le nom d'*alun de roche*. Celui qu'on laisse refroidir après lui avoir enlevé son eau par la calcination se présente en masses opaques; on lui donne le nom d'*alun calciné*.

On obtient, en calcinant l'alun et le noir de fumée, un pyrophore aussi bon que celui qui provient du sulfate de potasse. L'alumine s'y trouve simplement à l'état de mélange.

On prépare presque tout l'alun employé dans les arts en mélangeant une dissolution de sulfate d'alumine avec une dissolution de sulfate de potasse. Il se précipite même immédiatement si les dissolutions sont concentrées, car il est moins soluble que les deux sulfates pris en particulier.

On retire aussi l'alun d'une pierre nommée *pierre d'alun, alunite,* qu'on trouve abondamment près de Rome. Cette pierre peut être regardée comme un composé d'alun ordinaire et d'un excès d'alumine ; il suffit de la chauffer dans un four jusqu'à ce qu'elle commence à dégager de l'acide sulfureux, et de la traiter ensuite par l'eau pour en précipiter l'excès d'alumine et pour dissoudre l'alun ordinaire. La solution donne par le refroidissement des cristaux d'alun, et ces cristaux sont cubiques, puisqu'ils se forment sous l'influence d'un excès d'alumine. L'alun ainsi obtenu est appelé *alun de Rome*; il est légèrement coloré en rose par quelques traces de sesquioxyde de fer ; on le recherche dans la teinture, parce qu'il ne contient pas de sulfate de protoxyde de fer. Ce sulfate nuit en effet à la qualité de l'alun, car il altère fortement la nuance des couleurs. — Le sesquioxyde de fer contenu dans l'alun de Rome n'agit pas d'ailleurs dans la teinture, car il se dépose eu égard à son insolubilité dans l'eau.

On consomme en France plusieurs millions de kilogrammes d'alun par an. On l'emploie principalement pour fixer sur les étoffes les couleurs solubles dans l'eau, pour empêcher le papier de boire, pour rendre le suif plus ferme et pour passer les peaux.

248. *Caractères des sels d'alumine.* = Les sels d'alumine donnent, avec la potasse et la soude, un précipité blanc, soluble dans un excès de ces alcalis. Ce caractère les distingue de tous les sels précédents.

Ils donnent, avec l'ammoniaque, un précipité blanc insoluble ou excessivement peu soluble dans un excès de cet alcali. Ils sont également précipités par l'eau de chaux.

.Les sulfates de potasse et d'ammoniaque, en solutions concentrées, y donnent un précipité blanc d'alun facile à reconnaître à la forme de ses cristaux. Le sulfure de potassium y donne un précipité blanc d'alumine avec un dégagement d'acide sulfhydrique.

Ces sels ont tous une saveur astringente, et ils donnent, quand on les calcine au chalumeau avec une petite quantité d'azotate de cobalt, un composé d'un bleu caractéristique.

§ 3. — *Manganèse.*

249. *Manganèse.* = On trouve le manganèse dans la nature à l'état d'oxydes, à l'état de carbonate et à l'état de silicate. C'est du carbonate de manganèse qu'on l'extrait ordinairement. On calcine ce carbonate dans un creuset, puis on mélange intimement avec du charbon divisé le protoxyde qui résulte de la calcination et on calcine le mélange dans un creuset fermé. Le manganèse ainsi obtenu est combiné avec quelques centièmes de charbon; on le purifie en le fondant avec une petite quantité de carbonate de manganèse.

Le manganèse est d'un gris blanc, cassant, dur, grenu ; sa densité est 8 ; il ne fond qu'à la plus forte chaleur des feux de forge. Il se ternit rapidement au contact de l'air et se couvre d'une couche rouge brun ; il brûle avec une vive lumière dans l'oxygène à une température élevée. Il décompose rapidement l'eau à la température 100; il la décompose même un peu à la température ordinaire. On le conserve, comme le potassium, dans de l'huile de napthe.

250. *Oxydes de manganèse.* = Il existe cinq composés de manganèse et d'oxygène. Le premier composé MnO est une base énergique, le second Mn^2O^3 une base faible, le troisième MnO^2 un corps neutre ; le quatrième MnO^3 et le cinquième Mn^2O^5 sont des acides. — *L'oxyde rouge* Mn^3O^4, qui résulte de la calcination du bioxyde, n'est pas un oxyde particulier, c'est un véritable sel MnO,Mn^2O^3 formé de protoxyde et de sesquioxyde

de manganèse ; on dissout en effet son protoxyde en le traitant par l'acide sulfurique, et on met en liberté son sesquioxyde.

Le *protoxyde* MnO s'obtient en calcinant le carbonate naturel de manganèse en vase clos. Il est verdâtre ; il se suroxyde au contact de l'air et se transforme en une poudre brune. On peut l'obtenir à l'état d'hydrate en précipitant par la potasse la dissolution d'un sel de manganèse ; mais cet hydrate passe rapidement à l'état d'hydrate de sesquioxyde en absorbant l'oxygène de l'air ; aussi sa couleur devient-elle brune, de blanche qu'elle était d'abord.

Le *sesquioxyde* Mn²O³ existe dans la nature à l'état anhydre et à l'état hydraté ; on l'y trouve sous forme terreuse et en morceaux durs, compactes et brillants. A l'état d'hydrate il ressemble beaucoup au bioxyde, mais on l'en distingue facilement par la couleur de sa poussière, qui est brune, tandis que celle du bioxyde est d'un gris foncé. Il abandonne une partie de son oxygène à la chaleur rouge et se transforme en oxyde rouge.

Le *bioxyde* MnO² se trouve dans la nature en aiguilles brillantes, mais le plus souvent en masse compacte douée de l'éclat métallique, ou en masse terne plus ou moins noire. Il est pur dans le premier cas ; il est combiné dans le second avec l'hydrate de sesquioxyde et quelques matières étrangères. — On l'emploie dans la préparation de l'oxygène et du chlore ; on s'en sert aussi dans les verreries pour décolorer les verres qui ont été formés avec certains sables ferrugineux.

L'*acide manganique* MnO³ n'a pas encore pu être obtenu à l'état de liberté ; il se produit, quand on calcine au contact de l'air et mieux de l'oxygène, un mélange en poids égaux d'hydrate de potasse et de bioxyde de manganèse. Si on dissout dans une petite quantité d'eau froide, le produit de la calcination et qu'on fasse évaporer la liqueur sous le récipient de la machine pneumatique, on obtient de beaux cristaux verts de manganate de potasse. Ce manganate n'a pas beaucoup de stabilité ; il abandonne son oxygène à tous les corps qui en sont un peu avides. — Le manganate de potasse se décompose en hydrate brun de bioxyde de manganèse, et en permanganate rouge de potasse quand on le met en contact avec une quantité d'eau un peu considérable : l'hydrate de bioxyde se précipite, et le permanganate reste dans la dissolution qu'il colore en rouge. — La dissolution de manganate de potasse se décompose même sous l'influence de l'acide carbonique de l'air ; elle donne du carbonate de manganèse qui se précipite et du permanganate de potasse qui reste en dissolution ; aussi passe-t-elle peu à peu du vert au rouge en présentant successivement toutes les couleurs intermédiaires. Ces changements ont fait donner le nom de *caméléon minéral* au manganate de potasse.

L'acide permanganique Mn^2O^7 est très-peu stable ; il se décompose à 30 ou 40 degrés en oxygène et en bioxyde de manganèse. Il se présente en masse brune et cristalline ; il forme, avec la potasse et la soude, des dissolutions d'un beau rouge.

251. *Caractères des sels de protoxyde de manganèse.* = Les sels de protoxyde de manganèse sont incolores ou légèrement colorés en rose. Ils donnent, avec la potasse et la soude, un précipité blanc d'hydrate de protoxyde, qui est insoluble dans un excès de ces alcalis. Ce précipité brunit peu à peu au contact de l'air ; il brunit immédiatement au contact du chlore et des autres corps oxydants.

L'ammoniaque donne un précipité blanc avec les sels de protoxyde de manganèse, mais elle ne précipite qu'une partie du manganèse, car il se forme, comme dans le cas des sels magnésiens, un sel double qui est indécomposable par l'ammoniaque. Le précipité n'aurait pas lieu, par la même raison, si le sel était acide ou s'il contenait une quantité suffisante d'un sel ammoniacal.

Le sulfure de potassium et le sulfhydrate d'ammoniaque y donnent un précipité rose de sulfure de manganèse ; l'acide sulfhydrique ne les précipite pas. Le cyanoferrure de potassium y forme un précipité blanc rosé, soluble dans les acides. — Le tannin ne précipite ni les sels de manganèse, ni les autres sels de la deuxième et de la première section.

Tous les sels de manganèse, chauffés avec l'hydrate ou l'azotate de potasse, donnent du manganate de potasse qui forme une dissolution verte avec l'eau et rose avec l'acide sulfurique étendu, et qui se décolore complétement avec l'acide sulfureux et les corps avides d'oxygène.

CHAPITRE V.

MÉTAUX DE LA TROISIÈME SECTION.

§ 1er. — *Fer.*

252. *Fer.* = Le fer est un des métaux les plus répandus dans la nature. On l'y trouve principalement à l'état d'oxyde, à l'état de sulfure, à l'état de silicate, à l'état de phosphate et à l'état de carbonate. Il y existe aussi à l'état natif, mais seulement en petites masses isolées : ces petites masses contiennent toujours des traces de nickel, de chrôme et de soufre; elles ont le même aspect et probablement la même origine que les *aérolites.*

Le fer employé dans les arts se retire, comme nous le verrons dans la métallurgie, des oxydes et du carbonate de fer. Ce fer n'est jamais chimiquement pur; il contient toujours une petite quantité de carbone, et des traces de silicium, de soufre et quelquefois de phosphore.

Fer pur. = On obtient le fer à l'état de pureté en réduisant un oxyde de fer par l'hydrogène sec. Ce métal se présente en poudre d'un gris noir si la réduction a lieu à la flamme d'une lampe à alcool; il se présente en masse compacte douée de l'éclat métallique si elle a lieu dans un tube de porcelaine chauffé à la chaleur blanche. Dans le premier cas, il est tellement avide d'oxygène qu'il s'enflamme quand on le projette dans l'air à la température ordinaire; on le nomme alors *fer pyrophorique* (*fig.* 51). Dans le second, il a beaucoup moins d'affinité pour l'oxygène, car il ne s'oxyde pas au contact de l'air. — On obtient aussi du fer pur en réduisant, à une température élevée, le protochlorure de fer par l'hydrogène, il se dépose alors en masses brillantes et cristallines sur les parois du tube de verre.

Fer du commerce. = Le fer du commerce est d'un gris bleuâtre ; il est malléable et ductile ; c'est le métal le plus dur, le plus tenace, et le plus magnétique. On le rend cassant par l'écrouissage ; mais il reprend sa malléabilité et sa ténacité primitive par le recuit. Sa densité est de 7,7 quand il a été forgé et 7,9 quand il a été écroui.

La texture du fer est ordinairement grenue ; ses grains sont même d'autant plus fins et d'autant plus brillants qu'il est plus pur. Il possède cependant quelquefois une texture fibreuse quand il est bien pur et bien travaillé. Le fer à texture fibreuse a généralement une ténacité plus grande que le fer grenu ; aussi l'emploie-t-on de préférence dans les fils et dans les barres qui servent à supporter le tablier des ponts suspendus. — Un phénomène digne de remarque, c'est que le fer à texture fibreuse prend quelquefois à la longue une texture grenue et même lamelleuse. On observe surtout ce phénomène dans le fer exposé à des vibrations fréquentes, dans le fer, par exemple, qui supporte les ponts suspendus et dans celui qui forme les essieux des wagons et voitures. Ce changement dans l'état moléculaire est toujours accompagné d'une diminution dans la ténacité du métal.

Le fer ne se fond qu'à la température la plus élevée de nos fourneaux. Il se ramollit toutefois à une température bien inférieure à son point de fusion, et il acquiert alors une malléabilité qui permet de lui donner facilement la forme de lames ou toute autre forme appropriée à l'usage auquel on le destine. — Il se soude à lui-même à la chaleur rouge sans l'intermédiaire d'aucun autre corps ; on soude en effet les barres de fer en les frappant à coups de marteau après les avoir chauffées au blanc et superposées; et la soudure présente la même solidité que les autres parties.

Le fer ne s'altère pas dans l'air sec à la température ordinaire; mais il s'altère rapidement dans l'air humide; il s'y couvre d'une couche de sesquioxyde de fer hydraté qu'on désigne sous le nom de *rouille*. L'altération d'une barre de fer est très-rapide quand un point de la barre a commencé à se rouiller, car le fer et la petite couche de rouille forment les deux éléments d'une pile galvanique qui suffit pour décomposer l'eau contenue dans l'air. Or, comme le fer est l'élément positif de cette petite pile, l'oxygène se porte sur ce métal et l'oxyde rapidement. — On préserve le fer de la rouille en le recouvrant d'une couche très-mince de zinc, car ce métal qui est positif par rapport au fer attire l'oxygène provenant de la décomposition de l'eau. Le zinc ne s'altère d'ailleurs que dans ses couches superficielles et il se couvre seulement d'une couche d'oxyde excessivement mince qui garantit le fer et le zinc de toute altération ultérieure. On donne le nom de *fer galvanisé* au fer recouvert de zinc; on emploie depuis quelques années d'énormes quantités de ce fer dans les arts.

On trouve presque toujours une petite quantité d'ammoniaque dans la rouille. Ce corps provient évidemment de la combinaison de l'hydrogène dû à la décomposition de l'eau avec l'azote de l'air dissous dans l'eau environnante, combinaison qui s'effectue à cause de l'état naissant de l'hydrogène et de l'affinité du sesquioxyde de fer pour l'ammoniaque.

Le fer s'oxyde rapidement au contact de l'air sous l'influence de la chaleur. Il se couvre, à la chaleur rouge, d'une couche d'un oxyde noir qu'on nomme l'oxyde des batitures et qu'on en détache facilement quand on le frappe à coups de marteau. Il brûle avec une vivacité extraordinaire à la chaleur blanche. Les étincelles qui jaillissent du fer quand on le frappe contre un silex, les batitures qui s'élancent du fer quand on le forge, prouvent suffisamment la vivacité de la combustion du fer dans l'air, mais elle n'approche pas encore de la combustion de ce corps dans l'oxygène pur (*fig.* 6).

Le fer agit sur les acides sulfurique, azotique et chlorhydrique à la température ordinaire ou à une température un peu élevée. Il donne, à la température ordinaire, avec l'acide sulfurique étendu, du sulfate de protoxyde de fer et de l'hydrogène; il donne, à une température un peu élevée, avec cet acide concentré, du sulfate de fer et de l'acide sulfureux. — Il donne de l'azotate de fer et de l'azotate d'ammoniaque avec l'acide azotique étendu, et de l'azotate de fer et des vapeurs nitreuses avec l'acide azotique concentré. Il donne toujours de l'hydrogène et du chlorure de fer avec l'acide chlorhydrique soit gazeux, soit en dissolution. — Le fer décompose la vapeur d'eau à la chaleur rouge; de l'hydrogène et de l'oxyde de fer magnétique sont les produits de la réaction.

253. *Oxydes de fer.* = Le fer s'unit en trois proportions avec l'oxygène : les deux premiers composés jouent le rôle de bases, ce sont le protoxyde FeO et le sesquioxyde Fe^2O^3; le troisième joue le rôle d'acide, c'est l'acide ferrique FeO^3. On rencontre en outre dans la nature et on obtient facilement dans les laboratoires un quatrième oxyde Fe^8O^4; mais cet oxyde, qu'on désigne sous le nom d'*oxyde magnétique*, est un véritable sel FeO, Fe^2O^3 formé par la combinaison du protoxyde et du sesquioxyde.

Le *protoxyde* FeO n'a pas encore pu être isolé de ses combinaisons; il se suroxyde toujours quand on décompose par la chaleur les sels dans lesquels il joue le rôle de base, et il se précipite à l'état d'hydrate quand on le chasse de ses dissolutions par la potasse ou par la soude. Il se produit quand on met le fer en contact avec les acides sulfurique, azotique et chlorhydrique; on le trouve abondamment dans la nature en combinaison avec le sesquioxyde de fer, avec l'acide carbonique et avec l'acide silicique. Il colore les fondants en vert foncé. — On l'obtient à l'état d'hydrate en versant de la potasse ou de la soude dans une dissolution de sulfate de protoxyde de fer fraîchement préparée. Cet hydrate est blanc, mais il passe rapidement au vert clair, au vert foncé et au jaune en absorbant l'oxygène de l'air et en se transformant ainsi en un hydrate de sesquioxyde. Il décompose l'eau à la température de l'ébullition et se transforme en oxyde magnétique.

Le *sesquioxyde* Fe^2O^3 est très-répandu dans la nature; on l'y trouve soit à l'état anhydre, soit à l'état hydraté. A l'état anhydre, il constitue le fer *oligiste* qu'on rencontre en cristaux très-brillants d'un gris de fer, l'*hématite rouge* qu'on trouve en masse compacte, le *rouge de Prusse* et l'*ocre rouge* qu'on trouve en masses terreuses... A l'état hydraté, on le rencontre quelquefois en cristaux, plus souvent en stalactites, en rognons, sous forme oolitique, sous forme schisteuse et plus souvent encore à l'état terreux. — Le sesquioxyde anhydre donne toujours une poussière rouge, tandis que le sesquioxyde hydraté donne une poussière jaune. On transforme du reste facilement par la calcination le sesquioxyde hydraté en sesquioxyde anhydre.

On prépare de grandes quantités de sesquioxyde anhydre pour les besoins des arts. On l'obtient toujours alors en calcinant le sulfate de protoxyde de fer. Il se présente dans ce cas sous la forme d'une poussière rouge à laquelle on donne le nom de *colcothar*, de *rouge d'Angleterre*. On s'en sert pour polir l'argenterie et les glaces; on l'emploie dans la composition de la couleur dont on revêt les portes de fer, les grilles de fer, les carreaux des appartements... On emploie quelquefois en médecine, sous le nom de *safran de mars,* de *safran apéritif*, un sesquioxyde noir provenant de la calcination de l'azotate de sesquioxyde de fer.

L'*oxyde magnétique* Fe^3O^4 est également très-répandu dans la nature. On l'y rencontre quelquefois en cristaux très-brillants, mais le plus souvent en masses compactes et terreuses. On l'obtient dans les laboratoires en faisant brûler du fer dans l'air ou dans l'oxygène, en décomposant l'eau par le fer à la chaleur rouge, ou en calcinant le sesquioxyde de fer. Sa poussière est toujours noire ; il est indécomposable par la chaleur ; il se transforme en sesquioxyde quand on le chauffe un peu au contact de l'air. C'est cet oxyde qui forme la *pierre d'aimant*. On en retire une grande partie du fer du commerce.

L'*acide ferrique* FeO^3 est analogue à l'acide manganique ; il se produit quand on projette un mélange de limaille de fer et d'azotate de potasse dans un creuset chauffé au rouge. Le ferrate de potasse ainsi obtenu est encore moins stable que le manganate de potasse ; sa dissolution est d'un rouge intense. On n'a pas encore pu en isoler l'acide ferrique.

254. *Caractères des sels de protoxyde de fer.* = Les sels de protoxyde de fer ont une saveur astringente et métallique analogue à celle de l'encre ; il ont une couleur verte quand ils sont cristallisés ou dissous ; ils deviennent presque blancs quand on les prive de leur eau par l'action de la chaleur.

La potasse et la soude y produisent un précipité blanc qui devient successivement vert clair, vert foncé et jaune en absorbant l'oxygène de l'air.

L'ammoniaque y donne un précipité blanc soluble dans un excès de cet alcali. La liqueur ammoniacale exposée au contact de l'air se trouble peu à peu et donne un précipité jaune.

L'acide sulfhydrique n'y donne pas de précipité, mais le sulfure de potassium et le sulfhydrate d'ammoniaque y produisent un précipité noir de sulfure hydraté.

Le cyanoferrure jaune de potassium y donne un précipité blanc qui devient bleu au contact de l'air ou du chlore. Le cyanoferrure rouge y donne un précipité bleu.

Le tannin ne précipite pas les sels de protoxyde de fer, mais la liqueur noircit au contact de l'air ou du chlore.

Le chlore, l'acide azotique et les autres corps oxydants les transforment en sels de sesquioxyde ; l'air agit de même, mais moins rapidement.

255. *Caractères des sels de sesquioxyde de fer.* = Ces sels ont une saveur astringente comme les sels de protoxyde ; ils ont une couleur jaune d'autant plus foncée qu'ils sont plus neutres.

La potasse, la soude et l'ammoniaque y donnent un précipité jaune d'hydrate de sesquioxyde, insoluble dans un excès d'alcali.

L'acide sulfhydrique les transforme en sels de protoxyde et y donne un précipité blanc laiteux de soufre. Le sulfure de potassium et le sulfhydrate d'ammoniaque y donnent un précipité noir de sulfure de fer.

Le cyanoferrure jaune de potassium y produit un précipité bleu ; le cyanoferrure rouge n'y donne pas de précipité, mais il colore légèrement le sel en brun verdâtre. — Le tannin y forme un précipité noir bleu. — Le sulfocyanure de potassium leur communique une couleur rouge de sang, sans les précipiter ; cette action est caractéristique.

256. *Carbonate de protoxyde de fer.* = Ce carbonate se trouve dans la nature en cristaux, en amas ou en rognons ; on lui donne le nom de *fer spathique* dans le premier cas. C'est un minerai de fer très-estimé. Il est soluble dans l'eau qui contient de l'acide carbonique ; il se transforme en hydrate de sesquioxyde au contact de l'air ; les eaux ferrugineuses lui doivent leurs propriétés. On peut l'obtenir par double décomposition.

257. *Sulfate de protoxyde de fer.* = Le sulfate de protoxyde de fer porte dans le commerce les noms de *vitriol vert*, de *couperose verte*. Il est soluble dans deux parties d'eau froide et dans les trois quarts de son poids d'eau bouillante. Il cristallise en prismes rhomboïdaux. Ses cristaux contiennent 7 équivalents d'eau quand ils se forment à la température ordinaire et seulement 3 équivalents quand ils se forment à 80°. Il perd 6 équivalents d'eau quand on le chauffe à 100° ; mais il ne perd le dernier équivalent qu'à 300° environ. Il se décompose au rouge en acide sulfureux, en acide sulfurique anhydre et en sesquioxyde de fer.

Les cristaux de sulfate de protoxyde de fer absorbent peu à peu l'oxygène de l'air à la température ordinaire; ils se couvrent alors d'une couche ocreuse de sulfate basique de sesquioxyde $2Fe^2O^3,SO^4$. La solution de sulfate de protoxyde se transforme plus rapidement en sulfate basique de sesquioxyde au contact de l'air; on la ramène facilement à l'état de sulfate de protoxyde en la faisant bouillir pendant quelque temps avec de la limaille de fer.

On obtient le sulfate de fer dans les laboratoires en traitant le fer par l'acide sulfurique étendu; on emploie quelquefois aussi ce moyen dans l'industrie, mais seulement pour utiliser les vieilles ferrailles. — On le prépare en grand au moyen des pyrites argileuses, qui sont très-abondantes dans la nature. Ces pyrites se transforment en effet, comme nous l'avons déjà vu, en sulfate d'alumine et en sulfate de fer quand on les expose pendant plusieurs mois au contact de l'air et qu'on les arrose de temps en temps; il suffit de lessiver la matière et de faire cristalliser la solution pour obtenir de beaux cristaux de sulfate de fer. — Le sulfate ainsi obtenu contient presque toujours du sulfate de cuivre, mais on l'en débarrasse facilement en mettant dans sa dissolution des lames de fer qui le précipitent à l'état métallique; il contient aussi une petite quantité de sulfate d'alumine, de manganèse... dont il est difficile de le débarrasser complétement.

On emploie le sulfate de fer pour préparer le colchotar et l'acide sulfurique de Nordhausen; on s'en sert aussi pour monter la cuve d'indigo et pour préparer le bleu de Prusse, l'encre et en général toutes les couleurs en noir et en gris.

258. *Cyanures de fer.* = Le cyanogène forme, en s'unissant au fer, deux cyanures distincts : le protocyanure $FeCy$ et le sesquicyanure Fe^2Cy^3. Ces deux cyanures n'ont aucune importance par eux-mêmes, mais ils produisent des composés fort

importants en se combinant entre eux ou en se combinant avec d'autres cyanures.

Cyanoferrure jaune de potassium. == Ce cyanure peut être regardé comme un cyanure double de fer et de potassium formé d'un équivalent de protocyanure de fer et de deux équivalents de cyanure de potassium; il a pour formule $FeCy + 2KCy$. Il a une saveur désagréable ; il est inaltérable à l'air ; il se dissout dans 4 parties d'eau froide et dans deux parties d'eau bouillante ; il se trouve dans le commerce en beaux cristaux jaunes qui contiennent 3 éq. d'eau. Il perd son eau à une température inférieure à 100° ; il se décompose à la chaleur rouge et donne de l'azote, du cyanure de potassium et un carbure de fer représenté par la formule FeC^2.

Lorsqu'on verse une solution de ce cyanure dans quelques dissolutions salines, il donne des précipités dont la couleur varie avec la nature de la base du sel. Ces précipités sont des cyanures doubles de même composition que le cyanoferrure de potassium; ils sont formés d'un éq. de cyanure de fer et de 2 éq. du cyanure du métal contenu dans la base du sel précipité. On obtient, par exemple, avec les sels de manganèse, un précipité d'un blanc rosé, de cyanoferrure de manganèse $FeCy + 2MnCy$; avec les sels de zinc, un précipité blanc de cyanoferrure de zinc $FeCy + 2ZnCy$; avec les sels de cuivre, un précipité rouge de cyanoferrure de cuivre $FeCy + 2CuCy$.

On voit par là que le cyanoferrure jaune de potassium se comporte toujours comme un corps formé d'un éq. d'un radical particulier et de 2 éq. de potassium , aussi lui suppose-t-on généralement cette composition. On attribue à ce radical la formule $FeCy^3$, eu égard à l'identité $FeCy^3 + 2K = FeCy + 2KCy$, et on lui donne le nom de *ferrocyanogène* ou de *cyanofer*. Le cyanoferrure de potassium est alors représenté par la formule $2K,FeCy^3$; il est analogue aux chlorures, bromures, cyanures... Il en est de même des autres cyanoferrures.

Le cyanofer forme avec l'hydrogène un acide analogue aux

acides chlorhydrique, cyanhydrique... et dont la formule est $2H,FeCy^3$. On prépare cet acide en traitant le cyanoferrure de plomb $FeCy+2PbCy$ ou $2Pb,FeCy^3$ par l'acide sulfhydrique. On obtient un précipité de sulfure de plomb PbS, et une liqueur acide $2H,FeCy^3$ qui donne de beaux cristaux blancs par l'évaporation. L'acide $2H,FeCy^3$ porte le nom d'acide *cyanoferrhydrique* ou d'acide *ferrocyanhydrique*.

Le cyanoferrure jaune de potassium donne, avec les sels de protoxyde de fer, un précipité blanc de protocyanure de fer $FeCy$ qui retient toujours un peu de cyanure de potassium; il donne, avec les sels de sesquioxyde de fer, un précipité bleu formé de protocyanure et de sesquicyanure de fer. Ce précipité a pour formule $3FeCy+2Fe^2Cy^3$; c'est le bleu de Prusse.

On obtient le cyanoferrure jaune en chauffant, en présence du fer, un mélange de charbon animal et de carbonate de potasse. On prépare d'abord le charbon en calcinant de la chair desséchée, des peaux, des vieilles semelles de souliers, des rognures de corne... puis en projetant ce charbon dans une chaudière en fonte contenant du carbonate de potasse en fusion et en agitant le mélange avec des ringards de fer. Le carbone et l'azote du charbon s'unissent alors, en produisant une vive effervescence, avec le potassium du carbonate et avec le fer fourni par la chaudière ou les ringards, et il se forme du cyanoferrure de potassium. On enlève la matière quand la réaction est terminée; on la traite par l'eau et on fait cristalliser la liqueur. —On a préparé dans ces dernières années le cyanoferrure de potassium en chauffant un mélange de charbon et de carbonate de potasse dans un courant d'azote, et en traitant le cyanure de potassium ainsi obtenu par l'eau et le carbonate de fer naturel.

On désigne souvent le cyanoferrure jaune de potassium sous le nom de *prussiate de potasse*.

Cyanoferrure rouge de potassium. = Ce cyanure peut être regardé comme un cyanure double de fer et de potassium formé d'un éq. de sesquicyanure de fer et de 3 éq. de cyanure de potassium. Il a pour formule $Fe^2Cy^3 + 3KCy$. On le regarde plus ordinairement comme un composé de 3 éq. de potassium et de 2 éq. de cyanofer, et on lui donne alors la formule $3K,(FeCy^3)^2$. On lui donne quelquefois le nom de *cyanoferride de potassium,* de *ferricyanure de potassium,* et plus souvent le nom de *prussiate rouge de potasse.*

Ce cyanoferrure ne se dissout que dans 40 parties d'eau froide ; il s'obtient en beaux cristaux rouges qui ne contiennent pas d'eau; il se décompose, à la chaleur rouge, en azote, en cyanogène, en cyanure de potassium et en carbure de fer. Ses cristaux brûlent vivement à la flamme d'une lampe à alcool et lancent, en pétillant, de belles étincelles de fer.

Ce cyanure ne trouble pas la dissolution des sels de sesquioxyde de fer; il accuse, au contraire, la présence de la plus petite quantité de protoxyde de fer dans une dissolution ; il la colore en vert, si la quantité de protoxyde est très-minime ; il la colore en bleu, si elle est un peu plus grande, et il donne un précipité bleu, si elle est plus grande encore. Ce précipité est encore le bleu de Prusse.

Le cyanoferrure rouge de potassium est un des réactifs les plus importants dans la détermination de la base des sels ; il donne en effet, avec plusieurs dissolutions salines, des précipités dont la couleur varie avec la nature de la base. Ces précipités sont des cyanoferrides contenant 3 éq. du nouveau métal au lieu des 3 éq. de potassium.

On l'obtient en faisant passer un courant de chlore dans une dissolution de cyanoferrure jaune jusqu'à ce qu'elle cesse de précipiter les sels de sesquioxyde de fer. Il se forme ainsi du chlorure de potassium et du cyanoferrure rouge qu'on sépare par la différence de solubilité. La réaction est représentée par la formule $2(FeCy+2KCy)+Cl = (3KCy+Fe^2Cy^3) +KCl$.— Il est important de ne pas faire arriver le courant de chlore pendant trop de temps dans la dissolution, car ce corps enlèverait tout le potassium, et on obtiendrait alors un cyanure de fer $FeCy,Fe^2Cy^3$ qui est analogue à l'oxyde magnétique.

Lorsqu'on traite le cyanoferride de plomb $3Pb,(FeCy^3)^2$ par l'acide sulfhydrique, on obtient un précipité de sulfure de plomb et une dissolution rouge d'*acide ferricyanhydrique* $3H,(FeCy^3)^2$. Cette dissolution donne des cristaux d'un jaune brun par l'évaporation.

Bleu de Prusse. — Le bleu de Prusse peut être regardé comme formé de 3 éq. de protocyanure de fer, et de 2 éq. de sesquicyanure; il est représenté alors par la formule $3FeCy+2Fe^2Cy^3$. On peut aussi le regarder comme un cyanoferrure de fer qui a pour formule $4Fe,(FeCy^2)^3$. On l'obtient en précipitant le sulfate de protoxyde de fer ou le protochlorure de fer par le cyanoferrure jaune de potassium.

Le bleu de Prusse est d'un bleu foncé quand il est très-divisé, et d'un bleu cuivré, comme l'indigo, quand il est en masse. Il est insoluble dans l'eau et dans l'alcool. Il s'altère peu à peu au contact de l'air et prend une couleur verte; il n'éprouve aucune altération en vase clos quand on le chauffe jusqu'à 150°; mais il donne, à partir de cette température, de l'eau, puis du cyanhydrate et du carbonate d'ammoniaque, et il reste un carbure de fer. Il prend feu aisément quand il est desséché; il suffit même de le toucher avec un corps enflammé pour qu'il brûle. — On l'emploie dans la peinture à l'huile et dans la teinture.

259. *Sulfures de fer.* — Les composés de soufre et de fer sont assez nombreux ; nous n'étudierons que le protosulfure, le bisulfure et la pyrite magnétique.

Le *protosulfure* FeS est noir, insoluble dans l'eau, soluble dans la potasse et dans la soude; il absorbe peu à peu l'oxygène au contact de l'air et se transforme en sulfate. On le prépare en chauffant, dans un creuset, un mélange de soufre et de limaille de fer ; on l'obtiendrait à l'état d'hydrate et sous forme d'une poudre noire en précipitant un sel de protoxyde de fer par le sulfure de potassium. — On le rencontre dans la nature, mais en petite quantité ; il se trouve quelquefois dans les mines de houille ; il y détermine même de violents incendies par suite de la chaleur dégagée dans sa combinaison avec l'oxygène de l'air humide.

Le soufre et le fer se combinent ensemble à la température ordinaire en présence de l'eau. Ainsi, qu'on mélange intimement dans un ballon une partie de fleur de soufre avec une partie et demie de limaille de fer, et qu'on humecte le mélange de manière à en former une pâte, il se transforme complétement en protosulfure de fer au bout de quelques heures. La réaction est extrèmement vive si on opère sur des masses un peu considérables ; la matière est projetée hors du vase, et, comme elle rencontre l'oxygène de l'air à une température élevée, elle s'enflamme en dégageant de la vapeur d'eau et de l'acide sulfureux. On attribuait autrefois les phénomènes volcaniques à des actions de cette nature ; aussi avait-on donné à cette préparation le nom de *volcan de Lémery*.

Le *bisulfure* FeS² est très-répandu dans la nature ; on l'y trouve en cristaux cubiques et octaédriques ; on le désigne ordinairement sous le nom de *pyrite martiale,* ou simplement de *pyrite.* — La pyrite est assez dure pour faire feu au briquet ; sa densité est 4,98 ; elle perd une partie de son soufre à une température élevée ; elle se transforme en acide sulfureux et en sesquioxyde de fer quand on la grille au contact de l'air. Elle n'est pas attaquée aussi facilement que le protosulfure par les acides ; elle résiste même à l'action des acides étendus. Quelques variétés de pyrite n'éprouvent aucune altération dans l'air à la température ordinaire ; d'autres, au contraire, s'effleurissent rapidement en absorbant l'oxygène et se transforment en sulfate. — On emploie les pyrites dans la préparation du soufre et du sulfate de fer ; on en retire aussi l'acide sulfureux nécessaire à la fabrication de l'acide sulfurique.

La *pyrite magnétique* Fe⁷S⁸ se trouve dans la nature en

masses cristallines, d'une couleur de bronze ; elle est attirée par l'aimant ; elle est indécomposable par la chaleur. On peut la regarder comme un composé de protosulfure et de sesquisulfure de fer. On l'obtient en chauffant du fer jusqu'au rouge blanc et en le plongeant dans un creuset contenant du soufre en fusion. Elle se produit même quand on applique un bâton de soufre contre une barre de fer chauffée au rouge blanc ; le sulfure coule à mesure qu'il se produit, et la barre finit par être percée.

260. *Carbures de fer.* = Le carbone et le fer se combinent directement à une haute température, mais les composés qui résultent de cette combinaison ne sont pas en proportions définies. Le carbure de fer le plus carburé qu'on puisse former en chauffant le carbone et le fer renferme au plus 5 pour 100 de carbone ; il est représenté sensiblement par la formule F^4C. Nous devons décrire les carbures qu'on désigne sous les noms de *fonte* et d'*acier*.

Fonte. = La fonte n'est pas seulement composée de fer et de carbone ; elle contient presque toujours une petite quantité de silicium et de phosphore, et quelquefois un peu de manganèse. Le fer y entre pour 95 ou 96 centièmes, le carbone pour 3 ou 4 centièmes, le silicium pour 1 ou 2 centièmes, et le phosphore pour une quantité encore plus petite.

On distingue trois espèces de fonte : la fonte blanche, la fonte grise et la fonte noire.

La *fonte blanche* possède l'éclat métallique ; elle est tellement dure qu'elle résiste à l'action de la lime ; elle casse sous le marteau sans en conserver l'empreinte. Sa texture est ordinairement grenue, mais elle devient lamelleuse quand la fonte contient du manganèse ; sa densité varie entre 7,4 et 7,9. Elle est plus fusible que le fer ; elle reste toujours à l'état de fusion pâteuse. On l'emploie peu pour le moulage ; on s'en sert pour fabriquer le fer et l'acier. — On l'obtient quand on traite, dans les hauts fourneaux, les minerais de fer manganésifères par le charbon ou les minerais de fer ordinaires par une quantité de charbon trop petite.

La *fonte grise* a une couleur d'un gris plus ou moins foncé ; elle n'acquiert jamais un beau poli ; elle est beaucoup moins dure que la fonte blanche, car elle se laisse limer, tourner et forer facilement. Sa densité varie entre 6,8 et 7. Elle est moins fusible que la fonte blanche, mais elle acquiert une fluidité beaucoup plus grande. On l'emploie pour le moulage et pour préparer le fer. — On l'obtient quand on traite, dans les hauts fourneaux, les minerais de fer de bonne qualité par une quantité convenable de charbon.

La fonte blanche, à moins qu'elle ne contienne du manganèse ou une proportion assez forte de phosphore, se transforme en fonte grise quand on la porte à une température élevée et qu'on la laisse ensuite refroidir lentement. Une partie du carbone qui s'y trouvait combiné avec le fer abandonne ce métal et reste isolé dans la masse à l'état de paillettes cristallines de graphite. La fonte grise se transforme, au contraire, en fonte blanche quand on la chauffe au point de la fondre et qu'on la fait ensuite refroidir brusquement. — Ces deux espèces de fonte donnent de l'hydrogène et une huile nauséabonde formée d'hydrogène et de carbone quand on les traite par l'acide chlorhydrique ou par l'acide sulfurique étendu ; la fonte blanche ne laisse d'ailleurs aucun résidu, tandis que la fonte grise donne un résidu de graphite cristallisé.

La *fonte noire* a une cassure à gros grains inégaux ; elle est plus fusible que les deux autres espèces de fonte. Elle contient plus de carbone libre que la fonte grise ; aussi voit-on plus de paillettes de graphite dans sa cassure et donne-t-elle un résidu plus abondant quand on la traite par les acides chlorhydrique et sulfurique. On l'emploie surtout pour le moulage ; elle se produit dans les hauts fourneaux quand on traite les minerais de fer par un excès de charbon.

Acier. = L'acier est un carbure de fer contenant au plus un centième de carbone; il renferme des traces de silicium, de phosphore, de manganèse, d'aluminium... L'acier français de première qualité contient 99,24 fer, 0,65 carbone, 0,04 silicium et 0,07 phosphore.

L'acier est très-brillant, susceptible d'un beau poli; il est plus dur que le fer; il a une texture à grains fins et serrés; il est un peu plus fusible que le fer. Il agit sur l'aiguille aimantée, et il conserve la vertu magnétique qu'on lui communique par l'aimantation.

L'acier éprouve des modifications remarquables quand on le porte à une température élevée et qu'on le fait ensuite refroidir brusquement. Il devient en effet beaucoup plus dur, beaucoup plus cassant et beaucoup plus élastique. On produit ce refroidissement brusque en le plongeant ou en le *trempant* dans de l'eau froide, dans du mercure ou dans un bain de suif ou de résine; aussi désigne-t-on cette opération sous le nom de *trempe* et donne-t-on le nom d'*acier trempé* à l'acier qui l'a subie. — L'acier reçoit des modifications d'autant plus grandes que la trempe est *plus forte* ou *plus dure*, c'est-à-dire qu'on l'a chauffé plus fortement et qu'on l'a refroidi ensuite plus brusquement. On lui rend d'ailleurs ses propriétés primitives en le *recuisant* c'est-à-dire en le reportant à la même température et en le laissant refroidir très-lentement.

On communique la trempe la plus dure à l'acier en le portant au rouge blanc et en le plongeant dans l'eau froide ou dans le mercure; on lui communique une trempe plus *douce* en le refroidissant dans un bain de suif ou de résine. — On lui donne ordinairement une trempe plus forte que celle qui convient pour l'usage auquel on le destine, puis on le recuit convenablement pour l'amener au degré de trempe désiré. Il perd d'autant plus de trempe par le recuit, qu'on le chauffe à une température plus élevée et qu'on le refroidit ensuite plus lentement. On apprécie du reste les diverses températures auxquelles il faut porter l'acier pour le recuire convenablement par les diverses couleurs qu'il prend à ces températures. Il devient jaune clair à 220°, jaune d'or à 245, brun à 255, pourpre à 265, bleu à 290, indigo à 300 et vert d'eau à 320°. — On ne recuit les rasoirs et les canifs que jusqu'au jaune ; on recuit les couteaux jusqu'au brun, les ressorts de montre et les aiguilles aimantées jusqu'au bleu... Les diverses couleurs que prend l'acier aux diverses températures proviennent d'ailleurs d'une couche plus ou moins épaisse d'oxyde de fer qui se forme à sa surface et qui se colore comme les lames minces d'eau dont se composent les bulles de savon.

La trempe modifie la constitution moléculaire de l'acier : l'acier trempé ne laisse en effet aucun résidu de graphite quand on le traite par les acides étendus, tandis que l'acier non trempé laisse un résidu bien sensible.

On distingue quatre espèces d'acier : *l'acier naturel*, *l'acier de cémentation*, *l'acier fondu* et *l'acier damassé*.

L'acier naturel s'obtient avec une bonne fonte à laquelle on enlève une partie de son carbone. On met la fonte dans un creuset profond et on la chauffe fortement sous l'influence de l'air : le carbone et la silice qu'elle contient se combinent avec l'oxygène à cette température, et de là résultent de l'oxyde de carbone qui se dégage et du silicate de fer qui reste avec la fonte. On suspend l'opération quand on suppose que la fonte a perdu une assez grande quantité de carbone, ce qu'on reconnaît à l'état pâteux auquel elle arrive peu à peu, puis on enlève la matière et on la forge. — L'acier naturel se nomme souvent *acier de forge, acier de fonte* ; il n'est pas homogène dans toutes ses parties ; il en contient même qui sont à peine aciérées. On l'emploie dans les instruments aratoires.

L'acier de cémentation se forme en chauffant fortement le fer au milieu d'un mélange de charbon de bois pulvérisé et d'une petite quantité de charbon animal ou végétal, de suie et de sel marin. On emploie à cet effet des caisses rectangulaires en terre ou en briques réfractaires ; on y place alternativement des couches de *cément* et des barres de fer, puis on recouvre les caisses d'une couche de sable pour empêcher le contact de l'air, et on les chauffe au moyen d'un fourneau dont la flamme les entoure de tout côté. Le charbon se combine peu à peu avec le fer à la température de l'expérience en passant des couches superficielles dans les couches intérieures, mais la combinaison n'a pas encore une homogénéité complète. On reconnaît du reste l'époque à laquelle la carburation est suffisante au moyen de petites barres de fer, nommées *éprouvettes*, qu'on retire de temps en temps.

L'*acier fondu* s'obtient en fondant l'acier naturel ou l'acier de cémentation dans un creuset qu'on ferme pour soustraire la matière à l'action de l'air. Cet acier est plus homogène que les deux aciers précédents ; il est susceptible d'un plus beau poli et d'une trempe plus forte.

L'*acier damassé* est remarquable par sa dureté et par le moiré qu'on développe sur sa surface quand on le traite par des acides étendus. C'est dans l'Inde qu'on le fabrique ; aussi lui donne-t-on souvent le nom d'acier *indien*. — M. Bréant regarde l'acier indien comme formé de deux aciers distincts, l'un plus carburé, l'autre autant carburé que nos aciers ordinaires, et il suppose que ces deux aciers se sont séparés en partie pendant le refroidissement, eu égard à leur différence de fusibilité. Il est parvenu à fabriquer un bel acier indien en employant parties égales de limaille de fonte grise et de limaille de fonte préalablement oxydée ; il a réussi également en fondant du fer doux avec les deux centièmes de son poids de noir de fumée. — Le *moiré* ou le *damassé* s'obtiennent d'ailleurs en plongeant cet acier dans de l'eau acidulée qui attaque plus fortement l'acier pur et met à nu les parties plus carburées.

261. *Métallurgie du fer.* = On donne le nom de *minerais de fer* aux composés ferrugineux dont on retire le fer dans l'industrie. On n'emploie comme minerais de fer que l'oxyde de fer magnétique, le sesquioxyde de fer anhydre, le sesquioxyde de

fer hydraté et le carbonate de protoxyde de fer. On rejette les sulfures, quoiqu'ils soient très-répandus et qu'ils contiennent une forte proportion de fer, car leur traitement est beaucoup plus coûteux, et le fer qu'ils fournissent n'a pas beaucoup de ténacité.

On divise les minerais de fer en *minerais terreux* et en *minerais en roche*. Les premiers sont formés de grains d'oxydes agglutinés au moyen d'une argile un peu ferrugineuse ; les seconds sont formés de masses plus ou moins compactes d'oxydes ou de carbonate incrustés dans du calcaire ou dans du quartz argileux. — Les matières étrangères contenues dans le minerai constituent la *gangue*.

On doit faire subir aux minerais ferrugineux quelques opérations mécaniques avant de les soumettre aux opérations chimiques qui doivent en isoler le métal. — Si le minerai est terreux on le lave toujours dans un courant d'eau afin de le séparer d'une grande partie de sa gangue. On effectue souvent ce lavage en remuant le minerai à la pelle dans un ruisseau ; mais on emploie plus ordinairement un appareil nommé *patouillet*. C'est une caisse demi-cylindrique où l'on dirige un courant d'eau et où le minerai est agité par des bras de fer adaptés à l'arbre d'une roue hydraulique ; l'eau bourbeuse s'écoule de cet appareil par un déversoir placé à la partie inférieure de la caisse. — Si le minerai est en roche, on le grille au contact de l'air afin de le désagréger en partie et de le rendre plus facile à fondre. On fait quelquefois ce grillage en plein air en mettant le minerai en tas avec du bois ou de la houille ; on le pratique souvent dans des fours analogues aux fours à chaux.

Ces opérations mécaniques terminées, on traite le minerai soit par la *méthode catalane*, soit par la *méthode des hauts fourneaux*.

Méthode catalane. == Dans la méthode catalane on chauffe le minerai au contact du charbon jusqu'à ce qu'on obtienne une masse spongieuse qu'on bat sous le marteau afin d'en exprimer les scories et d'agréger le fer. On ne retire par ce moyen qu'une partie du fer du minerai, car une partie de l'oxyde de fer s'unit avec la silice et l'alumine de la gangue pour former un silicate double beaucoup plus fusible que le fer. C'est précisément ce silicate double qui constitue les scories et qu'on exprime quand on bat la masse spongieuse sous le marteau. On ne chauffe pas, dans la méthode catalane, jusqu'à la température nécessaire pour déterminer la combinaison du fer et du charbon; aussi obtient-on directement le fer sans passer par la fonte.

Les fourneaux catalans consistent en une caisse rectangulaire dont les parois latérales sont revêtues intérieurement de plaques de fonte et dont le fond ou la *sole* est recouvert d'une pierre de granite. On amène la tuyère d'un fort soufflet à la partie supérieure du creuset afin d'activer la combustion du charbon en temps utile. On commence par remplir le creuset de charbon de bois jusqu'au niveau de la tuyère, puis on le divise, à partir de ce point, en deux compartiments au moyen d'une pelle, et on met du charbon dans le compartiment correspondant à la tuyère et du minerai dans le compartiment opposé. Lorsque le creuset est chargé, on retire la pelle et on donne le vent. Le charbon se transforme en acide carbonique près de la tuyère, et cet acide passe à l'état d'oxyde de carbone à quelque distance sous l'influence de l'excès de charbon; c'est précisément cet oxyde qui réduit le minerai en repassant lui-même à l'état d'acide carbonique. Une partie du silicate double d'alumine et de fer coule d'ailleurs au fond du creuset tandis que l'autre partie reste agglutinée avec le fer. On rassemble les grumeaux de fer avec un ringard, puis on en forme une masse spongieuse qu'on porte sous le marteau et qu'on forge à la manière ordinaire.

On ne suit la méthode catalane que dans les Pyrénées et dans quelques provinces d'Espagne où les minerais de fer sont très-riches; on emploie généralement la méthode des hauts fourneaux car elle fournit presque tout le fer contenu dans le minerai.

Méthode des hauts fourneaux. = Dans cette méthode, on ajoute au minerai un *fondant* économique, la chaux par exemple, qui s'unit avec la silice et l'alumine de la gangue pour former un silicate fusible d'alumine et de chaux; mais comme ce silicate double est beaucoup moins fusible que le silicate d'alumine et de fer, on doit opérer à une température beaucoup plus élevée que dans la méthode catalane. Aussi le fer s'unit-il au charbon à la température nécessaire pour déterminer la fusion de ce silicate, et obtient-on de la fonte de fer au lieu de fer ductile. Le silicate double d'alumine et de chaux porte le nom de *laitier*.

Lorsque la gangue du minerai est argileuse, et c'est le cas le plus ordinaire, on y ajoute toujours du calcaire pour déterminer sa fusion; lorsqu'elle est calcaire, on y ajoute au contraire de l'argile; mais le plus souvent on mélange des minerais calcaires avec des minerais argileux en proportions convenables. Il est important de doser avec soin le fondant que l'on ajoute au minerai : si la quantité de silice est trop faible par rapport à la matière calcaire, là fusion s'opère difficilement; si elle est trop grande, la fusion est facile, mais une partie de l'oxyde de fer s'unit à la silice, et le minerai fournit moins de fer.

Les hauts fourneaux sont formés de deux troncs de cône opposés par leur plus grande base. Leur hauteur varie de 7 à 12 mètres dans les fourneaux à charbon de bois et de 12 à 20 dans les fourneaux à coke. La hauteur du cône inférieur n'est guère que le tiers de la hauteur totale du fourneau (*fig.* 55).

Le cône supérieur AB se nomme la *cuve*. Il est formé de deux muraillements en briques qu'on sépare par une couche de sable ou par des scories afin d'éviter les pertes de chaleur et de rendre la dilatation du mur intérieur plus facile. L'ouverture supérieure B de la cuve se nomme le *gueulard*; elle est surmontée d'une cheminée munie d'une porte qui permet de verser le minerai et le combustible dans le fourneau.

Le cône inférieur AC se nomme *les étalages*. Il est formé de

pierres de quartz ou simplement de briques très-réfractaires.
Au-dessous de ce cône se trouve un tuyau prismatique D qu'on

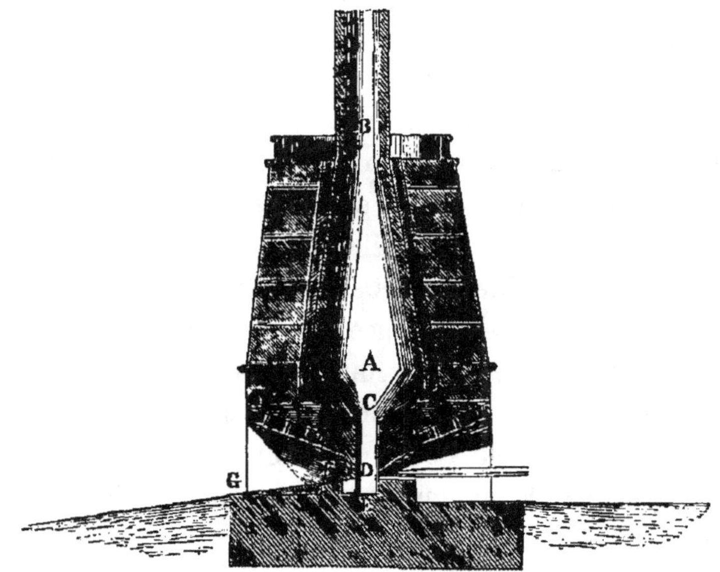

Fig. 55.

appelle l'*ouvrage*. Trois de ses parois descendent jusqu'au fond
du fourneau et forment les parois latérales d'un *creuset* E ; sa
quatrième paroi s'arrête à quelques décimètres du fond du
creuset et laisse ainsi une ouverture dans la partie antérieure du
fourneau.

Le fond du creuset est recouvert d'une pierre quartzeuze ; sa
paroi antérieure est formée d'une pierre prismatique F qu'on
nomme *dame*. Au-dessus de cette pierre est une ouverture par
laquelle le laitier s'écoule sur un plan incliné FG ; un peu à côté
est un canal qui part du fond du creuset et qui descend sur le
sol de l'atelier. Ce canal sert à conduire la fonte quand on fait
la coulée.

· Le *trou de coulée* est fermé par un tampon d'argile pendant
la réduction du minerai. Lorsqu'on le débouche, la fonte s'é-
coule du creuset et se répand dans des sillons sablonneux creusés
dans la terre ; elle forme alors, en se refroidissant, des pris-

mes triangulaires massifs qu'on désigne sous le nom de *gueuses.*

La paroi postérieure et les deux parois latérales de l'ouvrage portent des ouvertures dans lesquelles on engage les tuyères de forts soufflets. Ces ouvertures sont dans le plan horizontal passant par la partie inférieure de la paroi antérieure de l'ouvrage. On lance, depuis quelques années, au moyen de ces soufflets, de l'air chauffé à deux ou trois cents degrés ; on obtient ainsi une température beaucoup plus élevée qu'en y lançant de l'air froid et la réduction du minerai est beaucoup plus facile.

La température est beaucoup plus élevée dans les étalages que dans la cuve ; aussi la réduction du minerai qui n'est jamais complète dans la ¦deuxième partie s'achève-t-elle toujours dans la première. Mais c'est dans l'ouvrage que la température est la plus élevée et que la fonte entre en fusion ainsi que le laitier.

Lorsqu'un haut fourneau vient d'être construit, on allume du feu pendant plusieurs jours devant la dame afin de déterminer, dans l'intérieur du fourneau, un courant d'air chaud qui le dessèche peu à peu. On achève sa dessiccation en mettant des charbons allumés dans le creuset lui-même, puis on remplit complétement le fourneau de charbon et en donne le vent graduellement. A mesure que le charbon s'affaisse, on verse une petite charge de minerai, puis une charge de charbon, puis une nouvelle charge de minerai.... Ce n'est qu'au bout de deux ou trois jours que les charges alternatives de minerai et de charbon atteignent leurs proportions normales et qu'on donne le vent avec toute sa vitesse. On ne coule la fonte que toutes les 12 heures ou même, dans certains fourneaux, que toutes les 24 heures.

Affinage de la fonte. = On donne le nom d'*affinage* à l'opération qui a pour objet de convertir la fonte en fer. La théorie de l'affinage est bien simple.

Lorsqu'on chauffe fortement la fonte au contact de l'air, les couches supérieures de fonte se transforment en oxyde de fer. Cet oxyde réagit sur les couches inférieures : il cède son oxygène au carbone et au silicium et donne de l'oxyde de carbone et de l'acide silicique. L'oxyde de carbone se dégage, tandis que l'acide silicique s'unit à une partie de l'oxyde de fer pour former du silicate de fer fusible. On obtient donc finalement du fer, du silicate de fer et de l'oxyde de carbone. Il faut avoir soin de suspendre l'opération en temps convenable, car le fer se transformerait en oxyde de fer après la combustion du carbone et du silicium.

On affine la fonte soit par le *procédé comtois*, soit par la *méthode anglaise*. On emploie du charbon de bois dans le premier cas et de la houille dans le second.

Le foyer d'affinerie comtois se compose d'une cavité prismatique dont les parois sont formées de plaques de fonte recouvertes d'argile. On fait rendre la tuyère d'un fort soufflet à sa partie supérieure. On commence par remplir la cavité de charbons incandescents, puis on donne le vent et on fait arriver la gueuse sur des rouleaux au-dessus du foyer. La fonte entre alors en fusion et tombe au fond du creuset sous forme de gouttelettes en traversant le vent de la tuyère. A mesure que la fonte s'affine, elle devient de moins en moins fusible et prend une consistance de plus en plus grande. A une époque convenable, on la soulève avec un ringard de fer et on l'amène au-dessus du combustible en présence de la tuyère du soufflet. Elle y rencontre une quantité d'oxygène assez grande pour transformer presque tout son carbone en oxyde de carbone et presque tout son silicium en acide silicique ; elle coule au bout de quelque temps au fond du creuset où son affinage se complète rapidement. Le fer forme alors de petites masses spongieuses qu'on rassemble en une seule masse et qu'on porte ensuite sous le marteau pour en exprimer les scories et pour la transformer en barres.

On affine la fonte par la méthode anglaise dans les localités où la houille est moins chère que le charbon de bois. On la fond d'abord dans un foyer analogue au foyer comtois, en la maintenant en contact avec du coke et sous l'influence du vent de la tuyère, puis quand la fusion est achevée on fait couler le métal dans un large bassin où il prend la forme de plaques. La fonte perd dans cette première opération une partie de son carbone et de son silicium, et se transforme en un métal blanc et cassant qu'on nomme *fine-métal*. — On achève de décarburer le fine-métal dans des fours qu'on désigne sous le nom de *fours à puddler*. Ces fours sont des fours à réverbère dont la sole est en briques très-réfractaires et dont le foyer et la cheminée sont à deux extrémités opposées. Le fine-métal se place sur la sole, et son carbone brûle complétement, ainsi que son silicium, sous l'influence du courant d'air produit par le tirage. Lorsqu'on juge, à la consistance du métal, que l'affinage est terminé, on rassemble en boules les fragments de fer qui sont disséminés sur la sole du four, puis on emporte ces boules les unes après les autres et on les porte sous le martinet afin d'en exprimer les scories et de les transformer en barres.

§ 2. — *Chrôme.*

262. *Chrôme.* = Le chrôme n'existe pas dans la nature à l'état de liberté ; il se rencontre, mais en petite quantité, à l'état de sesquioxyde, à l'état de chrômate de plomb, à l'état de chrômate double de plomb et de cuivre ; il se trouve en quantité beaucoup plus considérable dans le *fer chrômé* FeO,Cr^2O^3. On l'obtient en traitant le sesquioxyde de chrôme par le charbon à une température très-élevée ; mais il retient en combinaison une petite quantité de carbone dont on ne le débarasse qu'en le chauffant de nouveau avec un peu de sesquioxyde.

Le chrôme est d'un blanc grisâtre, très-dur et presque infusible au feu de forge. Sa densité est 6. Il ne s'oxyde pas dans l'air à la température ordinaire, mais il se combine facilement avec l'oxygène à une température élevée. Il n'a pas d'usages à l'état de liberté.

263. *Oxydes de chrôme.* = Le chrôme s'unit en cinq proportions avec l'oxygène. Les composés qui résultent de cette combinaison ont la même composition que les cinq composés oxygénés du manganèse. Le sesquioxyde de chrôme et l'acide chrômique sont les plus importants de tous ces composés.

Le *sesquioxyde de chrôme* Cr^2O^3 est vert, très-difficile à fondre, irréductible par l'hydrogène et très-difficile à réduire par le charbon. Il se combine très-difficilement avec les acides; il s'unit assez facilement avec les bases énergiques. Il colore les fondants en vert; c'est lui qui colore l'émeraude et la plupart des roches magnésiennes. On l'obtient en calcinant du chrômate neutre de potasse dans un creuset brasqué; il se forme du sesquioxyde de chrôme et du carbonate de potasse, qu'on sépare facilement par des lavages.

L'*acide chrômique* CrO^3 est rouge foncé; il a une saveur désagréable; il rougit fortement le tournesol; il est soluble dans l'eau et il se sépare de ce liquide par l'évaporation sous forme de cristaux. Il se décompose par la chaleur en oxygène et en sesquioxyde de chrôme. On le prépare en versant peu à peu de l'acide sulfurique dans une solution de bichrômate de potasse saturée à 40 ou 50 degrés; il se forme du bisulfate de potasse qui reste en dissolution, et de l'acide chrômique qui se dépose par le refroidissement de la liqueur sous la forme de longues aiguilles rouges. Cet acide n'a pas d'usages.

Nous ne décrirons pas les sels de protoxyde et de sesquioxyde de chrôme, car ils n'ont aucune importance; mais nous dirons quelques mots des chrômates, car on en emploie quelques-uns dans les arts.

264. *Chrômates.* = Les chrômates sont tous plus ou moins colorés: ceux dont l'oxyde est incolore sont jaunes à l'état de sels neutres et rouges orangés à l'état de sels acides ; les autres ont une couleur variable avec celles des bases. C'est ainsi que le chrômate neutre de plomb est jaune, le chrômate acide de plomb rouge orangé, le chrômate de mercure Hg^2O,CrO^3 rouge orangé, le chrômate de mercure HgO,CrO^3 violet, le chrômate d'argent rouge pourpre.

Les chrômatés alcalins paraissent indécomposables par la chaleur ; mais les autres chrômates se décomposent tous à la chaleur rouge, en donnant du sesquioxyde de chrôme. — Les chrômates de potasse, de soude, de strontiane, de chaux, de magnésie, de manganèse et de nickel sont solubles dans l'eau ; les autres chrômates sont presque tous insolubles dans ce liquide. .

Les acides sulfurique, azotique et chlorhydrique décomposent tous les chrômates à la température ordinaire ou du moins à une température peu élevée ; ils se combinent avec leurs bases, et mettent l'acide chrômique en liberté.

On reconnaît les chrômates solubles en versant dans leur dissolution de l'azotate de plomb, de l'azotate d'argent et de l'azotate de mercure. L'azotate de plomb y détermine un précipité jaune, l'azotate d'argent un précipité rouge pourpre, et l'azotate de mercure un précipité rouge orangé. Ce dernier donne de plus du sesquioxyde vert de chrôme quand on le chauffe au rouge.

Le chrômate de potasse se prépare au moyen du fer chrômé et de l'azotate de potasse. On réduit le minerai en poudre, puis on le mêle avec son poids d'azotate et on calcine le mélange dans un creuset. On traite ensuite le produit par l'eau bouillante afin de dissoudre le chrômate et on le fait cristalliser plusieurs fois pour le séparer des matières étrangères. — On obtient les autres chrômates solubles au moyen de l'acide chrômique, et on prépare les chrômates insolubles au moyen du chrômate de potasse par la voie des doubles décompositions.

Les chrômates s'emploient dans la peinture à cause de leurs

belles couleurs. C'est le chrômate neutre de plomb qu'on emploie en plus grande quantité. On s'en sert dans la peinture sur toile, sur porcelaine, sur papier, sur les caisses de voitures, etc.

§ 3. — *Cobalt.*

265. *Cobalt.* = On trouve le cobalt dans la nature à l'état d'arséniure $CoAs^2$ et à l'état d'arsénio-sulfure $CoAs^2 + CoS^2$. Il est ordinairement mélangé, dans le premier cas, avec des arséniures de nickel et de fer; il est plus pur dans le second. Le minerai de cobalt qu'on exploite, à Tunaberg, sous le nom de *cobalt gris*, est un arsénio-sulfure presque pur.

On obtient le cobalt en réduisant l'oxyde de cobalt par le charbon, ou en calcinant simplement l'oxalate de cobalt. Ce métal est d'un gris d'acier ; il est susceptible d'un beau poli ; il a une cassure grenue. Sa densité est 8,5. Il est aussi peu fusible que le fer ; il a peu d'action sur l'air à la température ordinaire, mais il s'oxyde rapidement à une température élevée..— On peut obtenir du *cobalt pyrophorique* comme le fer en réduisant l'oxyde de cobalt par l'hydrogène à la flamme d'une lampe à alcool. — Le cobalt n'est pas employé à l'état de corps simple.

266. *Oxydes de cobalt.* = Le cobalt forme avec l'oxygène trois composés bien définis : le protoxyde CoO, le sesquioxyde Co^2O^3 et l'oxyde intermédiaire Co^3O^4. Ces deux derniers oxydes n'ont aucune importance.

On obtient le protoxyde CoO en versant de la potasse caustique dans une dissolution d'un sel de cobalt, mais il est alors à l'état d'hydrate; on l'obtient à l'état anhydre en calcinant cet hydrate à l'abri du contact de l'air. L'oxyde hydraté est rose; l'oxyde anhydre se présente sous la forme d'une poudre verte.

Le protoxyde de cobalt colore les fondants en bleu ; il suffit de quelques traces de ce corps pour que le borax et le verre prennent une couleur bleue très-sensible. Il joue le rôle d'une base puissante ; il se combine même avec l'alumine, la magnésie, l'oxyde de zinc...

267. *Sels de cobalt.* = Les sels de cobalt ont une saveur astringente et métallique. Ils sont toujours d'un rouge groseille quand ils sont hydratés, mais ils sont roses, lilas ou bleus quand ils sont anhydres. Leur dissolution est rouge quand elle est suffisamment étendue ; elle devient bleue quand elle est concentrée.

La potasse et la soude donnent, dans leurs dissolutions, un précipité bleu violet qui devient vert sale au contact de l'air. — L'ammoniaque donne un précipité bleu qui se dissout dans un excès de cet alcali en colorant la liqueur en rouge brun.

L'acide sulfhydrique y produit un précipité noir si la liqueur est neutre ; il n'y donne pas de précipité si elle est acide. — Les sulfures alcalins y donnent toujours un précipité noir de sulfure hydraté.

Le cyanoferrure jaune de potassium y détermine un précipité vert, le cyanoferrure rouge un précipité d'un rouge foncé.

Les sels de cobalt calcinés donnent un bleu très-intense ; ils donnent en outre un précipité rose avec les carbonates alcalins, et un précipité bleu violet avec le phosphate de soude.

268. *Chlorure de cobalt.* = Le chlorure de cobalt s'obtient en dissolvant l'oxyde de cobalt dans l'acide chlorhydrique. Sa dissolution est rose quand elle est étendue et bleue quand elle est concentrée ; elle donne par l'évaporation des cristaux de chlorure de cobalt hydraté. Ces cristaux se décomposent par la chaleur en acide chlorhydrique, en chlorure de cobalt anhydre et en oxyde de cobalt.

On peut préparer directement le chlorure de cobalt au moyen du cobalt de Tunaberg. On mélange ce minerai avec du soufre et du carbonate de soude, puis on fond le mélange dans un creuset. On obtient ainsi un arsénio-sulfure de sodium et un sulfure de cobalt. Ce sulfure se rassemble au fond du creuset sous forme d'un culot ; il suffit de le traiter par l'acide chlorhydrique pour le transformer en chlorure de cobalt. — Le sulfate de cobalt et l'azotate de cobalt se préparent de même.

On emploie le chlorure de cobalt comme *encre sympathique*. Si l'on trace des caractères sur du papier avec une plume imprégnée d'une solution étendue de ce chlorure, ces caractères ne seront pas visibles après l'évaporation de l'eau ; mais ils paraîtront immédiatement avec une belle couleur bleue si l'on fait vaporiser ce liquide en chauffant un peu le papier. Ils disparaîtront de nouveau par le refroidissement en absorbant l'humidité de l'atmosphère, puis ils reparaîtront par l'action de la chaleur... Il ne faudrait pas toutefois chauffer trop fortement, car une partie du chlore s'unirait avec l'hydrogène du papier, et il se produirait un oxychlorure brun qui ne disparaîtrait plus. — On peut faire varier la nuance de l'encre sympathique en ajoutant quelques matières au chlorure de cobalt ; on la rend verte à chaud avec le sesquichlorure de fer, d'un brun vert avec le chlorure de nickel et le chlorhydrate d'ammoniaque, d'un rose violacé avec le sulfate de zinc.

269. *Bleu Thénard.* = On obtient le bleu thénard en calcinant dans un creuset fermé, pendant une demi-heure, un mélange intime d'une partie de phosphate de cobalt et de 8 parties d'alumine, et en réduisant en poudre fine le produit de la calcination. Ce bleu paraît être un aluminate de cobalt. Le phosphate de cobalt et l'alumine doivent être employés en gelée dans sa préparation. On forme le phosphate de cobalt en précipitant le sulfate de cobalt par le phosphate de soude, et l'alumine en précipitant l'alun par l'ammoniaque.

270. *Bleu d'azur ou smalt.* = On obtient le bleu d'azur en calcinant le minerai de cobalt, après l'avoir grillé, avec une proportion convenable de sable quartzeux et de carbonate de

potasse pur, en coulant la matière vitreuse résultant de la calcination et en la pulvérisant après son refroidissement. On peut le regarder comme un silicate double de cobalt et de potasse, contenant en outre un peu de silicates d'alumine, de fer et de plomb. On l'emploie pour azurer le linge et le papier à écrire; on s'en sert aussi comme couleur dans les fabriques de papiers peints; on en produit en Allemagne plus de 12 mille quintaux métriques par an.

§ 4. — *Nickel.*

271. *Nickel.* = On trouve le nickel à l'état d'arséniure et à l'état d'arsénio-sulfure. On le prépare, ainsi que ses oxydes et ses sels, en suivant les mêmes procédés que pour obtenir le cobalt et ses différents composés.

Le nickel est d'un blanc légèrement grisâtre; il est ductile et malléable; il a une grande tenacité; il est presque aussi difficile à fondre que le manganèse. Sa densité est 8,6. Il se conserve assez bien dans l'air à la température ordinaire, mais il brûle comme le fer à une température élevée. C'est le corps le plus magnétique après le fer. Ce métal possède la dureté, la malléabilité, la ténacité et les autres propriétés des métaux utiles, mais on l'emploie peu à cause de sa rareté; il entre, comme nous l'avons déjà vu, dans la composition du maillechort.

272. *Sels de nickel.* = Les sels de nickel ont une saveur sucrée d'abord, puis âcre et métallique. Ils sont d'un beau vert quand ils sont hydratés; ils sont jaunâtres quand ils sont anhydres.

La potasse et la soude y donnent un précipité gélatineux d'un vert pomme qui est insoluble dans un excès d'alcali. — L'ammoniaque y détermine un précipité vert; mais ce précipité se dissout dans un excès de ce réactif, et la liqueur prend une belle couleur bleue.

L'acide sulfhydrique y produit un précipité noir si le sel est neutre, et n'en produit aucun si le sel est acide. Les sulfures alcalins y déterminent un précipité noir légèrement soluble dans un excès de sulfure.

Le cyanoferrure jaune de potassium y forme un précipité blanc verdâtre, le phosphate de soude un précipité vert pâle et les carbonates de potasse et de soude un précipité vert clair.

<h3 style="text-align:center">§ 5. — Zinc.</h3>

273. *Zinc.* = On trouve le zinc dans la nature à l'état de sulfure, à l'état de carbonate et à l'état de silicate. C'est toujours du carbonate et du sulfure qu'on l'extrait. Le carbonate naturel se désigne sous le nom de *calamine*, et le sulfure sous celui de *blende*.

Le zinc est blanc bleuâtre ; sa cassure est lamelleuse ; il est malléable entre 110 et 160 degrés ; il est cassant au contraire à la température ordinaire et aux températures supérieures à 160°. Il a beaucoup moins de ténacité que le fer ; il est moins mou que le plomb et l'étain. Il est difficile à limer, car il adhère aux limes ou les *graisse*. Sa densité est 6, 8 ou 7,2 selon qu'il a été fondu ou laminé. Il fond vers 500° et bout à la chaleur blanche. — La grenaille de zinc qu'on emploie souvent dans la préparation de l'hydrogène s'obtient en faisant tomber, d'une certaine hauteur, du zinc fondu dans une terrine remplie d'eau.

Le zinc s'oxyde rapidement dans l'air humide à la température ordinaire, mais l'oxydation n'est que superficielle ; il s'enflamme au contact de l'air, un peu au-dessus de son point de fusion et brûle avec une flamme blanche très-brillante. Il suffit de chauffer au rouge un creuset contenant un peu de zinc pour qu'il se remplisse en quelques instants de flocons blancs d'oxyde.

On emploie le zinc pour faire des bassins, des baignoires, des tuyaux de conduite, des gouttières et des toitures ; on s'en sert égalcment dans la construction des piles voltaïques, dans la fabrication du fer galvanisé, du laiton, du maillechort, dans la préparation de l'hydrogène, etc. On ne doit pas l'employer dans les ustensiles de cuisine, car il est attaqué par les acides qui se développent dans la préparation de certains aliments, et il en résulte des sels plus ou moins vénéneux.

274. *Oxyde de zinc.* = Cet oxyde portait autrefois les noms de *fleurs de zinc*, de *lana philosophica* ou de *pompholix*. Il est blanc; il se réduit facilement par l'hydrogène et le carbone; il absorbe l'acide carbonique au contact de l'air. On l'obtient soit en chauffant le zinc dans un creuset ouvert, soit en calcinant l'azotate ou le carbonate de zinc.

On l'emploie, en le mêlant avec des huiles siccatives, pour faire des couleurs blanches analogues à celles que donne le *blanc de plomb* ou *céruse*. On lui donne alors le nom de *blanc de zinc*. Ce blanc ne noircit pas, comme la céruse, par les émanations sulfureuses, et les ouvriers qui le préparent ne sont pas exposés aux maladies que la céruse engendre trop souvent.

275. *Sels de zinc.* = Les sels de zinc ont une saveur styptique et astringente. Ils sont blancs ou incolores.

La potasse, la soude et l'ammoniaque y donnent un précipité blanc d'hydrate d'oxyde de zinc qui se dissout dans un excès d'alcali.

L'acide sulfhydrique et les sulfures alcalins y déterminent un précipité blanc de sulfure de zinc hydraté. L'acide sulfhydrique ne les précipiterait pas s'ils étaient acides.

Le cyanoferrure jaune de potassium, les carbonates, phosphates et arséniates de potasse et de soude les précipitent en blanc.

276. *Sulfate de zinc.* = Ce sel cristallise, à la température ordinaire, en prismes qui contiennent 7 équivalents d'eau. On l'obtient dans les arts en grillant la blende. Il se dégage de

l'acide sulfureux, et il se forme du sulfate de zinc, pourvu toutefois que la température ne soit pas trop élevée. On traite par l'eau la matière résultant du grillage et on fait cristalliser. — Le sulfate de zinc se désigne souvent sous le nom de *vitriol blanc* ; on l'emploie dans les fabriques d'indiennes.

277. *Métallurgie du zinc.* == C'est de la calamine qu'on extrait presque tout le zinc employé dans l'industrie. Le traitement du minerai n'offre aucune difficulté. On commence par le calciner pour en chasser l'acide carbonique et pour le rendre plus friable ; on le réduit ensuite en poudre sous des meules, puis on le traite par le charbon de bois ou par le coke dans des cornues de terre qu'on porte à la chaleur blanche. Le charbon réduit l'oxyde de zinc à cette température, et de là résultent de l'oxyde de carbone qui se dégage, et des vapeurs de zinc qui vont se condenser dans des allonges adaptées aux cornues. On l'en retire de temps à autre et on le coule dans des lingotières où il prend la forme de plaques rectangulaires. — La calcination de la calamine s'exécute soit dans des fours analogues aux fours à chaux, soit dans des fours à réverbère.

On retire aussi de la blende une certaine quantité du zinc du commerce. On commence par lui faire subir un premier grillage en tas, pour chasser une partie de son soufre et pour la rendre plus friable ; puis on la pulvérise et on la grille dans des fours à réverbère. On traite ensuite par le charbon l'oxyde résultant de ce deuxième grillage.

Le zinc du commerce n'est jamais parfaitement pur ; il contient un peu de fer, d'étain, de plomb et de cuivre. On peut le séparer de ces métaux en lui faisant subir une nouvelle distillation.

———

CHAPITRE VI.

MÉTAUX DE LA QUATRIÈME SECTION.

§ 1er. — *Etain.*

278. *Étain.* = On trouve l'étain dans la nature à l'état d'acide stannique SnO^2; c'est de ce composé qu'on l'extrait.

L'étain est presque aussi blanc que l'argent; il est très-malléable, car on peut le réduire, par le battage, en feuilles très-minces. Il a peu de ténacité, peu de ductilité et peu de dureté. Sa densité est 7,3. Lorsqu'on le frotte entre les doigts, il leur communique une odeur particulière ; lorsqu'on le plie en sens inverse, il produit un craquement qu'on nomme le *cri de l'étain.* Il fond à 228°; il n'est pas volatil.

L'étain cristallise assez facilement par fusion ; mais ses cristaux sont rarement terminés d'une manière nette. On reconnaît sa texture cristalline en chauffant une lame d'étain, puis en la laissant refroidir et en la plongeant ensuite dans de l'acide azotique ou de l'acide chlorhydrique étendus, afin d'enlever la pellicule superficielle. La surface de l'étain paraît alors *moirée* par suite des lames cristallines extrêmement minces qui sont mises à nu par l'acide. — Lorsqu'on veut conserver longtemps le moiré, on le sèche et on le recouvre d'un vernis qui le préserve de l'action de l'air.

L'étain n'a presque aucune action sur l'air à la température ordinaire; aussi conserve-t-il son brillant dans son contact avec l'atmosphère. Il agit rapidement sur l'oxygène et sur l'air à une température élevée; il brûle même dans ces gaz avec une vive lumière à la chaleur blanche. C'est de l'acide stannique qui se produit dans cette combustion. — Il décompose l'eau à la chaleur rouge en donnant encore de l'acide stannique.

L'étain agit sur l'acide chlorhydrique et sur l'acide sulfurique à l'aide de la chaleur. Il se forme, dans le premier cas, du protochlorure d'étain $SnCl$ et de l'oxygène; il se produit, dans le second, du sulfate de protoxyde d'étain SnO,SO^3 et de l'acide sulfureux. L'étain agit également sur l'acide azotique : de l'acide stannique et de l'azotate d'ammoniaque sont les produits de la réaction.

On emploie l'étain pour faire des vases et des ustensiles de cuisine. On s'en sert également pour faire le fer-blanc, pour étamer le cuivre, pour préparer les chlorures d'étain si utiles dans la teinture. Il entre dans la composition du bronze, de la soudure des plombiers, de l'or mussif, de la couche de tain qui recouvre les glaces.....

279. *Oxydes d'étain.* $=$ L'étain forme, avec l'oxygène, deux composés différents; le protoxyde SnO et le bioxyde ou l'acide stannique SnO^2. Ces deux composés peuvent en outre s'unir ensemble pour former des oxydes intermédiaires.

On prépare le protoxyde en versant du carbonate d'ammoniaque dans une dissolution de protochlorure d'étain. Il se dégage de l'acide carbonique, et il se forme un précipité blanc de protoxyde d'étain hydraté. On obtient le protoxyde anhydré, sous forme d'une poudre noire, en faisant bouillir le précipité avec de l'ammoniaque ou une solution de potasse. Ce protoxyde prend feu, comme l'amadou, quand on le chauffe au contact de l'air ; il se convertit alors en acide stannique.

On obtient l'acide stannique soit en traitant l'étain par l'acide azotique, soit en décomposant le bichlorure d'étain par l'eau.

Il se présente sous forme d'une poudre blanche dans le premier cas, et sous forme gélatineuse dans le second.

280. *Sels de protoxyde d'étain.* = Les sels de protoxyde d'étain ont une saveur âcre et astringente ; ils sont incolores et rougissent le tournesol. Ils se dissolvent, en général, dans une petite quantité d'eau ; mais ils se décomposent dans une quantité d'eau un peu considérable. Ils donnent, dans ce dernier cas, un sel acide qui reste en dissolution et un sel basique qui se précipite. Un excès d'acide empêche la décomposition.

La potasse et la soude y donnent un précipité blanc d'hydrate de protoxyde qui se dissout dans un excès d'alcali. — L'ammoniaque les précipite aussi en blanc, mais le précipité n'est pas soluble dans un excès de ce réactif.

L'acide sulfhydrique y donne un précipité brun chocolat. Les sulfures alcalins y produisent un précipité blanc sale.!

Le cyanoferrure jaune de potassium y produit un précipité blanc gélatineux ; le chlorure de mercure HgCl un précipité gris de mercure très-divisé, qu'on réduit facilement en globules par l'agitation ; le chlorure d'or un précipité pourpre dans les dissolutions étendues, et brun dans les dissolutions plus concentrées.

Une lame de fer ou de zinc précipite l'étain sous forme de paillettes d'un gris blanc. Ces paillettes prennent l'éclat métallique de l'étain par l'action du brunissoir.

281. *Protochlorure d'étain.* = On obtient ce sel en dissolvant, à l'aide de la chaleur, l'étain dans l'acide chlorhydrique concentré, et en évaporant la liqueur afin de la faire cristalliser. Ses cristaux contiennent deux équivalents d'eau ; ils se dissolvent sans altération dans une petite quantité d'eau, mais ils se décomposent, dans une quantité d'eau plus considérable, en un chlorhydrate de chlorure d'étain qui reste en dissolution et en un oxychlorure $SnCl + SnO$ qui se précipite. Ils abandonnent leur eau de cristallisation quand on les chauffe dans une cornue; mais une partie du protochlorure se décompose pendant cette dessiccation en acide chlorhydrique et en acide stannique ; on obtiendrait du chlorure anhydre $SnCl$ en chauffant jusqu'au rouge.

Le protochlure d'étain est très-avide d'oxygène ; il enlève ce gaz à l'air, à l'acide azotique et à un grand nombre d'oxydes qu'il ramène soit à l'état métallique, soit à un degré inférieur d'oxydation ; il se transforme alors en bichlorure et en oxychlorure. Il est également très-avide de chlore; aussi décompose-t-il facilement les chlorures d'or, de mercure...

On s'en sert dans les ateliers de teinture et dans les fabriques de toiles peintes, soit comme mordant, soit comme désoxydant. On l'emploie aussi dans les manufactures de porcelaines où il sert à préparer le *pourpre de Cassius.*

282. *Bichlorure d'étain.* On obtient ce sel à l'état anhydre en faisant passer un courant de chlore sec sur de l'étain légèrement chauffé ou en chauffant un mélange d'une partie de limaille d'étain et de cinq parties de protochlorure de mercure $HgCl$. On l'obtient à l'état hydraté en dissolvant de l'étain dans de l'eau régale contenant un excès d'acide chlorhydrique ou en faisant passer un courant de chlore dans une dissolution de protochlorure d'étain.

Le bichlorure anhydre est liquide et incolore. Sa densité est 2,3 ; il bout à 120°. Il a beaucoup d'affinité pour l'eau; aussi répand-il une fumée assez épaisse au contact de l'air et produit-il un bruit assez fort quand on verse quelques gouttes d'eau dans sa masse. Le bichlorure se combine dans ce cas avec l'eau, et forme un bichlorure hydraté qui se dépose en beaux cristaux. — On l'appelait autrefois *liqueur fumante de Libavius.*

Le bichlorure hydraté donne de l'acide chlorhydrique et de l'acide stannique quand on le soumet à l'action de la chaleur; il est très-soluble dans l'eau. Il forme la seule dissolution connue qui corresponde au bioxyde d'étain SnO^2. On le distingue facilement du protochlorure, car il précipite en jaune par l'acide sulfhydrique, et il ne donne aucun précipité avec le chlorure d'or. On l'emploie dans la teinture.

283. *Métallurgie de l'étain.* = L'acide stannique SnO^2 forme le seul minerai d'étain. On le trouve dans les sables de plusieurs terrains d'alluvion, on en rencontre aussi de petits filons dans certaines roches granitiques. Il est presque toujours mélangé avec des sulfures de fer et de cuivre, avec des arsénio-sulfures, avec des oxydes de fer... Le traitement du minerai n'offre aucune difficulté.

Lorsqu'on emploie un minerai sablonneux, on commence par le laver sur des tables légèrement inclinées afin de le séparer d'une grande partie de sa gangue. On le grille ensuite soit en tas, soit dans des fours, afin d'en dégager l'arsenic, de transformer les sulfures en oxydes et de le rendre plus friable. On le soumet alors au boccardage et à un deuxième lavage. On entraîne ainsi presque toutes les matières étrangères, car elles sont moins denses que l'acide stannique. — Si le minerai est en roches, on lui fait subir un premier boccardage avant de le laver.

Ces opérations préliminaires étant effectuées, on traite le minerai par le charbon dans un *fourneau à manche*. Ce fourneau ressemble aux fourneaux dans lesquels on réduit le minerai de fer, mais sa hauteur n'est que de trois mètres, et sa sole consiste simplement en une pierre de granite légèrement inclinée. Les matières fondues qui proviennent de la réduction du minerai s'écoulent continuellement sur cette pierre et se rendent dans un creuset extérieur formé par des pierres de granite. On enlève de temps à autre les scories qui surnagent sur le métal en fusion, et quand le creuset est presque plein on le fait couler par une ouverture inférieure dans une marmite de fonte où on le laisse refroidir. Dès qu'il n'a plus qu'une température un peu supérieure à son point de fusion, on l'enlève avec des poches en fer et on le coule dans des moules. Les couches supérieures contiennent l'étain le plus pur, car le cuivre, le fer et les autres métaux étrangers qui sont beaucoup moins fusibles que l'étain se déposent au fond de la marmite à mesure que le refroidissement s'opère.

On purifie souvent l'étain en le chauffant sur la sole légèrement inclinée d'un fourneau. L'étain coule à mesure qu'il se fond, et les autres métaux restent sur la sole du fourneau avec une petite partie de l'étain. Ce procédé porte le nom de *liquation*.

§ 2. — *Antimoine.*

284. *Antimoine.* = L'antimoine se trouve dans la nature à l'état de sulfure. Ce métal est brillant, blanc bleuâtre, cassant et facile à réduire en poudre. Sa texture est lamelleuse ; sa densité est 6,7. Il fond vers 450° ; il émet des vapeurs sensibles à la chaleur rouge. Il cristallise facilement par fusion ; on trouve toujours des cristaux en forme de feuilles de fougères sur la surface supérieure des pains d'antimoine du commerce.

L'antimoine ne s'altère pas sensiblement dans l'air à la température ordinaire, mais il s'oxyde rapidement à la chaleur rouge. Si l'on fait fondre un peu d'antimoine dans un creuset et qu'on le verse d'une certaine hauteur sur un carreau, il brûle avec une vive lumière et produit une épaisse fumée blanche due à l'oxyde formé.

L'antimoine forme avec l'oxygène trois composés bien distincts : l'oxyde d'antimoine Sb^2O^3, l'acide antimonique Sb^2O^5 et l'acide antimonieux SbO^2. Ce dernier composé paraît être une combinaison d'acide antimonique et d'oxyde d'antimoine Sb^2O^3,Sb^2O^5.

L'antimoine forme avec l'hydrogène un composé gazeux analogue à l'hydrogène arsenié. Ce composé se produit toujours quand l'hydrogène prend naissance dans une dissolution contenant du protochlorure d'antimoine, de l'émétique ou toute autre préparation antimoniale. Il brûle avec une flamme plus blanche que l'hydrogène pur, et il produit, comme l'hydrogène arsenié, des taches d'un gris noir, miroitantes et analogues aux taches arsénicales. Ces taches ne sont pas volatiles, elles se transforment en acide antimonique quand on les traite par l'acide azotique, mais cet acide se distingue facilement de l'acide arsénique en ce qu'il est jaunâtre, en ce qu'il n'est pas soluble dans l'eau et en ce qu'il ne précipite pas l'azotate d'argent.

L'antimoine entre dans la composition de plusieurs alliages. Il forme les caractères d'imprimerie en s'alliant au plomb, et le métal d'Alger en s'alliant à l'étain. Il entre également dans la composition du beurre d'antimoine, de l'émétique, du kermès.....

285. *Sels d'antimoine.* = L'oxyde d'antimoine est une base très-faible; les sels qu'il forme en s'unissant aux acides ont été peu étudiés, à l'exception du protochlorure et du tartrate double d'antimoine et de potasse (émétique). Ces sels sont vomitifs et vénéneux, même à petite dose; ils ont une réaction acide; ils sont en général décomposés par l'eau.

La potasse et la soude y donnent un précipité blanc d'hydrate d'oxyde qui est soluble dans un excès d'alcali. L'ammoniaque y produit également un précipité blanc, mais il ne se dissout pas dans un excès de réactif.

L'acide sulfhydrique et les sulfures alcalins y donnent un précipité jaune orangé de protosulfure hydraté.

Une lame de fer ou de zinc précipite l'antimoine de ses dissolutions sous forme de poudre noire.

286. *Chlorures d'antimoine.* = Le chlore forme avec l'antimoine les deux chlorures Sb^2Cl^3 et Sb^2Cl^5 qu'on désigne sous les noms de protochlorure et perchlorure d'antimoine.

Le *protochlorure* est blanc, demi-transparent, très-caustique; il paraît onctueux comme le beurre, propriété qui lui a fait donner le nom de *beurre d'antimoine*; il cristallise en tétraèdres; il est déliquescent au contact de l'air humide. Il fond au-dessous de 100 degrés et se vaporise au-dessous de la chaleur rouge. Il se dissout sans altération dans une petite quantité d'eau; mais il se décompose dans une quantité d'eau assez grande et il forme un précipité d'oxychlorure d'antimoine que les anciens chimistes désignaient sous le nom de *poudre d'Algaroth.*

On obtient le protochlorure d'antimoine en traitant le sulfure d'antimoine par l'acide chlorhydrique et en évaporant la liqueur jusqu'à consistance oléagineuse. — On l'emploie en chirurgie pour cautériser les plaies; on s'en sert dans les arts pour bronzer les canons de fusil. Le fer le décompose dans ce cas, et le couvre d'une légère couche d'antimoine qui le préserve de la rouille.

Le *perchlorure* est liquide, jaunâtre, d'une odeur forte et désagréable; il répand d'abondantes vapeurs au contact de l'air. On l'obtient en faisant passer un courant de chlore sec dans un tube contenant des fragments d'antimoine. Il n'a aucun usage.

287. *Sulfure d'antimoine.* = Il existe deux sulfures d'antimoine : le sulfure Sb^2S^3 correspondant à l'oxyde d'antimoine et le sulfure Sb^2S^5 correspondant à l'acide antimonique; nous ne parlerons que du premier.

Le sulfure d'antimoine Sb^2S^3 est très-répandu dans la nature; on l'y trouve toujours en cristaux prismatiques enchevêtrés les uns dans les autres. Il est brillant, d'un gris bleuâtre, lamelleux et assez fragile; il fond au-dessous de la chaleur rouge et se volatilise à la chaleur blanche. Il cristallise facilement par fusion. Sa densité est 4,6.

Ce sulfure se grille facilement au contact de l'air et se transforme alors en oxysulfure d'antimoine sans production de sulfate. — Les oxysulfures qu'on obtient par un grillage plus ou moins complet sont très-fusibles; ils donnent après leur refroidissement des masses vitreuses qu'on désigne, dans le commerce, sous les noms de *verre d'antimoine*, de *foie d'antimoine* et de *crocus*. Le verre d'antimoine est transparent et jaune rougeâtre; il contient environ 8 parties d'oxyde d'antimoine et 1 partie de sulfure. Le foie d'antimoine est opaque et d'un brun foncé; il renferme à peu près huit parties d'oxyde et 4 de sulfure. Le crocus est opaque et d'un jaune rouge; il est formé de 8 parties d'oxyde et de 2 parties de sulfure.

L'hydrogène et le carbone réduisent le sulfure d'antimoine à la chaleur rouge. Le fer, le zinc et le cuivre le réduisent aussi à cette température.

On emploie en médecine un sulfure d'antimoine hydraté combiné avec l'oxyde d'antimoine et auquel on donne le nom de *kermès*. On l'obtient en faisant bouillir pendant une demi-heure une partie de sulfure pulvérisé, 22 parties de carbonate de soude et 250 parties d'eau, en filtrant la liqueur et en la recevant dans des terrines chaudes qu'on couvre pour la préserver du contact de l'air. Lorsque le kermès est entièrement déposé, ce qui arrive au bout de 24 heures, on le recueille sur un filtre, on le lave avec de l'eau privée d'air, on le fait sécher et on le conserve dans des flacons fermés. — La soude s'est décomposée en partie dans la préparation du kermès; son oxygène a oxydé une partie de l'antimoine, et son sodium s'est uni à une portion du soufre; on trouve en effet du sulfure de sodium et du sesquicarbonate de soude dans la liqueur qui a laissé déposer le kermès.

Le kermès ainsi obtenu est léger, velouté, d'un rouge pourpre, brillant au soleil et d'une apparence cristalline. Il se décolore peu à peu au contact de la lumière et de l'air, et il finit par devenir blanc jaunâtre. Il abandonne tout son oxyde quand on le lave plusieurs fois à l'eau bouillante.

288. *Métallurgie de l'antimoine*. = On retire l'antimoine de son sulfure naturel. Le traitement est extrêmement simple.

On commence par séparer le sulfure de sa gangue par une simple fusion, puis on le grille dans des fours à réverbère. — On le transforme ainsi en un oxysulfure qu'on pulvérise et qu'on mêle avec les 20 centièmes de son poids d'un charbon imbibé d'une dissolution de carbonate de soude. On introduit le mélange dans des creusets et on chauffe à la chaleur rouge. L'antimoine coule, à l'état métallique, au fond du creuset, et des scories formées principalement de crocus surnageant à la surface. — Le carbonate de soude ajouté au charbon a pour objet de réduire une partie du sulfure non décomposé par le grillage.

CHAPITRE VII

MÉTAUX DE LA CINQUIÈME SECTION.

§ 1er. — *Plomb.*

289. *Plomb.* = On trouve le plomb dans la nature à l'état de sulfure, de séléniure, de chlorure, de carbonate, de phosphate et de chrômate; c'est du carbonate et du sulfure qu'on l'extrait. Le sulfure naturel porte le nom de *galène.*

Le plomb est brillant, blanc bleuâtre; il est très-malléable, un peu ductile. Il a une faible ténacité. Il est si peu dur qu'il est rayé par l'ongle et qu'il laisse des traces d'un gris blanc sur le papier. Sa densité est 11,4. Il fond à 335° environ; il donne des vapeurs sensibles à la chaleur rouge. Il cristallise par fusion.

Le plomb se ternit dans l'air à la température ordinaire; mais il ne se forme dans ce cas qu'une couche extrêmement mince de sous-oxyde Pb^2O qui préserve le reste du métal de l'oxydation. Il s'oxyde rapidement dans l'air à la température de sa fusion, et plus rapidement encore à la chaleur rouge; il se transforme d'abord en protoxyde PbO et ensuite en minium.

Les usages du plomb sont très-nombreux. On se sert de ce métal pour faire des balles et de la grenaille; pour construire des bassins, des tuyaux de conduite, des réservoirs, des gouttières; on s'en sert aussi pour couvrir les édifices et pour tapisser les chambres dans lesquelles on fabrique l'acide sulfurique. Il entre dans la soudure des plombiers, dans les caractères de l'imprimerie, dans le minium, dans la litharge, dans la céruse et dans un grand nombre d'autres composés qu'on emploie dans l'industrie.

290. *Oxydes de plomb.* $=$ Le plomb forme avec l'oxygène trois composés bien définis : le sous-oxyde Pb^2O, le protoxyde PbO et l'acide plombique PbO^2. Le protoxyde et l'acide plombique peuvent en outre se combiner en plusieurs proportions et former différents composés qu'on désigne sous le nom de *miniums*. — Le sous-oxyde n'a aucune importance.

Le *protoxyde de plomb* PbO est d'un jaune plus ou moins orangé ; il fond un peu au-dessous de la chaleur rouge et cristallise par le refroidissement en lames feuilletées. On ne doit pas employer des creusets de terre ou de verre pour le fondre, car il trouerait ces vases en formant avec leur silice des silicates fusibles à la température de sa fusion. On lui donne le nom de *massicot* quand il est pulvérulent, et le nom de *litharge* quand il a été fondu.

On l'obtient soit en calcinant convenablement le plomb au contact de l'air, soit en décomposant par la chaleur le carbonate ou l'azotate de plomb. On l'obtiendrait à l'état hydraté en versant de l'ammoniaque dans une solution d'un sel de plomb. Cet hydrate est blanc ; il se transforme, par l'évaporation de la liqueur, en oxyde anhydre qui se présente alors en lames cristallines d'un jaune brun.

Le protoxyde de plomb est une base très-énergique ; il se combine facilement avec les acides ; il s'unit même, à la température ordinaire, avec l'acide carbonique de l'atmosphère. Il joue aussi le rôle d'acide, mais seulement avec les bases puissantes telles que la potasse, la soude, la chaux... Les *plombites* de potasse et de soude se forment directement en versant ces bases dans un sel de plomb ; le plombite de chaux s'obtient en faisant bouillir de l'oxyde de plomb avec un lait de chaux. Ce dernier plombite peut même cristalliser; on l'emploie quelquefois pour teindre les cheveux; il se forme en effet du sulfure de plomb par l'action du plomb qu'il renferme sur le soufre contenu dans les cheveux.

L'acide plombique PbO^2 est brun, presque noir; il se décompose au-dessous de la chaleur rouge et se transforme en litharge. On l'obtient en traitant le minium par l'acide azotique à l'aide d'une douce chaleur. Il se forme de l'azotate de protoxyde de plomb qui reste en dissolution, et de l'acide plombique qui se précipite. — Il n'a pas d'usages; on le nomme quelquefois l'*oxyde puce de plomb*.

Le *minium* est pulvérulent, rouge orange. Il n'a pas toujours la même composition, mais il contient le plus ordinairement 2 équivalents de protoxyde de plomb et 1 équivalent d'acide plombique. On l'obtient en chauffant dans un four à réverbère le massicot en poudre fine, et en évitant que la température ne s'élève au-dessus de 300 degrés. On le prépare quelquefois en chauffant le carbonate de plomb au contact de l'air; il est alors un peu plus pâle que le minium ordinaire; il porte le nom de *mine orange*. — Le minium a de nombreux usages ; on l'emploie surtout pour colorer le papier et pour fabriquer le cristal.

291. *Sels de plomb*. = Les sels de plomb ont une saveur sucrée, puis astringente; ils sont très-vénéneux et ils occasionnent, même à petite dose, des douleurs d'entrailles et des coliques qu'on désigne sous le nom de *coliques de plomb*. — Ces sels sont incolores; ils rougissent le tournesol.

La potasse et la soude y donnent un précipité blanc d'hydrate de protoxyde de plomb qui se dissout dans un excès d'alcali. — L'ammoniaque y donne aussi un précipité blanc, mais ce précipité ne se dissout pas dans un excès du réactif.

L'acide sulfhydrique et les sulfures alcalins y produisent un précipité noir de sulfure de plomb qui est insoluble dans un excès du réactif employé.

Le cyanoferrure jaune de potassium y donne un précipité blanc.

L'acide chlorhydrique y produit un précipité blanc, ainsi que l'acide sulfurique. Le chromate de potasse y donne un précipité d'un beau jaune.

Le fer, le zinc et l'étain précipitent le plomb de ses dissolutions sous forme de lamelles brillantes.

292. *Carbonate de plomb.* = On trouve le carbonate de plomb dans la nature à l'état cristallisé et à l'état amorphe ; il est alors diaphane ou blanc ; il est peu répandu.

Le carbonate de plomb artificiel est blanc et pulvérulent ; on le nomme vulgairement *blanc de plomb* ou *céruse*. On l'emploie en grande quantité dans les peintures à l'huile, dans la préparation du mastic des vitriers et dans la fabrication du minium.

On le prépare en grand à Clichy, près de Paris, en dissolvant de la litharge dans l'acide acétique de manière à former un sous-acétate de plomb, puis en décomposant ce sous-acétate par l'acide carbonique. On fait passer un courant de cet acide dans la dissolution du sous-acétate jusqu'à ce qu'elle devienne neutre, puis on y dissout de nouveau de la litharge afin de la ramener à l'état de sous-acétate, et on y fait passer de nouveau un courant d'acide carbonique ; on y dissout encore de la litharge..... La céruse se dépose au fond du vase à mesure qu'elle se forme ; il ne reste plus qu'à la laver et à la sécher.

On suit un procédé différent dans le département du Nord ; on place verticalement, dans des pots de grès vernissés, des feuilles de plomb roulées en spirale, puis on verse un peu de vinaigre au fond des pots et on les recouvre de larges plaques de plomb qui ne les ferment qu'en partie. On dispose ensuite un grand nombre de ces pots, sur plusieurs rangées, dans une couche épaisse de fumier, en ayant soin de ménager quelques interstices pour faciliter la circulation de l'air. Les plaques de plomb qui servent de couvercles et les spirales sont presque complétement transformées en carbonate de plomb au bout d'une quinzaine de jours ; on les bat pour les débarrasser de ce carbonate, et on les met dans de nouveaux pots analogues aux premiers. On broye ensuite le carbonate et on le lave pour le purifier. — Le plomb se transforme, dans cette opération, en sous-acétate de plomb sous l'influence de l'oxygène de l'air et des vapeurs de l'acide acétique, et ce sous-acétate se transforme en carbonate sous l'influence de l'acide carbonique produit dans la fermentation du fumier.

293. *Métallurgie du plomb.* = On retire de la *galène* la plus grande partie du plomb employé dans l'industrie. Ce minerai se trouve en filons dans les terrains primitifs, et en amas plus ou moins considérables dans les terrains de transition ; sa gangue est ordinairement formée de quartz, de carbonate de chaux, de sulfate de baryte et de fluorure de calcium. On le bocarde toujours avant de le soumettre au traitement qui doit en opérer la réduction.

On suit deux méthodes différentes dans le traitement de la galène. Dans la première, on mêle le minerai avec de la fonte grenaillée, puis on fond le mélange dans un fourneau à manche. On obtient ainsi le plomb à l'état métallique et des scories contenant du sulfure de fer. — Dans la deuxième, on grille la galène dans un four à réverbère, jusqu'à ce qu'il se soit formé une certaine quantité d'oxyde et de sulfate de plomb, puis on mêle intimement la matière et on la chauffe plus fortement. L'oxyde et le sulfate réagissent alors sur le sulfure et donnent du plomb métallique, comme l'indiquent les deux formules $PbS + 2PbO = 3Pb + SO^2$ et $PbS + PbO,SO^3 = 2Pb + 2SO^2$. — On suit toujours la première méthode avec les minerais dont la gangue est siliceuse ; on ne pourrait pas employer la deuxième dans ce cas, car l'oxyde de plomb s'unirait alors avec la silice et il ne réagirait plus sur le sulfure.

Le plomb renferme souvent une proportion d'argent assez

grande pour qu'il soit avantageux d'en retirer ce métal. On lui donne alors le nom de *plomb d'œuvre.* Nous verrons plus loin le moyen d'en séparer l'argent.

On retire une partie du plomb du commerce du carbonate de plomb naturel et de la litharge qui se produit dans le traitement du plomb argentifère. On réduit ces corps par le charbon dans un petit fourneau à manche.

§ 2. — *Cuivre.*

294. *Cuivre.* = On trouve le cuivre dans la nature à l'état natif, à l'état d'oxyde, à l'état de carbonate et surtout à l'état de sulfure.

Le cuivre est rouge, susceptible d'un beau brillant, très-ductile, très-malléable ; il possède une ténacité moins grande que le fer, mais plus forte que celle des autres métaux ; il acquiert une légère odeur par le frottement. Sa densité est 8,78 ou 8,96, selon qu'il est fondu ou laminé. Il fond à la chaleur rouge et il émet des vapeurs sensibles à la chaleur blanche. On le trouve cristallisé en cubes dans la nature.

Le cuivre se ternit rapidement au contact de l'air à la température ordinaire ; il se couvre d'une couche verte de carbonate basique de cuivre hydraté, qu'on désigne quelquefois sous le nom de *vert de gris.* L'oxydation est plus rapide à une température élevée ; il se transforme promptement en protoxyde à la chaleur rouge.

Les usages du cuivre sont très-nombreux. On se sert de ce métal pour faire des chaudières, des casseroles, des tuyaux et des baignoires ; il forme à lui seul la monnaie de cuivre ; il entre dans la composition du laiton et du bronze ; il fait partie des monnaies d'or et d'argent, ainsi que des vases, ornements et ustensiles qu'on fabrique avec ces deux métaux précieux. Le cuivre entre en outre dans la composition de plusieurs produits importants.

295. *Oxydes de cuivre.* = Le cuivre se combine avec l'oxygène en plusieurs proportions, mais il ne forme que deux oxydes importants ; ce sont le *sous-oxyde* ou l'*oxydule* Cu²O et le *protoxyde* CuO.

Le *sous-oxyde* Cu²O est rouge, inaltérable à l'air à la température ordinaire. Il se décompose sous l'influence de l'acide sulfurique et de l'acide azotique étendus en cuivre métallique et en protoxyde qui s'unit à l'acide. Il passe à l'état de protoxyde quand on le chauffe au contact de l'air. Il colore les fondants en un beau rouge. — On le trouve dans la nature en cristaux octaédriques transparents ou en masses compactes; on l'obtient soit en calcinant un équivalent de cuivre avec un équivalent de protoxyde de ce métal, soit en faisant bouillir, pendant quelque temps, une dissolution d'acétate de protoxyde de cuivre contenant du sucre. On le prépare, à l'état hydraté, en précipitant le sous-chlorure de cuivre par la potasse.

Le *protoxyde* CuO est noir ; il absorbe promptement l'humidité de l'air ; il colore les fondants en vert. On l'emploie généralement dans l'analyse des substances organiques, car il cède facilement, à une température peu élevée, son oxygène à l'hydrogène et au carbone qu'elles renferment.—On le trouve en petite quantité dans la nature ; on l'obtient soit en chauffant de la tournure de cuivre ou du cuivre très-divisé au contact de l'air, soit en décomposant l'azotate de cuivre par la chaleur. — On l'obtient à l'état d'hydrate en versant de la potasse ou de la soude dans une dissolution de sulfate ou d'azotate de cuivre. Cet hydrate est bleu ; il perd facilement son eau par la chaleur; il est insoluble dans la potasse et la soude; mais il est très-soluble dans l'ammoniaque. Il donne, avec cet alcali, une belle liqueur bleue qu'on nomme *eau céleste.*

Le protoxyde de cuivre est une base assez puissante; le sous-oxyde est au contraire une base très-faible. Les sels formés par ce dernier oxyde n'ont aucune importance; nous ne les étudierons pas.

296. *Sels de protoxyde de cuivre.* = Ces sels ont une saveur métallique très-désagréable. Ils ont une couleur bleue ou verte quand ils sont hydratés; ils sont d'un blanc sale quand ils sont anhydres.

La potasse et la soude y donnent un précipité bleu de protoxyde hydraté qui est insoluble dans un excès d'alcali.—L'ammoniaque y forme un précipité verdâtre de sous-sel qui se dissout dans un excès d'alcali et qui donne une liqueur d'un beau bleu.

L'acide sulfhydrique et les sulfures alcalins y donnent un précipité noir qui est insoluble dans un excès de réactif.

Le cyanoferrure jaune de potassium y produit un précipité brun marron. Ce réactif est très-sensible; il accuse les traces les plus faibles de cuivre dans une solution.

Le fer et le zinc précipitent le cuivre sous forme d'une poudre brune qui prend l'éclat ordinaire du cuivre sous le brunissoir.

297. *Carbonates de cuivre.* = Il n'existe pas de carbonate neutre de cuivre; on connaît seulement deux carbonates basiques : le carbonate bleu et le carbonate vert.

Le *carbonate bleu* a pour formule $3CuO,CO^2+HO$; on le trouve dans la nature à l'état cristallisé et à l'état amorphe. On l'emploie, après l'avoir réduit en poudre, comme matière colorante, dans les fabriques de papiers peints où on lui donne le nom de *cendres bleues*. On fabrique, en Angleterre, des cendres bleues d'une plus belle nuance que les cendres bleues naturelles.

Le *carbonate vert* a pour formule $2CuO,CO^2+HO$; on l'obtient sous forme d'une poudre, en versant une dissolution de carbonate de soude dans une dissolution de sulfate de cuivre; on s'en sert dans la peinture à l'huile sous le nom de *vert minéral*. Ce carbonate se trouve dans la nature à l'état cristallisé; mais on le rencontre plus ordinairement sous forme de masses mamelonnées. On en fait des vases et des dessus de tables et de cheminées; il est très-recherché à cause de sa belle couleur et des zônes variées qu'il présente quand il est scié et poli. Les minéralogistes lui donnent le nom de *malachite*.

298. *Sulfate de cuivre.* = Le sulfate de cuivre porte dans le commerce les noms de *vitriol bleu*, de *couperose bleue*. Il est soluble dans 4 parties d'eau froide et dans 2 parties d'eau bouillante ; il cristallise en prismes obliques qui contiennent 5 équivalents d'eau. Ses cristaux sont légèrement efflorescents ; ils perdent 4 éq. d'eau à une température inférieure à 100° ; mais ils n'abandonnent le cinquième équivalent que vers 200°. Le sulfate de cuivre se décompose au rouge en acide sulfureux, en oxygène et en protoxyde de cuivre.

On obtient le sulfate de cuivre en grillant dans des fours les *pyrites cuivreuses* qu'on doit regarder comme composées de sulfure de cuivre Cu^2S et de sulfure de fer Fe^2S^3, puis en lessivant le produit et en faisant cristalliser la liqueur ; mais il contient toujours dans ce cas un peu de sulfate de fer. — On l'obtient également en décomposant le sulfate d'argent par le cuivre, opération qui se pratique dans l'affinage de l'argent comme nous le verrons plus loin.

On emploie le sulfate de cuivre pour chauler les blés, pour préparer le vert de Scheèle et les cendres bleues artificielles. On s'en sert aussi dans la teinture en noir, dans la galvanoplastie et en médecine.

299. *Métallurgie du cuivre.* = On retire le cuivre de l'oxydule, du carbonate et principalement du sulfure. — Le sulfure de cuivre naturel est rarement pur ; il est combiné soit avec les sulfures de fer, soit avec le sulfure d'antimoine, soit avec les sulfures d'antimoine et de plomb. On donne le nom de *pyrite cuivreuse* ou de *cuivre pyriteux* au sulfure $Cu^2S + Fe^2S^3$, le nom de *cuivre panaché* au sulfure $2Cu^2S + FeS$, le nom de *cuivre gris* au sulfure de cuivre et d'antimoine, et au sulfure de cuivre, d'antimoine et de plomb. Le cuivre gris contient presque toujours de l'arsenic et de l'argent. Tous ces sulfures se trouvent dans des filons intercalés dans les terrains primitifs.

Le traitement des minerais de cuivre oxydulé et de cuivre carbonaté n'offre aucune difficulté. On les débarrasse d'abord d'une partie de leur gangue par une opération mécanique, puis on les mêle avec de la silice et on les traite par le charbon dans un fourneau à manche. On obtient ainsi un cuivre qui contient quelques centièmes de fer et de quelques autres matières étrangères; il suffit de l'affiner pour le livrer au commerce.

Le traitement des minerais sulfurés est beaucoup plus compliqué. On les débarrasse d'abord d'une partie de leur gangue, puis on les soumet au grillage. On dégage ainsi une partie de leur soufre à l'état d'acide sulfureux, et on transforme une partie des sulfures en oxydes. On traite ensuite le produit dans le fourneau à manche par le charbon et par la silice. L'oxyde de cuivre se réduit presque entièrement par le charbon et donne du cuivre qui coule sur la sole du fourneau avec les sulfures non décomposés. Quant à l'oxyde de fer, il se combine avec la silice et forme un silicate de fer irréductible par le charbon qui constitue en partie les scories. On donne le nom de *matte* au mélange de cuivre et des sulfures non décomposés. — Cette matte contient tout le cuivre du minerai ; elle contient au contraire beaucoup moins de fer car une grande partie de ce métal se trouve dans les scories à l'état de silicate. On la soumet à un nouveau grillage, puis on la traite de nouveau par le charbon et la silice dans le fourneau à manche, et on la transforme en une deuxième matte qui contient encore tout le cuivre du minerai et qui renferme moins de fer que la première. Si on soumet encore cette matte à plusieurs grillages successifs et si on traite le produit de chaque grillage par le charbon et la silice on finit par obtenir une dernière matte qui ne contient plus que du cuivre combiné avec quelques centièmes de silice, de soufre, de fer, de plomb et d'antimoine. On lui donne le nom de *cuivre noir*.

On affine le cuivre noir en le fondant dans un creuset hémisphérique et en dirigeant un courant d'air sur sa surface au moyen d'un fort soufflet. Le soufre se dégage alors à l'état d'acide sulfureux, l'antimoine à l'état de vapeurs d'oxyde d'antimoine, et le fer reste dans les scories avec la silice à l'état de silicate de fer. On enlève alors les scories, on arrête le vent, et on jette un peu d'eau sur la masse en fusion pour en solidifier la couche superficielle qu'on enlève sous forme de *rosette* ; on jette une nouvelle quantité d'eau, puis on enlève une nouvelle rosette.....

Les minerais de cuivre contiennent quelquefois assez d'argent pour qu'il soit avantageux d'en extraire ce métal ; on traite alors le cuivre noir par le plomb d'après un procédé qui porte le nom de *coupellation*.

§ 3. — *Bismuth.*

300. *Bismuth.* = On trouve le bismuth dans la nature à l'état natif. On l'obtient en introduisant le minerai, après l'avoir concassé, dans des cylindres de fer légèrement inclinés et en chauffant ces cylindres dans des fours. Le bismuth s'écoule alors par une ouverture pratiquée à la partie inférieure des cylindres ; on le reçoit dans des vases de terre placés au-dessous.

Le bismuth est d'un blanc gris un peu rougeâtre ; il est cassant, facile à réduire en poudre. Sa texture est lamelleuse. Sa densité est 10. Il fond à 246° ; il émet des vapeurs sensibles à la chaleur blanche. C'est de tous les métaux celui qui cristallise le plus facilement par fusion. Ses cristaux sont des cubes qui se disposent ordinairement les uns sur les autres en forme de gradins.

Le bismuth se ternit à la longue dans l'air humide à la température ordinaire ; il brûle vivement à une température élevée et se transforme en un protoxyde Bi^2O^3 de couleur jaune.

Les usages du bismuth sont peu nombreux. On se sert de ce métal dans les plaques fusibles des machines à vapeur, dans la construction des piles thermo-électriques et dans la composition du *blanc de fard.*

301. *Sels de bismuth.* = Les sels de bismuth ont une saveur métallique ; ils sont presque tous incolores ; ils ont peu de stabilité, car l'eau les décompose en sous-sels qui se précipitent et en sels acides qui restent en dissolution.

La potasse, la soude et l'ammoniaque y donnent un précipité blanc de protoxyde hydraté, insoluble dans un excès d'alcali et devenant jaune par l'ébullition.

L'acide sulfhydrique et les sulfures alcalins y donnent un précipité noir, le cyanoferrure de potassium un précipité blanc, le chrômate de potasse un précipité jaune, le tannin un précipité jaune orangé.

Le zinc, le fer et le cuivre précipitent le bismuth de ses dissolutions sous forme d'une poudre noire.

302. *Azotate de bismuth.* = On obtient cet azotate en traitant le bismuth par l'acide azotique et en évaporant la liqueur. Il cristallise en prismes incolores qui contiennent trois équivalents d'eau, il est un peu déliquescent. Il se dissout sans altération dans une petite quantité d'eau ; mais il se décompose dans une quantité d'eau plus grande et donne un précipité blanc de sous-azotate de bismuth. C'est ce précipité qui forme le *blanc de fard.* On l'emploie pour blanchir la peau ; mais il a l'inconvénient de noircir par les émanations sulfureuses.

CHAPITRE VIII.

MÉTAUX DE LA SIXIÈME SECTION.

§ 1er. — *Mercure.*

303. *Mercure.* = On trouve le mercure à l'état natif et surtout à l'état de sulfure. C'est de ce sulfure, vulgairement appelé *cinabre*, qu'on l'extrait.

Le mercure est liquide, très-brillant, d'un blanc bleuâtre. Sa densité est 13, 59 ; il bout à 360 degrés. Aux températures inférieures à 40°, il est solide, très-malléable et d'un brillant argentin. — Le mercure absorbe, mais lentement, l'oxygène de l'air à la température ordinaire ; il se couvre en effet peu à peu d'une pellicule grise formée d'oxyde de mercure et de mercure métallique. L'oxydation est plus rapide à une température voisine de son point d'ébullition.

Le mercure exerce à la longue une action délétère sur l'économie animale ; il donne lieu à des tremblements et à une salivation abondante quand on le manie constamment et qu'on reste exposé à ses vapeurs. Il ne mouille pas le verre quand il est pur, mais il le mouille quand il contient quelques métaux étrangers. On dit alors qu'il *fait la queue.* On le purifie par la distillation.

Les usages du mercure sont très-nombreux. On s'en sert pour les baromètres, les thermomètres, les manomètres, pour mettre les glaces au tain, pour recueillir les gaz solubles dans l'eau, et pour préparer plusieurs produits utiles ; mais c'est dans le traitement métallurgique de l'or et de l'argent qu'on l'emploie en plus grande quantité.

304. *Oxydes de mercure.* $=$ Le mercure forme avec l'oxygène deux composés : le sous-oxyde Hg^2O et le protoxyde HgO.

Le *sous-oxyde* Hg^2O est très-peu stable ; il se présente sous la forme d'une poudre noire insoluble dans l'eau ; il se transforme à une température peu élevée et même sous l'influence de la lumière solaire en mercure et en protoxyde de mercure. Il forme des sels bien caractérisés en s'unissant aux acides. — On l'obtient en versant une solution de potasse dans une solution de sous-chlorure de mercure Hg^2Cl.

Le protoxyde HgO est jaune ou rouge selon son mode de préparation ; il est un peu soluble dans l'eau ; il verdit un peu le sirop de violettes ; il agit comme un oxydant assez énergique ; il se décompose au rouge naissant. Il entre dans une pommade employée dans les maladies des yeux. — On l'obtient en poudre jaune orangé en décomposant par la chaleur l'azotate de sous-oxyde Hg^2O,AzO^5 ; on le prépare en poudre rouge en décomposant de petits cristaux d'azotate de protoxyde HgO,AzO^5. — On le préparait anciennement en chauffant du mercure dans un matras muni d'un col effilé et en le maintenant pendant longtemps à une température voisine de son ébullition ; on lui donnait alors le nom de *précipité per se.*

305. *Sels de sous-oxyde.* $=$ Les sels de sous-oxyde de mercure ont une saveur métallique ; ils sont incolores en général.

La potasse, la soude et l'ammoniaque y donnent un précipité noir, insoluble dans un excès d'alcali. L'acide sulfhydrique et les sulfures alcalins un précipité noir, le cyanoferrure de potassium un précipité blanc.

L'acide chlorhydrique et les chlorures alcalins y produisent un précipité blanc de sous-chlorure de mercure Hg^2Cl qui est complétement insoluble dans l'eau et dans les acides étendus.

Le fer, le zinc, l'étain, le plomb et le cuivre précipitent le mercure et ses dissolutions.

On obtient facilement les sels de sous-oxyde de mercure. On prépare l'azotate par exemple en dissolvant à froid le mercure en excès dans l'acide azotique étendu ; on forme le sulfate en chauffant le mercure en excès dans l'acide sulfurique concentré.

306. *Sels de protoxyde.* = Les sels de protoxyde de mercure sont incolores s'ils sont neutres ; ils sont jaunes s'ils sont basiques.

La potasse et la soude y donnent un précipité jaune d'oxyde anhydre qui est insoluble dans un excès d'alcali. L'ammoniaque y donne un précipité blanc soluble dans un excès du réactif. — L'acide sulfhydrique et les sulfures alcalins y produisent un précipité noir.

L'acide chlorhydrique et les chlorures alcalins n'y donnent pas de précipité, caractère qui les distingue des sels de sous-oxyde.

Le fer, le zinc, l'étain, le plomb et le cuivre les précipitent comme les sels de sous-oxyde.

307. *Chlorures de mercure.* = Le chlore forme deux composés avec le mercure ; le sous-chlorure Hg^2Cl et le protochlorure $HgCl$. Le premier se désigne souvent sous le nom de *calomel*, de *mercure doux* ; le second sous le nom de *sublimé corrosif*.

Le *sous-chlorure* Hg^2Cl est blanc, insoluble dans l'eau, inaltérable à l'air et indécomposable par la chaleur. Il se fond et se volatilise à des températures peu différentes ; il cristallise par sublimation en prismes à quatre pans terminés par des pyramides. Il noircit dans son contact avec les alcalis, car il donne du sous-oxyde de mercure et un chlorure alcalin ; il devient gris sous l'influence de la lumière.—On peut l'obtenir en versant une dissolution d'azotate de sous-oxyde de mercure dans une dissolution de chlorure de sodium, et en lavant à grande eau le précipité qui se forme ; mais on le prépare plus économiquement en chauffant dans un matras un mélange de sulfate de sous-oxyde de mercure et de chlorure de sodium. Le sulfate de soude qui se forme dans la réaction reste dans le matras ; le sous-chlorure se sublime et se condense dans son col. On le pulvérise avec soin, puis on le lave pour le débarrasser du protochlorure qu'il pourrait contenir. — On emploie le sous-chlorure de mercure en médecine comme vermifuge et comme purgatif. Il n'est pas vénéneux.

Le *protochlorure* HgCl est blanc, d'une saveur styptique et désagréable. C'est un des corps les plus vénéneux ; il produit des douleurs atroces à la dose de quelques centigrammes, car il détermine des ulcères dans l'estomac et dans les intestins. On emploie comme contre-poison de l'albumine et du gluten, car il forme des composés insolubles avec ces corps. Il est soluble dans 16 parties d'eau froide et dans 3 parties d'eau bouillante, il fond à 265 degrés et il bout vers 295. Sa densité est 6,5.

On l'obtient en chauffant dans un matras un mélange de sulfate de protoxyde de mercure HgO, SO^3 et de chlorure de sodium NaCl. Le protochlorure se sublime et s'attache aux parties supérieures du matras ; il est ordinairement mêlé avec un peu de sous-chlorure parce que le sulfate de mercure employé contient presque toujours un peu de sulfate de sous-oxyde ; mais on empêche la formation de ce sous-chlorure en ajoutant au mélange de sulfate et de chlorure de sodium un peu de bioxyde de manganèse, afin de suroxyder le mercure. — Le protochlorure de mercure est souvent employé en médecine ; on s'en sert aussi pour conserver les matières animales, pour détruire les punaises logées dans les bois de lit...

308. *Cyanure de mercure.* == Ce corps est blanc ; il a une saveur styptique et très-désagréable ; il est vénéneux même à

petite dose. Il est soluble dans l'eau et il cristallise en prismes à base carrée qui ne contiennent pas d'eau de cristallisation. On l'emploie pour préparer le cyanogène et l'acide cyanhydrique. On l'obtient en faisant bouillir 2 parties de cyanoferrure jaune de potassium et 3 parties de sulfate de protoxyde de mercure dans 15 à 20 parties d'eau. Il se forme du sulfate de potasse, du cyanure de fer et du cyanure de mercure.

309. *Sulfures de mercure.* = Il existe deux sulfures de mercure : le sous-sulfure Hg^2S et le protosulfure HgS. Le sous-sulfure est noir, aussi peu stable que le sous-oxyde ; il n'a aucune importance.

On prépare le protosulfure HgS en faisant passer un courant d'acide sulfhydrique dans la dissolution d'un sel de protoxyde de mercure jusqu'à saturation, ou en broyant pendant long-temps un mélange de 6 parties de mercure avec une partie de soufre. Le sulfure ainsi préparé est noir ; mais on le transforme par la sublimation en une masse cristalline d'un beau rouge.

Le sulfure rouge de mercure a la même composition que le sulfure noir ; on lui donne le nom de *cinabre* ; on le trouve dans la nature en cristaux transparents ou en masses compactes d'un rouge foncé ; c'est le principal minerai de mercure.

On rencontre quelquefois le sulfure de mercure en poudre d'un très-beau rouge ; on l'emploie sous le nom de *vermillon* dans la peinture à l'huile. On l'obtient dans cet état en chauffant pendant plusieurs jours, à une température de 50 ou 55 degrés du cinabre réduit en poudre très-fine dans une dissolution d'un sulfure alcalin et en lavant ensuite la poudre à grande eau quand elle a pris la teinte convenable.

310. *Métallurgie du mercure.* = C'est du cinabre naturel qu'on extrait le mercure.

On grille le minerai, à Almaden en Espagne, dans un fourneau séparé en deux compartiments au moyen d'une voûte
percée de plusieurs ouvertures. On entasse le minerai dans le
compartiment supérieur et on brûle des broussailles dans le
compartiment inférieur. Les vapeurs mercurielles et l'acide
sulfureux qui résultent de la décomposition du cinabre se
rendent dans des allonges en terre où la condensation se produit. — On suit une autre méthode dans le duché des Deux-
Ponts où le cinabre est mélangé avec des matières calcaires.
On chauffe simplement le minerai dans des cornues en terre
qu'on place dans des fourneaux et qu'on fait communiquer au
moyen d'allonges avec des récipients refroidis. Le sulfure de
mercure est alors décomposé par la chaux ; il se forme du sulfure de calcium et du sulfate de chaux qui restent dans les cornues et du mercure qui se volatilise.

§ 2. — *Argent.*

311. *Argent.* = On trouve l'argent dans la nature à l'état
d'arséniure, à l'état de chlorure, à l'état de bromure, mais surtout à l'état natif et à l'état de sulfure. Les mines du Mexique,
du Pérou, de Saxe, de Norwége, de Hongrie et de Transylvanie
sont les plus riches.

L'argent est le plus blanc de tous les métaux et celui qui est
susceptible du plus beau poli ; il est, après l'or, le métal le plus
ductile et le plus malléable ; il jouit d'une assez grande ténacité ; il est plus dur que l'or et plus mou que le cuivre. Sa densité est 10,5. Il fond au rouge cerise ; il émet des vapeurs
sensibles à la chaleur blanche. Il cristallise en cubes par la
fusion.

L'argent n'a aucune action sur l'air sec ou humide à la température ordinaire ; aussi conserve-t-il son brillant dans son
contact avec ce gaz. Il absorbe une assez grande proportion
d'oxygène quand on le maintient pendant longtemps en fusion

dans un vase ouvert ; mais il abandonne ce gaz pendant son refroidissement avant sa solidification. Ce gaz, en se dégageant projette souvent une petite portion de l'argent hors du vase.

L'argent s'unit en trois proportions avec l'oxygène ; il forme un sous-oxyde Ag^2O, un protoxyde AgO et un bioxyde AgO^2. Le protoxyde est une base énergique ; on l'obtient en versant de la potasse dans une solution d'azotate d'argent.

312. *Sels d'argent.* = Les sels d'argent ont une saveur métallique très-désagréable ; ils sont vénéneux à petite dose. Ils sont incolores lorsque leur acide n'est pas coloré ; ils noircissent à la lumière, ce qui provient d'une réduction partielle de leur oxyde.

La potasse et la soude y donnent un précipité brun de protoxyde hydraté qui ne se dissout pas dans un excès d'alcali. — L'ammoniaque les précipite de même, à moins qu'ils ne renferment un excès d'acide, mais le précipité se dissout dans un excès du réactif.

L'acide sulfhydrique et les sulfures alcalins y déterminent un précipité noir de sulfure d'argent.

L'acide chlorhydrique et les chlorures alcalins y produisent un précipité blanc caillebotté, insoluble dans l'eau et dans l'acide azotique, très-soluble dans l'ammoniaque et dans les hyposulfites. Ce précipité noircit promptement à la lumière en prenant d'abord une teinte violacée.

Le cyanoferrure jaune de potassium y donne un précipité blanc, le cyanoferrure rouge un précipité rouge brun, l'arsénite de potasse un précipité jaune serin et l'arséniate de potasse un précipité rouge brique.

L'argent est précipité de ses dissolutions par un grand nombre de métaux et surtout par le fer, le zinc et le cuivre ; il est même précipité par le mercure.

313. *Azotate d'argent.* = L'azotate d'argent cristallise en

lames minces et larges; il est soluble dans son poids d'eau froide et dans la moitié de son poids d'eau bouillante; il est inaltérable à l'air, à moins qu'il ne soit en présence d'une matière organique. Il produit des taches violettes sur la peau; ces taches deviennent noires au bout de quelque temps et ne peuvent plus être enlevées que par une dissolution de cyanure de potassium.

On le prépare en traitant l'argent par l'acide azotique, en concentrant la liqueur et en la faisant cristalliser.— Lorsqu'on emploie de l'argent de monnaie, l'azotate contient toujours une certaine quantité d'azotate de cuivre dont on doit le séparer. On le fond alors dans une capsule de porcelaine et on le maintient pendant quelque temps à une température inférieure au rouge sombre. L'azotate d'argent ne se décompose pas à cette température, tandis que l'azotate de cuivre s'y décompose complétement en donnant de l'oxyde de cuivre qui colore la masse en noire. On traite le produit par l'eau afin d'en séparer l'oxyde de cuivre et on fait cristalliser. On reconnaît facilement du reste l'époque à laquelle l'azotate de cuivre est complétement décomposé en enlevant avec une pipette une petite portion de la matière en fusion, en la dissolvant dans l'eau et en voyant si elle ne bleuit pas par l'ammoniaque.

On emploie l'azotate d'argent pour reconnaître la présence de l'acide chlorhydrique et des chlorures dans une dissolution. On s'en sert aussi pour marquer le linge. On recouvre à cet effet la partie du linge correspondante à la marque d'une légère couche d'empois rendu alcalin par du carbonate de soude, puis on y trace les caractères avec une solution faible d'azotate d'argent qu'on a préalablement épaissie avec un peu de gomme.

— La *pierre infernale* dont on sert en chirurgie pour cautériser les chairs, n'est autre chose que l'azotate d'argent fondu et coulé en forme de petites baguettes dans une lingotière; elle est presque toujours colorée en noir à sa surface, ce qui provient d'une pellicule d'argent réduit par le fer du moule.

314. *Alliages d'argent et de cuivre.* $=$ On n'emploie pas l'argent pur pour la monnaie, la vaisselle et les bijoux d'argent, car ces objets se déformeraient et s'useraient trop vite à leur surface eu égard à la mollesse du métal ; on l'allie toujours au cuivre afin d'augmenter sa dureté.

La monnaie d'argent est, en France, au *titre* de $\frac{900}{1000}$ c'est-à-dire qu'elle contient 900 parties d'argent et 1000 parties de cuivre. La vaisselle, l'argenterie ordinaire et les médailles sont au titre de $\frac{950}{1000}$; la petite bijouterie est au titre de $\frac{800}{1000}$. La monnaie et les autres objets d'argent sont quelquefois à un titre un peu plus fort ou un peu plus faible que les titres précédents ; la tolérance est de $\frac{3}{1000}$ pour les monnaies et de $\frac{5}{1000}$ pour les autres objets.

On emploie souvent des lames de cuivre recouvertes d'une lame mince d'argent. On leur donne le nom de *plaqué d'argent*. Le plaqué se fait ordinairement au titre de $\frac{1}{20}$, c'est-à-dire qu'il contient $\frac{1}{20}$ d'argent et $\frac{19}{20}$ de cuivre. On le fabrique en prenant une lame d'argent et une lame de cuivre de même surface, mais dont la première a un poids 19 fois plus petit que la seconde ; on décape la lame de cuivre en la grattant fortement, puis on passe sur sa surface une dissolution concentrée d'azotate d'argent afin de l'*amorcer*, c'est-à-dire afin de la couvrir d'une légère couche d'argent très-divisé. On applique ensuite la lame d'argent sur sa surface, puis on chauffe le plaqué au rouge brun dans un four et on le passe au laminoir jusqu'à le réduire à l'épaisseur voulue. Les deux lames adhèrent alors tellement entre elles qu'il est impossible de les séparer.

315. *Essais des alliages d'argent.* $=$ On fait l'essai des alliages d'argent par *coupellation* et par *voie humide*. Le deuxième moyen donne des résultats plus exacts ; on l'emploie exclusivement aujourd'hui dans tous les hôtels des monnaies.

Essai par coupellation. $=$ Les essais par coupellation se font dans de petites coupelles en os calcinés. Les coupelles sont très-perméables aux oxydes métalliques fondus ; elles sont au contraire imperméables aux métaux ; on les forme en comprimant, dans des moules, des os calcinés au contact de l'air, après les avoir réduits en poudre et convertis en une pâte molle par l'addition d'une petite quantité d'eau.

Supposons qu'on mette dans une de ces coupelles *un gramme* d'alliage avec quelques grammes de plomb et qu'on chauffe fortement dans un petit four ; le plomb et le cuivre s'oxyderont sous l'influence du courant d'air tandis que l'argent restera à l'état métallique. Les deux premiers corps passeront par conséquent à travers les pores de la coupelle, et l'argent se trouvera isolé. Il suffira de le peser pour avoir le titre de l'alliage ; ce titre sera par exemple $\frac{946}{1000}$ si le poids de l'argent est de 946 milligrammes.

On chauffe les coupelles dans un fourneau à réverbère (*fig.* 56) qu'on nomme *fourneau de coupelle* ; on les introduit dans une espèce de petit four AB qu'on désigne sous le nom de *moufle*. Les moufles se placent vers le milieu du laboratoire du fourneau ; elles doivent être complétement entourées de charbon.

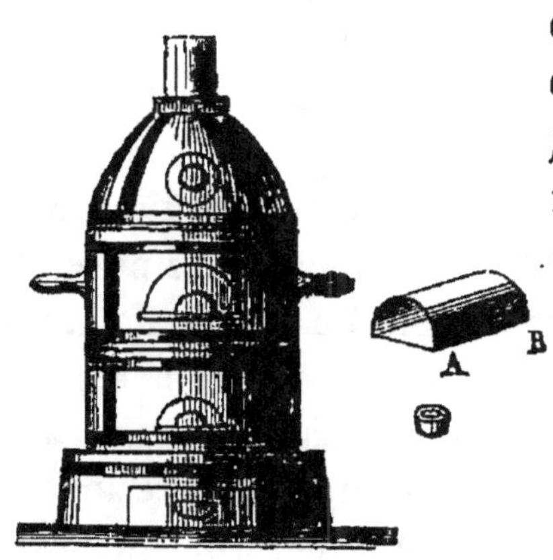

Fig. 56.

On porte d'abord la moufle au rouge vif, puis on y introduit la coupelle, et, quand elle en a pris la température, on y met le plomb. Lorsque ce métal est fondu et qu'il est bien brillant, on met dans la coupelle, avec une petite pincette, un gramme d'alliage enveloppé dans un petit morceau de papier. Cet alliage fond promptement et l'oxydation commence presque aussitôt. Les oxydes de plomb et de cuivre se fondent et s'infiltrent dans les pores de la coupelle à mesure qu'ils se forment, à l'exception d'une très-petite partie qui se volatilise et qui produit une légère fumée. — La masse liquide possède un mouvement assez rapide pendant toute la durée de l'oxydation; son volume diminue de plus en plus; sa surface devient de plus en plus convexe, et finit par présenter un grand nombre de points brillants. Le plomb et le cuivre sont presque complétement absorbés à cette époque. On ramène alors la coupelle sur le devant de la moufle, et au bout de quelque temps les points brillants disparaissent, le globule paraît irisé, puis il perd son éclat, et redevient brillant par un mouvement instantané qu'on appelle l'*éclair*. On attend ensuite que le globule soit refroidi, puis on en brosse la partie inférieure pour enlever les portions de matières terreuses qui pourraient y adhérer; et on le pèse.

La quantité de plomb qu'il faut ajouter à l'alliage n'est pas toujours la même; on emploie 4, 7 ou 10 grammes de plomb pour 1 gramme d'alliage, selon que son titre est 950, 900 ou 800 millièmes. — Le titre de l'alliage obtenu par la coupellation est ordinairement un peu trop bas, car une partie de l'argent se volatilise et une autre partie s'infiltre dans les pores de la coupelle.

Essai par voie humide. = On sait que le sel marin précipite l'argent de sa dissolution dans l'acide azotique sans précipiter le cuivre qui peut y être contenu. Si donc on dissout un alliage d'argent et de cuivre dans l'acide azotique, et qu'on verse ensuite dans la dissolution une quantité suffisante de sel marin, on précipite tout l'argent à l'état de chlorure, sans précipiter le cuivre; il ne reste plus qu'à recueillir ce chlorure, à le dessécher et à le peser pour en déduire la quantité d'argent qu'il contient. — Il est plus facile encore d'employer une dissolution *titrée* de sel marin et de la verser peu à peu dans la dissolution acide jusqu'à ce qu'il n'y ait plus de nébulosité; car le volume du liquide employé fait connaître immédiatement le titre de l'alliage.

316. *Métallurgie de l'argent.* = On extrait l'argent par des procédés qui varient avec la nature du minerai et avec la localité, mais qui se réduisent tous en dernier résultat à amener l'argent à l'état natif, s'il n'y est déjà, puis à l'allier au plomb ou au mercure pour l'isoler facilement des matières étrangères et à le séparer ensuite de ces deux corps. Nous donnerons seulement une idée du mode d'extraction qu'on suit à Konsberg en Norwége, où l'argent existe à l'état natif, et à Freyberg en Saxe, où il existe à l'état de sulfure d'argent mêlé ou combiné avec des sulfures de fer, de cuivre et quelques autres matières. Dans la première localité on emploie la méthode de *coupellation*; dans la seconde on suit la méthode de l'*amalgamation*.

A Kongsberg on bocarde d'abord le minerai, puis on le lave pour le séparer en partie de sa gangue, et on le fait fondre avec son poids de plomb. On obtient ainsi un alliage de plomb et d'argent qu'il est facile de séparer complétement du reste de la gangue. Il ne s'agit plus que d'en extraire le plomb par la coupellation. On se sert à cet effet d'un fourneau à réverbère dit *fourneau de coupelle,* dont la sole offre une cavité circulaire de 2 ou 3 mètres de diamètre, légèrement concave et recouverte d'une couche épaisse de marne ou de cendres lessivées, qui forme la coupelle. On place l'alliage sur la coupelle, et quand il est en pleine fusion, on dirige sur lui un courant d'air au moyen d'un fort soufflet. L'oxyde de plomb qui se forme mouille alors la coupelle, s'infiltre dans ses pores, la traverse de part en part, et coule, comme à travers un crible, sur la cavité inférieure, d'où il se rend, au moyen d'une rigole, dans un bassin extérieur. L'argent au contraire qui ne s'oxyde pas ne peut mouiller la coupelle, et par conséquent il reste sur sa surface. — On l'en retire, puis on l'affine en le soumettant à une opération analogue dans une coupelle en os calcinés, afin de le débarrasser des dernières parcelles de plomb.

A Freyberg on mélange le minerai avec un dixième de sel marin et on le grille dans un fourneau à réverbère, en ayant soin de l'agiter fréquemment. Il en résulte un dégagement d'acide sulfureux et une masse composée principalement de sulfates de soude et de chlorures d'argent, de fer et de cuivre. On pulvérise cette masse ; on la lave pour la séparer des sels solubles qu'elle contient ; puis on l'introduit, avec de l'eau et du fer, dans des tonneaux qu'on fait tourner autour de leur axe. Après quelque temps, on ajoute du mercure et on remet les tonneaux en mouvement pendant 15 ou 16 heures, afin d'établir un contact intime entre les parties, et de réduire en poussière très-fine l'argent qui provient de la décomposition du chlorure par le fer. L'argent s'unit alors au mercure et forme un amalgame liquide qu'on sépare facilement des autres substances à cause de son excès de densité. On met ensuite cet amalgame dans des sacs de coutil et on lui fait subir une forte pression pour en faire écouler le mercure ; puis, quand l'amalgame est devenu solide, on le soumet à l'action de la chaleur pour volatiliser le mercure et obtenir l'argent.

§ 3. — Or.

317. Or. = On rencontre presque toujours l'or à l'état natif. Quelquefois il est pur ; mais le plus souvent il est mélangé avec des minerais d'argent. On le trouve quelquefois en cristaux ou en petites lames sur diverses gangues, quelquefois en paillettes ou en petits grains dans les sables de certains terrains d'alluvion, plus rarement en masses isolées qu'on désigne sous le nom de pépites. On rencontre quelquefois des pépites de la grosseur d'une noisette ; on a même trouvé une pépite du poids de 12 kilogrammes dans les mines du Pérou et une pépite de 36 kilogrammes dans les mines des monts Ourals.

L'or est jaune et susceptible d'un beau poli ; il est moins dur que l'argent et presque aussi mou que le plomb. C'est le plus ductile et le plus malléable de tous les métaux ; on en fait des feuilles d'un millième de millimètre d'épaisseur ; ces feuilles sont translucides et laissent passer une belle lumière verte. Il a une ténacité moins grande que l'argent. Sa densité est 19,5. Il fond à une forte chaleur blanche et donne des vapeurs sensibles à une température très-élevée. On le réduit facilement en vapeur par une décharge électrique ou par le courant de la pile.

L'or se présente sous forme d'une poudre brune quand on le précipite de ses dissolutions. Cette poudre prend l'éclat métallique sous le brunissoir ; elle peut s'agréger par la simple percussion.

L'or n'a aucune action sur l'oxygène et sur l'air à aucune température. Il n'est pas attaqué par les acides chlorhydrique, azotique et sulfurique, mais il se dissout dans l'eau régale en donnant le sesquichlorure d'or Au^2Ch^3. Le chlore et le brôme agissent sur l'or, même à froid ; le soufre n'agit sur lui à aucune température.

L'or forme deux composés avec l'oxygène : le sous-oxyde Au^2O et l'acide aurique Au^2O^3. Ces composés n'ont aucune importance ; ils ne forment pas de sels avec les oxacides.

318. *Chlorures d'or.* = On connaît deux chlorures d'or, le sous-chlorure Au^2Cl et le sesquichlorure Au^2Cl^3. Le premier n'a aucune importance ; on l'obtient sous forme d'une poudre jaune verdâtre quand on chauffe le sesquichlorure à une température de 200 degrés environ.

Le sesquichlorure d'or est rouge brun ; il est très-soluble dans l'eau et dans l'éther ; il est très-déliquescent. Il fond au-dessous de 100° ; il se décompose en chlore et en sous-chlorure vers 200° ; il se décompose complétement à une température plus élevée. On l'obtient en dissolvant de l'or dans l'eau régale : il se forme d'abord une dissolution jaune de *chlorhydrate de sesquichlorure* d'or ; mais il suffit de chauffer un peu cette dissolution pour en chasser l'acide et obtenir une masse cristalline de sesquichlorure.

C'est le chlorhydrate de chlorure d'or qui forme la dissolution d'or dont on fait le plus souvent usage. Cette dissolution est

jaune d'or; elle cristallise en aiguilles ja unes par une évaporation lente dans l'air; elle produit des taches pourpres sur la
peau. Elle donne avec l'ammoniaque un précipité jaune qui
détonne par le choc et qu'on nomme *or fulminant*; elle précipite
en noir par les sulfures alcalins et par l'acide sulfhydrique.

Lorsqu'on verse une solution de sulfate de protoxyde de fer
dans une solution de chlorhydrate de chlorure d'or, il se forme
du sulfate de sesquioxyde de fer et du chlorure de fer qui restent
dans la dissolution, et un précipité brun qui n'est que de l'or pur.
L'azotate de protoxyde de mercure et le protochlorure d'étain
ne donnent aussi que de l'or pour précipité. Mais si l'on verse
dans la dissolution un mélange de protochlorure et de bichlorure d'étain, on obtient un précipité d'un rouge pourpre, qu'on
désigne sous le nom de *précipité pourpre de Cassius*, et qui
contient l'or à l'état de sous-oxyde. — Ce précipité doit être
regardé comme un stannate double d'or et d'étain hydraté; il
a pour formule $Au^2O,SnO^2 + SnO,SnO^2 + 4HO$. Il colore les
fondants en rose et en pourpre ; on l'emploie dans les manufactures de porcelaines.

Le sesquichlorure d'or s'unit avec beaucoup d'autres chlorures pour former des chlorures doubles ou des sels dans lesquels il joue le rôle d'acide. Ces composés peuvent cristalliser
en général ; ils sont oranges à l'état hydraté et rouges à l'état
anhydre. On les obtient en mélangeant les dissolutions des
chlorures et en concentrant la liqueur.

319. *Alliages d'or.* = On n'emploie presque jamais l'or à l'état
de pureté parce qu'il est trop mou ; on l'allie avec une petite
quantité de cuivre ou d'argent afin d'augmenter sa dureté.

La monnaie d'or est au titre de $\frac{900}{1000}$; les médailles au titre de
$\frac{916}{1000}$; les objets de bijouterie sont ordinairement au titre de $\frac{750}{1000}$;
on en fait cependant quelques-uns aux titres de 840 et 920 mil-
lièmes. La tolérance est de 2 millièmes pour les monnaies et les
médailles; elle est de 3 millièmes pour les autres objets. La

soudure des bijoutiers est un alliage formé de 5 parties d'or et de 1 partie de cuivre; on l'appelle l'*or rouge*.

320. *Essai des alliages d'or.* = On détermine le titre des alliages d'or par la coupellation. On ajoute toujours une certaine quantité d'argent à l'alliage soumis à l'essai, puis on le traite à la manière ordinaire dans le fourneau de coupelle. On obtient ainsi pour résidu un bouton formé d'or et d'argent. On lamine ce bouton, puis on le traite par l'acide azotique qui dissout l'argent sans attaquer l'or. Le poids de ce métal donne immédiatement le titre de l'alliage.

Si l'on ajoutait une quantité d'argent trop faible, l'acide azotique ne dissoudrait pas complétement ce métal; si l'on en ajoutait au contraire une quantité trop grande, l'argent se dissoudrait bien en totalité, mais l'or se disposerait sous forme d'une poudre qu'il serait difficile de recueillir. On ajoute généralement une quantité d'argent telle que la quantité d'or de l'alliage soit le *quart* de la quantité totale de l'argent car alors l'argent se sépare complétement par l'action de l'acide azotique, et l'or reste sous la forme de l'alliage sans se réduire en poudre. — On donne le nom d'*inquartation* à l'opération dans laquelle on ajoute l'argent à l'alliage, et le nom de *départ* à celle par laquelle on sépare l'or de l'argent.

La quantité de plomb qu'on doit ajouter à l'alliage pour faire une bonne coupellation dépend aussi du titre de l'alliage : on doit donc faire un essai préliminaire pour déterminer approximativement ce titre.

On ne peut soumettre les bijoux d'or à la coupellation afin d'en déterminer le titre. On se contente alors de l'*essai au touchau.* On emploie dans cet essai une pierre noire, dure et un peu rugueuse qu'on nomme *pierre de touche*; on y frotte le bijou de manière à y laisser une lame d'or de 2 millimètres environ de large sur 4 millimètres de long, puis on passe sur elle une légère couche d'un liquide formé de 98 parties d'acide azotique, de 2 parties d'acide chlorhydrique et de 25 parties d'eau. La couleur jaune de la lame ne change pas si l'alliage est au moins au titre de 750 millièmes ; mais elle passe au rouge brun et s'efface en partie s'il a un titre inférieur. — On doit d'ailleurs comparer les lames qui restent sur la pierre avant et après l'action de l'acide, à des lames nommées *touchaux,* qu'y forment, dans les mêmes circonstances, des alliages de titres connus. — On ne doit pas faire l'essai sur les premières lames qu'on obtient en passant le bijou sur la pierre, car la couche superficielle de l'alliage est toujours à un titre plus élevé que les couches plus centrales.

321. *Métallurgie de l'or.* = On retire l'or des sables aurifères qui constituent certains terrains d'alluvion ou des filons aurifères qu'on rencontre dans plusieurs terrains primitifs. C'est dans le Mexique, le Pérou, la Hongrie et les monts Ourals que les filons aurifères sont les plus riches ; c'est dans la Californie, le Brésil, le Mexique, le Pérou et le Chili que les sables aurifères contiennent la plus grande proportion d'or. Il existe en Europe plusieurs rivières aurifères, mais leurs sables ne sont pas assez riches pour être exploités avantageusement.

Le traitement des sables aurifères n'offre aucune difficulté. On les lave d'abord dans un canal étroit sous l'influence d'un courant d'eau afin d'enlever les matières terreuses, puis on traite le résidu par le mercure pour lui enlever l'or ; on soumet enfin l'amalgame à la volatilisation. — Le traitement du minerai provenant des filons aurifères n'est pas le même dans les différents pays. On broie le plus ordinairement le minerai, au moyen d'un moulin particulier, en ayant soin de le mettre en contact avec du mercure et de faire arriver sur lui un courant d'eau continu. Les matières étrangères sont entraînées par l'eau ; l'or s'unit d'ailleurs au mercure pour former un amalgame d'où on le retire par la volatilisation.

L'or qui provient des filons contient presque toujours une assez forte proportion d'argent. On sépare facilement ces deux corps en ajoutant d'abord à l'alliage une quantité convenable d'argent et en le traitant ensuite par l'acide sulfurique concentré et bouillant. On dissout ainsi tout l'argent à l'état de sulfate, et l'or reste intact. Quant à l'argent, on le retire du sulfate en précipitant sa dissolution par des lames de cuivre.

§ 4. — *Platine.*

322. *Platine.*=On trouve le platine à l'état natif dans les sables de certains terrains d'alluvion. On l'y rencontre ordinairement en petits grains ; mais il y forme quelquefois des pepites de plusieurs kilogrammes.

Le platine est blanc argentin et susceptible d'un beau poli ; il est très-malléable, très-ductile et très-tenace quand il est pur, mais il suffit de quelques traces d'iridium ou de quelques autres métaux pour diminuer sa malléabilité, sa ductilité et sa ténacité. Il est seulement un peu plus dur que l'or et l'argent quand il est pur ; mais il acquiert une grande dureté en s'alliant avec quelques métaux. Sa densité est 21,5 quand il est laminé.

Le platine est infusible aux plus violents feux de forge ; mais on le fond facilement par les décharges électriques, par le courant de la pile ou par le chalumeau à gaz oxyhydrogène. Il se ramollit à la chaleur blanche et se soude à lui-même comme le fer. C'est sur cette dernière propriété qu'on s'appuie pour fabriquer les vases de platine.

Le platine n'a aucune action sur l'oxygène et sur l'air à aucune température. Il est attaqué rapidement par la potasse et plus lentement par la soude à la chaleur rouge. Les acides sulfurique, chlorhydrique et azotique n'exercent aucune action sur lui ; l'eau régale est son véritable dissolvant.

On peut obtenir le platine en masse spongieuse qu'on nomme *éponge* ou *mousse de platine,* ou en poussière noire qu'on appelle *noir de platine.* On prépare la mousse de platine en calcinant le chlorure double de platine et d'ammoniaque ; on forme le noir de platine en dissolvant, à l'aide de la chaleur, le proto-chlorure de platine dans une solution concentrée de potasse et en versant peu à peu de l'alcool dans la liqueur jusqu'à ce que l'effervescence due au dégagement d'acide carbonique ait cessé.

La mousse et le noir de platine absorbent un volume consi-dérable d'oxygène quand on les met dans une cloche remplie de ce gaz ; ils produisent alors de vives combustions dès qu'ils se trouvent en présence de corps combustibles ; il suffit en effet de projeter quelques gouttes d'éther et même d'alcool sur du noir de platine saturé d'oxygène pour enflammer ces liquides et pour rendre la masse de platine incandescente.

Le platine, à l'état de mousse et de noir détermine de nom-breuses combinaisons chimiques par son action de présence ; il enflamme par exemple un mélange d'hydrogène et d'oxygène comme une bougie allumée. Le platine en lames minces ou en fils très-fins agit aussi par sa présence, mais beaucoup moins que le noir et la mousse ; il ne détermine la combinaison de l'hydrogène et de l'oxygène que quand on l'a porté à une tem-pérature de 200 ou 300 degrés.

Les usages du platine sont nombreux. On en fait la lumière des canons de fusils, on en revêt le fond des bassinets ; on en fabrique des creusets, des capsules et des cornues pour les usages de la chimie. On en fait de grandes chaudières dans lesquelles on concentre les acides et surtout l'acide sulfurique. Ces vases, indépendamment de leur infusibilité, sont inattaquables par la plupart des substances qui agissent sur le fer, l'étain, le plomb, le cuivre et même sur l'argent.

323. *Sels de platine.* = Il existe deux oxydes de platine, le protoxyde PtO et le bioxyde PtO^2. Ces deux oxydes sont des bases faibles ; ils n'ont aucune importance. Les sels de pro-toxydes ont été peu étudiés ; ceux de bioxyde sont plus connus.

Les sels de bioxydes de platine sont jaunes ou jaunes orangés.

L'acide sulfhydrique et les sulfures alcalins y produisent un précipité noir soluble dans un excès du réactif.

Le chlorure de potassium et le chlorhydrate d'ammoniaque y donnent un précipité jaune de chlorure double qui se dissout dans une grande quantité d'eau. La potasse et tous les sels de potasse donnent également un précipité de chlorure double avec le bichlorure de platine.

Le cyanoferrure jaune de potassium colore la dissolution en jaune verdâtre sans la précipiter ; le protochlorure d'étain la colore en rouge intense.

Tous les sels de platine se décomposent par la chaleur et donnent du platine métallique. — Le zinc et le fer précipitent le platine de ses dissolutions à l'état de noir de platine.

324. *Chlorures de platine.* = On connaît deux chlorures de platine, le protochlorure PtCl et le bichlorure PtCl². Le premier n'a aucune importance ; on l'obtient sous forme d'une poudre verdâtre en chauffant le bi-chlorure à 200°. Il est insoluble dans l'eau, dans l'acide sulfurique et dans l'acide azotique ; mais il se dissout dans l'acide chlorhydrique.

Le bichlorure de platine est rouge brun à l'état solide ; il est très-soluble dans l'eau et dans l'alcool ; il est déliquescent. Ses dissolutions sont d'un jaune foncé. Il se transforme en chlore et en protochlorure quand on chauffe à 200° ; il se décompose complétement à une température plus élevée. — On l'obtient en dissolvant du platine dans l'eau régale et en évaporant à sec pour chasser l'excès d'acide.

Le bichlorure de platine précipite tous les sels à base de potasse. Le précipité est jaune citron ; il est peu soluble dans l'eau froide, assez soluble dans l'eau bouillante ; il cristallise en octaèdres ; on doit le regarder comme un chlorure double de platine et de potassium ou mieux comme un chloroplatinate de chlorure de potassium. — Le bichlorure de platine se combine aussi avec les autres chlorures de la première section, et avec plusieurs protochlorures des sections suivantes ; les composés qui résultent de la combinaison sont jaunes à l'exception de ceux de cobalt et de nickel qui sont verdâtres ; ils sont tous solubles dans l'eau.

325. *Métallurgie du platine.* = Les sables platinifères les plus riches se trouvent dans la Nouvelle-Grenade, dans le Brésil et dans les monts Ourals. On soumet d'abord ces sables à plusieurs lavages afin d'en séparer les matières terreuses, et on obtient ainsi un minerai formé de platine, de palladium, de rhodium, d'iridium, d'osmium et souvent d'or, de fer, de cuivre, d'oxydes de fer, de fer chrômé...

On purifie le minerai autant que possible par des moyens mécaniques, puis on le traite dans un ballon de verre par l'eau régale que l'on renouvelle plusieurs fois jusqu'à ce que tout le platine soit dissout. On décante alors la liqueur, puis on y verse une solution concentrée de chlorhydrate d'ammoniaque. On précipite ainsi presque tout le platine à l'état de chlorure double de platine et d'ammoniaque ; il suffit de chauffer ce chlorure au rouge sombre pour le décomposer et pour obtenir le platine en éponge.

Il s'agit maintenant de convertir l'éponge de platine en platine malléable. On la réduit à cet effet en poudre fine, puis on la délaie dans l'eau et on la fait passer à travers un tamis. On introduit ensuite la matière dans un cylindre de laiton vertical, puis on la comprime d'abord avec un piston de bois et ensuite avec un piston de métal afin d'enlever son eau et de lui donner de la cohésion. On porte enfin le disque de platine à la chaleur blanche et on le forge sur une enclume à la manière ordinaire.

CHAPITRE IX.

DES POTERIES ET DU VERRE.

Nous devons terminer la chimie inorganique par quelques généralités sur les poteries et sur le verre.

§ 1er. — *Des poteries.*

326. *Pâtes céramiques.* = On donne le nom de *poteries* à tous
les objets qu'on fabrique avec des pâtes argileuses et qu'on fait
ensuite durcir par la cuisson. Les pâtes employées à la fabrication des poteries se nomment *pâtes céramiques.*

L'argile est la base de toutes les pâtes céramiques, mais elle
ne les constitue pas exclusivement. On mélange toujours avec
cette substance une matière qu'on nomme *matière dégraissante* ou *ciment* afin de diminuer le retrait qu'elle éprouve par
l'action de la chaleur et d'empêcher par conséquent la déforma-
tion et le fendillement des objets pendant leur cuisson. — On
emploie ordinairement du sable plus ou moins ferrugineux ou
des briques pilées pour dégraisser les poteries communes; on se
sert de sable quartzeux, de feldspath ou de craie pour dégraisser les poteries fines. L'addition de la matière dégraissante diminue la plasticité de l'argile et rend la pâte plus difficile à travailler ; mais elle est indispensable à la confection des bonnes
poteries.

Ces principes posés, passons aux notions les plus générales
relatives à la fabrication des diverses poteries.

327. *Porcelaine.* = On emploie toujours, dans la fabrication de la porcelaine, la variété d'argile qui porte le nom de *kaolin*. On commence par la délayer dans de l'eau, après l'avoir toutefois broyée si elle n'est pas très-friable, puis on la remue avec des palettes attachées à un arbre tournant. Les grains de sable quartzeux et de feldspath qu'elle contient ordinairement tombent au fond de la masse, et il reste une boue liquide qui renferme une argile plus pure, mais qui retient encore un peu de silice libre, un peu de potasse ou un peu de chaux selon la nature du gissement d'où provient le kaolin. On forme une excellente pâte céramique avec cette boue argileuse en la dégraissant avec du feldspath si elle contient de la chaux et un excès de silice, et avec du feldspath quartzeux et de la craie si elle renferme un excès d'alumine. On emploie d'ailleurs la matière dégraissante en poussière très-fine, et on la mélange à l'état humide avec la pâte argileuse.

Lorsque le mélange est fait avec soin, on dessèche la pâte soit en la comprimant dans des sacs de toile serrée, soit en la chauffant un peu dans des fours, soit en la mettant dans des caisses poreuses en plâtre et en l'abandonnant pendant longtemps à l'air. On reprend la pâte dès qu'elle est devenue suffisamment consistante et on la pétrit fortement pour la rendre complétement homogène. C'est ordinairement en la faisant piétiner pendant longtemps par un ouvrier qui marche à pieds nus qu'on exécute le *pétrissage.* — On abandonne enfin la pâte, pendant quelques mois, dans une cave humide où elle subit la *pourriture;* elle noircit alors à l'intérieur, et il s'en dégage quelques gaz qui proviennent de la décomposition des matières organiques qu'elle contient en petite quantité.

On suit différents procédés dans la confection des objets; mais c'est par le *tour à potier* et par le *moulage* qu'on en fabrique le plus grand nombre.

Le tour à potier se compose d'un axe vertical qui porte à sa partie inférieure un disque de bois que l'ouvrier peut faire tourner avec le pied et qui se termine par une tablette circulaire où il place la pâte qu'il doit travailler. L'ouvrier s'assied devant le tour, puis il le met en mouvement avec le pied, et il façonne l'objet en travaillant la pâte avec ses doigts. Lorsque l'objet est ébauché, on le fait dessécher à l'air, puis on le remet sur le tour et on le soumet à l'action d'un instrument tranchant afin de lui donner une épaisseur convenable et des contours réguliers.

On confectionne les objets par *moulage* en appliquant la pâte dans des moules de plâtre de forme convenable. Ces moules absorbent peu à peu son humidité, et la pâte conserve leur forme après sa dessication. — Les moules sont souvent formés de plusieurs parties qu'on sépare les unes des autres pour en retirer l'objet ; on enlève alors avec un instrument tranchant les filets qui se trouvent aux lignes de jonction de leurs différentes parties.

Lorsque les objets ont été façonnés, on les soumet à une première cuisson, le *dégourdi*, afin de les dessécher complétement et de leur donner une certaine consistance, puis on leur applique un vernis afin de fermer leurs pores et de leur donner un aspect plus agréable. Ce vernis se désigne sous le nom de *couverte* ou de *glaçure*.

Le vernis des porcelaines doit satisfaire à plusieurs conditions. Il doit avoir une affinité pour la pâte céramique afin qu'il puisse s'étendre uniformément sur sa surface, mais il ne doit pas avoir une affinité trop grande, car il pénétrerait trop avant dans la pâte, et il n'en resterait pas assez à la surface. Il doit être plus fusible que la pâte afin qu'il puisse se transformer en une masse vitreuse avant la température suffisante pour déformer l'objet, mais il ne doit pas fondre à une température bien inférieure à la cuisson complète de la pâte, car il coulerait alors sur les parties inférieures de l'objet ou il pénétrerait dans sa masse en trop grande quantité. Il doit enfin avoir une dilatation peu différente de celle de la pâte afin qu'il ne se fendille pas et qu'il n'éprouve pas ce qu'on appelle des *tressaillures*.

On forme ordinairement la couverte de la porcelaine avec des feldspaths contenant plus ou moins de sables quartzeux, selon qu'on veut avoir un vernis plus ou moins fusible. On broye la matière sous des meules, puis on la purifie par lévigation et on en forme une bouillie claire. On trempe alors l'objet dans cette bouillie, puis on l'en retire après l'y avoir laissé un temps convenable et on le porte dans des fours que l'on chauffe à une haute température pour compléter sa cuisson.

On n'expose pas les objets au contact du courant d'air chaud qui traverse le four, car il se couvrirait d'une petite quantité de cendres que ce courant entraîne toujours avec lui, mais on les place dans des vases particuliers qu'on nomme *cazettes*. On met chaque objet dans une cazette et on l'y fait reposer par le plus petit nombre de points possible afin de ne pas enlever le vernis. Le fond des cazettes est d'ailleurs recouvert de sable pour que les pièces ne puissent pas y adhérer. — On chauffe toujours les fours à porcelaine avec du bois, et on juge de leur température au moyen de petites pièces appelées *montres* qui sont de même nature que les poteries et qu'on retire de temps en temps pour voir l'état de cuisson de la pâte.

328. *Faïence.* = La pâte de la faïence est peu fusible; on la forme avec une argile lavée convenablement et une forte proportion de quartz pulvérisé. On la travaille sur le tour du potier, puis on lui donne une première cuisson à une haute température. On lui applique ensuite une couverte assez fusible, et on lui fait subir une deuxième cuisson à une température beaucoup moins élevée que la première.

Les faïences sont blanches après leur cuisson quand on les a formées avec des argiles qui contiennent peu d'oxydes de fer et de manganèse; elles sont rouges ou brunes quand elles proviennent d'argiles contenant une assez grande proportion d'oxydes colorants. On donne toujours une couverte transparente aux premières; on emploie pour les autres une couverte opaque qui masque leur couleur. — La couverte des faïences fines est formée de sable, de carbonate de soude et de minium. La couverte des faïences à pâtes colorées contient en outre de l'oxyde d'étain qui la rend opaque et quelquefois des oxydes métalliques qui la colore plus ou moins.

329. *Poterie de grès.* = On forme la poterie de grès avec une argile moins pure que le kaolin et qu'on dégraisse avec des argiles cuites et du sable quartzeux; on lui ajoute de plus ordinairement de la craie ou des produits alcalins pour augmenter sa fusibilité. On façonne les objets sur le tour du potier, puis on les fait sécher à l'air et on les cuit dans des fours à une température presque aussi élevée que pour la porcelaine. Il n'est pas nécessaire d'appliquer une couverte à cette poterie, car la matière est imperméable après la cuisson; mais on lui donne ordinairement une légère glaçure afin de masquer sa couleur rouge et de lui faire acquérir un plus bel aspect. On la produit en projetant quelques poignées de sel marin humide dans le four contenant la poterie quand la température est très-élevée. Le sel se volatilise à cette température, et il se forme sous l'influence de la vapeur d'eau et de la silice de la poterie, un silicate double de soude et d'alumine qui se fond et qui forme le vernis.

330. *Poterie commune.* = Les poteries communes qu'on emploie pour la cuisson des aliments sont formées avec des argiles qu'on dégraisse avec de la marne et du sable. Leur couverte est formée avec de l'argile et une forte proportion de litharge; on l'applique ordinairement par arrosement sur la poterie préalablement desséchée à l'air. — Les *alcarazas* ne sont autre chose que des espèces de bouteilles en poterie commune et très-poreuse qu'on ne recouvre d'aucun vernis.

Les vases à fleurs se fabriquent avec des argiles impures qu'on dégraisse avec du sable. On les cuit à une température peu élevée et on se dispense de leur appliquer une couverte.

Les briques ordinaires, les carreaux et les tuiles se forment avec des argiles qu'on mêle avec une proportion plus ou moins grande de sable. On les fabrique le plus ordinairement dans des cadres rectangulaires en bois qu'on saupoudre de sable, puis on les fait sécher à l'air et on les cuit dans des fours. Leur qualité dépend surtout de leur degré de cuisson. — Les *briques réfractaires* se fabriquent et se cuisent de même, mais elles sont formées avec une argile qui ne contient ni calcaire, ni oxyde de fer et qu'on dégraisse avec du sable quartzeux.

331. *Peintures des poteries fines.* = Les couleurs qu'on applique sur les poteries fines se forment ordinairement avec des oxydes métalliques. On fond ces oxydes avec des matières vitreuses incolores, puis on pulvérise le mélange et on le broie avec des essences de lavande ou de térébenthine. On l'applique ensuite au pinceau sur la poterie et on la soumet à une température assez élevée pour vitrifier la couleur.

Les couleurs employées dans la peinture des poteries se divisent en couleurs de *grand feu* et en *couleurs de moufle*. Les premières ne s'altèrent pas à la plus haute température à laquelle on cuit la porcelaine vernie, les autres s'altèrent à cette température.

Les couleurs de grand feu sont peu nombreuses. Ce sont le bleu de cobalt, le vert de chrôme, les bruns de fer et de manganèse, le jaune de titane et le noir d'urane. On peut les appliquer sous la couverte de la poterie ou les mêler avec cette couverte.

Les couleurs de moufle sont très-nombreuses. Nous citerons seulement les bleus fournis par l'oxyde de cobalt, les rouges fournis par le sous-oxyde de cuivre et le sesquioxyde de fer, les violets et les roses par le pourpre de Cassius, les verts par l'oxyde de chrôme et par le protoxyde de cuivre, les jaunes par l'oxyde d'uranium et le chrômate de plomb, les noirs par un mélange d'oxyde de cobalt et d'oxyde de manganèse. — On vitrifie ces couleurs dans des fours particuliers qu'on nomme *fours à moufle.*

On dore la porcelaine avec de l'or très-divisé qu'on obtient en versant du sulfate de protoxyde de fer dans une solution de sesquichlorure d'or. On mélange cet or avec un peu de borax et de sous-azotate de bismuth, puis on délaie le mélange dans de l'essence de lavande ou de térébenthine, et on l'applique au pinceau sur la porcelaine préalablement vernie. On la cuit ensuite dans un four à moufle. Il ne reste plus qu'à donner un beau poli à l'or au moyen du brunissoir.

§ 2. — *Du verre.*

332. *Différentes espèces de verre.* = On donne le nom de *verres* à des corps durs, transparents, insolubles dans l'eau, fusibles à une température élevée, et qui sont formés par la combinaison du silicate de potasse ou de soude avec certains autres silicates. On distingue plusieurs espèces de verre.

1° *Verre de Bohême.* = Le verre de Bohême est un silicate double de potasse et de chaux. Il est remarquable par sa limpidité; on l'emploie pour la gobleterie, pour les glaces et pour les vitres de prix. On le prépare en fondant ensemble du sable blanc, de la chaux et du carbonate de potasse préalablement pulvérisés et mélangés intimement. — Le verre de Bohême n'a pas toujours la même composition; mais il contient assez généralement une quantité d'acide silicique qui renferme 4 fois plus d'oxygène que l'ensemble des deux bases. La quantité d'oxygène de la potasse vaut environ les $\frac{2}{3}$ de la quantité d'oxygène de la chaux dans les verres à gobleterie; elle est la même dans les verres employés pour les glaces. — Le *crown-glass* n'est autre chose qu'un verre de Bohême; on le prépare avec les matières les plus pures; on l'emploie principalement en optique pour rendre le flint-glass achromatique.

2° *Verre à vitres.* = Le verre à vitres ordinaire est un silicate double de soude et de chaux. On le prépare avec du sable blanc, de la chaux et de la soude artificielle, ou pour plus d'économie avec du sable blanc, de la craie, du sulfate de soude et du charbon. On emploie quelquefois, au lieu de sable blanc, du sable légèrement coloré en vert par le silicate de protoxyde de fer; mais on ajoute alors un peu de bioxyde de manganèse qui suroxyde le fer en passant lui-même à l'état de sesquioxyde, car les sesquioxydes de fer et de manganèse ne colorent pas le verre d'une manière sensible quand ils sont en petite quantité, tandis que le protoxyde de fer le colore fortement. — On distingue le verre à vitres en verre blanc et en verre demi-blanc; on n'emploie celui-ci que sous une faible épaisseur. C'est, sans contredit, le verre dont on fait la plus grande consommation; on s'en sert pour les vitres et pour recouvrir les pendules, les vases de fleurs, les estampes.....

3° *Verre à bouteilles.* = On prépare ce verre avec des sables jaunes ferrugineux, avec de l'argile commune, avec des cendres lessivées, avec de la soude de varech, avec des résidus de lessivage des soudes artificielles et avec des morceaux de bouteilles ou d'autres verres. On emploie d'ailleurs ces matières dans des proportions qui varient d'une fabrique à l'autre. — Ce verre contient beaucoup moins de soude que le verre à vitres; il renferme au contraire beaucoup de sesquioxyde de fer, qui y joue le rôle de fondant et qui lui donne sa couleur. On peut le regarder comme un silicate multiple de soude, de chaux, d'alumine et de fer.

4° *Cristal.* = Le cristal est un silicate double de potasse et de plomb. On le prépare avec du sable pur, du minium et du carbonate de potasse purifié. On emploie le plus ordinairement 3 parties de sable, 2 parties de minium et 1 partie de carbonate de potasse; il est formé de 61 centièmes de silice, de 33 centièmes d'oxyde de plomb et de 6 centièmes de potasse. — Le cristal est plus dur, plus facile à tailler et plus réfringent que le verre ordinaire ; il doit être parfaitement limpide, incolore et exempt de stries. On ne l'emploie que pour les objets de luxe.

Le *flint-glass* est, comme le cristal, un silicate double de potasse et de plomb, mais il contient une plus forte proportion d'oxyde de plomb que ce corps. On en obtient difficilement de grandes masses dans un état parfait d'homogénéité, à cause de la grande différence de densité des diverses parties qui le composent. On l'emploie dans les prismes et dans les objectifs des lunettes.

Le *strass* est un silicate de potasse et de plomb qui contient encore plus d'oxyde de plomb que le flint-glass. On le forme avec les matières les plus pures, et on y ajoute ordinairement un peu de borax. — Le strass est la base de tous les verres colorés qui imitent les pierres précieuses. Il forme les topazes artificielles avec le verre d'antimoine et le pourpre de Cassius, les rubis avec la matière des topazes opaques, l'améthyste avec l'oxyde de manganèse et l'oxyde de cobalt, le saphir avec l'oxyde de cobalt, l'émeraude avec l'oxyde de cuivre et l'oxyde de chrôme.....

5° *Email.* = L'émail est une combinaison de stannate de plomb et de silicate de potasse. On le prépare en fondant un mélange intime de sable pur, de carbonate de potasse purifié et de stannate de plomb. Il est opaque et blanc, mais on le colore souvent avec des oxydes métalliques. On l'applique par la fusion sur l'or, sur l'argent, sur le cuivre, sur la porcelaine.....

6° *Verres colorés.* = Les verres colorés ne diffèrent des verres ordinaires que par une petite quantité d'oxydes colorants qu'on ajoute aux matières employées dans leur préparation. On se sert des mêmes oxydes que pour les poteries fines.

333. *Propriétés du verre.* = Tous les verres deviennent durs et cassants quand on les porte à une température élevée, et qu'on les refroidit ensuite brusquement. Leur fragilité est telle qu'ils se brisent alors par le moindre choc et même par les plus légers changements de température. Il résulte de là qu'il est indispensable de *recuire* toutes les pièces de verres qui viennent d'être fabriquées ; c'est ce qu'on fait en les plaçant dans un four qu'on maintient pendant quelques temps au rouge sombre et qu'on abandonne ensuite à un refroidissement lent.

L'extrême fragilité du verre brusquement refroidi se manifeste surtout dans les *larmes bataviques*. On sait qu'on les forme en laissant tomber dans de l'eau des gouttes de verre fondu et qu'il suffit de briser leur queue pour les faire éclater et les réduire en poussière.

Le verre éprouve une modification particulière, qu'on désigne sous le nom de *dévitrification*, quand on le maintient pendant quelque temps en fusion ou seulement ramolli. Il devient presque opaque, beaucoup plus dur que primitivement, beaucoup moins fusible et meilleur conducteur de la chaleur et de l'électricité. Cette dévitrification est due à la volatilisation d'une partie de la potasse ou de la soude des couches surperficielles, et par suite à la formation de quelques silicates basiques. Ces silicates sont en effet moins fusibles que les silicates qui ont conservé leur potasse ou leur soude, et ils cristallisent par conséquent au milieu de leur masse de même que les sels les moins solubles qui entrent dans une dissolution cristallisent avant ceux qui possèdent une plus grande solubilité.

Les acides sulfurique, azotique et chlorhydrique agissent un peu sur le verre à la température de l'eau bouillante en dissolvant une partie de leurs bases ; l'acide fluorhydrique agit même à la température ordinaire en donnant du fluorure de silicium et un fluorure métallique. Les dissolutions alcalines attaquent aussi un peu le verre à la température de leur ébullition ou même à la longue à la température ordinaire et surtout quand il est dépoli ou pulvérisé.

Les verres qui contiennent beaucoup d'alcalis sont altérés à la longue par l'eau bouillante ; ils lui cèdent alors une petite partie de leur silicate alcalin, comme on s'en assure en faisant bouillir, pendant quelque temps, de l'eau contenant du verre pulvérisé et en essayant ensuite l'action de la dissolution sur la teinture rougie de tournesol. Ces verres sont même altérés par la vapeur d'eau de l'atmosphère; ils perdent, à la longue, leur transparence, et quelquefois ils finissent par s'exfolier. On a trouvé des verres antiques tellement attaqués qu'on est parvenu à séparer de petites écailles de leur surface.

LIVRE SECOND.

CHIMIE ORGANIQUE.

§ 1er. — *Notions générales.*

334. *Principes immédiats.* = Les êtres organisés sont formés, par voie de mélange, de plusieurs composés bien définis et dont on ne peut extraire plusieurs espèces de matières sans en altérer évidemment la nature. Ces composés ont reçu le nom de *principes immédiats.*

Plusieurs principes immédiats sont analogues aux corps de la chimie inorganique ; d'autres en diffèrent complétement. Les premiers cristallisent facilement quand ils peuvent être amenés à l'état solide ; ils jouent souvent le rôle d'acides ou de bases, et de plus les composés qu'ils forment dans ce cas sont cristallisables et soumis aux lois des proportions définies. Les seconds ne peuvent jamais cristalliser, ils se présentent à l'état globulaire, et ils n'entrent jamais dans un composé cristallisable sans éprouver une altération profonde dans leur constitution. On donne aux premiers le nom de *principes organiques*, et aux seconds le nom de *principes organisés.* Nous citerons l'acide oxalique, l'acide acétique, la quinine, l'alcool... parmi les principes organiques ; la gélatine, l'albumine, l'amidon... parmi les principes organisés.

Les principes immédiats ne contiennent en général qu'un petit nombre d'éléments. Quelques-uns sont uniquement formés de carbone et d'hydrogène; d'autres contiennent du carbone, de l'hydrogène et de l'oxygène; d'autres enfin renferment du carbone, de l'hydrogène, de l'oxygène et de l'azote. Ce sont les composés de carbone, d'hydrogène et d'oxygène qui sont à beaucoup près les plus nombreux.—Quelques principes immédiats contiennent en outre du soufre, d'autres du phosphore; quelques autres renferment de la potasse, de la soude, de la chaux et quelques autres bases inorganiques combinées soit avec un acide inorganique, soit avec un acide organique; d'autres enfin contiennent du chlore, du brôme et de l'iode à l'état de chlorures, brômures et iodures.

On a cru, pendant quelques temps, que les substances végétales différaient des substances animales par leurs principes élémentaires; que les premières ne contenaient jamais d'azote et que les autres étaient toujours azotées. On avait alors, eu égard à cette différence dans la constitution chimique, divisé la chimie organique en chimie végétale et en chimie animale. Mais cette division n'est plus adoptée; car plusieurs substances végétales renferment de l'azote, et plusieurs substances animales en sont complétement dépourvues.

On extrait les principes immédiats des substances organiques soit par l'action de la chaleur, soit au moyen des dissolvants neutres, acides ou basiques; mais cette extraction présente souvent de grandes difficultés, car plusieurs de ces principes se transforment en d'autres corps par l'influence de la chaleur et des agents chimiques. Nous indiquerons dans la suite de ce cours, la préparation des principes immédiats les plus importants.

335. *Action de la chaleur.* = Les substances organiques se décomposent toutes à la chaleur rouge; elles donnent en général des matières gazeuses, des matières volatiles et un résidu de charbon.

L'appareil qu'on emploie pour distiller les matières organiques et pour recueillir les produits de la distillation se compose simplement d'une cornue de verre ou de porcelaine et d'un petit flacon à deux tubulures. L'une des tubulures du flacon communique avec la cornue, et l'autre reçoit un tube à gaz qui va se rendre sous une éprouvette pleine d'eau. On introduit la substance dans la cornue et on la chauffe au moyen d'un fourneau. Le charbon reste dans la cornue; les matières volatiles vont se condenser dans le petit flacon qu'on a soin de refroidir, et les matières gazeuses vont se rendre sous l'éprouvette. — Si la substance organique était volatile, comme l'alcool, l'acide acétique... on en opérerait la décomposition en la faisant arriver, à l'état de vapeur, dans un tube de porcelaine chauffé au rouge et communiquant avec le petit flacon condenseur.

Lorsque la matière soumise à la distillation n'est pas azotée, on trouve de l'eau, de l'acide acétique, quelques autres acides organiques, des carbures d'hydrogène liquides et du goudron dans le petit flacon, et de l'acide carbonique, de l'oxyde de carbone et de l'hydrogène protocarboné dans l'éprouvette. Lorsqu'elle est azotée, le flacon contient de l'eau, des carbures d'hydrogène liquides, du carbonate, de l'acétate et un peu de cyanhydrate d'ammoniaque tandis que l'éprouvette renferme de l'acide carbonique, de l'oxyde de carbone, de l'hydrogène carboné et de l'azote. Les charbons qui proviennent de ces deux classes de substances présentent des différences caractéristiques: celui qui résulte des matières azotées est très-volumineux, très-poreux, d'un éclat assez marqué et d'un aspect qui indique la fusion ou au moins le ramollissement de la substance d'où il provient; celui qui est produit par les matières non azotées a moins de volume, moins de pores, moins d'éclat; il est plus noir, et il conserve en général la forme des corps qui l'ont fourni.

Les substances organiques ne donnent pas toutes les produits précédents dans la même proportion. Celles qui contiennent beaucoup d'oxygène fournissent de l'eau, de l'acide carbonique et de l'acide acétique en abondance; tandis que celles qui renferment une forte proportion d'hydrogène donnent beaucoup de carbures d'hydrogène liquides, de goudron et d'hydrogène protocarboné.

336. *Action de l'oxygène.* = L'oxygène n'a aucune action, à la température ordinaire, sur les matières organiques desséchées; mais il agit vivement sur elles sous l'influence de la chaleur. Toutes ces matières brûlent en effet dans un courant d'oxygène à la chaleur rouge en produisant de l'eau et de l'acide carbonique.

L'oxygène agit sur un grand nombre de substances organiques sous l'influence de l'humidité; il brûle alors une partie de leur carbone et les transforme en de nouvelles substances complétement distinctes des premières. Les huiles grasses et les huiles essentielles n'éprouvent cette action qu'à la longue, mais l'albumine, la fibrine et généralement les substances azotées la subissent beaucoup plus rapidement. On sait en effet que ces substances se décomposent et se putréfient promptement au contact de l'air humide.

Plusieurs matières azotées en décomposition favorisent singulièrement l'action de l'oxygène sur les substances organiques; elles exercent probablement alors une action de présence, à la manière de l'éponge de platine, car elles ne fournissent aucun de leurs éléments à la substance, et n'absorbent aucun des éléments qu'elle renferme. On leur donne le nom de *ferments,* et on désigne sous le nom de *fermentation* le phénomène de transformation qu'elles produisent. Ces matières font éprouver des modifications aux substances mêmes qui se conservent indéfiniment dans l'air humide quand elles sont abandonnées à elles-même; c'est ainsi qu'elles transforment le sucre en alcool et en acide carbonique, l'acool en acide acétique, le sucre de lait en acide lactique, la cellulose en humus...

§ 2. — *Analyse élémentaire.*

On a pour but, dans l'analyse élémentaire d'une substance

organique, de déterminer les proportions de carbone, d'hydrogène, d'oxygène et d'azote qu'elle contient.

On détermine toujours le carbone et l'hydrogène en brûlant la substance par l'oxygène et en mesurant le poids de l'acide carbonique et de l'eau qui résultent de la combustion. On détermine ordinairement l'azote en isolant ce gaz et en mesurant son volume. Quant à l'oxygène, on obtient toujours son poids par soustraction.

337. *Détermination du carbone et de l'hydrogène.* = On pourrait déterminer le poids du carbone et de l'hydrogène d'une matière organique en la brûlant dans un courant de gaz oxygène et en recueillant l'acide carbonique et la vapeur d'eau dans des condenseurs distincts; mais il est plus simple de la brûler en lui fournissant de l'oxygène au moyen d'un oxyde facilement réductible. C'est le protoxyde de cuivre CuO qu'on emploie généralement dans cette expérience; on le réduit en poudre trèsfine et on le mélange intimement avec la matière préalablement pulvérisée.

L'appareil dans lequel se fait la combustion se compose d'un tube AB en verre peu fusible, de 12 ou 15 millimètres de diamètre et de 50 ou 60 centimètres de longueur (*fig.* 57). On verse

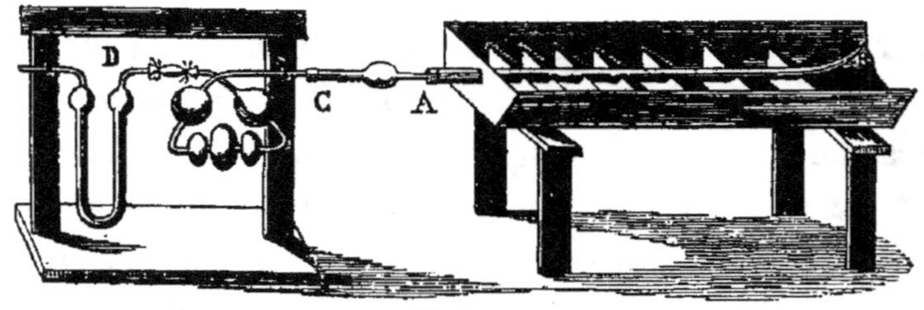

Fig. 57.

au fond du tube une couche d'oxyde de cuivre de 5 ou 6 centimètres de hauteur, puis on y verse une couche de 1 ou 2 décimètres du mélange d'oxyde et de matière organique, et on achève de le remplir avec de l'oxyde de cuivre pur. On a soin de ne pas tasser les matières, afin que les gaz produits puissent se dégager facilement; on frappe même un petit coup sur le tube quand il est sur la grille destinée à le chauffer afin de déterminer un vide le long de sa partie supérieure et de donner ainsi un écoulement plus facile aux gaz. On entoure ordinairement le tube d'un ruban de cuivre qu'on roule en spirale et qu'on retient avec quelques fils du même métal, car on peut alors le chauffer assez fortement sans le fondre et sans même y produire aucune boursoufflure.

Lorsque le tube est préparé, on le place dans un long fourneau en tôle, puis on fixe à son extrémité A un tube AC contenant du chlorure de calcium et on adapte à ce tube un appareil à boules de Liébig contenant une solution concentrée de potasse caustique. La vapeur d'eau qui résulte de la combustion de la matière organique est complétement absorbée par le chlorure de calcium, et l'acide carbonique qui provient de la combustion de son carbone est complétement retenu par la solution de potasse; il suffit donc de peser séparément le tube à chlorure et le tube à potasse avant et après la combustion de la matière pour connaltre le poids de la vapeur d'eau et le poids de l'acide carbonique.

L'appareil étant ainsi disposé, on commence par chauffer avec des charbons ardents la partie du tube qui contient l'oxyde de cuivre, en ayant soin de préserver sa partie postérieure avec un écran métallique. Dès qu'on l'a portée au rouge, on recule peu à peu l'écran, et on met de nouveaux charbons afin de chauffer ainsi successivement toutes les couches du mélange. — La vapeur d'eau et l'acide carbonique vont se condenser respectivement dans le tube à chlorure et dans le tube à potasse à mesure qu'ils se forment; quant à l'air du tube, il sort peu à peu par l'extrémité D du tube de Liébig après avoir traversé une solution de potasse sous forme de bulles. On regarde la combustion comme terminée quand il n'arrive plus de bulles de gaz dans la potasse quoique le tube soit entouré de charbons ardents. On enlève alors les charbons et on casse la pointe B qui termine le tube AB afin de laisser rentrer l'air par cette extrémité et d'éviter ainsi l'absorption. On aspire ensuite légèrement avec la bouche par l'extrémité D du tube de Liébig afin de déterminer un courant d'air dans le tube à combustion et d'entrainer dans le chlorure et dans la potasse les dernières portions d'acide carbonique et de vapeur d'eau qui étaient restées dans ce tube.

L'expérience terminée, on pèse séparément le tube à chlorure et le tube à potasse afin de connaitre les poids de l'eau et de l'acide carbonique qui proviennent de la combustion de l'hydrogène et du carbone de la matière organique. On prend ensuite le $\frac{1}{9}$ du poids de l'eau pour avoir le poids de l'hydrogène contenu dans la matière et les $\frac{6}{22}$ ou les $\frac{3}{11}$ pour avoir le poids de son carbone. — Lorsque la substance ne contient que du carbone, de l'hydrogène et de l'oxygène, on obtient le poids de l'oxygène qu'elle renferme en retranchant du poids de la matière analysée la somme des poids du carbone et de l'hydrogène.

L'oxyde de cuivre employé dans l'analyse organique provient ordinairement de la calcination de l'azotate de cuivre. Il doit être complétement exempt d'humidité, car s'il en renfermait, elle irait se condenser dans le chlorure de calcium en même temps que l'eau qui résulte de la combustion de l'hydrogène de la matière, et le poids de l'hydrogène déduit du poids de l'eau condensée serait inexact. Comme cet oxyde est assez fortement hygrométrique, on doit le pulvériser pendant qu'il est encore chaud et opérer le plus rapidement possible quand on le mélange avec la matière organique. — On emploie quelquefois le chrômate de plomb au lieu de l'oxyde de cuivre; car il est moins hygrométrique, et de plus on peut le fondre quand le dégagement de gaz s'arrête et le mettre ainsi en contact plus intime avec le charbon qui aurait pu échapper à la combustion.

La matière organique qui doit être soumise à l'analyse doit toujours être desséchée avec le plus grand soin. On la dessèche tantôt en la soumettant dans une étuve à 100°, tantôt en la portant dans une étuve entourée d'un bain d'huile, tantôt en la plaçant dans le vide, tantôt enfin en faisant passer sur elle un courant d'air sec. On en prend ordinairement un poids variable de 3 à 5 décigrammes et on la mélange avec un poids d'oxyde de 30 ou 40 grammes. On fait le mélange dans un mortier en cuivre bien poli qu'on chauffe un peu afin d'empêcher le dépôt de la vapeur atmosphérique.

Lorsque la matière organique est liquide et non volatile, on la pèse dans une petite nacelle en verre, puis on introduit la nacelle dans le tube à combustion. On incline ensuite légèrement le tube afin de forcer le liquide à se répandre sur sa paroi inférieure et on achève de le remplir d'oxyde de cuivre. On opère de même dans le cas des solides onctueux, comme la graisse, mais on chauffe un peu le tube avant l'introduction de l'oxyde de cuivre, afin de fondre le solide et de le faire écouler sur la paroi du verre. — Lorsqu'on veut analyser un liquide volatil, on l'introduit dans une petite ampoule de verre pesée d'avance et dont on ferme ensuite le bec à la lampe, puis on pèse l'ampoule, on casse sa pointe et on la porte dans le tube à combustion. On achève de le remplir avec de l'oxyde de cuivre et on opère d'après la méthode ordinaire.

Plusieurs substances organiques ne sont pas complétement brûlées par l'oxyde de cuivre parce qu'on ne peut pas les mélanger assez intimement avec cet oxyde. On achève alors leur combustion en faisant arriver sur elles un courant d'oxygène pur. On produit ordinairement ce gaz en chauffant, en temps utile, quelques grammes de chlorate de potasse qu'on a placés préalablement au fond du tube.

Lorsque la substance organique contient de l'azote, une partie de ce gaz se dégage à l'état de liberté sans nuire aux résultats de l'expérience, mais l'autre partie se transforme en acide hypoazotique en s'unissant à l'oxygène de l'oxyde de cuivre et se condense dans la potasse. On se met à l'abri de cette cause d'erreur en plaçant une couche de 10 ou 12 centimètres de cuivre métallique à l'extrémité A du tube et en maintenant cette partie du tube à la chaleur rouge pendant toute la durée de la combustion. Les produits azotés qui résultent de l'action de l'azote sur l'oxyde de cuivre sont alors décomposés par le cuivre métallique qui retient leur oxygène, et l'azote se dégage librement.

338. *Détermination de l'azote.* = On détermine ordinairement la quantité d'azote d'une substance organique en brûlant cette substance dans un tube au moyen de l'oxyde de cuivre et en recueillant l'azote dans des cloches graduées reposant sur le mercure.

La combustion se fait dans un tube AB de 12 ou 15 millimètres de diamètre et d'environ $0^m,80$ de longueur (*fig.* 58). On

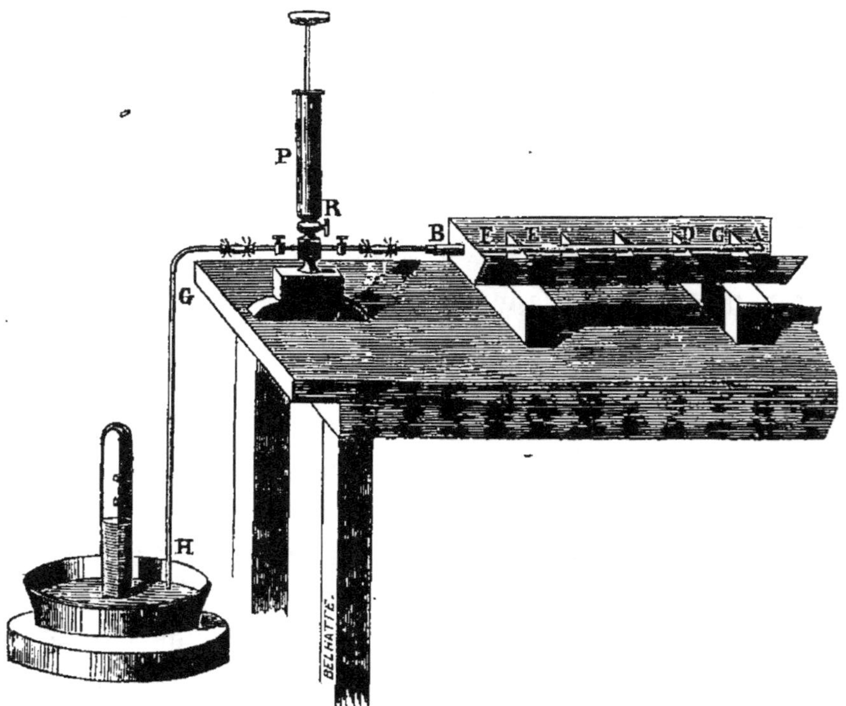

Fig. 58.

verse d'abord de 20 à 25 grammes de bicarbonate de soude dans la partie AC du tube; on met ensuite une colonne CD d'oxyde de cuivre de $0^m,05$ ou $0^m,06$ de longueur, puis le mélange DE de matière organique et d'oxyde, puis une nouvelle colonne EF d'oxyde de cuivre de $0^m,20$ de longueur, puis enfin une colonne

FB de cuivre métallique d'environ $0^m,25$. On entoure ensuite le tube d'un ruban de cuivre, puis on le dispose sur la grille et on le fait communiquer avec un tube à gaz GH d'environ $0^m,80$ de hauteur qui plonge dans une cuvette à mercure. Une petite pompe pneumatique doit être interposée entre le tube à gaz et le tube à combustion.

On commence par faire jouer la pompe pneumatique afin de retirer l'air de l'appareil, et quand on reconnaît, au moyen de la hauteur du mercure soulevé dans le tube GH, qu'il n'en reste plus qu'une petite quantité, on ferme le robinet R et on met quelques charbons rouges sous la partie AC du tube qui contient le bicarbonate de soude. Ce bicarbonate se décompose et produit un courant d'acide carbonique qui entraîne les dernières parties d'air de l'appareil. Lorsque l'air est complétement expulsé, on retire les charbons placés sous le bicarbonate, puis on met sur l'ouverture du tube à gaz une grande cloche pleine de mercure et contenant 40 ou 50 centimètres cubes d'une dissolution concentrée de potasse.

L'appareil étant ainsi préparé, on place des charbons ardents sous la partie du tube qui contient le cuivre métallique, puis sous la partie qui contient l'oxyde de cuivre et enfin sous celle qui contient le mélange. La vapeur d'eau, l'acide carbonique et l'azote qui résultent de la réaction de l'oxyde de cuivre sur la matière organique se rendent en même temps dans la cloche, mais l'azote y reste seul à l'état gazeux, car la vapeur d'eau et l'acide carbonique se condensent dans la solution de potasse. Lorsque le dégagement du gaz s'arrête, on chauffe de nouveau le bicarbonate de soude pendant quelques minutes, afin de produire un courant d'acide carbonique qui entraîne les dernières parties d'azote, puis on porte la cloche sur la cuve à eau et on fait passer l'azote sous une éprouvette graduée. Il est facile alors de mesurer le volume qu'occupe ce gaz sous la pression atmosphérique et par suite de déterminer son poids.

On supprime souvent la pompe pneumatique dans l'appareil

destiné au dosage de l'azote et on emploie un tube à gaz ordinaire au lieu d'un tube de $0^m,80$ de hauteur; mais on introduit
alors une plus grande quantité de bicarbonate de soude dans le
tube à combustion, et on chauffe ce bicarbonate jusqu'à ce que
l'acide carbonique produit ait entraîné les dernières parties
d'air du tube.

CHAPITRE PREMIER.

Des acides organiques.

Les acides organiques sont extrêmement nombreux ; mais nous n'avons à étudier dans ce chapitre que les plus usuels. Ce sont l'acide oxalique, l'acide acétique, l'acide lactique, l'acide tartrique, l'acide citrique et l'acide tannique.

§ 1er. — *Acide oxalique.* C^2O^3,HO.

339. *Propriétés.* = L'acide oxalique est solide, incolore et inodore ; sa saveur est très-aigre ; il est vénéneux à la dose de 20 ou 25 grammes ; il rougit fortement la teinture de tournesol. Il est soluble dans l'eau et dans l'alcool ; il se dissout dans son poids d'eau bouillante et dans 9 fois son poids d'eau froide. Il cristallise en prismes obliques à quatre faces ; ses cristaux contiennent trois équivalents d'eau ; ils ont pour formule C^2O^3+3HO.

L'acide oxalique éprouve la fusion aqueuse et perd 2 équivalents d'eau quand on le chauffe à 100 degrés environ ; il se volatilise à 180 ou 200 degrés en conservant un équivalent d'eau. On ne peut lui enlever ce dernier équivalent qu'en le combinant avec certaines bases., l'oxyde de plomb par exemple. L'acide oxalique ne se volatilise pas en totalité sans altération ; il s'en décompose une partie en eau, en oxyde de carbone et en acide carbonique.

L'acide sulfurique décompose l'acide oxalique à l'aide de la chaleur ; il s'empare de son eau et il le transforme en acide carbonique et en oxyde de carbone. Nous avons utilisé cette réaction dans la préparation de cet oxyde.

L'acide azotique et les autres corps oxydants agissent aussi, mais seulement à la longue, sur l'acide oxalique ; ils lui fournissent de l'oxygène et le transforment en acide carbonique. Si l'on fait agir le bioxyde de manganèse en particulier, on obtient de l'acide carbonique et de l'oxalate de protoxyde de manganèse pour les produits de la réaction, comme l'indique la formule $2C^2O^3 + MnO^2 = 2CO^2 + MnO,C^2O^3$.

Préparation. = L'acide oxalique est très-répandu dans la nature ; il existe à l'état de liberté dans les poils du pois chiche ; on le trouve à l'état de bioxalate de potasse dans l'oseille, à l'état d'oxalate neutre de soude dans la barille, à l'état d'oxalate de chaux dans les lichens et dans les calculs urinaires.

On retire l'acide oxalique de la grande oseille dans la forêt Noire. On pile la plante dans des auges, puis on en exprime le suc et on le clarifie en y délayant un peu d'argile. On décante ensuite la liqueur et on la soumet à l'évaporation. Il se dépose au bout de quelque temps de beaux cristaux de bioxalate de potasse. On dissout ces cristaux dans l'eau, puis on les transforme en oxalate neutre de potasse en y versant du carbonate de soude et on les traite ensuite par l'acétate de plomb. On précipite ainsi tout l'acide oxalique à l'état d'oxalate de plomb. On recueille cet oxalate, on le lave, puis on le traite par l'acide sulfurique étendu afin d'en séparer l'oxyde de plomb, et on fait cristalliser la liqueur après l'avoir décantée. On obtient ainsi de beaux cristaux d'acide oxalique.

On prépare ordinairement l'acide oxalique en traitant le sucre par l'acide azotique. — On met dans un matras 1 partie de sucre, 6 parties d'acide azotique et 10 parties d'eau et on fait bouillir la liqueur pendant quelque temps. Il se dégage du bioxyde d'azote, de l'acide carbonique, et il se forme de l'acide oxalique. Il suffit de laisser refroidir la dissolution pour obtenir cet acide en cristaux. — L'acide oxalique ainsi préparé retient un peu d'acide azotique, mais il suffit de le dissoudre dans l'eau et de le faire cristalliser une seconde fois pour l'avoir à l'état de pureté.

On aurait pu employer les gommes et beaucoup d'autres substances organiques au lieu de sucre. Ces matières se transforment plus ou moins facilement en acide oxalique quand on les traite par l'acide azotique et généralement par les corps fortement oxygénés qui retiennent faiblement leur oxygène.

Usages. = On emploie l'acide oxalique dans les fabriques de toiles peintes pour détruire le mordant sur les parties des étoffes qui doivent conserver leur blancheur ; on s'en sert, soit à l'état de liberté, soit à l'état de bioxalate de potasse, pour enlever les taches d'encre et pour décaper le fer; en l'emploie enfin à l'état d'oxalate d'ammoniaque pour doser la chaux.

340. *Oxalates.* = L'acide oxalique s'unit à toutes les bases énergiques et forme des sels parfaitement définis; il est plus puissant que l'acide carbonique, car il le chasse de toutes ses combinaisons. Il se combine avec plusieurs bases en plusieurs proportions ; il forme, avec la potasse, un oxalate neutre, un bioxalate et un quadroxalate ; avec la soude et l'ammoniaque, des oxalates neutres et des bioxalates ; avec le plomb, un oxalate neutre et un oxalate tribasique. Les oxalates neutres ont pour formule XO, C^2O^3.

Les oxalates de potasse, de soude, d'ammoniaque, de glucine, de chrôme, de manganèse et de fer sont solubles dans l'eau. Les autres oxalates sont insolubles ou peu solubles.

Les oxalates sont tous décomposés à la chaleur rouge. Les oxalates alcalins et terreux, qui sont hydratés et qui retiennent l'eau jusqu'à la température à laquelle ils se décomposent, donnent pour résidu un carbonate, et pour matières volatiles de l'acide carbonique, de l'oxyde de carbone, de l'eau, un peu de carbures d'hydrogène gazeux et liquides et un peu de goudron.

Les oxalates de zinc, de plomb, de cuivre, d'argent, qui sont anhydres ou qui abandonnent leur eau avant de se décomposer, donnent de l'acide carbonique, de l'oxyde de carbone et un résidu d'oxyde ou de métal.

Les oxalates se reconnaissent facilement à la propriété qu'ils possèdent de donner, comme l'acide oxalique, un mélange en volumes égaux d'acide carbonique et d'oxyde de carbone quand on les traite par l'acide sulfurique concentré, et de former avec les sels de chaux un précipité blanc insoluble dans l'acide acétique et soluble dans l'acide chlorhydrique et dans l'acide azotique.

§ 2. — *Acide acétique.* $C^4H^3O^3$, HO.

341. *Propriétés.* = L'acide acétique au maximum de concentration est solide jusqu'à la température de 17 degrés. Son odeur est vive, pénétrante et caractéristique ; sa saveur est franchement acide ; il est presque aussi corrosif que les acides sulfurique et azotique. Il fond à 17°, et il bout à 120°. Sa densité est 1,063 à la température de 18°. Il a pour formule $C^4H^3O^3$, HO ; on ne peut lui enlever son équivalent d'eau qu'en le combinant avec certaines bases.

L'acide acétique peut se mêler à l'eau en toutes proportions. Sa densité augmente à mesure qu'on lui ajoute de l'eau jusqu'à ce qu'il ait pour formule $C^4H^3O^3 + 3HO$; elle diminue quand on lui ajoute des quantités d'eau de plus en plus grandes. Sa densité maximum est 1,079, tandis que la densité de l'acide liquide monohydraté est 1,063. Il acquiert la densité 1,079 quand la quantité d'eau ajoutée est les 30 centièmes de son poids ; il reprend la densité 1,063 quand elle est les 112 centièmes. — On voit par là que l'aréomètre ne peut pas servir à indiquer la proportion d'eau que contiennent les acides acétiques plus ou moins étendus qui forment les différents *vinaigres* ; on détermine ordinairement cette proportion par la quantité de base qu'ils peuvent saturer.

L'acide acétique se décompose à une température élevée. On

s'en assure en faisant passer la vapeur de cet acide dans un tube de porcelaine chauffé dans un fourneau à réverbère. Si la température est seulement portée au rouge sombre, on obtient pour produits de l'eau, de l'acide carbonique et un liquide neutre transparent et très-volatil qu'on nomme *acétone* et dont la formule est C^3H^3O. Si la température est plus élevée, on trouve de l'oxyde de carbone, de l'acide carbonique, de l'hydrogène protocarboné et un résidu de charbon. — Lorsqu'on fait passer la vapeur d'acide acétique sur de la mousse de platine chauffée au rouge, on obtient de l'acide carbonique et de l'hydrogène protocarboné pour produits de la décomposition, comme l'indique la formule $C^4H^3O^3, HO = 2CO^2 + C^2H^4$.

Le chlore agit sur l'acide acétique monohydraté à la température ordinaire ; il lui enlève son hydrogène pour former de l'acide chlorhydrique et se substitue à lui pour donner de *l'acide chloracétique* $C^4Cl^3O^3$, HO. — Le chlore agirait comme corps oxydant sur l'acide acétique étendu ; il le transformerait d'abord en acide oxalique, puis en acide carbonique.

Préparation. = L'acide acétique existe dans la séve de tous les végétaux ; il y est combiné le plus souvent avec la potasse ou la soude. Il se forme quand on distille les matières organiques, et quand on met l'alcool et les boissons alcooliques en contact avec l'air sous l'influence du noir de platine ou des corps azotés qu'on désigne sous le nom de *ferments*.

On conçoit facilement la transformation de l'alcool en acide acétique sous l'influence de l'air ; car l'alcool ayant pour formule $C^4H^6O^2$, il suffit de lui ajouter 4 équivalents d'oxygène pour le convertir en acide acétique; on a en effet $C^4H^6O^2 + O^4 = C^4H^3O^3 + 3HO$. Cette transformation peut être produite par le noir de platine. On s'en assure en mettant une petite quantité de ce noir dans une petite capsule qu'on fait reposer sur une assiette et en faisant couler lentement un filet d'alcool sur lui. On trouve bientôt des traces d'acide acétique sur les parois de l'assiette.

La transformation du vin en acide acétique sous l'influence de l'air est due à des matières azotées qui agissent probablement à la manière du noir de platine. Les vins vieux s'aigrissent moins vite que les vins plus jeunes, parce que leur matière azotée s'est déposée au fond du tonneau; mais il suffit d'y ajouter un peu de levure de bière ou certaines autres matières azotées pour qu'ils s'aigrissent rapidement au contact de l'air. L'alcool et les autres liqueurs spiritueuses s'aigrissent de même sous l'influence de l'air et de ces matières azotées. — Il existe un grand nombre de matières azotées qui produisent la *fermentation acétique*, c'est-à-dire la transformation de l'alcool et du vin en acide acétique; mais l'une des plus actives est la matière mucilagineuse qui se dépose dans les tonneaux pendant la fermentation du vin. On lui donne le nom de *mère du vinaigre*.

On prépare une grande partie de l'acide acétique du commerce avec l'alcool. On forme une liqueur alcoolique contenant environ la dixième partie de son poids d'alcool, puis on y ajoute environ un millième d'un liquide fermentescible tel que de la petite bière ou du jus de betterave, et on la fait tomber goutte à goutte dans des tonneaux remplis de copeaux de hêtre et munis de plusieurs ouvertures latérales. Elle s'acétifie peu à peu, en absorbant l'oxygène de l'air, sous l'influence du ferment qu'elle contient ou qu'elle trouve dans le bois de hêtre, de sorte qu'elle est convertie presque totalement en acide acétique quand elle arrive au fond des tonneaux. On la fait passer du reste une seconde fois, et même une troisième fois sur les copeaux de hêtre si l'acétification n'est pas complète. La température des tonneaux se maintient entre 35 et 40 degrés par suite de la chaleur dégagée dans la réaction ; si leur température était trop basse quand on veut commencer à les employer, il faudrait y verser d'abord la liqueur à 30 ou 35°.

On prépare souvent aussi l'acide acétique avec le vin. On se sert de tonneaux dont les parois sont couvertes de mère de vinaigre; on y met des copeaux de hêtre, puis on y verse quelques litres de vinaigre bouillant et on y introduit tous les jours une dizaine de litres de vin. L'acétification est complète au bout de 15 jours. On retire alors la moitié du vinaigre, puis on remet du vin tous les jours comme précédemment. — On peut remplacer le vin par le poiré, par le cidre et par plusieurs liqueurs alcooliques ou sucrées.

On prépare aussi l'acide acétique avec le liquide qui provient de la distillation du bois. Ce liquide est composé d'eau, d'acide acétique, d'*esprit de bois* $C^2H^4O^2$, de matières goudronneuses et de quelques autres substances solubles; on le sépare d'abord d'une assez grande partie du goudron qui surnage à sa surface, puis on le distille dans un alambic. On obtient l'esprit de bois en premier lieu, et l'acide acétique vient ensuite. L'acide ainsi obtenu n'est pas encore pur, il est coloré en jaune et il possède une odeur assez forte de goudron; on lui donne le nom d'*acide pyroligneux*.

Pour purifier l'acide pyroligneux, on commence par le saturer avec de la craie, puis on verse une dissolution de sulfate de soude dans la dissolution d'acétate de chaux qui résulte de l'action. On obtient ainsi du sulfate de chaux qui se précipite et de l'acétate de soude qui reste en dissolution. On introduit alors cette dissolution dans une grande chaudière de fonte; on l'y évapore à sec et on chauffe le résidu jusqu'à 250 degrés environ. Toutes les matières goudronneuses sont décomposées à cette température, tandis que l'acétate de soude n'est pas altéré. On reprend ensuite l'acétate par l'eau et on le fait cristalliser.

On introduit alors l'acétate de soude avec les 36 centièmes de son poids d'acide sulfurique dans des vases distillatoires et on chauffe. L'acide acétique va se condenser dans les récipients convenablement refroidis, et le sulfate de soude reste dans les vases. Il est bon de faire subir une nouvelle distillation à l'acide acétique afin de le débarrasser de la petite quantité d'acide sulfurique qu'il entraîne toujours avec lui.

342. *Acétates.* = L'acide acétique forme avec les bases des sels parfaitement définis; il s'unit même avec quelques-unes en plusieurs proportions. — Les acétates neutres ont pour formule $XO,C^4H^3O^3$.

Les acétates sont tous solubles dans l'eau; on les reconnaît à l'odeur de vinaigre qu'ils dégagent quand on verse de l'acide sulfurique ou de l'acide chlorhydrique dans leur dissolution.

Les acétates se décomposent tous avant la chaleur rouge. Les acétates de cuivre, de mercure, d'argent... dont les oxydes sont faciles à réduire, donnent de l'acide acétique très-concentré pour produit volatil, et le métal de la base pour résidu; ils dégagent en outre de l'eau et de l'acide carbonique qui proviennent de la décomposition d'une partie de l'acide acétique par l'oxygène de la base. — Les acétates de la première section donnent un carbonate et de l'acétone, comme l'indique la formule $CaO,C^4H^3O^3 = CaO,CO^2 + C^3H^3O$.

On emploie plusieurs acétates dans la médecine et dans l'industrie; nous devons dire quelques mots des plus usuels.

Acétate d'alumine. = Cet acétate est très-soluble dans l'eau; il se présente sous forme d'une matière gommeuse qui n'offre aucune apparence de cristallisation. On l'obtient en versant une solution d'acétate de plomb dans une solution de sulfate d'alumine. On l'emploie dans l'impression sur toile sous le nom de *mordant rouge des indienneurs.*

Acétates de fer. = On obtient l'acétate de protoxyde de fer en traitant la tournure de fer par l'acide acétique à l'abri du contact de l'air; on prépare l'acétate de sesquioxyde en employant les mêmes corps, mais en opérant au contact de l'air ou sous l'influence des corps oxydants. Ce dernier acétate est très-employé dans la teinture en noir. — On désigne sous le nom de pyrolignite de fer un acétate de fer qu'on prépare en dissolvant de la ferraille dans l'acide pyroligneux impur. Ce pyrolignite contient toujours du goudron et quelques autres matières étrangères; on s'en sert dans la conservation des bois.

Acétates de plomb. = On emploie dans les arts deux acétates de plomb : l'acétate neutre $PbO,C^4H^3O^3$ et l'acétate tribasique $3PbO,C^4H^3O^3$.

L'acétate neutre se dissout dans son poids d'eau et dans 8 fois son poids d'alcool. Il cristallise en prismes droits rhomboïdaux. Ses cristaux contiennent 3 équivalents d'eau; ils éprouvent la fusion aqueuse vers 100° et la fusion ignée vers 190°. La dissolution est neutre aux réactifs colorés; elle absorbe un peu d'acide carbonique à l'air et donne un petit dépôt de carbonate de plomb. On obtient ce sel en traitant la litharge par l'acide acétique; on en consomme de grandes quantités dans la teinture ; on le nomme souvent *sel de Saturne.*

L'acétate tribasique se forme en faisant bouillir pendant quelque temps l'acétate neutre avec une quantité de litharge égale à celle qu'il renferme déjà. Il présente une réaction alcaline prononcée ; il cristallise en aiguilles soyeuses. Il est décomposé en partie par l'acide carbonique; c'est sur cette décomposition qu'est fondée la fabrication de la céruse à Clichy, comme nous l'avons vu précédemment. — On l'emploie dans les recherches de chimie organique pour reconnaître la présence de la gomme dans les dissolutions sucrées, car il précipite cette matière sans précipiter le sucre; on s'en sert en médecine sous le nom d'*extrait de Saturne.*

Acétates de cuivre. = L'acétate neutre de cuivre est vert ; il se dissout dans 5 parties d'eau bouillante; il est peu soluble dans l'alcool ; il cristallise en prismes rhomboïdaux qui contiennent 1 équivalent d'eau. On le forme en dissolvant du *vert-de-gris* dans l'acide acétique; on l'emploie dans la teinture en noir sur laine; il porte le nom de *verdet* dans le commerce.

Le] *vert-de-gris* n'est autre chose qu'un acétate basique de cuivre. On l'obtient en exposant au contact de l'air des plaques de cuivre mouillées avec du vinaigre ou simplement recouvertes de marc de raisin; ces plaques se recouvrent ainsi d'une couche d'un bleu verdâtre qu'on enlève en les raclant et qu'on livre directement au commerce. Ce sel sert dans la peinture et dans la préparation de l'acétate neutre de cuivre.

§ 3. — *Acide lactique.* $C^6H^5O^5,HO$.

343. *Propriétés.* = L'acide lactique est liquide, incolore, inodore, d'une consistance sirupeuse. Sa saveur est acide et agréable; sa densité est 1,22. Il se dissout en toutes proportions dans l'eau et dans l'alcool.

L'acide lactique perd son dernier équivalent d'eau à la température de 130 degrés et se transforme en un corps solide qui n'est autre chose que l'acide lactique anhydre $C^6H^5O^5$. Il se décompose vers 250°, et il dégage, entre autres produits, une substance blanche, cristalline, qui a pour formule $C^6H^4O^4$ et qu'on nomme la *lactide*. — La lactide et l'acide lactique anhydre sont insolubles dans l'eau, mais ils se transforment peu à peu, au contact de ce liquide en acide lactique ordinaire.

Préparation. = L'acide lactique est très-répandu dans l'organisation végétale et animale; on le rencontre en effet dans les muscles, dans le sang, dans le lait et dans presque tous les sucs des végétaux qu'on abandonne pendant quelque temps au contact de l'air. Il provient d'une fermentation particulière, *la fermentation lactique,* que plusieurs substances neutres telles que le sucre, le sucre de lait, les gommes, l'amidon... éprouvent sous l'influence de l'air et de certaines matières fermentescibles. On conçoit la possibilité de la transformation de ces substances en acide lactique, car elles ont la même composition chimique que cet acide ou elles n'en diffèrent que par un ou plusieurs équivalents d'eau.

On obtient facilement l'acide lactique au moyen du lait. Ce liquide est composé de 862 parties d'eau, 44 parties de beurre, 53 parties de sucre de lait, 38 parties de caséum et 3 parties de différents sels. Le sucre de lait forme sa matière fermentante, et le caséum sa matière fermentescible.

Lorsqu'on prive le lait du contact de l'air, son caséum n'éprouve aucune altération, la fermentation lactique n'a pas lieu, et le lait peut se conserver indéfiniment. Mais si on l'expose à l'air, le caséum devient un ferment énergique, et l'acide lactique se produit. Le caséum ne transforme toutefois qu'une partie du sucre de lait en acide lactique, car dès que cet acide est en quantité suffisante, il s'unit au caséum et forme un *lactate de caséum* qui se coagule et qui n'exerce plus aucune action sur le sucre. On ajoute alors du bicarbonate de soude afin de neutraliser l'acide lactique et de mettre le caséum en liberté. Le caséum devenu libre agit sur une nouvelle quantité de sucre de lait et la transforme en acide lactique; puis il se combine avec cet acide pour former un lactate de caséum qu'on traite encore par le bicarbonate de soude.... On peut ainsi transformer en acide lactique tout le sucre de lait que le lait contient et celui même qu'on lui ajoute d'avance. Lorsqu'on s'est procuré une quantité assez grande de lactate de soude, on le transforme en lactate de chaux, puis on traite ce lactate par l'acide sulfurique ou mieux par l'acide oxalique.

On prépare plus facilement l'acide lactique en exposant au contact de l'air et à une température de 25° ou 30° un mélange formé avec un litre de lait écrémé, 125 grammes d'amidon ou de glucose et 100 grammes de craie en poudre. La fermentation est terminée en 12 ou 15 jours. On décante la liqueur, puis on la soumet à l'évaporation pour en retirer le lactate de chaux qu'on traite ensuite par l'acide sulfurique ou par l'acide oxalique.

On emploie depuis quelque temps d'assez grandes quantités de lactate de protoxyde de fer en médecine. On forme ce lactate en décomposant le lactate de chaux par le sulfate de protoxyde de fer.

§ 4. — *Acide tartrique.* $C^8H^4O^{10},2HO$.

344. *Propriétés.* = L'acide tartrique est solide, incolore et

inodore. Il a une saveur acide et agréable. Sa densité est 1,75.
Il est soluble dans l'eau et dans l'alcool; il se dissout dans son
poids d'eau froide et dans la moitié de son poids d'eau bouillante. Il cristallise en prismes obliques à base rhombe. Ses
cristaux sont inaltérables à l'air; mais sa dissolution s'y couvre
à la longue de moisissures.

L'acide tartrique éprouve la fusion aqueuse à 170°; il perd
seulement un équivalent d'eau si on le maintient à cette température ; mais il perd deux équivalents et il devient anhydre
quand on le porte rapidement à 180°. Il se décompose, en dégageant une odeur de caramel, à une température plus élevée.
— L'acide tartrique anhydre est insoluble dans l'eau, dans l'alcool et dans l'éther; mais il revient peu à peu, au contact de
l'eau, à l'état d'acide tartrique ordinaire.

L'acide tartrique peut être regardé comme formé d'un équivalent d'acide acétique et de 2 équivalents d'acide oxalique, car
son équivalent $C^8H^4O^{10}$, $2HO$ se décompose en $C^4H^3O^3$, HO et
$2(C^2O^3,HO)$. Cet acide donne en effet de l'acétate et de l'oxalate
de potasse quand on le chauffe à 150° avec un excès de cette
base.

Préparation. = L'acide tartrique existe dans le raisin, dans
l'ananas, dans les mûres et dans plusieurs végétaux. On l'extrait
du jus de raisin qui le contient à l'état de bitartrate de potasse.

Le bitartrate de potasse reste en dissolution dans le jus de raisin tant que la fermentation n'a pas lieu; mais, dès qu'elle se
produit, il se dépose au fond des tonneaux eu égard à son insolubilité dans la liqueur alcoolique. Il forme ainsi une croûte
plus ou moins épaisse et plus ou moins colorée, qu'on désigne
sous le nom de *tartre brut.* — La purification de cette matière
n'offre aucune difficulté. On la dissout d'abord dans de l'eau
bouillante, puis on la fait cristalliser; on reprend ensuite les cristaux par l'eau chaude en ajoutant de l'argile ou du noir animal,
puis on filtre la liqueur, et on la fait cristalliser de nouveau. On
obtient ainsi des cristaux très-purs de bitartrate de potasse. Ce

corps se désigne ordinairement sous le nom de *crême de tartre*.

Il s'agit maintenant d'extraire l'acide tartrique de la crême de tartre. On dissout ce sel dans l'eau bouillante, puis on y ajoute peu à peu de la craie en poudre. On obtient ainsi un tartrate neutre de potasse qui reste en dissolution et un tartrate de chaux qui se précipite. On traite ensuite la solution par le chlorure de calcium afin d'en précipiter l'acide tartrique à l'état de tartrate de chaux. Cela fait, on recueille les deux précipités, on les lave et on les traite par l'acide sulfurique étendu. Il ne reste plus qu'à filtrer la liqueur et à la faire évaporer pour obtenir de beaux cristaux d'acide tartrique.

345. *Tartrates.* = L'acide tartrique est un acide énergique ; il sature bien les bases, et il forme avec plusieurs d'entre elles des sels neutres, des sels acides et des sels doubles. Les tartrates neutres solubles perdent en général une partie de leur solubilité quand on leur ajoute une nouvelle quantité d'acide tartrique, tandis que les tartrates neutres insolubles se dissolvent dans un excès d'acide.

Crême de tartre. = La crême de tartre a pour formule $(KO+HO) C^8H^4O^{10}$; c'est un tartrate double de potasse et d'eau ; on lui donne, mais à tort, le nom de bitartrate de potasse. Ce sel a une saveur acide ; il rougit le tournesol ; il est peu soluble dans l'eau froide ; il n'est pas soluble dans l'alcool. Il cristallise en prismes obliques ; ses cristaux sont durs et opaques ; ils répandent une odeur de caramel quand on les chauffe. On l'emploie comme mordant dans la teinture.

Sel de Seignette. = Le sel de Seignette a pour formule $(KO+NaO) C^8H^4O^{10}$; c'est par conséquent un tartrate double de potasse et de soude. On l'obtient en dissolvant dans l'eau bouillante une partie de carbonate de soude et une partie et demie de crême de tartre. Il forme de beaux cristaux qui contiennent 8 équivalents d'eau de cristallisation. On l'emploie comme purgatif.

Emétique. = L'émétique a pour formule $(KO+Sb^2O^3)C^8H^4O^{10}$; c'est un tartrate double d'antimoine et de potasse. On l'obtient en faisant bouillir de l'eau contenant de la crême de tartre et de l'oxyde, de l'oxychlorure ou du sous-sulfate d'antimoine. La liqueur filtrée abandonne de beaux cristaux d'émétique par le refroidissement.

L'émétique a une saveur désagréable ; il est vénéneux ; il se dissout dans 14 parties d'eau froide et dans 2 parties d'eau bouillante. Il contient 2 équivalents d'eau de cristallisation, mais il les perd quand on le chauffe à 100°. Il se décompose à la chaleur rouge et donne un résidu d'antimoniure de potassium mêlé à du charbon. On l'emploie comme vomitif.

§ 5. — *Acide citrique.* $C^{12}H^5O^{11}.3HO.$

346. *Propriétés.* = L'acide citrique est solide, incolore et inodore ; il a une saveur acide et agréable ; il est très-soluble dans l'eau et dans l'alcool, mais il est insoluble dans l'éther. Il cristallise à la température ordinaire en prismes rhomboïdaux qui ont pour formule $C^{12}H^5O^{11},5HO$. Sa dissolution se couvre de moisissure au contact de l'air.

L'acide citrique cristallisé perd 2 éq. d'eau quand on le chauffe à 100°. Les 3 éq. qu'il conserve à cette température doivent être considérés comme de l'eau basique, car ils peuvent être remplacés par 3 éq. de base.

L'acide sulfurique décompose l'acide citrique à l'aide de la chaleur et en dégage de l'oxyde de carbone ; l'acide azotique le transforme en acide oxalique, et la potasse en acétate et en oxalate de potasse.

On emploie l'acide citrique dans la préparation des limonades. On s'en sert aussi pour enlever les taches de rouille, pour précipiter la couleur du carthame et dans quelques opérations de teinture.

L'acide citrique s'unit facilement avec les bases ; il forme des citrates solubles avec la potasse et la soude, et des citrates insolubles avec presque toutes les autres bases. Tous les citrates sont d'ailleurs solubles dans un excès d'acide. — On n'emploie que le citrate de magnésie; on s'en sert comme purgatif.

Préparation. == L'acide citrique existe dans le suc d'un grand nombre de fruits acides et surtout dans les citrons, les oranges et les groseilles. C'est du suc des citrons qu'on l'extrait ordinairement.

On commence par clarifier ce suc en le faisant bouillir avec du blanc d'œuf et on y ajoute ensuite peu à peu de la craie en poudre jusqu'à ce qu'il ne se produise plus d'effervescence. On précipite ainsi presque tout l'acide à l'état de citrate de chaux; il n'en reste plus qu'une petite quantité à l'état de citrate acide, mais on la précipite à son tour en ajoutant de l'eau de chaux jusqu'à ce que la liqueur soit neutre au tournesol. On lave alors le citrate de chaux, on le traite par l'acide sulfurique étendu, on filtre et on évapore la solution jusqu'à pellicule. La liqueur abandonnée à elle-même donne de beaux cristaux d'acide citrique par le refroidissement.

On peut aussi retirer l'acide citrique du jus des groseilles. On fait fermenter ce jus en y ajoutant de la levure de bière, puis on le soumet à la distillation pour en retirer l'alcool, et on sature, comme précédemment, le résidu avec de la craie en poudre.

§ 6. — *Acide tannique ou tannin.*

347. *Propriétés.* == Le tannin est solide, blanc et sans odeur; il a une saveur astringente; il est soluble dans l'eau, dans l'alcool et dans l'éther, mais il est moins soluble dans l'éther et dans l'eau que dans l'alcool. Sa dissolution aqueuse rougit le tournesol et décompose les carbonates alcalins. Le tannin agit par conséquent comme un acide; aussi lui donne-t-on souvent le nom d'acide tannique; il a pour formule $C^{18}H^5O^9,3HO$. Les 3 équivalents d'eau qu'il contient doivent

être regardés comme de l'eau basique, car ils peuvent être remplacés par 3 éq. de base.

L'acide tannique est inaltérable au contact de l'air quand il est pur et sec ; mais il s'altère à la longue quand il est en dissolution ; il absorbe alors l'oxygène de l'air, dégage de l'acide carbonique et se transforme en *acide gallique* $C^7H^3O^5,HO$. La transformation est beaucoup plus rapide sous l'influence d'un ferment ; elle porte le nom de *fermentation tannique*.

Le tannin se combine avec presque toutes les bases minérales et organiques ; il forme avec la plupart d'entre elles des composés peu solubles ou même insolubles. Il se combine aussi avec presque tous les acides minéraux ; mais les composés qu'il forme avec eux sont généralement mal définis. Il se combine enfin avec la gélatine et l'albumine ; les combinaisons qu'il forme avec ces deux substances sont insolubles, aussi les précipite-t-il complétement de leurs dissolutions.

La peau et toutes les membranes animales plongées dans une dissolution de tannin se combinent à la longue avec cet acide et deviennent imputrescibles et inaltérables par l'eau. C'est sur cette propriété qu'est fondé le tannage des peaux.

Préparation. == Le tannin existe dans la plupart des végétaux. On le trouve dans l'écorce des arbres, dans les feuilles et dans les pepins des fruits ; mais c'est dans l'écorce de chêne, de marronnier d'Inde, d'orme, de saule et dans la noix de galle qu'il est le plus abondant. Les tannins qu'on retire des différents végétaux n'ont probablement pas la même composition ; mais ils forment tous des combinaisons insolubles, imputrescibles, inaltérables par l'eau, avec la gélatine, l'albumine, la fibrine, le gluten, la peau, etc.

On prépare souvent le tannin en faisant macérer, pendant 24 heures, la noix de galle dans l'éther aqueux du commerce, puis en filtrant la solution et en la faisant évaporer. La noix de galle fournit ainsi plus de 60 pour 100 de tannin.

On le prépare plus ordinairement par une autre méthode.

On place une allonge de verre sur une carafe à la manière d'un bouchon, puis on met dans l'allonge de la noix de galle pulvérisée après avoir fermé son orifice inférieur avec un petit tampon de coton, et on achève de la remplir avec de l'éther du commerce. L'éther filtre peu à peu à travers la noix de galle et se rend dans la carafe avec le tannin qu'il a dissous. Le liquide reçu dans la carafe est formé de deux couches distinctes : la couche inférieure a une consistance sirupeuse et une couleur ambrée ; elle ne contient que du tannin en solution dans l'eau ; la couche supérieure est très-liquide, elle renferme presque tout l'éther, un peu de tannin et quelques matières étrangères. On sépare les deux couches, puis on agite à plusieurs reprises la solution aqueuse de tannin avec de l'éther pur et on l'évapore dans le vide ou à une température inférieure à 100°.

Encre. = On prépare l'encre ordinaire en faisant bouillir pendant 2 ou 3 heures un kilogramme de noix de galle avec 10 kil. d'eau, en filtrant la liqueur et en mélangeant avec environ 1200 grammes de gomme, 600 grammes de sulfate de fer et quelquefois un peu de sulfate de cuivre. On agite fortement le mélange et on l'abandonne au contact de l'air afin de convertir le sulfate de protoxyde de fer en sulfate de sesquioxyde. La liqueur se fonce alors peu à peu et finit par prendre une teinte noire bleu. — La gomme a pour objet d'empêcher que le tannate de sesquioxyde de fer qui résulte de l'action du tannin sur le sulfate de sesquioxyde de fer et qui forme le principe colorant de l'encre, ne se sépare du liquide en raison de son insolubilité.

CHAPITRE II.

Des alcalis organiques.

348. *Généralités.* == Plusieurs substances organiques peuvent neutraliser les propriétés des acides et remplir par conséquent le rôle de bases. Ces substances portent le nom d'*alcalis
organiques* ou d'*alcaloïdes*.

Les alcalis organiques ont ordinairement une saveur âcre et
amère ; ils sont presque tous vénéneux, même à petite dose ; on
en emploie plusieurs comme médicaments. Ils sont, en général,
peu solubles dans l'eau ; leurs dissolvants sont l'alcool et l'é-
ther.

Les alcaloïdes solides sont tous fixes, à l'exception de la cinchonine; les alcaloïdes liquides sont, au contraire, volatils sans
décomposition. Ils se décomposent tous à la chaleur rouge et
souvent à une température moins élevée.

Les alcaloïdes se combinent avec les acides à la manière de
l'ammoniaque. Ils s'unissent directement et sans décomposition
avec les hydracides, et ils forment, avec les oxacides, des sels qui
retiennent toujours un équivalent d'eau nécessaire à leur constitution. — Leurs sulfates, leurs azotates, leurs chlorhydrates
et leurs acétates sont, en général, solubles dans l'eau, tandis
que leurs oxalates, leurs tartrates et surtout leurs tannates y
sont insolubles ou peu solubles.

Tous les alcaloïdes contiennent du carbone, de l'hydrogène
et de l'azote ; la plupart renferment en outre de l'oxygène.
Quelques-uns sont tout formés dans les végétaux ; mais ils y

sont à l'état de sels; d'autres se forment artificiellement, soit par la calcination des matières organiques, soit par des réactions chimiques particulières. C'est avec les acides chlorhydrique, acétique, lactique et malique que les alcaloïdes naturels se trouvent le plus souvent en combinaison.

L'extraction des alcaloïdes naturels n'offre aucune difficulté. Lorsque l'alcali est solide et peu soluble dans l'eau, on commence par faire bouillir le végétal qui le contient avec de l'eau acidulée par l'acide chlorhydrique; on filtre ensuite la liqueur et on la traite par la potasse, l'ammoniaque, la chaux ou la magnésie. L'alcaloïde se précipite alors à l'état de liberté. — Lorsque l'alcaloïde est volatil, on chauffe le végétal dans un vase distillatoire après l'avoir mélangé avec un excès de potasse ou de chaux. L'alcaloïde devenant libre passe dans le récipient où il se condense.

Les alcaloïdes sont extrêmement nombreux; nous n'étudierons que les alcaloïdes des quinquinas, de l'opium et des strychnos.

§ 1er. — *Alcaloïdes des quinquinas.*

L'écorce des quinquinas contient deux alcaloïdes qu'on désigne sous les noms de *quinine* et de *cinchonine*. Le quinquina jaune, le quinquina gris et le quinquina rouge ne renferment pas la même proportion de ces deux bases; la quinine domine dans le quinquina jaune, la cinchonine dans le quinquina gris; la quinine et la cinchonine sont à peu près en même proportion dans le quinquina rouge.

349. *Quinine.* = La quinine a une saveur très-amère; elle ne se dissout que dans 400 fois son poids d'eau froide et 250 fois son poids d'eau bouillante; elle est très-soluble dans l'alcool, et un peu soluble dans l'éther. Elle cristallise en petits prismes en se séparant d'une dissolution alcoolique; ses cristaux contiennent 6 équivalents d'eau; mais ils l'abandonnent facilement à 120°. Elle a pour formule $C^{10}H^{21}Az^2O^4$.

On retire la quinine du quinquina jaune. On commence par le réduire en poudre, puis on le fait bouillir avec de l'eau contenant 15 centièmes d'acide chlorhydrique ou d'acide sulfurique. On filtre la liqueur à travers une toile et on y verse un lait de chaux jusqu'à ce qu'elle devienne un peu alcaline. On obtient ainsi un précipité contenant la quinine, la cinchonine et la matière colorante. On met ce précipité dans un sac, on l'exprime fortement et on traite le résidu par l'alcool bouillant. On distille ensuite le liquide pour en retirer les trois quarts de l'alcool, puis on y verse de l'acide sulfurique jusqu'à ce qu'il devienne légèrement acide, on le décolore avec du noir animal et on le fait cristalliser. Le sulfate de quinine cristallisé le premier, et le sulfate de cinchonine reste dans eaux mères.

On extrait la quinine de son sulfate en le dissolvant dans l'eau et en versant de l'ammoniaque dans la solution; mais elle se présente alors sous forme d'une poudre cristalline. On l'obtient en petits cristaux en la dissolvant dans l'alcool et en soumettant la liqueur à une évaporation lente.

La quinine s'unit avec presque tous les acides et forme des sels cristallisables. De tous ces sels, c'est le sulfate neutre qui est le plus important.

Le sulfate neutre de quinine se dissout dans 30 parties d'eau bouillante et seulement dans 700 parties d'eau froide. Il est employé en médecine contre les fièvres intermittentes. Il contient 7 équivalents d'eau de cristallisation; mais il perd facilement cette eau par l'action de la chaleur.

350. *Cinchonine.* = La cinchonine a une saveur très-faible; elle est à peine soluble dans l'eau bouillante; elle est moins soluble dans l'alcool que la quinine; elle est complétement insoluble dans l'éther. Elle cristallise facilement en se séparant d'une dissolution alcoolique. Ces cristaux sont de gros prismes

à quatre faces; ils ne contiennent pas· d'eau de cristallisation.

La cinchonine est volatile sans décomposition; elle ne diffère de la quinine que par 2 équivalents d'oxygène, car elle a pour formule $C^{10}H^{21}Az^2O^2$.

On prépare le sulfate de cinchonine au moyen des eaux mères qu'on obtient dans la préparation du sulfate de quinine. On peut aussi le préparer au moyen du quinquina gris qui est plus riche en cinchonine que le quinquina jaune. On extrait du reste la cinchonine de son sulfate en le traitant par l'ammoniaque.

§ 2. — *Alcaloïdes de l'opium.*

Les trois alcaloïdes principaux de l'opium sont la *morphine,* la *codéine* et la *narcotine.* La morphine forme la dixième partie de l'opium de première qualité.

351. *Morphine.* = La morphine est à peine soluble dans l'eau; elle ne se dissout que dans 1000 parties d'eau froide et dans 500 parties d'eau bouillante; elle se dissout dans 30 parties d'alcool bouillant; elle est insoluble dans l'éther. Elle cristallise en prismes rectangulaires quand elle se sépare d'une dissolution alcoolique saturée à chaud. Ses cristaux contiennent 2 équivalents d'eau qu'ils perdent facilement par la chaleur; ils sont inaltérables à l'air; on peut les porter jusqu'à 300° sans les décomposer. La morphine est un des poisons les plus énergiques; sa dissolution aqueuse a une saveur très-amère; elle ramène au bleu le tournesol rougi.

La morphine est soluble dans la potasse, dans l'ammoniaque et même dans la chaux. Elle forme, en s'unissant avec les acides, des sels cristallisables qui sont solubles dans l'eau et dans l'alcool, mais qui sont insolubles dans l'éther. De tous ces sels, c'est le chlorhydrate qui est le plus important; il cristallise en houppes soyeuses; on l'emploie en médecine.

Pour extraire la morphine, on fait macérer l'opium dans l'eau à 38° afin de dissoudre tous ses principes solubles ; on ajoute ensuite au liquide du carbonate de chaux afin de saturer ses acides libres et on le fait évaporer jusqu'à consistance sirupeuse. Arrivé à ce point, on le traite par le chlorure de calcium. On obtient alors un précipité de *méconate* de chaux, et il reste en solution une petite quantité de ce méconate et des chlorhydrates de morphine et de codéine. La liqueur concentrée de nouveau laisse déposer d'abord du méconate de chaux, puis des cristaux, de chlorhydrates de morphine et de codéine. On sépare ces cristaux, et on les purifie par le noir animal et par des cristallisations répétées.

Il ne reste plus qu'à dissoudre ces cristaux dans l'eau et à traiter la solution par l'ammoniaque pour en précipiter toute la morphine. Quand à la codéine, elle reste en dissolution à l'état de chlorhydrate double de codéine et d'ammoniaque. On l'obtient en versant de la potasse dans la dissolution de ce chlorhydrate. On purifie d'ailleurs ces deux alcaloïdes en les dissolvant dans de l'alcool et en faisant cristalliser.

352. *Codéine.* = La codéine se dissout dans 80 parties d'eau froide et dans 20 parties d'eau bouillante ; elle est très-soluble dans l'alcool et dans l'éther ; elle est insoluble dans la potasse et dans la soude. Sa dissolution aqueuse a une réaction alcaline.

La codéine fond à 150° ; elle cristallise tantôt en prismes, tantôt en octaèdres. On l'emploie depuis quelque temps en médecine ; elle produit les mêmes effets que l'opium.

353. *Narcotine.* = La narcotine est insoluble dans l'eau froide et à peine soluble dans l'eau bouillante ; elle se dissout dans 20 parties d'alcool et dans 50 parties d'éther. Sa dissolution aqueuse n'a pas de réactions alcalines. — La narcotine cristallise en prismes rhomboïdaux qui fondent à 170° et qui se décomposent vers 200°.

On prépare la narcotine avec les résidus d'opium qu'on a épuisés par l'eau dans l'extraction des deux alcaloïdes précédents. On traite ce résidu par l'éther pour dissoudre toute la narcotine qu'il renferme et on fait ensuite cristalliser la solution.

Les formules de la morphine, de la codéine et de la narcotine sont respectivement $C^{34}H^{18}AzO^6$, $C^{34}H^{19}AzO^5$ et $C^{46}H^{25}AzO^{14}$.

§ 3. — *Alcaloïdes des strychnos.*

354. La noix vomique, la fève de Saint-Ignace, le bois de couleuvre, l'upas tieuté et plusieurs autres espèces de strychnos contiennent deux alcaloïdes qu'on désigne sous les noms de *strychnine* et de *brucine*. Leurs formules sont $C^{42}H^{22}Az^2O^4$ et $C^{46}H^{26}Az^2O^8$.

La *strychnine* est à peine soluble dans l'eau, car elle exige plus de 7000 parties d'eau froide et 2500 parties d'eau bouillante pour se dissoudre ; elle est peu soluble dans l'alcool et dans l'éther. Elle cristallise en octaèdres ou en prismes à quatre faces. C'est une des substances les plus vénéneuses ; elle produit presque instantanément des attaques de tétanos ; on l'emploie en médecine dans des cas de paralysie, mais seulement à la dose de 4 milligrammes. Sa dissolution aqueuse a une saveur très-amère ; cette saveur est même appréciable quand la liqueur ne contient qu'un millionième de son poids de strychnine. Les sels de strychnine sont plus solubles et par conséquent plus vénéneux que la strychnine elle-même.

La *brucine* est beaucoup plus soluble dans l'eau que la strychnine, car elle se dissout dans 800 parties d'eau froide et dans 500 parties d'eau bouillante. Elle est soluble dans l'alcool et insoluble dans l'éther. Elle cristallise en prismes rhomboïdaux Elle est beaucoup moins vénéneuse que la strychnine. L'acide azotique la colore en rouge de sang, propriété qui la distingue de tous les autres alcalis organiques.

On extrait ordinairement la strychnine et la brucine de la

noix vomique. Après avoir pulvérisé ce corps, on le fait bouillir avec de l'eau acidulée, puis on filtre la liqueur et on y verse un lait de chaux. On recueille le précipité, puis on le traite par l'alcool bouillant et on laisse refroidir la dissolution. La strychnine se dépose rapidement sous forme de cristaux. En concentrant ensuite la liqueur, on obtient une nouvelle quantité de strychnine, puis enfin la brucine. On purifie ces deux bases par des cristallisations répétées.

CHAPITRE III.

Des principes essentiels des végétaux.

Tous les végétaux sont composés de petites cellules juxtaposées dont les formes sont extrêmement variables dans leurs diverses parties. Ce fait est le résultat d'observations microscopiques faciles à répéter.

La matière qui forme les parois des cellules paraît identique dans tous les végétaux, on lui a donné le nom de *cellulose*. La substance qui les remplit est en général d'une nature différente dans les différents végétaux ; elle varie même souvent dans les diverses parties d'un même végétal. On lui donne le nom de *matière ligneuse,* de *matière incrustante* quand elle est dure et fibreuse comme dans le bois ; on la nomme *matière amylacée* quand elle friable et formée de petits globules comme dans les pommes de terre et dans les graines des céréales. Cette substance n'est souvent qu'un liquide visqueux formé d'eau, de gomme, de matières sucrées, de matières gélatineuses, de matières azotées et de quelques matières salines ; elle n'est quelquefois qu'une matière grasse ou huileuse.

Nous ne décrirons, dans ce chapitre, que la cellulose, la matière ligneuse, la matière amylacée, les gommes et les sucres.

§ 1er. — *Cellulose.* $C^{12}H^{10}O^{10}$.

355. *Propriétés.* = La cellulose pure est blanche, diaphane,

insoluble dans l'eau, dans l'alcool, dans l'éther et dans les huiles fixes et volatiles. Sa densité est 1,525. Elle est formée en nombres ronds de 44 parties de carbone, de 6 parties d'hydrogène et de 50 parties d'oxygène.

Les dissolutions alcalines étendues n'agissent pas sensiblement sur la cellulose ; il en est de même du chlore et de l'hypochlorite de chaux. Le chlore, l'hypochlorite de chaux et les alcalis agiraient à la longue s'ils étaient en excès ; ils finiraient par désagréger la cellulose et par la détruire complétement. La cellulose oppose d'ailleurs à ces réactifs une résistance qui dépend de sa cohésion ; elle résiste d'autant moins qu'elle est de formation plus récente.

L'acide sulfurique et l'acide azotique n'agissent pas sensiblement sur la cellulose s'ils sont étendus, mais ils agissent vivement s'ils sont concentrés. L'acide sulfurique la transforme à la température de l'ébullition en une matière soluble que nous étudierons plus loin sous le nom de *dextrine* et, si l'action continue, en une matière sucrée que nous étudierons sous le nom de *glucose*. — L'acide azotique du commerce la dissout et la transforme en acide oxalique à la température de l'ébullition ; l'acide azotique fumant se combine avec elle à la température ordinaire et forme un corps très-explosible qui porte le nom de *pyroxyline*, de *fulmi-coton*.

L'iode n'a aucune action sur la cellulose quand elle est dans son état normal ; mais il la colore en bleu, comme l'amidon, dès qu'elle commence à se désagréger par l'action de l'acide sulfurique, du chlore, des dissolutions alcalines..

Préparation. = La cellulose est presque pure dans le coton et dans les fibres textiles du lin, du chanvre, du bananier... Le papier et le vieux linge la contiennent encore à un état de pureté plus parfaite, car ils proviennent de ces substances et ils ont été soumis, soit dans leur fabrication, soit dans leurs usages, à des opérations mécaniques ou chimiques qui ont altéré plus fortement les matières étrangères que la cellulose.

On l'obtient parfaitement pure en traitant le coton, la charpie, le papier... successivement par l'eau, par l'alcool, par l'éther et par des dissolutions étendues de potasse et d'acide chlorhydrique. Ces réactifs dissolvent et détruisent toutes les matières étrangères et n'attaquent pas sensiblement la cellulose.

356. *Pyroxyline.* = On peut préparer la *pyroxyline* ou le *pyroxyle* en plongeant du coton dans de l'acide azotique fumant, en l'y laissant pendant 14 ou 15 minutes, puis en le lavant et en le faisant sécher. On obtient ainsi une matière qui conserve exactement la forme du coton et qui est extrêmement explosible. Elle est composée, en nombres ronds, de 25 parties de carbone, de 3 parties d'hydrogène, de 12 parties d'azote et de 60 parties d'oxygène; sa composition peut être représentée par la formule. $C^{24}H^{17}O^{17}, 5AzO^5$; elle diffère ainsi de 2 équivalents de cellulose $C^{24}H^{20}O^{20}$ par la substitution de 5 éq. d'acide azotique à 3 éq. d'eau.

On prépare plus économiquement la pyroxyline en faisant un mélange de deux volumes égaux d'acide azotique fumant et d'acide sulfurique concentré, puis en laissant refroidir ce mélange et en y plongeant du coton cardé. On retire le coton au bout de 14 ou 15 minutes; on le presse avec une spatule pour en exprimer le liquide et on le lave ensuite à grande eau jusqu'à ce qu'il n'ait plus ni odeur, ni saveur. On le fait enfin sécher en l'exposant aux rayons solaires ou en le soumettant à un courant d'air dans une étuve chauffée à 40 ou 50 degrés. — On peut faire servir le reste de la liqueur acide pour préparer une nouvelle quantité de pyroxyline, mais il faut ajouter une petite quantité d'acide sulfurique afin d'absorber l'eau qu'abandonne la cellulose dans sa transformation.

La pyroxyline est insoluble dans l'eau et dans l'alcool; elle est peu soluble dans l'éther pur, mais elle se dissout assez facilement dans l'éther contenant 8 ou 9 centièmes d'alcool. Elle est très-explosible; elle s'enflamme à 150 ou 160° et donne de l'oxyde de carbone, de l'acide carbonique, de l'azote et de la vapeur d'eau. Elle se décompose peu à peu et dégage une odeur nitreuse assez prononcée quand on la maintient pendant quelque temps à la température 100° et même à 80°; puis elle finit par faire explosion.

La pyroxyline est très-peu hygrométrique. Elle n'éprouve aucune altération par un séjour prolongé dans l'eau; il suffit de la dessécher de nouveau pour lui rendre ses propriétés ordinaires.

Le pyroxyle présente quelques avantages sur la poudre ordinaire. Il communique aux projectiles la même vitesse qu'un poids quadruple de poudre; il ne s'altère pas par l'action de l'humidité et il ne laisse aucun résidu qui encrasse l'arme. Mais d'un autre côté, il revient à un prix plus coûteux, et il forme une poudre trop brisante eu égard à sa trop grande explosibilité. Ces inconvénients en font rejeter l'emploi dans les armes à feu. — On s'en sert au contraire avec beaucoup d'avantages dans le tirage des mines; on peut même, en le mélangeant avec son poids de nitre, produire un effet 7 ou 8 fois plus grand qu'avec la poudre de mine et 5 ou 6 fois plus grand qu'avec la poudre de guerre. On détermine alors la combustion complète du pyroxyle car on obtient seulement pour produits de l'oxyde de carbone, de l'azote et de la vapeur d'eau.

On peut préparer le pyroxyle avec le papier, le linge, le chanvre, la sciure de bois et les autres substances riches en cellulose; mais il ne présente pas toujours le même degré de combustibilité que le pyroxyle obtenu au moyen du coton ou que le fulmi-coton. La différence dans le degré de combustibilité des différents pyroxyles dépend du degré de cohésion des matières employées à les préparer, car ils présentent tous la même composition chimique.

§ 2. — *Matière ligneuse.*

357. *Propriétés.* = La matière ligneuse ou la matière incrus-

tante du bois se forme à la longue aux dépens des substances organiques contenues dans la sève ; elle se dépose peu à peu sur les parois intérieures des cellules et y forme une couche solide qui augmente peu à peu d'épaisseur jusqu'à ce que les cellules soient entièrement remplies. La couche ainsi déposée n'est pas toujours du ligneux pur ; elle contient souvent des matières résineuse et un peu de matières azotées.

On obtient la matière ligneuse en faisant agir successivement l'eau, l'alcool et l'éther sur la sciure de bois ou sur du bois pulvérisé dans un mortier ; mais elle contient toujours la cellulose du bois, car cette substance résiste beaucoup plus qu'elle à l'action de ces réactifs. Il est impossible de l'obtenir parfaitement pure et par conséquent de savoir si elle est identique dans les diverses parties des végétaux.

La matière ligneuse est formée de carbone, d'hydrogène et d'oxygène comme la cellulose, mais elle contient plus de carbone et d'hydrogène pour un même poids d'oxygène comme on le reconnaît en soumettant à l'analyse la matière ligneuse unie à la petite quantité de cellulose dont on ne peut pas la séparer. On trouve ainsi qu'elle contient plus d'hydrogène qu'il n'en faut pour convertir en eau tout son oxygène et par suite qu'elle peut être représentée dans sa composition par du carbone, de l'hydrogène et de l'eau.

La matière ligneuse dégage, dans sa combustion plus de chaleur que la cellulose, puisqu'elle contient une plus forte proportion de carbone et d'hydrogène. Il résulte de là que les bois durs doivent donner plus de chaleur que les bois tendres, et que le cœur du bois doit en donner plus que l'aubier. C'est précisément ce que l'expérience confirme.

La matière ligneuse noircit par son contact avec l'acide sulfurique à la température ordinaire. Cette propriété permet de la distinguer de la cellulose.

358. *Bois.* = Le bois se compose d'une partie combustible et d'une partie incombustible. La première est formée de ligneux,

de cellulose et d'une petite quantité de matières résineuses et de matières azotées ; la deuxième est formée d'eau et de quelques substances minérales. La proportion d'eau est assez forte dans le bois ; elle est d'environ 40 pour 100 dans le bois vert et 12 ou 15 pour 100 dans le bois séché à l'air. La proportion des substances minérales est beaucoup plus faible; ce sont ces substances qui forment la cendre qu'on obtient pour résidu après la combustion du bois.

. Les nombres du tableau suivant indiquent la composition élémentaire de plusieurs espèces de bois ; ils supposent que ces bois ont été desséchés dans le vide à la température de 140°.

	CHÊNE.	BOULEAU.	TREMBLE.
Carbone.	49,58	50,29	49,26
Hydrogène.	5,78	6,23	6,18
Oxygène.	41,38	41,02	41,74
Azote.	1,23	1,43	0,96
Cendres.	2,03	1,03	1,86
	100,00	100,00	100,00

La proportion des cendres n'est pas la même dans les diverses parties d'un même végétal, elle est plus grande en général dans l'écorce que dans les branches et dans les branches que dans le tronc.

Le bois se décompose par l'action de la chaleur; sa décomposition commence même à 140°. On obtient toujours dans sa distillation, de l'eau, de l'acide acétique, de l'esprit de bois, et des substances goudronneuses pour produits liquides, et de l'acide carbonique, de l'oxyde de carbone, de l'hydrogène et de l'azote pour produits gazeux. On trouve enfin dans les vases distillatoires un résidu de charbon qui s'élève quelquefois jusqu'à 28 pour 100.

359. *Conservation du bois.* = Le bois s'altère à la longue quand il est exposé dans un lieu humide; il éprouve une véri-

table fermentation sous l'influence des matières azotées qu'il renferme et il se transforme en une matière noire qu'on désigne sous le nom de *terreau*. La décomposition est d'autant plus rapide que le bois est plus jeune, car ses cellules qui sont alors traversées par une quantité plus abondante de sève contiennent une quantité plus considérable de matière fermentescible.

On parvient à empêcher la décomposition du bois en introduisant dans ses cellules de la créosote, de l'acétate de fer, du sulfate de fer, du sulfate de cuivre, de l'acide arsénieux, du sublimé corrosif et généralement toutes les substances qui s'opposent à la putréfaction des matières animales; mais on emploie plus ordinairement le pyrolignite de fer impur car il est peu coûteux et il contient un peu de goudron et un peu de créosote qui agissent avec beaucoup d'énergie comme substances conservatrices.

On profite quelquefois de la force ascensionnelle qui porte la sève dans les vaisseaux des plantes pour y faire pénétrer le pyrolignite de fer. On pratique une incision circulaire vers la base au moyen d'une scie et on entoure cette incision d'un bassin dans lequel on fait arriver la solution de pyrolignite. Cette matière est rapidement absorbée et pénètre peu à peu dans tous les vaisseaux. Un peuplier de 40 centimètres de diamètre à sa base a absorbé ainsi 300 litres de pyrolignite en 7 jours, et un hêtre de 294 mètres cubes en a absorbé 3210 litres en 24 heures. — Ce moyen n'est pas seulement employé quand les arbres sont sur pied; il réussit aussi quand ils sont récemment abattus; on peut même supprimer les branches latérales des arbres, mais il faut conserver à leur sommet une touffe de feuilles qui détermine l'ascension de la sève.

On a recours à un autre moyen quand on veut imprégner de pyrolignite de fer un tronc d'arbre, une traverse, une poutre... On fait plonger l'une des extrémités de la pièce de bois dans un vase contenant la solution de pyrolignite et on enferme l'autre extrémité dans un vase de fonte où l'on fait brûler de l'alcool.

On ferme ensuite le vase afin d'empêcher la rentrée de l'air après la condensation des vapeurs, et le liquide s'élève dans le bois par l'effet de la pression atmosphérique. — On opère plus souvent par *voie de déplacement*. On place la pièce de bois dans une position horizontale, puis on donne un trait de scie assez profond vers son milieu et on ouvre la fente avec un coin. On garnit ensuite ses deux bords verticaux avec une corde goudronnée, et on retire le coin afin de permettre aux deux moitiés de la pièce de bois de se rapprocher. On forme ainsi entre ces deux moitiés un petit réservoir qu'on remplit de pyrolignite et qu'on fait communiquer au moyen d'un siphon avec un tonneau rempli du liquide conservateur. Ce liquide s'infiltre peu à peu dans les vaisseaux du bois et les remplit complétement au bout d'un certain temps. On emploie ce moyen avec avantage dans les traverses qui supportent les rails des chemins de fer.

Le pyrolignite de fer ne préserve pas seulement le bois de l'altération, mais il augmente sa dureté, il empêche son voilage et il le rend moins combustible. Le chlorure de calcium le préserve aussi de l'altération, mais il lui laisse sa souplesse primitive.

On a cherché dans ces derniers temps à communiquer aux différents bois de belles couleurs en introduisant dans leurs vaisseaux des matières colorantes par le moyen précédent. On emploie surtout comme substances colorantes des sels de fer, de l'acétate de plomb, du cyanoferrure jaune de potassium, des chromates de potasse…—C'est à M. Boucherie qu'on doit le procédé de conservation et de coloration du bois qui vient d'être indiqué.

§ 3. — *Matière amylacée.* $C^{12}H^9O^9$, HO.

360. *Matière amylacée.* = Les cellules des pommes de terre, du blé, du maïs et de plusieurs graines contiennent une matière blanche, friable et de forme globuleuse à laquelle on donne le nom de matière amylacée. Cette matière se désigne plus particulièrement sous le nom de *fécule* quand elle provient des pommes de terre et sous le nom d'*amidon* quand elle provient des céréales. Elle contient, comme la cellulose, 12 éq. de carbone et 10 éq. d'hydrogène et d'oxygène; elle peut ainsi être représentée, dans sa composition, par du carbone et de l'eau.

La grosseur des globules amylacés n'est pas la même dans les différents végétaux; elle est de 185 millièmes de millimètre dans la pomme de terre, de 75 millièmes dans la fève, de 45 millièmes dans le blé, de 25 millièmes dans le maïs et de 4 millièmes dans la betterave. L'aspect des grains varie aussi dans les divers végétaux; la différence est même assez grande pour qu'un expérimentateur exercé reconnaisse, à l'inspection d'un globule, la nature du végétal d'où il provient.

Les grains de fécules observés au microscope présentent tous un point particulier, nommé le *hile,* autour duquel la matière se dispose en couches concentriques. On distingue facilement ces couches en comprimant les grains entre deux lames de verre, car alors ils s'ouvrent en se déchirant et ils laissent voir leurs parties intérieures. On les voit encore mieux en chauffant les grains jusqu'à 200° afin de les désagréger et en les imbibant ensuite avec une petite quantité d'eau. Les grains se gonflent considérablement dans ce cas, et les pellicules qui les composent se séparent.

La matière amylacée présente toujours la même composition chimique, quelle que soit la nature du végétal d'où elle provient. Sa composition correspond à la formule $C^{12}H^{10}O^{10}$ quand elle a été desséchée dans le vide à la température de 140° ; mais on lui donne généralement la formule $C^{12}H^{9}O^{9}$, HO, car on peut en chasser un équivalent d'eau en la combinant avec l'oxyde de plomb. L'amidonate de plomb qu'on obtient en dissolvant une partie d'amidon dans 150 parties d'eau bouillante et en précipitant la dissolution par l'acétate neutre de plomb, a en effet pour formule PbO, $C^{12}H^{9}O^{9}$.

La matière amylacée ne contient pas toujours la même proportion d'eau. Elle en renferme 16 équivalents ou les 45 centièmes de son poids quand elle est récemment préparée et égouttée; elle en contient 11 équivalents ou 35 centièmes quand elle a été séchée à l'air saturé d'humidité; elle n'en retient plus que 3 équivalents ou 18 centièmes quand elle a été séchée à 20° dans l'air sec. C'est dans ce dernier état qu'on la conserve dans les magasins. — La fécule contenant un seul équivalent d'eau $C^{12}H^9O^9$, HO se présente en poudre très-fine et attire promptement l'humidité de l'air; celle qui en renferme 11 équivalents est formée de grains qui s'accolent facilement et qui se réunissent par la pression.

361. *Propriétés.* = L'amidon et les matières amylacées en général se transforment, sous l'influence de la chaleur, en une nouvelle substance de même composition, mais très-soluble dans l'eau, qu'on désigne sous le nom de *dextrine.* Cette transformation s'opère à 200° seulement quand l'amidon est monohydraté; mais elle se fait à une température plus basse si l'amidon n'a pas été desséché; elle est plus rapide encore quand on enferme de l'amidon humide dans un tube fermé afin d'empêcher l'évaporation de l'eau qu'il contient.

L'eau n'a aucune action sur l'amidon à la température ordinaire; mais elle agit rapidement à l'aide de la chaleur. Si l'on met de l'amidon dans 15 ou 20 parties d'eau et qu'on chauffe peu à peu; les grains commencent à se gonfler et à se désagréger dès que la température s'approche de 55°; leur désagrégation est complète à la température de l'ébullition de l'eau, et leur volume devient 25 ou 30 fois plus grand. Ils occupent alors le volume entier du liquide et le transforment en une pâte épaisse que l'on désigne sous le nom d'*empois.* — La soude et la potasse peuvent transformer l'amidon en empois même à la température ordinaire; il suffit d'ajouter 2 centièmes de soude à l'eau contenant l'amidon pour déterminer le gonflement des globules.

L'alcool n'a aucune action sur l'amidon, ni à la température ordinaire, ni à une température plus élevée.

L'iode agit sur l'amidon à la température ordinaire ; il suffit en effet de verser une solution d'iode dans de l'eau froide contenant de l'empois pour produire une belle couleur bleue. La couleur disparaît complétement quand on porte l'eau à une température supérieure à 66°, mais elle reparaît quand on laisse refroidir la dissolution. — L'*iodure d'amidon* se détruit sous l'influence de la lumière solaire, car l'iode se transforme en acide iodique et en acide iodhydrique ; il se reforme quand on ajoute quelques gouttes de chlore à la liqueur, car l'acide iodhydrique se détruit, et l'iode qui devient libre agit de nouveau sur l'amidon. Les dissolutions alcalines détruisent de même l'iodure d'amidon en s'emparant de l'iode.

Les solutions concentrées de chlore et d'hypochlorites décomposent l'amidon à une température peu élevée ; elles donnent de l'acide carbonique et de l'acide chlorhydrique pour produits de la réaction.

Les acides sulfurique, azotique et chlorhydrique étendus désagrégent les globules d'amidon à la température ordinaire. La désagrégation est rapide si la liqueur contient au moins 2 centièmes de son poids d'acide réel ; elle est beaucoup plus lente si la proportion d'acide est beaucoup plus faible. Ces acides agissent avec plus d'énergie à la température 100° ; ils transforment l'amidon d'abord en dextrine, et ensuite en glucose. L'acide acétique pur n'exerce aucune action sur l'amidon, mais il agit fortement quand il contient une très-petite quantité d'acide sulfurique.

362. *Extraction de la fécule des pommes de terre.* = On commence par laver les tubercules, afin de les débarrasser de la terre qui adhère à leur surface, puis on les soumet à l'action d'une rape qui déchire leur cellulose et les réduit en pulpe. Un courant d'eau entraîne la pulpe dans un tamis à mesure qu'elle se forme. La pellicule qui recouvre les tubercules reste dans le

tamis, tandis que la fécule passe, sous l'influence du courant d'eau, dans des cuves où elle se dépose. On la brasse à plusieurs reprises, on la lave jusqu'à ce que les eaux de lavage soient incolores et on la passe dans un tamis afin de la séparer complétement de la terre qu'on n'aurait pas enlevée dans le lavage des tubercules. Lorsque la fécule est déposée, on décante le liquide, on met le dépos dans des paniers garnis de toile où il s'égoutte peu à peu et on achève de le sécher.

363. *Extraction de l'amidon du blé.* == L'amidon ne remplit pas à lui seul les cellules du blé; il s'y trouve intimement uni avec de l'eau, avec de la dextrine, avec du glucose et avec une substance azotée qu'on désigne sous le nom de *gluten*. La farine de froment complétement séparée du son contient en effet 71 parties d'amidon, 11 parties de gluten, 10 parties d'eau, 5 parties de glucose et 3 parties de dextrine.

Pour extraire l'amidon de la farine, on forme une pâte avec deux parties de farine et une partie d'eau; on pétrit cette pâte pour la rendre plus homogène et on la lave sous un filet d'eau dans un pétrin, en forme de demi-cylindre, garni latéralement de deux toiles métalliques. Le gluten reste dans le pétrin sous forme d'une masse gluante et élastique, tandis que l'amidon passe, avec la dextrine et le glucose, à travers les toiles métalliques et se rend dans une cuve où il se dépose. La dextrine et le glucose restent d'ailleurs en dissolution eu égard à leur grande solubilité.

L'amidon ainsi préparé retient toujours une petite quantité de gluten qui a été entraînée par le courant d'eau ; on parvient à l'en débarrasser en le faisant fermenter pendant un jour au moyen de l'écume qui provient des eaux de lavage, et qui contient probablement un peu de ferment. Le gluten se décompose seul dans cette opération, et, comme il se transforme en des produits solubles, il suffit de laver la matière pour obtenir un amidon d'excellente qualité. On retire par ce moyen environ 60 kilogrammes d'amidon de 100 kil. de farine.

364. *Dextrine.* = La dextrine a la même composition que la matière amylacée. Elle est solide, incristallisable, soluble dans l'eau et dans l'alcool étendu, mais insoluble dans l'alcool concentré. Elle ressemble beaucoup à la gomme arabique; elle n'est pas colorée par l'iode.

On l'obtient, comme nous l'avons déjà dit, en faisant agir l'acide sulfurique étendu sur les matières amylacées. On fait bouillir, pendant quelque temps, 100 parties d'eau contenant une partie d'acide sulfurique et 50 parties de fécule, puis on sature l'acide sulfurique par de la craie. On décante ensuite la liqueur et on la fait évaporer. — Il faut arrêter l'ébullition à temps, car la dextrine se transforme en glucose sous l'influence de l'acide sulfurique.

On la prépare, dans l'industrie, par d'autres procédés qui paraissent plus avantageux.

1° On mélange 1000 kil. de fécule avec 300 kil. d'eau contenant 2 kil. d'acide azotique du commerce; on fait ensuite sécher la matière dans un séchoir à l'air libre, puis on la pulvérise et on l'étend sur des plaques de tôle qu'on dispose dans une étuve que l'on maintient à la température de 110 ou 120°. La transformation de la fécule en dextrine est terminée en une heure ou une heure et demie, et l'acide azotique est complétement évaporé.

2° On étend, sur des plaques de tôle, une couche de 3 ou 4 centimètres de fécule pulvérisée, puis on dispose ces plaques dans des fours qu'on chauffe graduellement jusqu'à 200° au moyen d'un courant d'air chaud. La transformation de la fécule en dextrine est terminée quand la matière prend une couleur légèrement jaunâtre et qu'elle a une odeur de pain fortement cuit. La dextrine ainsi préparée porte le nom de *fécule torréfiée.*

La dextrine peut remplacer la gomme dans plusieurs opérations industrielles. On en emploie des quantités considérables pour apprêter les indiennes et les autres étoffes de coton, pour épaissir les mordants et les couleurs, pour encoler le papier.... On s'en sert aussi en chirurgie pour enduire des bandages.

365. *Diastase.* = La diastase jouit de la propriété de transformer des quantités considérables de matière amylacée en
dextrine et en glucose. Cette substance se produit pendant la
germination des céréales et des pommes de terre; elle existe à
l'origine même du germe des céréales et des pousses des tubercules.

On l'extrait ordinairement de l'orge germée. On fait digérer
pendant quelques heures de l'orge germée dans l'eau à 25 ou
30 degrés, puis on exprime le liquide dans un linge. Ce liquide
contient en dissolution la diastase et une matière albumineuse
azotée. On le porte à 75°, afin de coaguler la matière azotée,
puis on décante la liqueur et on y verse de l'alcool absolu qui
précipite la diastase sous forme de flocons. On la purifie en la
dissolvant dans de l'eau et en la précipitant de nouveau par
l'alcool.

La diastase desséchée est blanche, incristallisable, soluble
dans l'eau et dans l'alcool étendu, mais insoluble dans l'alcool
concentré. Elle se conserve sans altération à l'air sec; mais elle
se putréfie rapidement à l'air humide. Elle peut dissoudre et
transformer en dextrine plus de 2000 parties de fécule. C'est entre 70 et 75° que son action est la plus énergique; elle n'agit pas
à une température supérieure à 80° ; elle agit même à la température 0°. La diastase n'exerce aucune action sur la cellulose,
sur la matière ligneuse et sur les sucres.

On prépare dans les arts beaucoup de dextrine en s'appuyant
sur les propriétés de la diastase. On met dans de l'eau de l'orge
germée réduite en poudre; on chauffe le mélange jusqu'à 75°
et on y verse peu à peu de la fécule. Lorsque la dissolution est
opérée, on chauffe rapidement à 100° afin d'arrêter l'action de
de la diastase et d'éviter la transformation de la dextrine en
glucose, puis on décante la liqueur et on l'évapore jusqu'à consistance sirupeuse. — La dextrine ainsi préparée s'emploie
dans la boulangerie, dans la fabrication de la bière, de l'alcool,
du cidre....

§ 4. — *Gommes.* $C^{12}H^{10}O^{10}$.

366. *Gommes.* = On donne le nom de gommes à certaines substances neutres qui découlent des arbres. Ces substances ont la même composition que la matière amylacée ; comme cette matière, elles sont incristallisables, solubles dans l'eau, insolubles dans l'alcool et dans l'éther ; mais elles s'en distinguent par les produits qu'elles donnent quand on les traite par l'acide azotique. Les gommes se transforment en effet en *acide mucique* quand on les fait bouillir avec de l'acide azotique du commerce, tandis que la matière amylacée se transforme en acide oxalique dans les mêmes circonstances. — Les gommes ne présentent du reste aucun phénomène de coloration avec l'iode quand elles sont pures.

On distingue trois espèces de gommes : la gomme arabique, la gomme du pays et la gomme adragante.

Gomme arabique. = Cette gomme provient de certaines espèces d'acacias ; elle découle de l'arbre à l'état visqueux et se coagule sur l'arbre lui-même en se desséchant par le contact de l'air. C'est du Sénégal que vient la plus grande partie de la gomme arabique du commerce.

La gomme arabique se présente en petites masses irrégulières, d'une cassure conchoïde et vitreuse ; elle a une saveur fade ; elle est soluble dans l'eau en toutes proportions et forme des dissolutions plus ou moins visqueuses. Elle a toujours une nuance un peu jaunâtre, mais on peut la décolorer en faisant passer un courant de chlore dans sa dissolution et en la desséchant ensuite par l'action de la chaleur.

La gomme arabique contient ordinairement 2 ou 3 centièmes de matières inorganiques ; elle porte le nom d'*arabine* quand elle est pure. L'arabine a pour formule $C^{12}H^{11}O^{11}$ quand elle est simplement chauffée à 100° ; mais elle perd un équivalent d'eau et prend la formule $C^{12}H^{10}O^{10}$ quand on la chauffe à 130°.

La dissolution concentrée de gomme arabique se coagule quand y verse de la potasse ; elle est précipitée par le sous-acétate de plomb et forme un gommate de plomb représenté par la formule $PbO, C^{12}H^{10}O^{10}$. — Les acides étendus transforment l'arabine en dextrine, puis en glucose.

Gomme du pays. — Cette gomme découle des cerisiers, des amandiers et des pruniers ; on lui donne souvent le nom de *cérasine* ; elle se gonfle dans l'eau froide, mais elle s'y dissout difficilement. Elle se transforme en arabine quand on la fait bouillir pendant longtemps dans l'eau.

Gomme adragante. = Cette gomme découle de quelques petits végétaux qu'on nomme *astragales* ; elle est formée d'une certaine quantité d'amidon et d'un principe gommeux qui porte le nom de *bassorine*. — La bassorine est très-peu soluble dans l'eau, même à l'état d'ébullition ; mais elle s'y gonfle considérablement et se transforme en une matière gélatineuse ; elle se dissout dans les alcalis ; elle se transforme en glucose quand on la traite, à la température de l'ébullition par l'acide sulfurique très-étendu.

367. *Acide mucique.* = L'acide mucique est blanc, très-peu soluble dans l'eau froide, assez soluble dans l'eau bouillante ; il rougit le tournesol. On l'obtient en faisant bouillir une partie de gomme arabique avec 4 parties d'acide azotique ordinaire et une partie d'eau. On laisse refroidir la liqueur quand le dégagement de vapeurs nitreuses s'arrête, et on obtient bientôt de petits cristaux grenus d'acide mucique. On purifie cet acide en le lavant à l'eau froide, puis en le dissolvant dans l'eau bouillante et faisant cristalliser de nouveau.

§ 5. — *Sucres.*

368. *Sucres.* = On donne le nom de sucres à des substances neutres, solubles dans l'eau, d'une saveur sucrée et qui ont la propriété de se convertir en alcool et en acide carbonique sous l'influence d'un ferment.

On distingue 4 espèces de sucres : le sucre de lait, le sucre de fruits, le glucose et le sucre de canne.

369. *Sucre de lait.* = Ce sucre se désigne quelquefois sous le noms de *lactine* ou de *lactose*. On l'obtient en versant un acide dans du lait afin d'en coaguler le caséum, puis en filtrant la liqueur et en la concentrant suffisamment pour la faire cristalliser. On en prépare de grandes quantités en Suisse en évaporant le liquide qui provient du lait après qu'on lui a enlevé son beurre et son caséum destinés à la fabrication du fromage de gruyère.

Le sucre de lait cristallise en prismes à 4 faces ; il a une saveur agréable ; il se dissout dans 6 parties d'eau froide et dans 2 parties d'eau bouillante ; il est insoluble dans l'alcool et dans l'éther. Il se transforme en glucose sous l'influence des acides étendues ; il se convertit en acide oxalique et en acide mucique quand on le chauffe avec l'acide azotique ordinaire. Il a pour formule $C^{24}H^{24}O^{24}$ quand il se sépare de sa dissolution aqueuse, mais il perd 2 équivalents d'eau quand on le chauffe à 120° et 5 équivalents quand on le porte à 150° ; sa formule est $C^{24}H^{19}O^{19}$ dans ce dernier cas ; il forme, avec l'oxyde de plomb, un sel représenté par la formule $PbO,C^{24}H^{19}O^{19}$.

Le sucre de lait peut éprouver la fermentation alcoolique ou la fermentation lactique selon la nature et l'état du ferment. Si l'on porte par exemple du lait frais à 40°, le sucre de lait qu'il contient se transforme en alcool et en acide carbonique sous l'influence du caséum ; mais si on l'expose pendant quelque temps au contact de l'air avant de le chauffer, son caséum s'altère, et le sucre de lait se transforme en acide lactique.

370. *Sucre de fruits.* = Ce sucre existe dans les raisins, les groseilles, les cerises et dans presque tous les fruits acides. Pour l'extraire, on exprime le sucre de ces fruits, on sature leur acide avec la craie, on fait bouillir ensuite la liqueur avec du blanc d'œuf afin d'enlever la matière mucilagineuse et on l'évapore à une douce chaleur. Il est incristallisable ; il a l'aspect de

la gomme, il est très-soluble dans l'eau, très-déliquescent; il se dissout assez bien dans l'alcool étendu, mais il est insoluble dans l'alcool concentré. Il a pour formule $C^{12}H^{12}O^{12}$; il sucre beaucoup moins que le sucre de canne.

La dissolution de sucre incristallisable laisse déposer de petits cristaux grenus quand on l'abandonne pendant longtemps à elle-même; mais ces cristaux ne sont pas identiques au sucre d'où ils proviennent; ils en diffèrent par leur composition chimique et par leurs caractères optiques. Ils appartiennent au genre de sucre qu'on désigne sous le nom de glucose.

371. *Glucose.* = Le glucose se produit quand on traite la cellulose, le ligneux, la matière amylacée, la gomme, le sucre de lait par les acides étendus; il se forme également quand on abandonne pendant longtemps à elle-même une solution de sucre incristallisable; il existe enfin dans l'urine des diabètes, dans le miel... Il a pour formule $C^{12}H^{14}O^{14}$; il ne diffère par conséquent de la cellulose, des gommes et des matières amylacées que par les éléments de l'eau; il en contient 4 équivalents de plus que ces substances pour la même quantité de carbone. On lui donne quelquefois les noms de sucre d'amidon, de sucre de raisin, de sucre de diabète.

Le glucose cristallise en petites masses grenues; il a une saveur sucrée, il sucre deux ou trois fois moins que le sucre de canne. Il se dissout dans un peu plus de son poids d'eau froide; il est un peu soluble dans l'alcool. Il commence à se ramollir à 60°; il perd 2 équivalents d'eau à 100° et se caramélise à 150°.

Le glucose se transforme en acide oxalique et en acide saccharique sous l'influence de l'acide azotique; il réduit plusieurs dissolutions métalliques, et entre autres le sulfate et l'acétate de cuivre, les azotates de mercure et d'argent, le chlorure d'or... Sa dissolution se colore en brun quand on y verse de la potasse.

On obtient le glucose dans les laboratoires en mettant dans un flacon 100 parties d'eau, 1 partie d'acide sulfurique et 50 parties d'amidon ou de fécule, et en y faisant arriver un courant de vapeur d'eau afin d'élever la température du mélange jusqu'à 100 ou 105 degrés. Le liquide s'éclaircit peu à peu à mesure que la matière amylacée se transforme en glucose. On reconnaît que la transformation est complète quand la dissolution n'est plus colorée par l'iode. On sature alors la liqueur par la craie, puis on filtre et on évapore jusqu'à consistance sirupeuse.

On emploie dans l'industrie de grandes cuves en bois au fond desquelles circule un tube de plomb muni de plusieurs orifices. On remplit aux trois quarts la cuve avec de l'eau contenant un centième d'acide sulfurique, puis on y fait arriver un courant de vapeur au moyen du tube en plomb et on y verse peu à peu la fécule préalablement délayée dans de l'eau. La transformation en glucose est opérée en 30 ou 35 minutes. On arrête alors la vapeur, on laisse refroidir la dissolution et on sature l'acide sulfurique avec la craie. On laisse ensuite reposer la liqueur pendant 12 heures environ, puis on la filtre sur du noir animal et on l'évapore convenablement. On obtient ainsi le *sirop de glucose*. — Lorsqu'on veut obtenir le glucose à l'état solide, on concentre rapidement le sirop jusqu'à ce qu'il marque 40° à l'aréomètre de Baumé, puis on le laisse refroidir convenablement, et on le fait couler dans des tonneaux où il se prend en masse compacte. Si l'on veut le glucose en grains cristallins, on concentre seulement le sirop jusqu'à 32 degrés de l'aréomètre, puis on le fait couler dans des tonneaux dont le fond est percé de plusieurs petits trous bouchés avec des faussets. La cristallisation commence au bout de 7 à 8 jours. Dès qu'elle est terminée, on enlève les faussets afin de faire écouler la *mélasse*, puis on porte les cristaux dans une étuve chauffée à 25°. Le glucose en grains est plus pur que le glucose en masse, car les substances étrangères que contient le sirop de glucose et qui restent dans le glucose compacte sont entraînées dans les mélasses.

On emploie le glucose en sirop ou en masses compactes dans

la fabrication de la bière et de l'alcool ; on s'en sert aussi pour sucrer quelques vins de qualité inférieure. On n'emploie guère le glucose en grains que pour falsifier les cassonnades. — **La** falsification est, du reste, très-facile à reconnaître au moyen du tartrate double de potasse et de cuivre. On n'observe, en effet, aucun changement dans la dissolution de ce tartrate quand on y verse une solution de sucre de canne, tandis qu'on obtient un précipité rouge d'oxyde de cuivre quand le sucre contient un peu de glucose.

372. *Sucre de canne.* = Ce sucre existe dans la canne à sucre, dans la betterave, dans les carottes, dans les navets, dans la séve descendante du bouleau, dans la séve ascendante de l'érable et dans plusieurs fruits des tropiques, tels que le coco, l'ananas... Il a pour formule $C^{12}H^{11}O^{11}$ quand il est cristallisé. On l'extrait principalement de la canne à sucre et de la betterave.

Le sucre de canne cristallise en prismes rhomboïdaux ; sa saveur est très-sucrée ; sa densité est 1,6. Il est soluble dans le tiers de son poids d'eau froide et dans une quantité beaucoup plus petite d'eau bouillante. Il est assez soluble dans l'alcool étendu ; mais il est à peine soluble à froid dans l'alcool concentré.

Le sucre de canne entre en fusion vers 170° ; c'est en le fondant et en coulant ensuite sur des tables de marbre le liquide visqueux qui en résulte qu'on prépare le *sucre d'orge*. Ce sucre est vitreux et amorphe, mais il devient peu à peu opaque et cristallin, comme le sucre ordinaire, quand on l'expose à l'air ou même quand on le met dans des vases hermétiquement fermés. Les confiseurs retardent cette cristallisation en ajoutant un peu de vinaigre au sucre qu'ils veulent obtenir à l'état de sucre d'orge. Le sucre d'orge a la même composition que le sucre cristallisé.

Lorsqu'on porte le sucre à 215°, il perd 2 éq. d'eau et se transforme en une matière noire qu'on désigne sous le nom de *caramel.* Cette matière est très-soluble dans l'eau, très-déliquescente; elle n'a plus de saveur sucrée, elle n'est pas susceptible de fermenter. Si l'on continue à chauffer, elle perd une nouvelle quantité d'eau et se transforme en une substance insoluble; puis à une température plus élevée, elle se décompose comme toutes les matières organiques.

Le sucre de canne devient phosphorescent par le choc; il acquiert, quand on le râpe, une légère saveur de sucre brûlé.

Le sucre de canne s'hydrate et se transforme en glucose quand on soumet sa dissolution à une ébullition prolongée; il se transforme en sucre de fruits incristallisable quand on verse dans sa dissolution une petite quantité d'acide sulfurique ou d'acide azotique. Plusieurs autres acides minéraux et quelques acides organiques jouissent de la même propriété; on accélère la transformation à l'aide de la chaleur.

L'acide azotique du commerce agit vivement sur le sucre à la température de l'ébullition; il se produit d'abord un acide très-déliquescent qu'on nomme acide saccharique; il se forme ensuite de l'acide oxalique si l'action continue. — L'acide sulfurique concentré noircit le sucre et donne des produits assez peu étudiés.

Le sucre de canne réduit plusieurs dissolutions métalliques à la température de l'ébullition. Il donne de l'oxydule de cuivre avec l'acétate de protoxyde de cuivre, du cuivre métallique avec le sulfate et l'azotate de cuivre, de l'argent avec l'azotate d'argent. Il ne réduit pas le tartrate double de potasse et de cuivre, et sa dissolution n'est pas colorée en brun par la potasse, caractères qui le distinguent du glucose.

Le sucre de canne se combine avec plusieurs bases et forme des *sucrates* ou des *saccharates.* Le sucrate de baryte se forme en versant une dissolution concentrée d'eau de baryte dans une solution concentrée de sucre; il est cristallisable; il a pour formule $BaO,C^{12}H^{11}O^{11}$. Le sucrate de chaux s'obtient de même en remplaçant l'eau de baryte par de l'hydrate de chaux; il a pour formule $CaO,C^{12}H^{11}O^{11}$. Le sucrate de plomb se prépare en faisant dissoudre du protoxyde de plomb très-divisé dans une dissolution concentrée de sucre ou en y versant de l'acétate de plomb ammoniacal; il a pour formule $2PbO,C^{12}H^{9}O^{9}$ quand il a été desséché à 160°. Cette composition porte à attribuer la formule $C^{12}H^{9}O^{9},2HO$ au sucre de canne cristallisé.

Le sucre de canne se combine avec le sel marin et forme un composé très-déliquescent qui a pour formule $NaCl,2C^{12}H^{11}O^{11}$. On l'obtient en dissolvant une partie de sel dans 4 parties de sucre et en abandonnant la liqueur à l'évaporation spontanée.

373. *Extraction du sucre de betterave.* = Toutes les betteraves contiennent du sucre, mais c'est la *betterave blanche* qui donne le jus le plus pur et le plus facile à traiter. Elle contient environ 11 pour 100 de sucre cristallisable et 83 pour 100 d'eau.

On conserve les betteraves dans les silos et dans des magasins jusqu'à l'époque où on veut les employer à la fabrication du sucre; on coupe alors leurs collets et leurs spongioles qui contiennent très-peu de matière sucrée, puis on les nettoie et on les lave. On les soumet ensuite à l'action d'une râpe afin de les réduire en pulpe très-fine; on met la pulpe dans des sacs et on la comprime fortement au moyen d'une presse hydraulique. On retire ainsi de 75 à 80 pour 100 de jus; il en reste encore environ 15 pour 100 dans la pulpe.

Dès que le jus est préparé, on le porte rapidement à une température de 60° à 70° afin d'empêcher l'action des ferments qu'il renferme, et on sature son acide par de la chaux afin d'éviter la formation du sucre incristallisable. On emploie à cet effet des chaudières à double fond chauffées par la vapeur. On y fait rendre le jus au sortir des presses, et quand sa température est d'environ 60°, on y ajoute une bouillie de chaux contenant environ 500 grammes de chaux par hectolitre de jus. On porte la liqueur à 100°, et on arrête la vapeur dès que l'ébullition commence. La chaux se combine avec les acides, avec les matières albumineuses, avec une partie des matières colorantes et forme des composés insolubles qui entraînent avec eux les matières mucilagineuses tenues en suspension dans le jus. On laisse alors reposer la liqueur et on tire le jus au clair. Cette première opération porte le nom de *défécation*.

La défécation terminée, on filtre le jus à travers une couche épaisse de noir animal. Les filtres que l'on emploie actuellement se composent de grands cylindres en tôle qui portent un faux fond percé de plusieurs trous. On recouvre leurs fonds avec une toile claire, puis on les remplit presque entièrement de noir en grains qu'on tasse assez fortement et on y fait arriver le jus de manière qu'ils soient constamment pleins. Le jus abandonne dans les filtres presque toute la matière colorante et son excès de chaux.

Il s'agit maintenant de procéder à la concentration et à la *cuite* du jus. On l'amène à cet effet dans de grandes chaudières peu profondes que l'on chauffe avec de la vapeur à haute pression, et on l'y concentre rapidement jusqu'à ce qu'il marque 43° à l'aréomètre de Baumé. On altère toujours une assez grande quantité de sucre dans cette opération, car elle ne se termine qu'à une température de 125 ou 130 degrés. Il est beaucoup plus avantageux de faire la cuite dans des chaudières fermées qui communiquent par leurs parties supérieures avec des serpentins et des récipients où l'on fait le vide. L'ébullition se produit alors à une température plus basse, et la quantité de sucre qui s'altère devient très-petite.

Lorsque le sirop est cuit, on l'amène dans une chaudière nommée *rafraîchissoir*. On l'y laisse refroidir jusqu'à ce qu'il commence à cristalliser, et on le verse ensuite dans de grands moules coniques en terre cuite ou en métal posés sur leurs sommets. La cristallisation s'y opère au bout d'un jour ou d'un jour et demi. On enlève a'ors les tampons qui ferment les orifices inférieurs des moules, et, quand le sirop qui n'a pas cristallisé s'est écoulé, on retourne les formes et on en détache le sucre.

On obtient ainsi ce qu'on appelle le *sucre brut*. — Le sirop qui coule des formes contient encore beaucoup de sucre cristallisable; on en retire une grande partie du sucre par de nouvelles cuites et de nouvelles cristallisations. On donne le nom de *mélasses* aux sirops plus ou moins épuisés.

374. *Raffinage du sucre.* = Le sucre brut contient toujours 8 ou 10 pour 100 d'eau et 3 ou 4 pour 100 de matières étrangères. Il a une odeur et une saveur désagréables; on ne peut le livrer à la circulation qu'après l'avoir raffiné.

On commence par fondre le sucre brut dans de grandes chaudières chauffées à la vapeur, puis on ajoute au sirop 4 ou 5 pour 100 de noir en poudre fine et 1 ou 2 pour 100 d'une matière albumineuse telle que du sang de bœuf. On l'agite vivement, et quand il est arrivé à l'ébullition, on le fait couler dans des filtres qui retiennent le noir, les matières albumineuses coagulées et les matières étrangères. On le dirige alors dans de nouvelles chaudières qu'on chauffe à la vapeur et qui communiquent avec des appareils destinés à faire le vide; on l'y concentre rapidement, et quand la cuite est suffisante on l'amène dans des cristallisoirs métalliques. Dès que les cristaux commencent à se former, on agite vivement le sirop pour détacher les cristaux des parois, et on le verse dans des formes coniques qu'on porte dans une pièce d'une température de 25 à 30 degrés. Lorsque la cristallisation est opérée, on débouche l'orifice inférieur des formes afin de laisser écouler le sirop qui n'a pas cristallisé, puis on remplit la cavité formée au-dessus des pains avec une couche de sucre provenant des débris du sucre raffiné. On procède ensuite à l'opération du *terrage*.

On met dans chaque forme, sur la surface des pains, une couche d'argile délayée dans de l'eau, d'une épaisseur de 2 ou 3 centimètres. L'eau de l'argile s'infiltre alors peu à peu dans les pains, se sature de sucre presque pur dans les couches supérieures et forme un sirop qui entraine les matières colorées dont le sucre est imprégné. Ce terrage est terminé au bout de 9 ou

10 jours. On enlève ensuite l'argile, puis on fait un second terrage qui dure 7 ou 8 jours, et quelquefois un troisième terrage qui dure moins longtemps. Le dernier terrage terminé, on retire les pains des formes, on les expose pendant 24 heures au contact de l'air et on les porte dans une étuve dont on élève progressivement la température jusqu'à 40 ou 45 degrés. — Quant aux sirops qui s'écoulent dans ces différentes opérations, on leur fait subir de nouvelles cuissons et on en forme des sucres de qualités inférieures qu'on nomme *lumps* et *bâtardes*.

On remplace dans quelques raffineries le terrage par le *clairçage*. On verse dans les formes, au-dessus des pains, un sirop de sucre plus pur que celui qui les mouille. Ce sirop, nommé *clairce*, déplace alors le sirop impur et le force à s'écouler par les sommets des formes. On déplace ensuite la première clairce pour une nouvelle clairce qui provient d'un sucre plus pur, et celle-ci par une troisième. Le clairçage dure moins longtemps que le terrage.

CHAPITRE IV.

De la fermentation alcoolique.

375. Nous avons déjà vu que plusieurs substances organiques éprouvent des modifications particulières sous l'influence de certains principes qui agissent par leur seule présence et sans leur donner ou leur prendre aucun élément. Ces principes ont reçu le nom de *ferments*, et la modification qu'ils produisent le nom de *fermentation*.

Nous n'étudierons dans ce chapitre que les phénomènes qui résultent de la transformation du sucre en alcool et en acide carbonique sous l'influence des ferments. Ces phénomènes constituent la *fermentation alcoolique*.

On constate facilement l'action des ferments sur le sucre en introduisant dans un petit matras 50 ou 60 grammes de sucre avec 200 ou 300 grammes d'eau et un peu de levure de bière et en maintenant la température du matras à 25 ou 30 degrés. Il se forme au bout de quelque temps de l'acide carbonique qu'on peut recueillir dans une éprouvette et de l'alcool qui reste dans le matras.

On conçoit facilement, du reste, la transformation du sucre en acide carbonique et en alcool sous l'influence de l'eau et d'un ferment sans que le ferment lui donne aucun de ses éléments, car l'équivalent du sucre peut se décomposer en un nombre exact d'équivalents d'acide carbonique CO^2 et d'alcool $C^4H^6O^2$. Si l'on considère en effet le sucre de fruits, il se transforme en 4 éq. d'acide carbonique et en 2 éq. d'alcool comme l'indique l'identité $C^{12}H^{12}O^{12}=4CO^2+2C^4H^6O^2$. Si l'on considérait le glucose $C^{12}H^{14}O^{14}$ et le sucre de canne $C^{12}H^{11}O^{11}$, ils éprouveraient la même transformation, mais ils commenceraient par se convertir en sucre de fruits en abandonnant ou en absorbant une certaine quantité d'eau. — On peut vérifier par expérience la transformation du sucre de canne en sucre de fruits sous l'influence du ferment en mettant du sucre en contact avec de l'eau et de la levure de bière, et en ajoutant, dès que la fermentation a commencé, de l'alcool pour paralyser l'action du ferment. On trouve alors que le sucre s'est complétement transformé en sucre de fruits.

376. *Ferments alcooliques.* = Tous les fruits murs qui contiennent beaucoup de matières sucrées renferment un ferment alcoolique, mais ce ferment reste sans action tant qu'il n'est pas en contact avec l'oxygène ou avec l'air. On s'en assure en exprimant des raisins murs sous une éprouvette pleine de mercure et en introduisant ensuite un peu d'air sous l'éprouvette. Au bout de quelques jours, on trouve qu'elle contient de l'alcool et de l'acide carbonique. Le jus n'aurait éprouvé aucune altération, et par conséquent le ferment serait resté inerte, si on ne l'eût pas mis en contact avec l'air.

Le blanc d'œuf, la chair musculaire, le fromage, le gluten, la gélatine et presque toutes les matières végétales et animales deviennent aussi des ferments quand elles se putréfient spontanément au contact de l'air et de l'humidité; mais de toutes les matières fermentescibles, c'est la levure de bière qui agit avec la plus grande énergie. Nous devons indiquer les principales propriétés de ce ferment.

La levure de bière a l'aspect d'une bouillie écumeuse contenant des grumeaux noirâtres. Elle a une odeur aigre, une saveur amère, une réaction acide; elle doit son pouvoir fermentescible aux grumeaux qu'elle renferme, car on n'altère pas ce pouvoir en lui enlevant sa partie soluble par des lavages. Ses grumeaux sont composés d'une multitude de petits végétaux microscopiques, dont la forme est ovoïde et dont le diamètre ne dépasse pas $\frac{1}{100}$ de millimètre.

Le ferment se putréfie quand on l'abandonne à l'air pendant quelques jours ; il dégage de l'ammoniaque et il exhale une odeur infecte. Il se décompose quand on le chauffe dans un petit tube de verre ; il dégage des vapeurs ammoniacales, des huiles empyreumatiques, et il laisse un résidu de charbon.

Le ferment se présente sous l'aspect d'une masse dure, cornée, un peu transparente quand on l'a desséché dans le vide ou à une basse température. Il ne possède plus alors sa vertu fermentescible, mais il la reprend quand on le fait digérer pendant quelque temps dans l'eau. Il perd aussi sa propriété caractéristique quand on le fait bouillir pendant quelque temps avec l'eau ; mais il la recouvre au contact de l'air pourvu que l'ébullition n'ait pas duré trop longtemps. L'alcool, l'éther, les huiles essentielles, la créosote, le sublimé corrosif, l'acide pyroligneux, l'acide sulfureux et les sulfites, l'acétate et le sulfate de cuivre... paralysent son action ; l'acide acétique, l'acide tartrique et quelques autres acides faibles augmentent son énergie ; l'acide arsénieux et l'émétique ne paraissent pas la modifier.

Le ferment se décompose peu à peu en agissant sur le sucre ; il se transforme en une matière grisâtre qui contient à peu près la même quantité de carbone, mais qui renferme un peu plus d'hydrogène et beaucoup moins d'azote ; mais il faut au moins 50 parties de sucre pour altérer une partie de ferment. On voit par là qu'une quantité donnée de ferment ne peut pas transformer un poids quelconque de sucre en alcool et en acide carbonique. — La rapidité de la fermentation dépend des proportions du sucre et du ferment ; elle est maximum quand on emploie 1 partie de ferment, 4 parties de sucre et 12 ou 15 parties d'eau. La fermentation deviendrait moins énergique si on augmentait la proportion de sucre ; elle cesserait même complétement si la dissolution de sucre était saturée.

Le ferment, loin de diminuer, augmente de plus en plus

quand il agit sur une substance contenant une matière sucrée et une matière albumineuse. C'est ce qui arrive dans la fabrication de la bière ; on trouve à la fin de l'opération une quantité de ferment 7 ou 8 fois plus grande que celle que l'on a ajoutée. La matière albumineuse se transforme alors en ferment, tandis que la matière sucrée se transforme en acide carbonique et en alcool.

§ 1er. — *Fabrication du vin et du cidre.*

377. *Fabrication du vin.* = Le raisin contient de l'eau, de la cellulose, du sucre de raisin, des matières albumineuses, des matières colorantes, du tannin, des substances grasses, des huiles essentielles, des tartrates, des sulfates et des phosphates de potasse et de chaux , des chlorures de potassium et de sodium, de la silice, de l'oxyde de fer et plusieurs autres substances organiques ou inorganiques.

Les matières colorantes et le tannin existent principalement dans la pellicule des raisins et dans les *rafles*, c'est-à-dire dans les tiges des grappes. Ces matières sont bleues, jaunes et rouges; elles n'ont pas la même fixité. La couleur bleue s'altère plus rapidement que la couleur rouge, et celle-ci plus rapidement que la couleur jaune ; aussi les vins de couleur violacée deviennent-ils plus rouges en vieillissant, et finissent-ils par devenir un peu jaunâtres quand ils sont très-vieux.

Vins rouges. = C'est au moyen des raisins noirs qu'on fabrique le vin rouge. On met d'abord les raisins dans des tonneaux où on les écrase avec une fourche à trois dents, puis on les verse dans de grandes cuves de 30 ou 40 hectolitres où on piétine les grappes qui ne sont pas complétement écrasées. On abandonne ensuite la matière à elle-même pendant plusieurs jours, afin qu'elle éprouve la fermentation alcoolique. Le sucre de raisin se transforme alors en acide carbonique qui se dégage avec effervescence et en alcool qui dissout les matières colorantes et le tannin. On fait souvent subir un nouveau foulage aux grappes pendant la fermentation quand les tissus du raisin sont en partie désagrégés, mais on doit prendre de grandes précautions à cause du dégagement abondant d'acide carbonique. Les cuves dans lesquelles la fermentation se produit restent ordinairement ouvertes; mais on les ferme quelquefois afin de préserver les écumes du contact de l'air et d'empêcher leur transformation en acide acétique; on laisse seulement, dans ce dernier cas, une ouverture suffisante pour permettre à l'acide carbonique de se dégager.

La durée de la fermentation dépend de la température et de la nature du raisin; elle varie de 4 à 8 jours. On reconnaît qu'elle est terminée quand le vin est suffisamment coloré et quand le dégagement du gaz carbonique cesse presque entièrement. Arrivé à ce point, on soutire le vin au moyen d'un robinet placé à la partie inférieure de la cuve. On porte ensuite le *marc* sous un *pressoir* où on lui fait subir une pression convenable, et on recueille le vin à mesure qu'il s'en écoule. Ce vin est d'une qualité inférieure au premier, car il contient toujours des principes amers qui proviennent des pepins et des rafles; on le mélange ordinairement avec lui dans les crus ordinaires, mais on le conserve séparément dans les crus de qualités supérieures. — On ne bouche pas complétement les tonneaux dans lesquels on a recueilli le vin, car la fermentation continue encore pendant quelque temps; on ne les bouche solidement que quand le dégagement de l'acide est complétement arrêté.

On attend ordinairement les premières gelées ou même la fin de l'hiver pour soutirer le vin. On le colle ensuite avec du blanc d'œuf, du sang de bœuf ou de la gélatine. Ces substances forment, avec le tannin et l'excès des matières colorantes, des composés insolubles qui se déposent peu à peu dans la masse et qui entraînent les matières qu'elle tenait en suspension.

Vins blancs. = Les vins blancs se fabriquent, soit avec les raisins blancs, soit avec les raisins noirs. On écrase les raisins et on les fait piétiner dans la cuve comme dans le cas des vins rouges, puis on soutire immédiatement le *moût* et on le reçoit dans des tonneaux. On porte ensuite le marc au pressoir et on recueille le moût qui provient de la pression. C'est dans les tonneaux que la fermentation se produit; aussi doit-on les laisser ouverts afin que l'acide carbonique et l'écume qui en résultent puissent se dégager librement. On ne les ferme que quand le vin commence à s'éclaircir. Le bondon ne doit pas être fixé trop solidement; il doit pouvoir céder assez facilement à la pression qui peut résulter du dégagement du gaz carbonique.

On soutire, dès que la fermentation est complétement terminée, les vins qui doivent être consommés peu de temps après la récolte; mais on attend ordinairement les premières gelées pour soutirer ceux qui doivent être conservés pendant plusieurs années. — On emploie ordinairement la colle de poisson pour coller les vins blancs, car elle se coagule plus facilement que le blanc d'œuf et que le sang de bœuf, condition importante dans les vins blancs qui contiennent peu de tannin.

Vins mousseux. = C'est en Champagne que se fabriquent les vins mousseux les plus recherchés. On les prépare toujours avec des raisins noirs, car leur jus est plus sucré que celui des raisins blancs, mais on a soin alors de ne pas déchirer les tissus des pellicules et des rafles qui contiennent les matières colorantes et le tannin. On porte immédiatement les raisins au pressoir et on en exprime par une légère pression le jus qui doit produire le vin de première qualité. On porte ensuite le marc dans la cuve, on le foule à la manière ordinaire, puis on en extrait par une nouvelle pression plus forte que la première le jus qui doit fournir le *vin rosé*. On retire enfin le reste du jus par une pression encore plus forte, mais on le mêle aux vins rouges ordinaires. C'est encore dans les tonneaux que la fermentation se produit.

Lorsque la fermentation est à peu près terminée, on soutire le vin, puis on le met dans de nouveaux tonneaux qu'on ne bondonne encore qu'imparfaitement à cause du dégagement de l'acide carbonique. On soutire et on colle après les premières gelées; on soutire et on colle de nouveau un ou deux mois après, et on répète encore les mêmes opérations au mois d'avril. On met, à cette époque, le vin en bouteilles et on lui ajoute 3 ou 4 centièmes de son poids de sucre candi préalablement dissous dans de l'eau. On ferme ensuite les bouteilles avec de bons bouchons qu'on maintient avec des fils de fer. Une partie du sucre entre alors en fermentation sous l'influence de la petite quantité de ferment qui reste encore dans le vin après les soutirages et les collages, et de là résulte de l'alcool et de l'acide carbonique qui se dissolvent dans ce liquide.

Les vins des différentes localités ne contiennent pas à beaucoup près la même proportion d'alcool; les vins du midi sont en général plus spiritueux que les vins du nord. Le vieux madère contient environ 16 pour 100 de son volume d'alcool; le sauterne blanc en contient 15 pour 100, le champagne 12, le volnay 11, le mâcon 10, le bon bordeaux 9. La proportion d'alcool varie un peu d'une année à une autre dans une même localité.

378. *Fabrication du cidre.* = Le cidre contient quelquefois jusqu'à 9 pour 100 de son volume d'alcool; mais il n'en renferme quelquefois que 5 pour 100. On le fabrique avec des pommes; c'est le cidre de Normandie qui est le plus estimé.

Pour fabriquer le cidre, on commence par écraser les pommes sous une meule verticale qui tourne dans une auge de pierre et dans laquelle on ajoute 15 ou 20 pour 100 d'eau, puis on les met en tas et on les abandonne à elles-mêmes pendant un jour environ afin de laisser désagréger leur tissu cellulaire. On les soumet ensuite à la presse et on en extrait le jus. On porte alors ce jus dans des cuves où il entre en fermentation et où il se dépouille des matières étrangères, puis on le soutire dans des tonneaux, qu'on ne bondonne solidement qu'à l'époque où la fermentation est terminée.

On fabrique avec les poires une boisson analogue au cidre. Cette boisson se désigne sous le nom de *poiré*; elle contient de 6 à 7 pour 100 de son volume d'alcool.

§ 2. — *Fabrication de la bière.*

379. La bière contient de 2 à 3 pour 100 de son volume d'alcool; c'est avec l'orge qu'on la fabrique ordinairement.

On met d'abord l'orge dans de grands bassins avec 3 ou 4 fois son volume d'eau. On l'y laisse pendant 12 heures environ en été et pendant plus de 24 heures en hiver afin que les graines se gonflent convenablement et que leur germination devienne plus facile. On renouvelle ordinairement l'eau 2 ou 3 fois pendant cet intervalle.

On porte ensuite l'orge dans une cave ou dans un cellier dont la température est maintenue à 16 degrés environ ; on l'y étend en couches de 45 à 50 centimètres de hauteur et on l'y abandonne à elle-même. Elle s'échauffe alors peu à peu, et la germination commence. On réduit la hauteur de la couche à 30 centimètres dès que le germe commence à paraître, et on la réduit à 10 centimètres quand sa longueur approche d'être égale aux deux tiers environ de celle des graines. Cette opération dure 10 jours environ en été et 15 ou 16 jours au printemps et en automne.

Lorsque la gemmule a atteint le développement convenable, en d'autres termes quand la diastase est complétement formée, on dessèche les grains pour arrêter la germination. On les étend à cet effet sur un grenier bien aéré, où ils commencent à abandonner une partie de leur humidité, puis on les porte dans une étuve traversée par un courant d'air chaud. On sépare ensuite les gemmules par une espèce de tamisage et on procède à la mouture du grain. Cette mouture s'exécute entre deux meules horizontales en pierres dont on règle la distance de telle sorte qu'elles concassent le grain sans le réduire en farine. — Le produit de la mouture se désigne sous le nom de *malt*; on peut le conserver longtemps, si on le désire, avant de l'employer à la fabrication de la bière.

Il s'agit maintenant de saccharifier le malt, c'est-à-dire de le transformer en sucre. On le met à cet effet dans une grande cuve en bois contenant de l'eau à 60° et on l'y abandonne à lui-même pendant une heure ou deux heures afin de l'hydrater convenablement. On amène alors dans la cuve de l'eau à 90° en quantité suffisante pour élever la température du mélange à 75°, puis on couvre la cuve. L'action de la diastase sur l'amidon est assez rapide à cette température, et au bout de 2 ou 3 heures la matière amylacée est complétement transformée en glucose. On soutire alors le liquide au moyen d'un robinet placé à la partie inférieure de la cuve. Ce liquide porte le nom de *moût*; il est sucré puisqu'il contient en dissolution le glucose qui provient de l'action de la diastase sur l'amidon; on augmente quelquefois la proportion de sucre qu'il renferme en lui ajoutant du glucose ou des mélasses.

Lorsque le moût sort de la cuve, on le mélange avec de la fleur de houblon dans la proportion d'un kilogramme par hectolitre de liquide. On le porte ensuite à l'ébullition afin qu'il dissolve les principes aromatiques et sapides de cette fleur, puis on le fait passer dans une nouvelle cuve où il ne tarde pas à se clarifier. On le décante au bout de quelque temps.

Dès que le moût est refroidi, on le verse dans la cuve où la fermentation doit avoir lieu et on lui ajoute 2 ou 3 kil. de levure de bière par hectolitre. La fermentation s'annonce, comme dans le cas du vin, par un dégagement abondant d'acide carbonique et d'écumes; elle dure de 25 à 40 heures. Dès qu'elle commence à se ralentir, on introduit le liquide dans des tonneaux qu'on remplit jusqu'à la bonde et que l'on dispose sur une rigole destinée à recueillir les écumes qui continuent à s'échapper. On a soin de remplir les tonneaux à mesure que les écumes s'en échappent, et on ne les bondonne solidement que quand la fermentation est terminée. Il ne reste plus qu'à clarifier la bière par la colle de poisson.

Les écumes qui proviennent de la fermentation sont recueillies avec soin ; on en retire la *levure de bière* en exprimant le liquide qu'elles renferment.

§ 3. — *Farine, gluten, panification.*

380. *Farine.* = Les graines des céréales se partagent en *farine* et en *son* quand on tamise le produit qui résulte de leur mouture.

La farine contient de l'eau, de l'amidon, du gluten, de la dextrine et du glucose ; elle en renferme des proportions variables avec la nature de la graine et, pour une même graine, avec la localité d'où elle provient. La farine de froment de France contient, en nombres ronds, 10 centièmes d'eau, 71 d'amidon, 11 de gluten, 5 de glucose et 3 de dextrine ; celle du blé dur d'Odessa renferme 12 centièmes d'eau, 59 d'amidon, 15 de gluten, 9 de glucose et 5 de dextrine.

Le son contient, comme la farine, mais en faible proportion, de l'amidon, du gluten, du glucose et de la dextrine ; mais il renferme en outre la matière ligneuse qui forme l'enveloppe des graines. Les proportions relatives des matières qui le composent varient d'ailleurs selon qu'il est plus ou moins tamisé. — On n'emploie guère le son dans la fabrication du pain, car il est d'une digestion difficile à cause de la matière ligneuse qu'il contient.

381. *Gluten.* = Le gluten existe dans les graines de toutes les céréales ; mais c'est dans le froment qu'il est le plus abondant. Pour l'extraire, on forme une pâte consistante avec cette farine, et on soumet cette pâte à un courant d'eau qui entraîne l'amidon, le glucose et la dextrine. La matière gluante et élastique qui reste après le lavage n'est autre chose que le gluten.

Le gluten est un mélange de trois principes immédiats qui ressemblent, par leurs compositions et par leurs propriétés chimiques, à la fibrine des animaux, au caséum du fromage et à l'albumine. On les désigne sous les noms de *fibrine végétale;* de *caséine* et de *glutine.* On peut séparer ces trois principes en faisant bouillir le gluten d'abord dans l'alcool concentré et ensuite dans l'alcool étendu ; on dissout ainsi la caséine et la glutine tandis que la fibrine reste intacte. Les liqueurs alcooliques abandonnent la caséine par le refroidissement et la glutine par l'évaporation.

382. *Panification.* = Le pain se fabrique avec de la farine de froment, avec de la farine de seigle et quelquefois avec un mélange de ces deux farines.

On ne doit pas se contenter de faire une pâte avec de la farine et de l'eau, et de la soumettre à la cuisson, car on obtiendrait alors un pain compacte et d'une digestion difficile. On doit faire fermenter la pâte avant sa cuisson afin d'y développer de l'acide carbonique qui la boursoufle et la rende poreuse. — On obtient ordinairement le ferment qu'on ajoute à la pâte dans la fabrication du pain, en abandonnant à elle-même à une douce chaleur une partie de la pâte qui résulte de l'opération précédente. Cette pâte constitue le *levain.*

Pour fabriquer le pain, on pétrit d'abord le levain avec de l'eau et de la farine afin de former une pâte assez consistante et on l'abandonne à elle-même dans un lieu d'une température douce. Au bout de 10 ou 12 heures on ajoute à la pâte une quantité suffisante de farine et d'eau et on la pétrit avec soin. Lorsque le pétrissage est terminé, on divise la pâte en pain, puis on la met dans des paillassons préalablement saupoudrés de farine et on l'abandonne à elle-même. La fermentation se produit au bout de quelque temps, et le pain se gonfle par suite de l'acide carbonique qui résulte de l'action du ferment sur le glucose et la dextrine. On introduit alors les pains dans un four chauffé à 300 degrés environ. Ce sont les plus gros pains qu'on enfourne les premiers, car ils exigent un temps plus long pour leur cuisson.

La chaleur arrête la fermentation des pains dès qu'ils sont enfournés ; elle vaporise une grande partie de leur eau et donne une plus grande consistance à leur amidon et à leur gluten. Leur *mie* ne s'élève pas en général à plus de 100° à cause du dégagement continuel de la vapeur d'eau ; mais leur *croûte* va au moins à 200°. Lorsque les pains sont cuits, ce qui arrive en 50 ou 60 minutes pour les pains de 4 à 5 kilogrammes, on les retire du four et on les pose de champ à quelque distance les uns des autres.

On ne doit pas prolonger pendant trop longtemps la fermentation avant l'enfournement des pains, car elle passerait à l'état de fermentation acétique, et comme le gluten est soluble dans l'acide acétique, la pâte perdrait une grande partie de sa consistance.

§ 4. — *Alcool et éthers.*

383. *Alcool.* = L'alcool se produit quand on abandonne à lui-même le jus des raisins, des pommes, des poires, des groseilles et d'un grand nombre d'autres fruits, ou quand on met une dissolution de sucre en contact avec de la levure de bière. On le retire, par la distillation, du vin, du cidre, de la bière et de toutes les liqueurs qui ont subi la fermentation alcoolique.

L'alcool qu'on obtient par une seule distillation contient toujours une forte proportion d'eau, mais on peut le concentrer en le soumettant à de nouvelles distillations et en fractionnant les produits jusqu'à ce qu'il ne renferme plus que 15 ou même 10 pour 100 de son volume de ce liquide. C'est précisément cette proportion d'eau que contient l'alcool du commerce.

On obtient l'alcool anhydre ou absolu en versant dans une cornue de verre de l'alcool du commerce sur des fragments de chaux vive, en agitant le mélange, en le laissant ensuite reposer pendant 24 heures et en le distillant au bain marie. En soumettant le liquide à une nouvelle distillation sur de nouveaux fragments de chaux vive ou mieux sur du carbonate de potasse, on le débarrasse complétement de son eau.

. L'alcool anhydre est formé, en nombres ronds, de 53 centièmes de carbone, de 13 centièmes d'hydrogène et de 34 centièmes d'oxygène. Il peut être représenté par la formule C^2H^3O, mais on lui donne ordinairement la formule $C^4H^6O^2$ qui se prête plus facilement à l'explication des réactions dans lesquelles il intervient.

Les *eaux-de-vie* et les *esprits* du commerce sont des mélanges d'alcool et d'eau. Les eaux-de-vie contiennent de 50 à 55 centièmes de leurs volumes d'alcool ; les esprits en renferment une plus grande proportion. — On se sert de l'alcoomètre centésimal pour connaître la quantité d'alcool pur que contient une liqueur spiritueuse.

Propriétés. $=$ L'alcool absolu est incolore, très-fluide, d'une odeur agréable. Sa saveur est brûlante ; il est vénéneux à une dose un peu forte, il détermine une mort subite quand on l'injecte dans les veines. Sa densité est 0,81 à 0° et 0,80 à 15°. Il ne se solidifie pas par le froid. Il bout à 78°,4 ; la densité de sa vapeur est 1,6.

L'alcool est très-inflammable ; mais sa flamme est assez peu brillante. Les sels de strontiane la colorent en rouge, comme nous l'avons déjà dit ; l'acide borique et les sels de cuivre la colorent en vert. La vapeur d'alcool mélangée avec l'oxygène ou avec l'air forme un mélange détonant.

L'alcool absolu a une assez grande affinité pour l'eau ; aussi dégage-t-il de la chaleur en se combinant avec ce liquide et attire-t-il l'humidité de l'atmosphère. Il est soluble dans l'eau en toutes proportions. L'alcool et l'eau éprouvent une contraction dans la combinaison ; la contraction est maximum quand on met en contact 54 parties d'alcool et 50 parties d'eau ; elle est alors les 4 centièmes du volume.

L'alcool dissout $\frac{1}{200}$ de soufre et $\frac{1}{240}$ de phosphore. Il dissout de grandes quantités de brôme, d'iode, d'hydrate de potasse, d'hydrate de soude, de sulfure de potassium et de sodium, de chlorure de calcium et de strontium, d'azotate de chaux et de magnésie. Le sublimé corrosif, le brômure et l'iodure de mercure y sont très-solubles. Presque tous les sels déliquescents, à l'exception du carbonate de potasse, peuvent s'y dissoudre. — Plusieurs sels, tels que le chlorure de calcium, l'azotate de chaux... retiennent de l'alcool quand ils se séparent d'une dissolution alcoolique ; cet alcool y joue le même rôle que l'eau de cristallisation.

Les corps dissous dans l'alcool agissent souvent d'une autre manière que quand ils sont dissous dans l'eau. Les acides alcoolisés, par exemple, ne rougissent pas la teinture de tournesol et ils ne réagissent sur les bases qu'autant qu'ils peuvent former des sels solubles dans l'alcool.

L'alcool a de nombreux usages. On s'en sert principalement pour dissoudre les résines, pour préparer les alcaloïdes, pour purifier les corps gras ; les lampes à alcool en consomment des quantités considérables soit dans les laboratoires, soit dans les usages domestiques.

384. *Éther sulfurique.* = L'éther a pour formule C^4H^5O ; il ne diffère de l'alcool que par un équivalent d'eau ; il provient de l'action que plusieurs corps, tels que l'acide sulfurique, l'acide phosphorique, le fluorure de bore, le chlorure de zinc... exercent sur l'alcool. C'est l'acide sulfurique qui transforme le plus facilement l'alcool en éther ; aussi l'emploie-t-on toujours dans sa préparation.

L'appareil se compose d'une cornue de verre tubulée qui communique au moyen d'une allonge avec un récipient qu'on entoure d'eau froide. On introduit dans la cornue 100 parties d'acide sulfurique et 70 parties d'alcool du commerce, et on chauffe jusqu'à 130 ou 140 degrés. L'éther va se condenser dans le récipient avec de l'eau et une petite quantité d'alcool, d'*acide sulfovinique* $C^4H^5O,2SO^3$, d'*huile de vin pesante* C^4H^5O,SO^3, d'acide sulfureux et d'acide sulfurique. On le purifie en le faisant digérer pendant 24 heures avec une dissolution de potasse ou de soude, et en distillant ensuite sur de la chaux vive l'éther qui vient surnager à la surface de la dissolution.

L'acide sulfurique ne s'altère pas sensiblement dans cette opération quand on maintient la température à 135 degrés environ ; il peut donc servir à transformer en éther une quantité presque indéfinie d'alcool. On obtiendrait par conséquent l'éther d'une manière continue si on faisait arriver un courant continu d'alcool au-dessous du niveau de l'acide au moyen d'un tube qui traverserait la tubulure de la cornue. C'est précisément ce qu'on fait dans la préparation de l'éther en grand.

On pourrait croire que l'acide sulfurique transforme l'alcool en éther par suite de son affinité pour l'eau ; mais il n'en est pas ainsi, car on obtient de l'éther et de l'eau dans le récipient refroidi, et on n'empêche pas la production de l'éther en ajoutant une proportion d'eau assez forte au mélange d'acide et d'alcool. Il est probable que l'acide sulfurique n'exerce dans ce cas qu'une action de présence, une action catalytique.

Propriétés. = L'éther est incolore, très-fluide, d'une odeur agréable, d'une saveur brûlante. Sa densité à 0° est 0,74. Il bout à 35°,5 ; la densité de sa vapeur est 2,58. Il s'évapore rapidement à l'air et produit un froid intense dans son évaporation. Il se dissout dans 10 parties d'eau ; s'il est en trop grande proportion comparativement à ce liquide, il ne s'en dissout qu'une partie, et l'autre partie va surnager à la surface.

L'éther dissout $\frac{1}{50}$ de soufre et $\frac{1}{38}$ de phosphore ; il dissout une proportion beaucoup plus forte de brôme et d'iode. Il absorbe plusieurs fois son volume de gaz ammoniac.

L'éther est très-inflammable ; il brûle avec une flamme blanche fuligineuse beaucoup plus brillante que la flamme de l'alcool. Sa vapeur, mélangée avec l'oxygène ou avec l'air, forme des mélanges détonants qui deviennent quelquefois la cause d'accidents graves.

L'éther s'altère peu à peu au contact de l'air, même à la température ordinaire; il absorbe l'oxygène et donne de l'acide acétique. L'action est beaucoup plus rapide à l'aide de la chaleur.

L'éther a de nombreux usages. On s'en sert pour préparer plusieurs alcaloïdes, pour purifier les corps gras, pour dissoudre le caoutchouc... On l'emploie aussi en médecine. La vapeur d'éther introduite dans les organes de la respiration détermine promptement une espèce d'ivresse et détruit complétement la sensibilité. On utilise depuis quelque temps cette propriété pour rendre insensibles les personnes qui doivent subir des opérations douloureuses.

385. *Éther chlorhydrique.* = Le chlore, le brôme, l'iode, le soufre... peuvent remplacer l'oxygène, équivalent pour équivalent, dans l'éther ordinaire C^4H^5O et former des composés C^4H^5Cl, C^4H^5Br... qui sont de véritables éthers. Nous ne décrirons qu'un seul de ces composés, l'*éther chlorhydrique*.

L'éther chlorhydrique est liquide, incolore, d'une odeur vive; il est soluble en toutes proportions dans l'alcool et il se dissout dans 24 parties d'eau. Sa densité est 0,92 à 0°. Il bout à 12°; il se vaporise rapidement dans l'air et produit plus de froid que l'éther ordinaire. Il brûle avec une flamme verte fuligineuse et donne un liquide qui contient de l'acide chlorhydrique.

L'éther chlorhydrique possède une grande stabilité : il ne précipite pas l'azotate d'argent et il ne s'altère presque pas quand on le distille sur de la potasse ou sur de la soude. Il se combine avec plusieurs sels; le composé qu'il forme avec le perchlorure d'étain est en proportions définies; il cristallise en aiguilles.

On prépare l'éther chlorhydrique en distillant un mélange d'alcool et d'acide chlorhydrique en volumes égaux. On fait communiquer la cornue contenant le mélange avec un flacon laveur qui communique lui-même avec un récipient refroidi.

C'est dans ce flacon que l'éther chlorhydrique va se condenser. On le rectifie en le mêlant avec de l'acide sulfurique et en soumettant le mélange à la distillation. La réaction est exprimée par la formule $C^4H^6O^2 + HCl = C^4H^5Cl + 2HO$.

On prépare aussi l'éther chlorhydrique en faisant passer un courant de gaz chlorhydrique dans l'alcool jusqu'à saturation et en distillant ensuite la liqueur. On recueille l'éther comme précédemment et on le rectifie de la même manière.

386. *Ether acétique.* $=$ L'acide azotique, l'acide oxalique, l'acide acétique... et plusieurs autres acides organiques ou inorganiques peuvent se combiner avec l'éther ordinaire et former de nouveaux composés qu'on regarde encore comme des éthers. L'éther acétique, le plus important de ces composés, est formé d'un équivalent d'éther C^4H^5O et d'un équivalent d'acide acétique ; il a pour formule $C^4H^5O, C^4H^3O^3$.

L'éther acétique est liquide, incolore, d'une odeur éthérée ; il est soluble dans 7 parties d'eau ; il se dissout en toutes proportions dans l'alcool et dans l'éther ordinaire. Sa densité est 0,9 à 0° ; il bout à 74° ; il brûle avec une flamme jaune ; il est employé en médecine.

On le prépare ordinairement en distillant un mélange de 8 parties d'alcool absolu, de 7 parties d'acide sulfurique concentré et 10 parties d'acétate de soude ou 20 parties d'acétate de plomb. On recueille l'éther dans des récipients refroidis ; on le met ensuite en contact avec de la chaux pour saturer l'acide libre qu'il a entraîné, et on le rectifie en le distillant au bain-marie sur du chlorure de calcium. — On pourrait obtenir l'éther acétique en distillant un mélange d'alcool absolu et d'acide acétique anhydre ; mais il faudrait soumettre le produit à plusieurs distillations successives, car la combinaison ne se fait que difficilement par l'action directe de l'acide sur l'alcool.

CHAPITRE V.

Corps gras, essences, résines, caoutchouc.

§ 1ᵉʳ. — *Des corps gras.*

387. *Corps gras.* = On donne le nom général de *corps gras* aux substances organiques qui forment des taches permanentes et translucides sur le papier dans lequel elles s'infiltrent. Ces substances prennent plus particulièrement le nom d'*huiles* quand elles sont liquides à la température ordinaire et le nom de *graisses* quand elles sont solides.

Les graisses proviennent principalement des animaux ; les huiles proviennent au contraire presque toutes des végétaux ; on en trouve cependant dans les animaux à sang froid et surtout dans les poissons. — On retire la graisse des animaux par des moyens purement mécaniques ou par la fusion ; on extrait l'huile des végétaux en triturant d'abord les graines qui les renferment afin de déchirer leurs cellules et en les soumettant ensuite à la pression. On chauffe souvent les graines pour rendre l'huile plus fluide et on les comprime alors entre des plaques chaudes. Quelquefois on soumet les graines à l'action de l'eau chaude pour en déplacer plus facilement la matière huileuse ; plus rarement on les expose à la fermentation pour détruire une partie de leurs principes. — Les graines contiennent souvent des proportions d'huile considérables ; ainsi la graine de lin en renferme environ 20 pour 100, la graine de navette 40 pour 100, et la graine de ricin 60 pour 100.

388. *Propriétés.* = Les huiles grasses ne sont pas, à beaucoup près, aussi fluides que l'eau ; elles ont une consistance visqueuse à la température ordinaire, et ce n'est qu'aux températures supérieures à 100° qu'elles acquièrent une grande fluidité. Elles se figent et se solidifient toutes à une température plus ou moins basse. Leur densité varie entre 0,92 et 0,97.

Les huiles grasses émettent des vapeurs âcres et abondantes aux températures supérieures à 250° ; mais elles se décomposent en même temps. Elles ne sont donc pas volatiles sans altération ; aussi leur donne-t-on quelquefois le nom d'*huiles fixes*. Elles fournissent, à une température élevée, des produits gazeux très-combustibles et très-éclairants car elles contiennent une forte proportion de carbone et d'hydrogène.

Les graisses n'ont pas toutes la même consistance ; la graisse humaine, par exemple, est moins dure que la graisse de mouton. Elles fondent toutes à des températures inférieures à 65° ; elles se comportent comme les huiles à une température élevée.

Les corps gras sont complétement insolubles dans l'eau ; ils sont assez solubles dans l'alcool ; mais ils sont encore plus solubles dans l'éther et dans les huiles essentielles.

Toutes les huiles absorbent l'oxygène au contact de l'air. Les unes en absorbent de grandes quantités ; elles deviennent de plus en plus épaisses et se résinifient ou se sèchent au bout d'un certain temps ; on leur donne le nom d'*huiles siccatives*. Les autres n'absorbent au contraire qu'une petite quantité d'oxygène et conservent leur fluidité primitive ; mais elles acquièrent une saveur amère et une odeur désagréable ; on dit alors qu'elles *rancissent*, qu'elles deviennent *rances*. — Les huiles de lin, de noix, de ricin, d'œillette, de chènevis et de certains poissons, sont siccatives ; les huiles d'olive, de colza, de navettes.... ne le sont pas.

Les huiles siccatives n'absorbent que lentement l'oxygène dans les premiers jours ; mais elles l'absorbent assez rapidement au bout de quelques temps. L'absorption devient encore plus rapide quand on a chauffé les huiles avec de la litharge ou du bioxyde de manganèse car elles contiennent alors une petite quantité de ces oxydes en dissolution.

389. *Constitution.* = La plupart des corps gras sont formés de trois principes immédiats qu'on désigne sous les noms de *stéarine*, de *margarine* et *d'oléine*. Quelques-uns renferment encore d'autres principes, mais en petite quantité : ainsi le beurre contient de la *butyrine*, de la *caprine* et de la *caproïne*; la graisse de bouc, de la *hircine*; l'huile de poisson, de la *phocénine*.

La stéarine, la margarine et l'oléine ont une importance beaucoup plus grande que les autres principes des corps gras ; il convient de dire deux mots de leurs propriétés.

La *stéarine* existe dans toutes les graisses et dans plusieurs huiles ; elle est d'autant plus abondante dans un corps gras que sa consistance est plus grande et que son point de fusion est plus élevé. C'est le *suif*, c'est-à-dire la graisse des animaux herbivores qui en contient la plus forte proportion. Elle est blanche, sans odeur, ni saveur; elle fond à 62 degrés environ; elle se dissout dans 8 parties d'alcool bouillant, mais elle s'en sépare presque entièrement par le refroidissement; elle est beaucoup plus soluble dans l'éther bouillant, mais ce liquide n'en retient que $\frac{1}{200}$ à la température ordinaire. — On l'extrait ordinairement du suif de mouton. On chauffe ce corps jusqu'à sa fusion avec 7 ou 8 fois son poids d'essence de térébenthine, puis on décante la liqueur et on la laisse refroidir. La stéarine qui est beaucoup moins soluble que la margarine et surtout que l'oléine se dépose par le refroidissement avant ces deux principes. On la purifie en la dissolvant de nouveau dans l'essence à l'aide de la chaleur et en laissant ensuite refroidir la dissolution.

La *margarine* existe aussi dans toutes les graisses et dans plusieurs huiles ; elle ressemble beaucoup à la stéarine; mais elle est plus fusible, car son point de fusion est à 47 degrés environ. On la retire de la graisse humaine en la traitant par l'alcool bouillant.

L'*oléine* existe aussi dans les graisses et dans les huiles, mais c'est dans les huiles qu'elle domine. Elle est liquide, même à 0°; elle est insoluble dans l'eau, peu soluble dans l'alcool à la température ordinaire et soluble en toutes proportions dans l'éther. On l'obtient en traitant les huiles par l'alcool bouillant qui dissout la stéarine, la margarine et l'oléine, et en abandonnant ensuite la liqueur à elle-même. La stéarine et la margarine se déposent au bout de quelque temps, et l'oléine reste en dissolution. On l'en retire en évaporant la liqueur alcoolique.

390. *Saponification.* = La stéarine, la margarine, l'oléine et les autres principes immédiats des matières grasses sont formés d'une substance commune à tous et d'un acide particulier à chacun d'eux. La substance commune se désigne sous le nom de *glycérine*; quant aux acides, ils portent les noms d'*acide stéarique*, d'*acide margarique*, d'*acide oléique*, d'*acide hircique*... selon qu'ils appartiennent à la stéarine, à la margarine, à l'oléine, à la hircine...

On donne le nom de *saponification* aux opérations qui ont pour but de transformer les principes des matières grasses en *glycérine* et en *acides gras*. C'est au moyen des bases et de l'acide sulfurique qu'on détermine le plus ordinairement cette transformation. Dans la saponification par les bases, la glycérine est mise en liberté, tandis que les acides gras s'unissent aux bases pour former des sels qu'on désigne sous le nom de *savons*; dans la saponification par l'acide sulfurique, les acides gras deviennent libres, et la glycérine se combine avec l'acide sulfurique pour former l'*acide sulfoglycérique*.

Saponification par les bases. = On ne peut saponifier les corps gras que par la potasse, la soude, l'ammoniaque, la baryte, la strontiane, la chaux et par quelques oxydes métalliques, tels que l'oxyde de zinc et le protoxyde de plomb, qui sont des bases énergiques. L'opération n'offre aucune difficulté;

mais elle exige beaucoup de temps. On saponifie les huiles, le suif et les autres corps gras par la potasse en faisant bouillir pendant longtemps un mélange de 100 parties du corps gras avec 25 parties de potasse et 200 parties d'eau, en agitant constamment le mélange avec une tige de verre et en remplaçant l'eau à mesure qu'elle se vaporise. La glycérine reste en dissolution tandis que les stéarates, les margarates et les oléates de potasse se déposent au fond de la masse vu leur insolubilité dans la liqueur alcaline. On reconnaît que la saponification est terminée quand une petite partie du dépôt se dissout entièrement dans l'eau pure et sans donner aucune trace de matière grasse.

On opérerait de même avec la soude, l'ammoniaque, la baryte, la strontiane, la chaux, l'oxyde de zinc et le protoxyde de plomb. Quant aux autres bases métalliques, elles ne peuvent saponifier les corps gras, mais elles peuvent se combiner avec les acides stéarique, margarique,... pour former de véritables savons; ces savons s'obtiennent par double décomposition eu égard à leur insolubilité dans l'eau.

Les savons à base alcaline sont solubles dans l'eau, dans l'alcool et dans l'éther; les autres savons sont insolubles dans l'eau, ils sont aussi insolubles dans l'alcool et dans l'éther à l'exception des savons de protoxyde de manganèse, de fer et de cuivre. Ils sont tous solubles dans les huiles grasses et dans l'essence de térébenthine.

Les savons sont d'autant plus durs que le corps gras d'où ils proviennent a une consistance plus grande et un point de fusion plus élevé; les savons à base de soude sont du reste, toutes choses égales d'ailleurs, plus durs que les savons à base de potasse.

On distingue dans le commerce les *savons durs* et les *savons mous*. Les savons durs sont à base de soude ; on les fabrique avec le suif, la graisse et même l'huile d'olive qui contient beaucoup de stéarine et de margarine. Les savons mous sont à base de potasse ; on les prépare avec les huiles de lin , de colza , de chènevis... On ajoute souvent, dans le savon dur à l'instant où il va se former, un savon ferrugineux coloré en vert ; c'est ce savon qui forme ses *veines* ou ses *marbrures*.

Les savons de soude peuvent être coagulés par le chlorure de sodium, par le sulfate de soude, par les carbonates de potasse et de soude, et par plusieurs autres sels alcalins. On s'appuie sur cette propriété pour les débarrasser de l'excès d'alcali qu'ils contiennent ; on jette du sel marin dans la cuve quand la saponification est terminée ; on coagule ainsi le savon et on le sépare de son excès d'alcali. On n'emploie pas ce moyen dans les savons noirs et dans quelques savons de toilette ; aussi contiennent-ils toujours un excès de base.

Saponification par l'acide sulfurique. = On saponifie les corps gras par l'acide sulfurique en les mélangeant avec un poids d'acide qui vaille de 5 à 15 centièmes du poids du corps, en portant le mélange à 100° et en le maintenant pendant long-temps à cette température. L'acide sulfoglycérique reste en dissolution, tandis que les acides gras se déposent ainsi qu'un résidu charbonneux provenant de l'action de l'acide sur les matières étrangères. Si on veut séparer les acides gras de ce résidu et les obtenir à l'état de pureté, on les lave d'abord à grande eau, puis on les met dans des vases distillatoires dans lesquels on fait arriver de la vapeur d'eau chauffée à 300 ou 400 degrés , et d'une tension moindre que l'atmosphère. Les acides distillent alors avec l'eau ; on les reçoit dans des récipients refroidis. — Il ne faudrait pas employer une trop grande quantité d'acide sulfurique, la moitié, par exemple, du poids du corps gras ; car cet acide s'unirait alors avec les acides gras et formerait les acides *sulfostéarique* , *sulfomargarique* , *sulfoléique*..... qui n'ont aucune importance.

Ces notions générales sur la saponification étant posées, nous devons décrire la glycérine et les acides gras.

391. *Glycérine.* = La glycérine est liquide, incolore, inodore,

d'une saveur sucrée ; sa densité est 2,28.; elle est soluble dans toutes proportions dans l'eau, dans l'alcool et dans l'éther. Elle a pour formule $C^3H^4O^3$. On l'obtient en saponifiant les graisses ou les huiles par le protoxyde de plomb. Le savon de plomb se précipite eu égard à son insolubilité ; la glycérine reste en dissolution ; il ne reste plus qu'à décanter la liqueur et à la faire évaporer.

392. *Acides gras.* == Les acides gras sont très-nombreux ; nous ne décrirons que les acides stéarique, margarique et oléique.

L'acide stéarique est blanc ; il est inodore et insipide ; il cristallise par fusion en aiguilles nacrées ; il est insoluble dans l'eau et très-soluble dans l'alcool bouillant et dans l'éther. Il y fond à 70° ; il donne des vapeurs à 300°, mais il se décompose en partie si l'on opère sous la pression ordinaire ; on peut le distiller sans altération dans le vide ou dans un courant de vapeur d'eau chauffée à 3 ou 4 cents degrés et d'une tension moindre que l'atmosphère. Il brûle avec une flamme blanche d'un bel éclat ; il constitue en grande partie les bougies stéariques.

On obtient l'acide stéarique en saponifiant la stéarine par la potasse et en versant ensuite de l'acide sulfurique dans la dissolution du stéarate. Le sulfate de potasse reste en dissolution, et l'acide stéarique se précipite eu égard à son insolubilité dans l'eau. On le purifie par des cristallisations dans l'alcool. — On peut aussi l'obtenir en faisant cristalliser plusieurs fois, dans l'alcool bouillant, l'acide stéarique du commerce.

L'acide margarique ressemble beaucoup à l'acide stéarique par ses propriétés physiques ; mais il est beaucoup plus fusible, car son point de fusion est à 60°. On l'obtient en saponifiant la graisse humaine par la potasse et en versant de l'acétate de plomb dans la dissolution du sel. On produit ainsi un précipité de margarate et d'oléate de plomb. On traite, à plusieurs reprises, ce précipité par l'éther qui dissout tout l'oléate et qui ne dissout qu'une petite partie du margarate. On décompose ensuite le margarate de plomb par l'acide azotique, et on purifie l'acide margarique par des cristallisations répétées.

L'acide oléique est liquide, incolore, inodore, insipide ; il se solidifie à — 12° ; il est insoluble dans l'eau ; il est très-soluble dans l'alcool et dans l'éther ; il ne rougit pas le tournesol. Il absorbe rapidement l'oxygène de l'air. Il n'est pas volatil sans décomposition sous la pression ordinaire, mais il se vaporise facilement dans le vide. — On l'obtient en saponifiant l'huile d'olive par la potasse et en transformant, comme précédemment, le savon de potasse en un savon de plomb. On sépare ensuite l'oléate du margarate par l'éther, et on traite l'oléate par l'acide chlorhydrique faible. Il en résulte du chlorure de plomb qui se dépose et de l'acide oléique qui surnage.

393. *Bougies stéariques.* = Les bougies stéariques sont formées d'acide stéarique et d'acide margarique ; leur usage est général depuis quelque temps.

Pour fabriquer en grand l'acide employé dans les bougies, on met 500 kil. de suif de bœuf ou de mouton, et 800 kil. d'eau dans une grande chaudière, dans laquelle on amène un courant de vapeur, et, quand le suif est fondu, on y verse peu à peu 60 kil. de chaux délayée dans de l'eau. La saponification est terminée en un jour. On pulvérise alors le savon calcaire, puis on le décompose à chaud par l'acide sulfurique. Les acides gras viennent surnager à la surface du bain ; on les lave à plusieurs reprises avec de l'eau aiguisée d'acide sulfurique et avec de l'eau pure, puis on les coule dans des moules de fer-blanc où ils se solidifient. Lorsque la masse est refroidie, on la comprime fortement, au moyen de presses hydrauliques, d'abord à froid, puis à 30 ou 35°, afin d'en faire écouler tout l'acide oléique. On fond alors le tourteau qui reste après la compression, puis on le lave encore avec de l'eau aiguisée d'acide et avec de l'eau ordinaire, et on le coule enfin dans les moules où il se solidifie. On retire ainsi environ 45 pour 100 d'acides solides du suif.

On fabrique, depuis quelque temps, une assez grande quantité de l'acide stéarique du commerce par la saponification sulfurique que nous avons décrite précédemment. Lorsque les acides qui ont distillé avec la vapeur surchauffée sont refroidis, on les soumet à la presse pour en extraire l'acide oléique, et on obtient des tourteaux qu'on peut regarder comme un mélange d'acide stéarique et d'acide margarique purs. Ce procédé a deux avantages sur l'ancien : il donne d'abord plus d'acides solides, et il permet ensuite d'utiliser les graisses de qualités inférieures.

L'acide oléique qu'on sépare des acides stéarique et margarique dans la fabrication de l'acide stéarique du commerce est utilisé dans la préparation des savons.

§ 2. — *Essences.*

394. On donne le nom d'*essences* ou d'*huiles essentielles* à des substances volatiles et odorantes que l'on retire des végétaux. Ces huiles sont, pour la plupart, liquides à la température ordinaire ; elles produisent sur le papier blanc des taches analogues à celles des corps gras , mais qui disparaissent quand on chauffe le papier.

Les huiles essentielles sont quelquefois incolores, mais elles sont plus souvent jaunes ; leur couleur devient plus foncée au contact de l'air. Quelques-unes sont solubles dans l'eau ; elles sont presque toujours très-solubles dans l'alcool, dans l'éther et dans les huiles grasses. L'eau de *fleur d'orange* n'est autre chose qu'une solution aqueuse d'essence de fleur d'orange, et l'*eau de Cologne* une solution alcoolique d'essences de lavande, de citron, de néroli, d'orange, de jasmin, de bergamotte et de quelques autres essences.

Les huiles essentielles ont leur point d'ébullition compris entre 140 et 200 degrés ; elles sont en général d'autant plus volatiles qu'elles sont plus denses.

Les huiles essentielles absorbent peu à peu l'oxygène au contact de l'air et se transforment en résines ou en acides. L'huile d'anis par exemple absorbe, en deux ans, 150 fois son volume d'oxygène et produit 56 fois son volume d'acide carbonique. Elles peuvent dissoudre du soufre et du phosphore. L'acide azotique agit sur elles comme l'oxygène s'il est étendu et les transforme en résines et en acides ; il agit beaucoup plus vivement et détermine même leur inflammation s'il est concentré. Le chlore donne, avec les huiles essentielles, de l'acide chlorhydrique et de nouveaux produits de même composition que les huiles, mais dans lesquels il remplace l'hydrogène équivalent pour équivalent.

Les huiles essentielles ont de nombreux usages ; on les emploie comme aromates ; on s'en sert pour enlever les taches ; elles entrent dans la composition de certains vernis.

Plusieurs huiles essentielles ne contiennent que du carbone et de l'hydrogène ; telles sont les essences de térébenthine, de citron, de néroli qui ont pour formule C^5H^4. D'autres ne renferment que du carbone, de l'hydrogène et de l'oxygène : telles sont le camphre $C^{10}H^8O$, l'essence d'amandes amères C^7H^3O. D'autres contiennent du carbone, de l'hydrogène, de l'oxygène et du soufre ; telles sont les huiles de moutarde, de raifort, d'ail, de cochléaria....

Extraction. = On extrait presque toutes les huiles essentielles par distillation. On met le suc des végétaux aromatiques ou plus ordinairement les parties végétales elles-mêmes dans un alambic contenant une certaine quantité d'eau et on chauffe à la manière ordinaire. La vapeur d'eau et l'essence qu'elle entraîne avec elle vont se condenser dans le serpentin et passent ensuite dans un récipient particulier. Lorsque le végétal contient une faible proportion d'essence, ou que l'essence ne bout qu'à une température élevée, on retarde le point d'ébullition de l'eau jusqu'à 110° en la saturant de sel marin. On met ordinairement la partie aromatique du végétal dans l'eau de l'alambic ; quelquefois on la place au-dessus de l'eau afin qu'elle soit simplement traversée par la vapeur.

La séparation de l'essence et de l'eau se fait d'elle-même quand l'essence est insoluble ou peu soluble dans l'eau. Dans le cas contraire, on sépare l'essence en saturant l'eau de sel marin ou en agitant le mélange avec de l'éther qui dissout l'essence et dont on la retire facilement par distillation.

Lorsque les huiles essentielles s'altèrent facilement par la chaleur, on les obtient en faisant digérer la partie aromatique du végétal dans une huile grasse, l'huile d'œillette par exemple. C'est ce qu'on fait aussi quand les fleurs qui renferment les essences contiennent des principes altérables.

Lorsque les végétaux contiennent une forte proportion d'huile essentielle, on se contente souvent de la retirer par la pression.

395. *Essence de térébenthine.* == Cette essence est liquide, incolore, d'une odeur forte et caractéristique, d'une saveur âcre et brûlante. Sa densité est 0,87 ; elle bout à 150 degrés environ ; elle est très-inflammable ; elle brûle avec une flamme fuligineuse. Elle est insoluble dans l'eau, très-soluble dans l'alcool, dans l'éther et dans les huiles fixes ; elle dissout facilement le soufre et le phosphore. Elle absorbe, avec le temps., une quantité considérable d'oxygène au contact de l'air et se change en une résine qui a beaucoup d'analogie avec la colophane. L'essence du commerce contient toujours une petite quantité de cette résine ; on l'en sépare par la distillation ou en la précipitant avec une petite quantité de potasse.

On retire l'essence de térébenthine de la *térébenthine,* qui découle des arbres de la famille des conifères et surtout des pins. Cette substance est formée principalement de colophane dissoute dans l'essence de térébenthine ; on en retire l'essence en la distillant avec de l'eau, mais comme le produit de la distillation retient toujours un peu de colophane, on lui fait subir une nouvelle distillation avec de l'eau pour le purifier. On dessèche ensuite l'essence en la mettant en contact avec du chlorure de calcium.

396. *Essence de citron.* = Cette essence est liquide, d'une odeur agréable; sa densité est 0,85; elle bout vers 170°. On l'obtient en pressant le zeste de citron, c'est-à-dire la partie jaune de l'écorce, ou en distillant l'écorce avec de l'eau. Elle est jaune quand elle est brute; mais elle est incolore quand elle est pure.

397. *Camphre.* = Le camphre ordinaire est blanc, solide, cassant, d'une odeur caractéristique, d'une odeur brûlante. Il cristallise en octaèdres. Sa densité est 0,99; il fond à 175°, il bout vers 205°. Il est très-peu soluble dans l'eau; il est très-soluble dans l'alcool, dans l'éther, dans l'acide acétique, dans l'acide sulfureux... Il brûle avec une flamme blanche fuligineuse. Il se vaporise même à la température ordinaire, mais la tension de sa vapeur est très-faible à cette température.

On l'extrait au Japon en distillant avec une petite quantité d'eau les tiges et les branches du *laurus camphora*; on obtient ainsi des masses cristallines de *camphre brut* qu'on purifie en les mélangeant avec de la chaux et du charbon et en les soumettant à une nouvelle distillation. — Le camphre se trouve en dissolution, mais en petite quantité, dans les huiles essentielles qui proviennent de plusieurs labiées.

§ 3. — *Résines.*

398. Les résines se retirent de plusieurs végétaux où elles existent en dissolution dans des huiles essentielles. Il suffit de pratiquer des incisions sur le végétal et de soumettre à la distillation le liquide qui en découle pour obtenir séparément l'essence et la résine.

Les résines sont solides, fixes, insolubles dans l'eau, très-solubles dans les huiles grasses et dans les huiles essentielles; elles sont presque toutes solubles dans l'alcool et dans l'éther; elles sont souvent transparentes, quelquefois incolores; elles conduisent mal l'électricité et s'électrisent par le frottement. Quelques-unes peuvent cristalliser.

Les résines se ramollissent et se fondent facilement par l'action de la chaleur; elles se décomposent à une température élevée en donnant beaucoup de carbures d'hydrogène solides, liquides ou gazeux, et quelques autres produits. Elles sont très-combustibles; elles brûlent avec une flamme fuligineuse peu éclatante.

Le chlore décolore les résines; l'acide azotique les oxyde fortement; les alcalis les dissolvent en général et forment avec elles des composés bien définis.

399. *Colophane.* == La térébenthine qui découle du pin est formée, comme nous l'avons déjà dit, d'essence de térébenthine et de colophane; elle contient environ 12 centièmes d'essence et 88 centièmes de colophane. On l'obtient en enlevant des bandes d'écorce d'environ 12 centimètres de largeur et en pratiquant des incisions de 7^{mm} de profondeur et de 3 centimètres de hauteur. La térébenthine se rend dans des vases terre placés au pied de l'arbre. Lorsque la matière résineuse ne coule plus, on pratique de nouvelles incisions au-dessus des premières et ainsi de suite jusqu'à 4 ou 5 mètres. Un pin fournit, dans les Landes, environ 4 kil. de térébenthine par an.

La colophane est formée de plusieurs principes immédiats; elle contient ordinairement trois acides qu'on désigne sous les noms d'*acide sylvique,* d'*acide pinique* et d'*acide pimarique.* Elle fournit par la distillation une huile essentielle, une huile peu volatile et du goudron. Le liquide qui résulte de la distillation porte le nom d'*huile de résine*; il est formé de plusieurs carbures d'hydrogène différents; on l'utilise dans l'industrie.

400. *Résine copale.* == La résine copale est très-dure; elle est presque incolore; sa densité est 1,14. Elle est presque insoluble dans l'alcool; elle se dissout bien dans l'éther; elle est à peine soluble dans les alcalis. Elle absorbe à la longue l'oxygène de l'air quand on l'expose pendant très-longtemps dans une

étuve après l'avoir broyée; elle devient alors très-soluble dans l'éther et dans l'alcool. On l'emploie dans la préparation du vernis de bonne qualité.

401. *Résine laque.* = Cette résine découle des branches de plusieurs arbres de l'Inde; c'est à la suite de piqûres faites dans l'arbre par un insecte analogue à la cochenille qu'elle en exsude. Elle est colorée en rouge par cet insecte. On trouve dans le commerce de la *laque en bâtons* et de la *laque en écailles*; cette dernière laque provient de la fusion de la laque en bâtons.

La laque sert à préparer une couleur rouge particulière; elle entre dans la préparation de certains vernis et dans la composition de la cire à cacheter. Cette cire est formée de 50 parties de laque, de 14 parties de térébenthine et de 36 parties de vermillon.

402. *Des vernis.* = On prépare les vernis en dissolvant certaines résines dans l'alcool et dans la térébenthine. On ajoute quelquefois à la solution une huile siccative, telle que l'huile de lin ou l'huile d'œillette, et on forme alors ce qu'on appelle un *vernis gras.* Le copal, le succin, la laque, la colophane sont souvent employés dans la préparation des vernis.

Les vernis à l'alcool sèchent plus rapidement que les vernis à l'essence de térébenthine, car l'alcool est beaucoup plus volatil que l'essence; mais ils sont en général moins solides. Dans les vernis à l'essence, la résine dissoute dans le liquide n'est pas la seule, en effet, qui se dépose sur le corps, comme cela arrive dans les vernis à l'alcool; mais l'essence elle-même s'oxydant au contact de l'air forme une résine qui se dépose peu à peu sur le corps, et qui adhère avec beaucoup de force à sa surface.

§ 4. — *Caoutchouc. — Gutta-percha.*

403. *Caoutchouc.* = Le caoutchouc est très-abondant dans le suc laiteux de plusieurs arbres de l'Amérique méridionale. On obtient de grandes quantités de ce suc en pratiquant des incisions profondes au pied de l'arbre; il contient environ 30 pour

100 de son poids de caoutchouc; on peut le conserver sans altération dans des bouteilles fermées.

Le caoutchouc s'obtient facilement à l'état de pureté. On mêle à cet effet le suc qui le renferme avec 4 ou 5 fois son poids d'eau, puis on l'abandonne à lui-même. Au bout d'un jour, on recueille les globules de caoutchouc qui se rassemblent à la surface du liquide; on les mélange de nouveau avec de l'eau dont on augmente quelquefois la densité en y dissolvant du sel marin, on recueille encore les globules qui se séparent et on leur fait subir le même traitement jusqu'à ce qu'ils soient complétement insolubles dans l'eau. On comprime enfin la matière entre des feuilles de papier et on la dessèche.

Le caoutchouc pur est blanc, élastique; il contient, en nombres ronds, 87 parties de carbone et 13 parties d'hydrogène; il a pour formule C^8H'. Sa densité est 0,93. Il est insoluble dans l'eau et dans l'alcool; il est très-soluble dans l'éther, dans les huiles grasses, dans les huiles essentielles et dans le sulfure de carbone. Il est dur aux basses températures, mais il devient très-élastique à partir de 25°; il fond à 120°; il brûle avec une flamme brillante très-fuligineuse. Il donne par la distillation plusieurs carbures d'hydrogène qui sont inégalement volatils.

Le caoutchouc conduit mal l'électricité; il est imperméable à l'eau; il se soude facilement à lui-même par des surfaces fraîchement coupées. On peut lui conserver son élasticité aux températures habituelles de l'atmosphère en le *volcanisant*, c'est-à-dire en l'unissant à une petite quantité de soufre. On plonge à cet effet les feuilles, les fils, les tubes, les boules... dans un mélange de 40 parties de sulfure de carbone et d'une partie de chlorure de soufre; on les dessèche ensuite dans une étuve chauffée à 25°, puis on leur fait subir une nouvelle immersion dans le mélange et une nouvelle dessiccation dans l'étuve. On les lave enfin avec une solution étendue de potasse.

Le caoutchouc se trouve dans le commerce sous forme de poires de couleur brune. Les Indiens façonnent ces poires en étendant, sur des moules en terre, des couches successives du suc laiteux qui contient le caoutchouc, et en desséchant chaque couche soit aux rayons solaires, soit à l'aide du feu. Ils plongent ensuite ces poires dans de l'eau qui désagrége la terre, et ils la retirent par le goulot de la bouteille. C'est au moyen de ces poires qu'on fait toutes les préparations de caoutchouc employées dans l'industrie.

Le caoutchouc a de nombreux usages. On l'emploie dans la préparation des étoffes imperméables, des chaussures imperméables, des bretelles, de plusieurs instruments de chirurgie. On s'en sert souvent sous forme de tubes dans les laboratoires de physique et de chimie.

404. *Gutta-percha.* = La gutta-percha vient des Indes et de la Chine ; elle présente beaucoup d'analogie avec le caoutchouc, mais elle n'est pas élastique.

La gutta-percha est d'un blancgrisâtre ; elle est flexible, d'une consistance analogue au cuir ou à la corne ; elle se ramollit et devient un peu élastique sous l'influence de la chaleur, mais elle reprend sa dureté primitive par le refroidissement. Sa densité est 0,98. Elle est insoluble dans l'eau et dans l'alcool ; elle se gonfle d'abord dans l'éther et dans les huiles essentielles, puis elle finit par s'y dissoudre ; elle est très-soluble dans le sulfure de carbone.

La gutta-percha brûle avec une flamme blanche fuligineuse ; elle donne par la distillation des carbures d'hydrogène très-inflammables ; elle a presque la même composition que le caoutchouc, car elle contient 88 de carbone et 12 d'hydrogène.

La gutta-percha a de nombreux usages. On en forme des courroies pour transmettre le mouvement dans les machines, des cravaches, des sondes, des instruments de chirurgie et plusieurs objets qui doivent être flexibles en même temps que solides. On s'en sert aussi pour envelopper les fils métalliques des télégraphes électriques quand ces fils doivent être placés sous terre ou dans l'eau.

CHAPITRE VI.

Des matières tinctoriales.

405. Les matières colorantes employées dans la teinture proviennent presque exclusivement du règne organique. Les couleurs bleues s'obtiennent presque toutes au moyen de l'indigo ; les couleurs rouges et violettes au moyen de la garance, de la cochenille, du carthame, de l'orseille, du bois de Brésil et du bois de campêche ; les couleurs jaunes au moyen de la gaude, du quercitron, du bois jaune, du curcuma, du rocou, de l'épine-vinette et du fustet.

Chaque substance tinctoriale doit sa propriété à une matière colorante particulière : la matière colorante de l'indigo a reçu le nom d'*indigotine*, la matière colorante de la garance le nom d'*alizarine*, celle du carthame le nom de *carthamine*, celle de la cochenille le nom de *carmine*... Nous devons donner d'abord quelques notions générales sur ces diverses matières colorantes.

Toutes les matières colorantes sont solides à la température ordinaire ; quelques-unes se volatilisent par l'action de la chaleur et cristallisent par sublimation. Les unes sont solubles dans l'eau, dans l'alcool et dans l'éther ; d'autres ne sont solubles que dans l'alcool ou dans l'éther ; quelques-unes ne se dissolvent dans aucun de ces liquides.

Les matières colorantes s'altèrent presque toutes au contact de l'air et surtout sous l'influence des rayons solaires. Elles sont *bon teint* quand la décoloration n'a lieu qu'au bout d'un

temps très-long, et *mauvais teint* quand elle se fait assez rapidement. Cette altération provient d'une combinaison entre
l'oxygène et la matière colorante.

Les matières colorantes peuvent en général se combiner,
soit avec les acides, soit avec les bases, mais elles éprouvent
alors des modifications plus ou moins profondes dans leurs
nuances primordiales : elles deviennent en général plus claires
par l'action des acides et plus foncées par l'action des bases.
Les couleurs rouges tirent en effet sur le violet ou sur le jaune
selon qu'on les traite par une base ou par un acide ; les couleurs
jaunes deviennent de même plus brunes ou plus claires dans
les mêmes circonstances. Plusieurs oxydes métalliques tels que
l'alumine, l'oxyde de plomb, l'oxyde d'étain.... forment des
composés insolubles en s'unissant avec certaines matières colorantes ; ces composés qu'on désigne sous le nom de *laques,*
s'emploient dans la peinture à l'huile et à l'aquarelle.

Le chlore humide décolore les matières colorantes en les
suroxydant aux dépens de l'oxygène de l'eau ; l'hydrogène
naissant, l'acide sulfhydrique, le protoxyde de fer hydraté.... les
décolorent également, mais en leur enlevant de l'oxygène. L'acide
sulfureux agit rapidement sur ces substances tantôt en les désoxydant, tantôt en formant avec elles des composés incolores.

Le charbon végétal et le noir animal absorbent les matières
colorantes en dissolution dans l'eau ; ils les abandonnent ensuite avec leurs nuances primitives quand on les met en contact
avec de l'eau légèrement alcaline.

Ces notions générales étant établies, nous devons décrire les
matières colorantes les plus importantes. Nous ne considérerons
que celles qui proviennent de la garance, du bois de campêche,
du carthame, de la cochenille et de l'indigo.

406. *Matière colorante de la garance.* = La garance est cul-
tivée en Orient, en Hollande et dans quelques provinces de
France ; c'est la racine de la plante qui contient sa matière co-

lorante ; aussi s'attache-t-on à donner à cette racine tout le développement possible. La racine de la garance ne contient qu'un liquide jaune tant qu'elle n'est pas séparée de la tige ; mais dès qu'elle est coupée et séchée à l'air, il s'y développe une matière rouge qui colore toutes ses parties ligneuses.

On emploie quelquefois la garance brute dans la teinture, mais on lui préfère le plus souvent la matière qu'on obtient en chauffant la garance jusqu'à 100° avec la moitié de son poids d'acide sulfurique afin de carboniser la matière ligneuse, et qu'on soumet ensuite à des lavages répétés afin d'enlever complétement l'acide sulfurique. Cette matière porte, dans le commerce, le nom de *garancine* ; elle est brune et facile à pulvériser ; elle contient, sous un petit volume, la matière colorante de la garance à l'exception d'un principe jaune qui est très-soluble dans l'eau et qui se trouve entraîné par les lavages.

Le principe colorant de la garance a reçu le nom d'*alizarine*. On l'obtient en traitant la garancine par l'alcool bouillant ; il se dépose par le refroidissement de la liqueur sous forme d'aiguilles cristallines d'un beau rouge. — On le prépare aussi en chauffant la garancine avec précaution ; il se sublime alors en longues aiguilles d'un rouge vif.

L'alizarine est inodore et insipide ; elle est presque insoluble dans l'eau froide, un peu soluble dans l'eau bouillante, très-soluble dans l'alcool et dans l'éther. La présence des acides la rend insoluble dans l'eau ; la présence des alcalis facilite au contraire sa dissolution. Elle s'unit facilement aux tissus imprégnés de mordants et donne les belles teintes de la garance. Sa formule est $C^{15}H^7O^2$.

407. *Matière colorante du bois de campêche.* = Cette matière porte le nom d'*hématine*. On l'obtient en faisant digérer dans l'eau du bois de campêche pulvérisé, en évaporant la dissolution jusqu'à siccité et en traitant le résidu par l'alcool bouillant. L'hématine se dépose, par le refroidissement de la liqueur, sous forme de cristaux d'un jaune orange.

L'hématine est assez soluble dans l'eau, mais elle est beaucoup plus soluble dans l'alcool et dans l'éther. Les acides la font passer au rouge; les alcalis la colorent en bleu violet. Sa formule est $C^{16}H^7O^6$ quand elle est desséchée. Elle agit comme un acide faible; elle est précipitée de ses dissolutions aqueuses par la baryte et par l'acétate de plomb.

408. *Matière colorante du carthame.* = Les fleurs du carthame contiennent une matière colorante jaune et une matière colorante rouge. Le principe jaune n'est pas employé dans la teinture ; on l'enlève facilement en lessivant les fleurs à froid avec de l'eau légèrement acidulée.

Le principe rouge a reçu le nom de *carthamine*. On l'obtient en versant une dissolution de carbonate de soude sur les fleurs débarrassées du principe jaune , en plongeant du coton dans la solution et en y versant de l'acide acétique. La matière colorante qui avait été dissoute par la solution alcaline, devient libre par l'action de l'acide et se dépose sur le coton. Pour la purifier, on la lave avec de l'eau froide à laquelle on ajoute un peu de carbonate de soude , puis on traite la solution par l'acide citrique qui la précipite peu à peu sous forme de flocons cramoisis.

La carthamine est insoluble dans l'eau ; elle se dissout facilement dans l'alcool; elle est d'un rouge brillant en lames minces ; elle est verdâtre avec reflet métallique en masse compacte. Elle joue le rôle d'un acide. Sa formule est $C^{14}H^8O^7$.

409. *Matière colorante de la cochenille.* = La cochenille est un petit insecte qui vit sur certains cactus et qu'on livre au commerce après l'avoir desséché. Elle fournit de belles couleurs rouges à la teinture.

Le principe colorant de la cochenille porte le nom de *carmine*. On l'obtient en traitant la cochenille par l'éther pour dissoudre les matières grasses et en épuisant ensuite le résidu par l'alcool bouillant. La carmine se dépose de la dissolution alcoolique par le refroidissement. On la purifie en la dissolvant dans un mélange en volumes égaux d'alcool et d'éther. Elle se présente sous forme de petits grains d'un rouge pourpre; elle est soluble dans l'eau et dans l'alcool; elle ne se dissout pas dans l'éther. Elle fond à 40°.

Le *carmin* du commerce se prépare en faisant bouillir la cochenille avec de l'eau et en précipitant la solution par de l'alun; il contient toute la matière colorante de la cochenille et diverses substances grasses. La *laque carminée* s'obtient en faisant bouillir la cochenille avec de l'eau contenant une faible dissolution de carbonate de soude et en versant de l'alun dans la liqueur; elle contient la matière colorante de la cochenille unie à de l'alumine.

410. *Matière colorante de l'indigo.* = On trouve l'indigo dans un grand nombre de végétaux et surtout dans les plantes du genre *indigofera* et dans le *pastel*.

Pour l'extraire, on détache les feuilles après la floraison de la plante, puis on les fait sécher au soleil et on les fait infuser pendant quelques heures dans de l'eau froide. On filtre ensuite la dissolution à travers un linge, on y ajoute un demi-litre d'eau de chaux par kilogramme de feuilles et on l'abandonne au contact de l'air. La liqueur bleuit assez rapidement et laisse déposer l'indigo. On lave le dépôt, on le soumet à une forte pression, puis on le réduit en petits morceaux et on le fait sécher à l'air.

L'indigo du commerce contient environ les 45 centièmes de son poids de matière colorante; il renferme des résines, de la fécule, du carbonate de chaux et quelques autres matières salines. On le débarrasse d'une grande partie de ces matières en le lavant avec de l'eau bouillante, de l'alcool et de l'eau aiguisée par l'acide chlorhydrique.

La matière colorante de l'indigo porte le nom d'*indigotine*. On l'obtient, sous forme d'aiguilles cristallines d'un violet pourpré, en distillant l'indigo dans une cornue ou mieux dans un tube de verre traversé par un courant d'hydrogène sec. On doit chauffer modérément, car l'indigotine se décompose à une température voisine de son point de volatilisation. — L'indigotine est complétement insoluble dans l'eau et presque insoluble dans l'alcool et dans l'éther. Sa formule est $C^{16}H^5AzO^2$.

Indigo blanc. = Les corps avides d'oxygène font éprouver une modification remarquable à l'indigo sous l'influence de l'eau; ils le transforment en un corps blanc insoluble dans l'eau, et soluble dans l'alcool et dans l'éther. Ce corps se nomme l'*indigo blanc*; il a pour formule $C^{16}H^6AzO^2$; il contient un équivalent d'hydrogène de plus que l'indigo ordinaire.

L'indigo blanc repasse rapidement à l'état d'indigo bleu sous l'influence de l'air et des corps oxygénants. Il est très-soluble dans l'eau contenant de l'ammoniaque, de la potasse, de la soude, de la baryte, de la chaux et de la magnésie; il forme avec ces bases des sels jaunes, mais qui bleuissent au contact de l'air. On le prépare en mettant dans un tonneau d'environ 100 litres un demi-kilogramme d'indigo, un kilogramme de sulfate de fer et un kilogramme et demi de chaux, en remplissant ensuite le tonneau d'eau chaude, en l'agitant et en le fermant hermétiquement. Au bout de deux jours, le protoxyde de fer mis en liberté par la chaux a transformé complétement l'indigo bleu en indigo blanc. On décante alors la liqueur avec un siphon et on la recueille dans des flacons contenant de l'acide chlorhydrique et de l'acide sulfurique en quantité plus que suffisante pour saturer la chaux. L'indigo blanc se précipite vu son insolubilité dans l'eau; il suffit de le laver avec de l'eau chargée d'acide sulfureux, puis avec de l'eau pure, et de le dessécher pour l'obtenir à l'état de pureté.

La teinture en bleu par l'indigo est fondée sur la transformation de l'indigo bleu en indigo blanc par l'influence des corps avides d'oxygène. On prépare la cuve d'indigo en mettant en contact 1 partie d'indigo pulvérisé, 2 parties de sulfate de fer, 3 parties de chaux hydratée et 200 parties d'eau. L'indigo blanc se forme sous l'influence du protoxyde de fer mis en liberté, et il reste en dissolution dans l'eau eu égard à l'excès de chaux qu'elle contient. Pour teindre la laine ou le coton, on plonge ces matières dans la cuve, et quand elles sont imprégnées de la solution, on les retire et on les expose au contact de l'air pour transformer l'indigo blanc en indigo bleu. On recommence les immersions dans la cuve et les expositions à l'air jusqu'à ce que la couleur ait la nuance voulue.

Action de l'acide sulfurique. = L'acide sulfurique dissout l'indigo pourvu qu'il ne contienne pas la moitié de son poids d'eau; il agit d'autant plus rapidement qu'il est plus concentré.

Lorsqu'on traite l'indigo, à la température de 50 degrés environ, par 4 ou 5 fois son poids d'acide sulfurique monohydraté, on obtient rapidement une liqueur d'un beau pourpre. Il se forme dans ce cas un composé d'acide sulfurique et d'indigo qu'on nomme *pourpre d'indigo* ou *acide sulfopurpurique.* On obtient cet acide à l'état solide en étendant d'eau la dissolution, puis en lavant le précipité avec de l'eau aiguisée d'acide chlorhydrique et en le desséchant à 110 ou 120 degrés. Il est soluble dans l'eau pure; mais il est insoluble dans l'eau acidulée; il se combine avec les alcalis et forme des sels de couleur pourpre; sa formule est $C^{16}H^5AzO^2,SO^3$.

Lorsqu'on traite l'indigo par 15 ou 20 fois son poids d'acide sulfurique monohydraté ou par 8 ou 10 fois son poids d'acide de Nordhausen et qu'on maintient pendant quelque temps le mélange à 50 ou 60°, on obtient une liqueur d'un beau bleu. Il se forme dans ce cas un composé d'acide sulfurique et d'indigo qu'on nomme *carmin d'indigo* ou *acide sulfindigotique.* Cet acide peut se combiner avec les bases; il a pour formule $C^{16}H^5AzO^2,2SO^3$.

Le *sulfate d'indigo* qu'on emploie dans la teinture est un mélange d'acide sulfopurpurique et d'acide sulfindigotique. On le prépare en versant un mélange d'une partie d'acide sulfurique monohydraté et d'une partie d'acide sulfurique de Nordhausen sur une partie d'indigo pulvérisé, en abandonnant le mélange à lui-même pendant 48 heures, en le chauffant ensuite au bain-marie et en ajoutant enfin de l'eau jusqu'à ce qu'il marque 18 degrés à l'aréomètre de Baumé.

Teinture et impression des étoffes.

411. *Teinture.* = Les principales substances que l'on soumet à la teinture sont le chanvre, le lin, le coton, la laine et la soie; on les teint soit en fils, soit en tissus.

On teint ces diverses substances en bleu avec l'indigo; on les teint en jaune avec le bois jaune, la gaude, le quercitron, le curcuma, le rocou, l'épine-vinette et le fustet; on les teint en rouge avec la garance, la cochenille, le carthame, l'orseille, le bois de Brésil et le bois de campêche. — On n'emploie pas indistinctement les diverses matières tinctoriales pour teindre en rouge la soie, la laine, le coton, le lin et le chanvre; on emploie la cochenille, le carthame, le bois de Brésil, l'orseille et le campêche pour la soie; la cochenille, la garance, l'orseille et le bois de Brésil pour la laine; la garance, le carthame, le bois de Brésil et le bois de campêche pour le coton, le lin et chanvre.

Pour teindre une substance, on la plonge dans une dissolution plus ou moins chaude de la matière tinctoriale; on l'y laisse un temps plus ou moins long selon sa nature et la nuance que l'on veut obtenir, et on la fait ensuite sécher à l'air. — Lorsque la matière colorante est insoluble dans l'eau, on la combine avec un agent chimique qui augmente sa solubilité.

Mordants. = Les fibres textiles ont en général assez d'affinité pour les matières colorantes pour les fixer sur leur surface et pour former avec elles de véritables combinaisons; mais ces combinaisons résistent difficilement aux lavages. On leur donne plus de fixité en imprégnant préalablement les tissus d'un *mordant*, c'est-à-dire d'un corps qui possède beaucoup d'affinité pour le tissu et pour la matière colorante.

L'alun est le mordant le plus employé. On *alune* les fils et les tissus en les maintenant pendant plusieurs heures dans une dissolution chaude ou froide d'alun et en les faisant ensuite sécher au contact de l'air.

Quelques mordants ne changent pas la nuance des couleurs ; d'autres la modifient assez profondément. L'alun, les sels d'alumine en général et les chlorures d'étain sont dans le premier cas ; les sels de fer, de manganèse et de cuivre sont dans le second. — On met quelquefois le mordant dans le bain de teinture ; c'est ce qui arrive surtout quand on emploie les chlorures d'étain.

Préparations préliminaires. = Les matières textiles telles qu'elles sortent des corps qui les produisent, contiennent en général des substances étrangères qu'il est indispensable de leur enlever avant de les mordancer ; ces substances nuiraient en effet à la fixité et à la beauté des couleurs.

La soie écrue, c'est-à-dire la soie qui résulte de la filature des cocons est toujours imprégnée d'une substance gommeuse et d'une substance jaune qui forment presque le quart de son poids. On l'en débarrasse en plongeant les écheveaux dans une dissolution chaude de savon et en les lavant ensuite à l'eau de rivière. Cette opération porte le nom de *décreusage.*

La laine telle qu'on la retire des moutons contient toujours des substances grasses et des matières salines qui forment les 50 ou les 60 centièmes de son poids. Ces substances se désignent sous le nom de *suint.* On désuinte la laine en la faisant bouillir avec de l'urine ammoniacale ou avec une dissolution de savon et en la lavant ensuite à grande eau.

Le chanvre et le lin textiles contiennent une matière gommo-résineuse au moyen de laquelle ils adhèrent fortement aux tiges du végétal. On les débarrasse de cette matière en soumettant les tiges au *rouissage,* c'est-à-dire en les plongeant dans une pièce d'eau et en les y laissant jusqu'à ce qu'elle ait été détruite par la fermentation. On retire ensuite les tiges, on les laisse sécher à l'air et on les sépare facilement de leur épiderme textile par une opération mécanique.

On blanchit ordinairement la soie, la laine, le chanvre et le lin après les avoir convertis en fils ou en tissus. C'est avec le chlore qu'on blanchit le chanvre et le lin, et avec l'acide sulfureux qu'on blanchit la laine et la soie. On les plonge, dans le premier cas, dans un bain d'hypochlorite de chaux ; on les expose dans le second, dans une chambre fermée où l'on fait brûler du soufre.

Le coton, tel qu'il sort des coques du cotonier, est formé de cellulose presque pure. Il n'a besoin d'aucune opération préliminaire avant d'être filé, tissé et mordancé.

412. *Impression sur étoffes.* = On a pour but, dans l'impression sur étoffes, de tracer des dessins sur une étoffe en appliquant sur quelques-unes de ses parties des couleurs différentes de la couleur du fond. On parvient à ce résultat par deux méthodes distinctes: 1° on applique directement la matière colorante sur l'étoffe au moyen de planches ou de rouleaux gravés en creux ou en reliefs; 2° on applique le mordant sur l'étoffe au moyen de planches ou de rouleaux et on passe ensuite l'étoffe à la teinture.

Dans la première méthode, on épaissit toujours la matière colorante afin qu'elle ne coule pas sur l'étoffe et que le dessin conserve beaucoup de netteté. On mélange d'ailleurs le mordant avec la matière colorante ou bien on applique la couleur sur l'étoffe préalablement mordancée. L'amidon et la gomme forment les principales *matières épaississantes*; on leur ajoute quelquefois un peu de terre de pipe ou de gélatine.

Dans la deuxième méthode, la matière colorante se dépose sur toutes les parties de l'étoffe, mais elle n'adhère fortement qu'aux parties qui ont été préalablement mordancées, et il suffit de la laver pour que le fond revienne à sa couleur primitive. Si l'on veut, par exemple, obtenir un dessin jaune sur un fond blanc, on imprime le dessin sur l'étoffe avec un mordant épaissi, puis on plonge l'étoffe dans la matière colorante; cette matière ne se fixe solidement que sur le dessin, et le fond de l'étoffe reprend sa couleur blanche après un lavage à l'eau de savon. — Si l'on voulait un dessin blanc sur un fond jaune, on imprimerait le dessin avec une huile épaissie, puis on passerait l'étoffe au mordant et on la plongerait ensuite dans la cuve de teinture. La matière colorante se fixerait alors sur toute l'étoffe à l'exception des parties qui ont été imprégnées d'huile, car ces parties ne peuvent retenir le mordant. On dit dans ce cas que le dessin a été *réservé*. — On pourrait aussi, dans ce cas, teindre uniformément l'étoffe en jaune, puis y imprimer le dessin avec un acide végétal épaissi et laver ensuite l'étoffe soit à l'eau ordinaire, soit à l'eau contenant de l'hypochlorite de chaux. La partie de l'étoffe correspondante au dessin devient blanche, car la couleur a été *rongée* par l'acide. Les acides citrique, oxalique et tartrique sont les *rongeurs* les plus employés.

On augmente souvent la fixité des couleurs en exposant les étoffes à l'action de la vapeur d'eau après les avoir teintes. On a reconnu en effet que les matières textiles se combinent plus solidement, sous l'influence de cette vapeur, soit avec les mordants, soit avec les matières colorantes.

CHAPITRE VII.

Des principes immédiats des animaux.

Les seuls principes immédiats des animaux que nous devions décrire dans un cours si élémentaire sont : l'albumine, la fibrine, la caséine, la gélatine, l'urée, l'acide urique et l'acide hippurique.

413. *Albumine.* = L'albumine est très-abondante dans les êtres organisés. On la trouve en dissolution dans le sang des animaux, dans le blanc d'œuf et dans la séve des plantes ; on la rencontre à l'état coagulé dans presque tous les tissus des végétaux. L'albumine des végétaux prend quelquefois le nom de glutine, comme nous l'avons déjà dit ; elle ne diffère pas, du reste, de l'albumine des animaux.

On peut obtenir l'albumine à l'état solide en soumettant ses dissolutions aqueuses, le blanc d'œuf ou le sérum du sang, par exemple, à l'action de la chaleur. Elle se coagule vers 60° dans le cas du blanc d'œuf et vers 70° dans le cas du sérum ; elle se coagulerait plus difficilement si sa dissolution était plus étendue. On peut l'obtenir aussi à l'état solide en faisant évaporer ses dissolutions à une température inférieure à son point de coagulation. L'albumine qu'on obtient dans le premier cas est insoluble dans l'eau ; celle qu'on obtient dans le second s'y dissout, au contraire, assez facilement ; elle présente, du reste, la même composition sous ces deux états.

L'albumine ainsi préparée n'est pas chimiquement pure ; elle contient un peu de matières grasses et de matières salines. On peut l'obtenir à un plus grand état de pureté en évaporant, à une température inférieure à 45 ou 50 degrés, le sérum du sang ou le blanc d'œuf jusqu'à ce que la matière présente l'aspect de la colle, en la réduisant ensuite en poudre fine et en la traitant par l'alcool et l'éther pour dissoudre les substances grasses qu'elle contient. Le résidu est de l'albumine soluble mélangée seulement avec une petite quantité de matières salines. — On l'obtient chimiquement pure en versant de l'acide chlorhydrique dans le sérum du sang ou dans le blanc d'œuf, en recueillant le précipité, en le traitant par une grande quantité d'eau qui le redissout, puis en versant dans la solution du carbonate d'ammoniaque qui précipite l'albumine sous forme de flocons. On lave ce précipité et on le traite ensuite successivement par l'alcool et l'éther. L'albumine obtenue ainsi est à l'état insoluble.

Plusieurs réactifs coagulent l'albumine à froid et l'amènent à l'état insoluble. L'alcool et la créosote la coagulent immédiatement; l'éther et l'essence de térébenthine la coagulent à la longue.

Presque tous les acides précipitent en blanc les dissolutions d'albumine. C'est l'acide azotique qui agit avec le plus d'énergie; aussi l'emploie-t-on souvent pour reconnaître la présence des petites quantités d'albumine dans l'organisation animale. — L'acide acétique fait prendre en gelées les dissolutions concentrées d'albumine ; l'acide phosphorique trihydraté n'y forme aucun précipité, tandis que l'acide phosphorique monohydraté les précipite facilement.

L'albumine se combine avec plusieurs bases. Elle forme des composés solubles avec la potasse, la soude et l'ammoniaque, et des composés insolubles avec la baryte, la strontiane et la chaux. Elle forme des composés insolubles avec le protochlorure de mercure et plusieurs autres sels métalliques.

Les dissolutions d'albumine entrent promptement en putréfaction quand on les abandonne à elles-mêmes au contact de l'air; elles éprouvent dans ce cas une décomposition complète et se transforment en un ferment alcoolique. Le protochlorure de mercure empêche cette décomposition en se combinant avec l'albumine; aussi l'emploie-t-on, eu égard à cette propriété, pour conserver les pièces d'anatomie.

L'albumine contient, en nombres ronds, 64 carbone, 7 hydrogène, 16 azote et 13 oxygène.

414. *Fibrine.* = La fibrine constitue presque en totalité la partie solide des muscles des animaux; elle se trouve également, mais en quantité beaucoup moins grande, dans le caillot du sang. On ne l'extrait pas ordinairement des muscles, car les fibres qui les composent sont traversées par des vaisseaux, des artères et des nerfs qui se comportent à peu près comme elle sous l'influence des agents chimiques, et dont il est par conséquent difficile de la séparer.

On retire facilement la fibrine du sang. Il suffit, en effet, de battre avec un petit balai le sang récemment extrait des veines pour que la fibrine s'y attache en longs filaments. On la purifie en la lavant à grande eau, puis en la desséchant et en la lavant ensuite successivement avec de l'alcool, de l'éther, de l'acide chlorhydrique très-étendu et de l'eau distillée.

La fibrine pure est blanche, inodore et insipide; elle est complétement insoluble dans l'eau, dans l'alcool et dans l'éther. Elle laisse, quand on la brûle, 2 ou 3 centièmes de cendres qui se composent principalement de phosphate de chaux et de magnésie. Elle prend l'aspect de la corne quand on la dessèche dans une étuve; elle se décompose à 200° en donnant les produits ordinaires des matières azotées. Elle s'altère par une ébullition prolongée dans l'eau et se dissout en partie.

Les acides agissent en général sur la fibrine; ils forment avec elle une matière gélatineuse insoluble dans l'eau acidulée, mais soluble dans l'eau pure. Les dissolutions alcalines, même étendues, la dissolvent facilement; on peut ensuite la précipiter de ses dissolutions par un acide; mais on trouve alors qu'elle **a** éprouvé une altération.

La fibrine se putréfie rapidement au contact de l'eau et de l'air; elle se conserve sans altération dans l'alcool.

La fibrine contient un peu moins de carbone et un peu plus d'azote que l'albumine; elle renferme, en nombres ronds, 63 parties de carbone, 7 parties d'hydrogène, 17 parties d'azote et 13 parties d'oxygène.

415. *Caséine.* = La caséine existe dans le lait; on lui donne quelquefois le nom de *caséum*.

C'est en traitant le lait par l'acide sulfurique qu'on l'obtient ordinairement. L'acide et la caséine forment un composé insoluble qui se précipite en entraînant une partie de la matière grasse ou butyreuse. On lave ce précipité à grande eau, puis on le traite à froid par une dissolution de carbonate de soude et on abandonne pendant quelque temps la liqueur à une température de 20 ou 25 degrés. La caséine reste en dissolution dans la masse, et la matière grasse se rend à la surface. On reprend la dissolution, on la précipite de nouveau par l'acide sulfurique, on recueille le précipité et on le fait bouillir avec de l'eau. On sépare ainsi l'acide sulfurique de la caséine. Il ne reste plus qu'à la laver avec l'alcool et l'éther pour lui enlever les dernières traces de matières grasses qu'elle peut retenir.

La caséine est blanche, inodore et insipide; elle a l'aspect de l'albumine coagulée qu'on a réduite en poussière. Elle est insoluble dans l'eau, dans l'alcool et dans l'éther; elle est soluble dans les liqueurs alcalines. Tous les acides, à l'exception de l'acide phosphorique, déterminent la coagulation de la caséine du lait; les acides oxalique, acétique et tartrique la précipitent comme les autres, mais le précipité se redissout dans un excès d'acide.

La composition de la caséine paraît identique à celle de l'albumine.

416. *Gélatine.* = La peau, les membranes intestinales, les tendons, les cartilages et le tissu organique des os se dissolvent complétement dans l'eau par une ébullition prolongée et forment des liquides visqueux qui se prennent en gelée par le refroidissement.

La matière gélatineuse qui provient de la peau, des membranes intestinales et des tendons porte le nom de *gélatine*, et celle qui résulte des cartilages et des os, le nom de *chondrine.* Ces deux matières n'ont pas la même composition chimique. Elles diffèrent du reste par quelques réactions ; c'est ainsi que les dissolutions de gélatine ne sont pas précipitées par l'alun, par le sulfate d'alumîne et par le sulfate de fer, tandis que les dissolutions de chondrine forment des précipités très-volumineux avec les mêmes sels. Ces deux substances ont du reste les mêmes applications ; aussi les désigne-t-on souvent sous le même nom : le nom de *gélatine* ou de *colle forte.*

La gélatine est incolore-et transparente quand elle est pure ; elle est inodore, insipide, neutre aux réactifs colorés. Elle se fond par l'action de la chaleur, et se prend par le refroidissement en une masse douée d'une grande cohésion. Elle se gonfle et se ramollit dans l'eau froide, mais elle ne s'y dissout pas ; elle se dissout dans l'eau bouillante. Elle s'altère par une ébullition prolongée avec l'eau et ne se prend plus en gelée par le refroidissement. Elle est insoluble dans l'alcool.

Le tannin et le sublimé corrosif précipitent complétement la gélatine de ses dissolutions.

La gélatine est formée, en nombres ronds, de 51 carbone, 6 hydrogène, 19 azote et 24 oxygène ; elle a pour formule $C^{13}H^{10}Az^2O^5$. La formule de la chondrine est $C^{16}H^{13}Az^2O^7$.

On prépare la colle forte dans l'industrie avec les rognures de cuir, les tendons, les cornes et les sabots des animaux. On

les place dans des chaudières avec de l'eau qu'on porte rapidement à l'ébullition, et on mélange la masse afin de la rendre
homogène. Lorsqu'une partie du liquide extrait de la chaudière
se prend en masse par le refroidissement, on décante la matière
et on la met dans une chaudière maintenue à 100°. Dès que les
substances étrangères se sont déposées, ce qui arrive au bout
de 2 ou 3 heures, on verse le liquide dans des moules de sapin
et on le laisse refroidir. On retire ensuite la colle, on la coupe
en lames minces au moyen d'un fil de cuivre, et on l'étend sur
des filets où elle se dessèche.

On extrait la gélatine des os en les soumettant à l'action de
l'eau, dans la marmite de Papin, à une température d'environ 108
degrés. Il s'en dissout une assez grande partie dans l'eau ; mais il
en reste cependant une proportion assez forte dans les os pour
qu'ils puissent encore être employés avec avantage dans la fabrication du noir animal.—On retire une plus grande proportion de
gélatine des os en les écrasant entre des cylindres, en les faisant
ensuite digérer pendant 24 heures avec une dissolution étendue
d'acide chlorhydrique, puis en les lavant pour enlever l'acide et
les sels qu'il a dissous. On traite enfin le résidu par l'eau
bouillante dans de grandes chaudières, comme dans la fabrication de la colle.

La *colle de poisson* s'obtient en faisant simplement sécher la
vessie natatoire de l'esturgeon. La *colle à bouche* se prépare en
faisant bouillir pendant quelque temps une dissolution concentrée de gélatine dans laquelle on ajoute un peu de gomme arabique et de sucre.

Glycocolle. == La gélatine se transforme, sous l'influence de
l'acide sulfurique, en une substance cristalline, d'une saveur
sucrée, soluble dans l'eau et insoluble dans l'alcool, à laquelle
on donne le nom de *glycocolle*. Le glycocolle forme des combinaisons cristallisables avec la plupart des acides ; il se combine
aussi avec la potasse et plusieurs autres oxydes métalliques ; il

a pour formule $C^4H^3AzO^4$; on lui donne quelquefois le nom de *sucre de gélatine* ; mais cette dénomination est impropre, car il contient de l'azote et de plus il n'éprouve pas la fermentation alcoolique.

On obtient le glycocolle en faisant digérer pendant 24 heures une partie de gélatine avec deux parties d'acide sulfurique concentré, puis en ajoutant dix parties d'eau au mélange et en le faisant bouillir pendant 5 heures. Au bout de ce temps, on sature l'acide sulfurique avec de la craie, on évapore la liqueur jusqu'à consistance sirupeuse et on l'abandonne à elle-même. La cristallisation se fait peu à peu.

417. *Urée.* = L'urine des mammifères carnivores renferme, outre les sels minéraux et les matières albumineuses, des substances organiques auxquelles on a donné les noms d'*urée* et d'*acide urique.* L'urine des herbivores contient de l'urée et de l'*acide hippurique*; mais la proportion d'urée y est beaucoup moins forte que dans celle des carnivores. L'urine des reptiles se compose principalement d'acide urique. — L'homme adulte produit en moyenne 35 ou 40 grammes d'urée par jour.

Pour extraire l'urée, on évapore l'urine au bain-marie jusqu'à la réduire au dixième de son volume ; on la laisse ensuite refroidir et on y verse peu à peu de l'acide azotique pur. Il se forme alors une combinaison d'acide azotique et d'urée, un *azotate d'urée*, qui est peu soluble à froid et qui se dépose en petits cristaux. On recueille les cristaux sur un filtre, on les lave à l'eau froide, puis on les fait bouillir avec du noir animal afin de les décolorer. L'azotate d'urée étant obtenu à l'état de pureté, on traite sa dissolution par le carbonate de baryte. Il se forme alors de l'urée et de l'azotate de baryte qui restent dans la liqueur. On l'évapore jusqu'à siccité, puis on la traite par l'alcool bouillant qui ne dissout que l'urée. Il ne reste plus qu'à faire refroidir la liqueur alcoolique pour en retirer l'urée sous forme de cristaux.

On peut produire l'urée artificiellement en mettant l'acide cyanique C^2AzO,HO en contact avec l'ammoniaque AzH^3. Il se forme un cyanate d'ammoniaque qui a même composition que l'urée et qui se transforme immédiatement en cette substance sous l'influence de l'eau.—On obtient de grandes quantités d'urée en s'appuyant sur cette réaction. On prépare d'abord le cyanate de potasse en chauffant, au rouge naissant, dans une cornue, un mélange de 2 parties de cyanoferrure jaune de potassium desséché avec 1 partie de bioxyde de manganèse. On laisse ensuite refroidir la matière, puis on la lessive à l'eau froide et on traite la dissolution par le sulfate d'ammoniaque. On évapore la liqueur jusqu'à siccité, et on traite par l'alcool qui ne dissout que le cyanate d'ammoniaque. La liqueur alcoolique donne de beaux cristaux par le refroidissement.

L'urée est incolore, inodore, d'une saveur fraîche, très-soluble dans l'eau, assez soluble dans l'alcool, insoluble dans l'éther. Elle cristallise en prismes à quatre pans; elle n'a pas d'action sur les réactifs colorés. Sa formule est $C^2H^4Az^2O^2$. Elle fond à 120°; elle se décompose à une température plus élevée en ammoniaque qui se dégage et en un acide particulier, l'*acide cyanurique,* qui reste dans la cornue. Cet acide a même composition que l'acide cyanique; il se transforme même, à une température plus élevée, en acide cyanique qui passe à son tour à la distillation.

L'urée s'unit avec la plupart des acides et forme des sels qui présentent la même composition que les sels ammoniacaux. Elle ne se combine ni avec l'acide carbonique, ni avec l'acide lactique. — L'acide hypoazotique la détruit rapidement; il la transforme en acide carbonique et en azote; le chlore humide agit de la même manière.

L'urée se combine avec plusieurs oxydes métalliques; elle forme des sels solubles et cristallisables avec la potasse, la soude, l'oxyde de plomb... Elle produit aussi des combinaisons cristallisables avec le chlorure de sodium, le chlorhydrate d'ammoniaque, le protochlorure de mercure, l'azotate d'argent, l'azotate de chaux...

L'azotite de mercure dissous dans l'acide azotique décompose l'urée à la température de l'ébullition. Il la transforme en acide carbonique et en azote. Or, comme les autres substances contenues dans l'urine ne dégagent pas d'acide carbonique dans les mêmes circonstances, cette réaction permet de doser la quantité d'urée contenue dans l'urine. Il suffit de recueillir l'acide carbonique dans un tube de Liébig contenant de la potasse et de multiplier le poids de cet acide par 1,371 pour connaître le poids de l'urée.

L'urée entre rapidement en fermentation sous l'influence des matières albumineuses contenues dans l'urine. Elle se transforme alors en carbonate d'ammoniaque, comme l'indique la formule $C^2H^4Az^2O^2 = 2\ (AzH^3, CO^2)$. C'est en vertu de cette fermentation que les urines putréfiées dégagent une odeur ammoniacale si prononcée.

418. *Acide urique.* = L'acide urique est assez abondant dans les urines des animaux carnivores ; l'urine de l'homme en renferme une partie pour 30 parties d'urée dans l'état normal ; il se dépose même souvent en petits cristaux grenus par le refroidissement de l'urine. Les excréments des oiseaux et des poissons en contiennent des quantités considérables. Il est très-abondant dans le *guano* qui résulte des excréments des oiseaux maritimes et qu'on trouve en bans considérables sur les côtes de l'Amérique. Il forme, en grande partie, l'urine des reptiles ; il se rencontre dans les dépôts urinaires et dans les concrétions articulaires des goutteux. Sa formule est $C^{10}H^4Az^4O^6$.

Pour extraire l'acide urique, on chauffe les excréments des serpents avec une dissolution de potasse ; on filtre et on traite la solution d'urate de potasse par l'acide chlorhydrique. Le chlorure de potassium reste en dissolution, et l'acide urique se précipite. On le purifie en le dissolvant de nouveau dans la potasse et en le précipitant de nouveau par l'acide chlorhydrique.

L'acide urique pur cristallise en petites lamelles blanches, douces au toucher, sans odeur ni saveur. Il exige environ 1000 parties d'eau pour se dissoudre; il est insoluble dans l'alcool et dans l'éther. Il rougit faiblement le tournesol ; il se combine avec les bases. Les urates alcalins sont solubles dans l'eau; les autres urates y sont insolubles.

L'acide urique forme une dissolution jaune avec l'acide azotique. Cette dissolution donne, par l'évaporation, un résidu rouge pourpre qui se dissout dans l'eau sans la colorer ; elle devient en outre violette sous l'influence du gaz ammoniac. Ces deux caractères permettent de reconnaître l'acide urique.

419. *Acide hippurique.* = L'acide hippurique se trouve dans les urines des animaux herbivores et des enfants; il a pour formule $C^{18}H^8AzO^5,HO$. On l'obtient en évaporant l'urine de cheval jusqu'au huitième de son volume et en la traitant ensuite par l'acide chlorhydrique. Il se dépose bientôt des cristaux d'acide hippurique impur; on les dissout dans l'eau, puis on décolore la dissolution par le noir animal et on la fait cristalliser.

L'acide hippurique cristallise en gros prismes blancs; il est très-soluble dans l'eau et dans l'alcool ; il est peu soluble dans l'éther. Il forme avec les bases des sels qui présentent de belles formes cristallines. — Lorsqu'on le soumet à l'action de la chaleur, il fond d'abord; puis il se décompose en donnant de l'acide cyanhydrique, de l'acide benzoïque et d'autres produits peu étudiés.

Fermentation putride.

420. *Fermentation putride.* = On donne le nom de fermentation putride à la décomposition qu'éprouvent les substances organiques quand elles ne sont plus soumises à l'action des forces vitales.

Les produits de la décomposition varient avec la nature de la substance. On obtient de l'eau, de l'acide carbonique, de l'hydrogène protocarboné avec les matières formées d'hydrogène, d'oxygène et de carbone ; on trouve en outre de l'acétate et du carbonate d'ammoniaque dans les substances azotées ; on a enfin du gaz sulfhydrique et du phosphure d'hydrogène dans celles qui contiennent du soufre et du phosphore. Ces différents gaz entraînent, en se dégageant, des molécules de la substance putréfiée, ce qui leur communique l'odeur fétide et insupportable qui accompagne généralement la fermentation putride. Toutes les substances laissent enfin une matière noirâtre, riche en carbone, qui constitue le terreau végétal ou le terreau animal, selon que la substance provient des végétaux ou des animaux.

Les substances organiques n'éprouvent la fermentation putride que sous l'influence de l'eau, de l'air et d'une certaine température. On conçoit d'ailleurs assez facilement le rôle de ces divers éléments. L'eau agit probablement en ramollissant le tissu des substances et en diminuant la cohésion de leurs principes ; l'air en fournissant l'oxygène nécessaire à la transformation de leur hydrogène et de leur carbone en eau et en acide carbonique ; la chaleur en facilitant la combinaison, comme cela arrive dans les autres phénomènes de la chimie. On sait que les matières organiques ne se putréfient jamais au-dessous de zéro, que la putréfaction commence à 6 ou 7 degrés, et qu'elle est d'autant plus rapide que la température est plus élevée ; on sait en outre qu'elle se propage rapidement dans toute la substance organique dès qu'elle a commencé en un de ses points, ce qui prouve que les produits formés par suite de la décomposition peuvent déterminer une action semblable à celle qui leur a donné naissance.

421. *Conservation des substances organiques.* = Les substances organiques se conservent indéfiniment dès qu'on supprime **une** des circonstances nécessaires à leur décomposition. C'est ce qui arrive quand on les dessèche complétement, quand on les soustrait à l'influence de l'air, ou quand on les place dans un milieu d'une température inférieure à zéro. On parvient aussi à les conserver en les unissant à certaines substances qui forment avec elles des composés imputrescibles. Il serait bien difficile dans nos climats de recourir à un milieu d'une température inférieure à zéro pour la conservation des substances organiques; aussi a-t-on renoncé à ce mode de conservation, malgré son efficacité réelle.

On a cherché depuis longtemps à conserver les substances alimentaires en les privant du contact de l'air; mais on n'a pas réussi complétement dans le principe, car on laissait toujours une petite quantité d'air qui suffisait pour déterminer la fermentation. Le procédé imaginé dans ces dernières années par M. Appert ne laisse plus rien à désirer, car il est extrêmement simple, et il permet de conserver pendant plusieurs années les fruits, les légumes verts, les viandes et les poissons avec toute leur fraîcheur primitive. On remplit une bouteille avec la substance que l'on veut conserver, puis on la bouche hermétiquement, on la ficelle et on la met dans une masse d'eau qu'on porte peu à peu jusqu'à l'ébullition; on l'y maintient environ pendant un quart d'heure, puis on la retire et on en goudronne le bouchon. L'oxygène de l'air de la bouteille se combine immédiatement dans cette opération avec une partie de l'hydrogène et du carbone de la matière organique; de sorte que cette matière se trouve entourée d'une atmosphère d'azote et d'acide carbonique.

On emploie aussi quelquefois d'autres procédés qui tiennent au même principe : c'est ainsi qu'on immerge certaines substances alimentaires dans de l'huile d'olive ou du beurre fondu; c'est par la même raison qu'on recouvre les œufs d'un lait de chaux quand on veut les conserver pendant longtemps. Dans ces deux cas, en effet, on préserve les substances du contact de l'air.

On parvient aussi à conserver les substances organiques en leur faisant éprouver une dessiccation complète. On les dessèche quelquefois au soleil, à l'étuve, par la pression ou dans le vide. Mais on les soumet le plus souvent à l'action de certains corps avides d'humidité ; c'est ainsi qu'on conserve les viandes et les harengs dans du sel, les poissons dans le sucre, les fruits dans le vinaigre, les pièces d'anatomie dans l'alcool... — On *fume* quelquefois les viandes et les poissons salés pour rendre leur conservation plus complète et pour leur communiquer une saveur agréable. Le bœuf fumé de Hambourg s'obtient en exposant pendant près d'un mois des tranches de bœuf salé à l'action de la fumée produite par des copeaux de chêne très-secs ; les harengs saurs se préparent en plaçant des harengs salés dans des cheminées où l'on brûle du bois menu qui produit une fumée abondante.

On parvient enfin à conserver les substances organiques en les mettant en contact avec certains corps qui forment avec elles des composés imputrescibles. Le sublimé corrosif, le chlorure de calcium, le chlorure d'aluminium, l'acide arsénieux, l'alun, le sulfate de fer, le pyrolignite de fer, l'acétate d'alumine, remplissent parfaitement cette condition ; mais la plupart de ces corps ne s'emploient pas pour les substances alimentaires, car ils sont extrèmement vénéneux. La créosote, qu'on obtient par la distillation du goudron de bois, est la substance la plus propre à empêcher la putréfaction des viandes ; il suffit même d'y plonger un morceau de viande et de l'y laisser séjourner pendant quelques heures pour qu'il puisse se conserver ensuite indéfiniment au contact de l'air. C'est à cette substance que le vinaigre de bois empyreumatique, la fumée et la suie, doivent leurs propriétés antiputrides.

422. *Principes de l'art du tanneur.* = On a pour but, dans le tannage des peaux, de combiner la matière animale avec une certaine quantité de tannin qui la rend imputrescible, imperméable

et élastique. La peau tannée porte le nom de *cuir*. C'est l'écorce de chêne qui fournit le tannin destiné au tannage ; on lui donne le nom de *tan*.

Certains cuirs doivent conserver de la souplesse après le tannage ; d'autres doivent au contraire posséder une grande dureté. On donne aux premiers le nom de *cuirs mous* et aux seconds le nom de *cuirs durs*. On forme les cuirs mous avec les peaux de vaches, de veaux, de chevaux, et les cuirs durs avec les peaux de bœufs et de buffles. On réserve les peaux de moutons et de chèvres pour les cuirs minces et souples qu'on destine à la maroquinerie et à la fabrication des gants.

Lorsque les peaux sont destinées aux cuirs mous, on commence par les mettre dans une eau courante qui les ramollit et qui leur enlève tous leurs principes solubles ; on les y laisse pendant 2 ou 3 jours si elles sont fraîches, et pendant beaucoup plus de temps si elles sont sèches. Cette opération effectuée, on les passe successivement dans cinq bassins remplis de laits de chaux inégalement chargés ; on les met d'abord dans le bassin qui renferme le moins de chaux et on finit par celui qui en contient le plus. Cette opération, qu'on désigne sous le nom de *pelanage*, dure 20 ou 25 jours.

Le pelanage étant terminé, on racle les peaux avec un couteau émoussé pour leur enlever les poils, puis on les lave et on les travaille sur le chevalet pour faire disparaître les aspérités et pour nettoyer complétement leurs deux faces. On les abandonne ensuite pendant plusieurs jours dans une infusion de tan qui a été épuisée par le tannage des peaux dans les fosses, et qui contient un peu d'acide lactique dû à l'action de l'air sur le tan. Les pores des peaux s'ouvrent dans cette opération et elles subissent un commencement de tannage.

On termine le tannage dans des fosses en maçonnerie. On y met des couches alternatives de tan et de peaux ; et, quand la fosse est presque pleine, on recouvre les peaux avec des planches chargées de pierres, puis on la remplit avec une eau chargée de tan. Le tan s'incruste alors peu à peu dans les pores des peaux, mais ce n'est qu'au bout d'un temps assez long, 5 ou 6 mois, que l'incrustation est complète.

On supprime ordinairement le pelanage dans le cas des cuirs durs, car il n'agirait pas avec une énergie suffisante. On le remplace avantageusement par une légère fermentation putride que l'on fait subir aux peaux dans des chambres chaudes où l'on dirige de la vapeur. On ajoute aussi dans ce cas un peu d'acide sulfurique à l'infusion de tan, pour que le gonflement des pores soit plus considérable. On laisse enfin les peaux dans les fosses pendant 18 mois, ou même pendant 2 ans.

Lorsque les cuirs sont tannés, on les nettoie sur des tables au moyen de brosses, puis on les fait sécher à l'air. On les soumet enfin au martelage afin de leur donner le degré de consistance convenable.

CHAPITRE VIII.

Notions sur la végétation.

Les substances organiques renferment, en général, du carbone, de l'hydrogène, de l'oxygène et de l'azote ; elles ne diffèrent les unes des autres que par les proportions relatives de ces éléments, ou par l'arrangement moléculaire. C'est une question de la plus haute importance que de chercher les sources qui leur fournissent ces différents principes. Nous ne considérerons que les substances végétales, car ce sont ces substances qui servent d'aliment aux animaux.

La végétation comprend deux phénomènes qui diffèrent essentiellement sous le rapport chimique ; ce sont la germination et la nutrition.

423. *Germination.* = On donne le nom de germination à l'acte pendant lequel les graines se développent et engendrent de nouvelles plantes. Cet acte ne se produit qu'autant que la graine est en contact avec l'eau et l'oxygène, et qu'autant qu'elle est exposée à une certaine température ; il importe peu du reste qu'elle soit enveloppée de terre ou qu'elle soit à découvert, pourvu qu'elle ne soit pas soumise à l'action d'une lumière trop vive.

La chaleur agit en excitant les forces vitales, car la vie des plantes est presque complétement suspendue pendant l'hiver, et d'ailleurs les graines, qui ne germent pas à une température trop basse, recouvrent la faculté de germer quand on les porte à une température convenable. La température la plus favorable à la germination est de 10 à 30 degrés ; on ne trouve pas de signe de germination dans les graines aux températures inférieures à zéro.

L'oxygène agit en se combinant avec une partie du carbone de la graine ; car on trouve, en faisant germer une graine dans un flacon contenant de l'eau et de l'air, que l'air perd de son oxygène, qu'il gagne de l'acide carbonique, et que la graine perd une partie de son poids. L'enveloppe de la graine se convertit dans cette circonstance en une nouvelle substance plus sucrée, plus soluble et plus propre à être charriée dans les vaisseaux de la jeune plante à laquelle elle doit servir d'aliment.

L'eau agit en ramollissant l'enveloppe de la graine et en la rendant ainsi plus facile à rompre à l'époque de la sortie de la jeune plante ; elle facilite en outre l'action de l'oxygène ; elle détermine la formation de la substance nutritive, et la conduit dans les diverses parties de la plante par des vaisseaux particuliers.

La graine développe, par suite de la germination, des organes, des radicelles, des folioles ; mais elle végète toujours aux dépens de sa propre matière tant que ces parties sont dans le sol ; ce n'est qu'en arrivant sous l'influence de la lumière que la plante s'assimile les éléments extérieurs et que la nutrition commence.

424. *Nutrition.* = Les plantes s'accroissent en s'assimilant du carbone, de l'hydrogène, de l'oxygène et de l'azote ; nous devons faire connaître les sources de ces quatre éléments.

Carbone. = Toutes les plantes empruntent le carbone à l'acide carbonique, soit que ce gaz soit pris directement à l'air par les feuilles, soit qu'il ait été puisé par les racines dans les eaux pluviales répandues dans le sol, soit enfin qu'il provienne de la décomposition des engrais. Mais c'est dans l'air qu'elles en prennent la plus grande partie. « Comment en serait-il autrement, dit M. Dumas, quand on voit l'énorme quantité de carbone qu'ont dû s'approprier des arbres séculaires par exemple, et l'espace si limité pourtant dans lequel leurs racines peuvent s'étendre? A coup sûr, quand a germé le glan qui a produit, il y a cent ans, le chêne qui fait notre admiration maintenant, le terrain sur lequel il était tombé ne renfermait pas la millionième partie du charbon que le chêne renferme aujourd'hui. C'est l'acide carbonique de l'air qui a fourni le reste, c'est-à-dire la masse à peu près entière. »

Les plantes pourraient, à la rigueur, se contenter du carbone qu'elles puisent dans l'atmosphère. On sait, en effet, que certaines plantes peuvent végéter quand elles sont simplement suspendues dans l'air, et celles qu'on conserve dans les serres croissent également, quoiqu'elles plongent dans une quantité de terre trop peu considérable pour leur fournir une quantité sensible d'acide carbonique. D'ailleurs, M. Boussingault a semé des graines dans une terre complétement privée de toute matière organique, dans de la terre à brique, à porcelaine, récemment chauffée, et il a reconnu que la nutrition avait encore lieu.

Les parties vertes des plantes sont les seules qui absorbent de l'acide carbonique dans l'atmosphère; elles le décomposent à leur surface même, s'approprient tout son carbone, retiennent une portion de son oxygène et laissent dégager l'autre portion de ce gaz. Ce sont les seules parties qui décomposent également l'acide que les racines puisent dans le sol; car cet acide passe à travers la tige et arrive jusque dans les feuilles sans avoir éprouvé aucune altération.

Les parties vertes des plantes n'absorbent d'ailleurs l'acide carbonique de l'air que sous l'influence de la lumière; elles laissent même dégager dans l'atmosphère, pendant la nuit, tout l'acide carbonique que leurs racines puisent dans le sol, sans lui faire subir aucune décomposition. Elles en exhalent en outre une nouvelle quantité qui résulte de la combinaison de leur carbone avec l'oxygène qu'elles absorbent; mais la quantité d'acide qu'elles exhalent pendant la nuit est beaucoup moins grande que la quantité qu'elles prennent pendant le jour, de sorte qu'en définitive elles s'enrichissent en carbone et enrichissent l'atmosphère en oxygène.

Il ne faudrait pas croire que les plantes seraient capables de végéter dans une atmosphère d'acide carbonique pur ; il faut, d'après les expériences de Th. de Saussure, que ce gaz soit mêlé avec une certaine quantité d'oxygène ou d'air. De jeunes plantes de pois, par exemple, se sont flétries sur-le-champ, non-seulement dans de l'acide carbonique pur, mais encore dans un mélange de deux parties d'acide et d'une partie d'air ; elles n'ont existé que sept jours dans des parties égales d'air et d'acide ; elles ont vécu plus longtemps dans le cas où la quantité d'acide ne formait que la cinquième partie de l'air ; leur accroissement a été presque le même que dans l'air lorsque l'acide n'entrait que pour un huitième dans le mélange ; et il a été plus grand que dans l'air lorsque le mélange ne contenait qu'un douzième d'acide.

Hydrogène et oxygène. = Les plantes s'assimilent de l'hydrogène et de l'oxygène, tantôt dans les proportions de l'eau, tantôt dans des proportions différentes. L'absorption de l'hydrogène résulte clairement de la production des huiles grasses ou volatiles qui sont si abondantes dans certaines parties des plantes ; celle de l'oxygène est évidente dans la formation des acides organiques qui en contiennent une si forte proportion.

C'est évidemment à l'eau que les plantes empruntent tout l'hydrogène dont elles ont besoin, car elles ne reçoivent pas d'autre produit hydrogéné que ce liquide. Quant à l'oxygène, elles l'empruntent soit à l'eau, soit à l'acide carbonique qu'elles ont décomposé. Il est d'ailleurs probable qu'elles agissent sur l'eau par réduction, comme elles ont agit sur l'acide carbonique.

Azote. = Toutes les plantes s'assimilent de l'azote, car toutes contiennent quelques principes azotés. Les unes, telles que le trèfle, prennent cet azote dans l'air ; d'autres, comme les céréales, le reçoivent principalement des engrais; aussi, après deux coupes de trèfle, enfouit-on souvent la troisième pousse dans la terre afin de former un engrais azoté qui permette de recueillir des céréales l'année suivante. Quoi qu'il en soit, c'est toujours l'air atmosphérique qui fournit en définitive la presque totalité de l'azote dont les plantes ont besoin dans la végétation; car une ferme isolée peut suffire pendant longtemps à ses propres récoltes sans autres engrais que les détritus animaux qui se produisent dans la ferme elle-même.

On ne sait pas encore d'une manière positive si les plantes s'emparent de l'azote qui se trouve à l'état de liberté dans l'atmosphère, ou si elles prennent celui qui s'y trouve à l'état d'ammoniaque; la plupart des chimistes admettent toutefois cette dernière opinion.

425. *Du terreau.* = Lorsqu'une plante meurt et se décompose, elle rend à l'air une partie de ses éléments et en laisse une autre partie dans la terre. C'est cette partie qui en s'accumulant constitue le *terreau* ou l'*humus*.

Le terreau exerce une influence favorable sur la végétation; aussi avait-on pensé qu'il contenait des matières organiques toutes formées, et qu'il les fournissait directement aux plantes. Mais cette opinion est peu vraisemblable; car on n'y trouve presque aucune substance soluble en le traitant par l'eau. Le terreau agit plus probablement en empruntant de l'oxygène et de l'azote à l'air atmosphérique, en condensant ces gaz dans ses pores et en déterminant, par son action catalytique, de l'acide carbonique et de l'ammoniaque qu'il fournit ensuite à la plante. Il résulte de ce mode d'action, que le terreau doit de temps à autre être amené en contact avec l'air, afin d'absorber de l'oxygène et de l'azote; c'est en effet ce qui a lieu, et le labour a pour but principal d'établir ce contact.

Le terreau ne fournit pas seulement de l'acide carbonique et de l'azote aux plantes, il leur procure aussi une grande partie des matières inorganiques qui entrent dans leur constitution. On conçoit en effet difficilement que les plantes puissent puiser dans la terre certains corps insolubles tels que la silice, l'oxyde de fer... dont la cohésion est si forte ; il est bien plus probable qu'elles les prennent au terreau qui les contient dans un état plus favorable à la combinaison. Plusieurs savants avaient d'abord admis que la force vitale pouvait produire les composés inorganiques qu'on trouve dans les plantes ; mais cette opinion ne peut être soutenue : les plantes puisent ces corps, soit dans le sol, soit dans le terreau. Les graminées, par exemple, qui sont si riches en silice, ne peuvent croître que dans les terrains siliceux, et les céréales, qui contiennent du phosphate de chaux et de magnésie, ne peuvent végéter que dans les terrains qui renferment ce corps.

426. *Des engrais.* = Les engrais qu'on emploie pour favoriser la végétation fournissent d'abord aux plantes de l'acide carbonique et de l'ammoniaque qu'ils produisent à la manière du terreau ; ils leur procurent en outre des principes tout formés qu'elles s'assimilent facilement.

Le carbonate d'ammoniaque est un excellent engrais, puisqu'il donne aux plantes l'acide carbonique et l'ammoniaque dont elles ont besoin ; il en est de même de tous les sels ammoniacaux en général ; car tous se convertissent en carbonate d'ammoniaque sous l'influence du carbonate de chaux et de la petite quantité d'eau qui humecte le sol. — L'urine putréfiée est regardée comme un excellent engrais, à cause de la forte proportion de carbonate ammoniacal qu'elle fournit ; la partie solide des déjections humaines a moins de valeur, car elle est moins azotée.

MM. Boussingault et Payen pensent que la valeur d'un engrais dépend presque en totalité de la proportion d'azote qu'il renferme ; aussi ont-ils déterminé les équivalents des engrais en mesurant la quantité de leur azote. Si l'on représente par 100 l'équivalent de l'engrais du fumier de ferme, on trouve 167 pour la paille de froment, 125 pour les excréments de vache, 91 pour l'urine de vache, 73 pour les excréments de cheval, 15 pour l'urine de cheval, 80 pour les fanes de betteraves vertes, 72 pour les fanes de pommes de terre, 68 pour les eaux de fumier, 26 pour la poudrette de Montfaucon, etc. Ces nombres représentent les équivalents des engrais pris dans leur état normal.

426. On pourrait craindre que l'air atmosphérique ne devienne un jour impropre à la végétation, puisqu'il fournit constamment aux plantes une partie de son acide carbonique et de son azote ; mais ces craintes n'auraient aucun fondement, car la perte qu'il fait est constamment réparée. L'acide carbonique absorbé est en effet reproduit par les volcans, par le terreau, par la tourbe, par la combustion et par la respiration. L'azote, à son tour, reparaît à l'état d'ammoniaque, par suite de la décomposition des matières azotées et surtout des urines.

FIN.

TABLE DES ÉQUIVALENTS.

L'équivalent de l'oxygène est représenté par 100.

Métalloïdes.

Oxygène	100,0	Brôme	978,3
Hydrogène	12,5	Iode	1578,2
Azote	175,0	Phosphore	400,0
Carbone	75,0	Arsenic	937,5
Soufre	200,0	Bore	136,2
Chlore	443,2	Silicium	266,7

Métaux.

Potassium	490,0	Nickel	369,7
Sodium	287,2	Zinc	406,5
Barium	858,4	Etain	735,3
Strontium	548,0	Antimoine	806,5
Calcium	250,0	Cuivre	395,6
Magnésium	151,3	Plomb	1294,5
Aluminium	171,0	Bismuth	1330,0
Manganèse	344,7	Mercure	1250,0
Fer	350,0	Argent	1350,0
Chrôme	328,0	Or	1228,0
Cobalt	369,0	Platine	1232,0

TABLE

DES MATIÈRES.

—

CHIMIE INORGANIQUE.

INTRODUCTION.

PREMIÈRE PARTIE.

DES MÉTALLOÏDES.

DEUXIÈME PARTIE.

DES MÉTAUX.

CHIMIE ORGANIQUE.